国家骨干建设院校优质核心课程教材

Jianzhu Cailiao

建筑材料

余素萍　主　编
徐凯燕　副主编
张修杰　主　审

人民交通出版社

内 容 提 要

本书为国家骨干建设院校优质核心课程教材。本书共有11个教学单元,主要介绍了建筑材料的基本性质、建筑用砂石材料及石材、气硬性胶凝材料、水硬性胶凝材料、水泥混凝土、建筑砂浆、建筑钢材、墙体材料、建筑防水材料、建筑塑料、建筑装饰材料及典型建筑材料试验等。

本书可作为高职高专建筑工程技术、工程造价、房地产、城市轨道交通工程技术、工程监理等专业的材料和教学用书,也可供相关专业高职及中职院校教师和工程技术人员参考。

图书在版编目(CIP)数据

建筑材料 / 余素萍主编. -- 北京: 人民交通出版社, 2013.4

ISBN 978-7-114-10505-0

Ⅰ. ①建… Ⅱ. ①余… Ⅲ. ①建筑材料—高等职业教育—教材 Ⅳ. ①TU5

中国版本图书馆 CIP 数据核字(2013)第 064699 号

国家骨干建设院校优质核心课程教材

书 名: 建筑材料
著 作 者: 余素萍
责任编辑: 任雪莲 周 凯 闫吉维
出版发行: 人民交通出版社
地 址: (100011)北京市朝阳区安定门外外馆斜街3号
网 址: http://www.ccpress.com.cn
销售电话: (010)59757973
总 经 销: 人民交通出版社发行部
经 销: 各地新华书店
印 刷: 北京市密东印刷有限公司
开 本: 787×1092 1/16
印 张: 17.5
字 数: 443千
版 次: 2013年4月 第1版
印 次: 2013年9月 第2次印刷
书 号: ISBN 978-7-114-10505-0
定 价: 45.00元

序

2010年，广东交通职业技术学院成为我国首批启动的国家骨干高职院校建设单位，道路桥梁工程技术专业（以下简称路桥专业）成为重点建设专业（群）。

随着重点专业（群）建设项目的实施，进一步深化了人才培养模式、课程体系的改革，编写与其相适应的配套教材成了课程改革的必然要求。为了适应这一需要，广东交通职业技术学院专业教师与广东省公路行业企业的专家和一线技术人员一道，紧密结合，组成教材编写小组，经过长期的调研，掌握了大量的第一手资料，通过充分的论证，制订了编写大纲。

在此基础上，既结合广东省本土的诸多实际又满足工学结合课程的要求，编写了路桥专业（群）部分核心课程的教材，具体包括：《建筑材料》、《软土地基处理》、《路基施工与检测》、《桥梁上部结构施工与检测》、《桥梁下部结构施工与检测》、《建筑施工技术》。

以上教材素材来源广泛，既取材于工程一线，又融入了行业新规范、新标准的要求，同时兼顾行业企业的新技术、新工艺、新材料等方面的运用，使教材内容紧密结合生产实际，融"教、学、做"为一体，力求体现能力本位，突出实践技能训练和动手能力培养的特点，并注重先进性、典型性与通用性的有机结合，使其适合高职院校师生使用。

参与本套教材编写的人员具有代表性。校内包括专业带头人、骨干教师，校外包括代表性企业的专家、技术骨干。编写人员普遍具有长期从事职业教育或一线生产、管理的实践经验，有深厚的理论基础和丰富的工程实践经验，两者结合，相得益彰，准确把握了教材的深度和广度，使其更具教学的适用性和可操作性。

在此，向为本教材的编写付出辛勤劳动的行业企业的领导、专家、工程技术人员表示崇高的敬意和诚挚的谢意！

广东交通职业技术学院

道路桥梁工程技术专业（群）教材编审委员会

2012年12月20日

序

前　言

本书是广东交通职业技术学院骨干院校建设成果之一,是重点建设专业道路桥梁工程技术专业(群)优质核心课程建设内容的一部分。本书是根据高等职业技术教育的要求,结合工程材料的新技术标准和施工规程编写的。

本书共有11个教学单元,主要介绍了建筑材料的基本性质、建筑用砂石材料及石材、气硬性胶凝材料、水硬性胶凝材料、水泥混凝土、建筑砂浆、建筑钢材、墙体材料、建筑防水材料、建筑塑料、建筑装饰材料及典型建筑材料试验等。每个单元根据材料的特点,分为若干个学习情境。

本书由广东交通职业技术学院余素萍担任主编,广东交通职业技术学院徐凯燕担任副主编。其中单元一～三由余素萍编写;单元四～七由余素萍和河源市公路工程总公司李加和共同编写;单元八～十一由徐凯燕和广州市番禺区番路工程有限公司刘峰增共同编写,附录由徐凯燕和广州市承信公路工程检验有限公司余朝阳共同编写。全书由余素萍负责统稿,广东省公路规划勘察设计院有限公司张修杰主审。

本书可作为高职高专建筑工程技术、工程造价、房地产、城市轨道交通工程技术、工程监理等专业的教材和教学用书,也可供相关专业高职及中职院校教师和工程技术人员参考。

本书编写过程中得到了很多校企合作单位的支持,在此表示最诚挚的谢意。

由于编者水平有限,书中难免有不妥之处,敬请谅解。如有读者在使用过程中发现问题,或者有建议、意见,恳请向编者提出宝贵意见,请发至编者邮箱:ysphseep@163.com。

编　者

2012年12月

目　　录

绪　论

一、建筑材料的定义与分类

建筑材料是建筑工程结构物所用各种材料及其制品的总称。建筑材料是建筑工程的物质基础,建筑物或构筑物本质上都是所用建筑材料的一种"排列组合"。

建筑材料种类繁多,为了研究、使用和叙述的方便,常从不同的角度对建筑材料进行分类。

(1)按照材料的使用功能,其可分为结构材料、防水材料、装饰材料、功能(声、光、电、热、磁等)材料等。

(2)根据工程材料在工程结构物中的部位(以工业与民用建筑为例),其可分为承重材料、屋面材料、墙体材料和地面材料等。

(3)根据建筑材料组成物质的种类和化学成分,其可分为无机材料、有机材料和复合材料三大类,如表 0-1 所示。

建筑材料分类　　表 0-1

<table>
<tr><td rowspan="13">建筑材料分类</td><td rowspan="6">无机材料</td><td rowspan="2">金属材料</td><td>黑色金属:钢、铁</td></tr>
<tr><td>有色金属:铝、铜等及其合金</td></tr>
<tr><td rowspan="4">非金属材料</td><td>天然石材:砂石及各种石材制品</td></tr>
<tr><td>烧土及熔融制品:烧结砖、瓦、陶瓷及玻璃等</td></tr>
<tr><td>胶凝材料:石膏、石灰、水泥、水玻璃等</td></tr>
<tr><td>混凝土及硅酸盐制品:混凝土、砂浆及硅酸盐制品</td></tr>
<tr><td rowspan="3">有机材料</td><td>植物质材料</td><td>木材、竹材及其制品</td></tr>
<tr><td>沥青材料</td><td>石油沥青、煤沥青、沥青制品</td></tr>
<tr><td>高分子材料</td><td>塑料、涂料、胶黏剂</td></tr>
<tr><td rowspan="2">复合材料</td><td>无机材料基复合材料</td><td>水泥刨花板、混凝土、砂浆、纤维混凝土</td></tr>
<tr><td>有机材料基复合材料</td><td>沥青混凝土、玻璃纤维增强塑料(玻璃钢)、胶合板、纤维板等</td></tr>
</table>

二、建筑材料在工程建设中的地位

建筑材料是我国国民经济的支柱,是建筑生产活动的基础,与建筑设计、建筑结构、建筑施工一样,是建筑工程中很重要的组成部分。

(1)建筑材料是工程建设中不可缺少的物质基础。各种建筑物和构筑物都是在合理设计的基础上,由各种材料建造而成的。建筑材料的品种、规格及质量都直接关系到建筑物的适用性、艺术性及耐久性等。材料质量的优劣、配制是否合理、选用是否恰当,直接影响着建筑物的质量。

(2)建筑材料决定着工程造价和经济效益。在工程建设的费用中,材料费用占50%~60%,某些重要的工程的材料费用甚至可以高达70%~80%。因此,在保证材料质量的前提下,正确合理地选配和使用材料,是节约工程投资,降低工程造价的重要环节。

(3)材料科学的进步可以促进工程技术的发展。随着社会生产力和科学技术的不断进步,建筑材料也在逐步发展。建筑工程中很多技术问题的突破和创新,常决定了材料的突破和创新,而新的材料的出现,又将促进结构、设计及施工技术的革新。

三、建筑材料的发展概况和发展方向

建筑材料的生产和使用是随着人类社会生产力的发展和科学技术水平的提高而逐步发展起来的。在人类历史发展过程中,建筑材料有过三次重大突破,带来了建筑技术的三次大飞跃。

远古时代,人类只能依赖大自然的恩赐,"巢处穴居"。进入石器、铁器时代,人类利用简单的生产工具能够挖土、凿石为洞,伐木搭竹为棚,从巢处穴居进入了稍经加工的土、石、木、竹构成的棚屋,为简单地利用材料迈出了可喜的一步。

公元前3世纪,人类学会用黏土烧制砖、瓦,用岩石烧制石灰、石膏。与此同时,木材的加工技术和金属的冶炼与应用,也有了相应的发展。此时,材料的利用才由天然材料进入到人工生产阶段,得以建造大量的、有一定规模的、坚固耐用的各种建筑。这是人类建筑技术的第一次飞跃。

19世纪,水泥、混凝土的出现,钢铁工业的发展,使得钢结构、钢筋混凝土结构应运而生,也使建筑物结构的形式和规模有了巨大的发展。这是工程建设的第二次大飞跃。

随着20世纪30年代人工合成材料的问世,各种高分子材料和有机、无机、金属、非金属的复合材料迅速发展。这些轻质、高强、多功能的材料,大大地减轻了材料的自重,为建筑物向高层空间发展创造了条件。这是建筑技术的第三次大飞跃。

21世纪,随着人类环保意识的不断加强,为适应时代发展的需要,必须不断研究材料技术,开发新型产品,新型材料的发展趋势必然向着轻质高强、复合多功能、综合利用、工业化生产、环保节能的方向发展,适应不断提高的人们生活水平的需求。

四、建筑材料的技术标准

建筑工程中使用的各种材料及其制品,其生产、销售、采购、验收及质量检验,均应具有满足使用功能和所处环境要求的某些性能,而材料及其制品的性能或质量指标必须用科学方法所测得的确切数据来表示。为使测得的数据能在有关研究、设计、生产、应用等各部门得到承认,有关测试方法和条件、产品质量评价标准等均由专门机构制定并颁发"技术标准",并作出详尽明确的规定,以此作为共同遵循的依据。这也是现代工业生产各个领域的共同需要。

我国常用的技术标准,按照其适用范围,可分为国家标准、行业标准、地方标准和企业标准共四个等级。各种标准都有自己的代号、编号和名称。标准代号反映该标准的等级和发布单位,用汉语拼音字母表示。如2007年制定的国家强制性175号通用硅酸盐水泥的标准,标记为《通用硅酸盐水泥》(GB 175—2007),编号表示标准的顺序号和颁布年份号,用阿

拉伯数字表示;名称用汉字表达,如:

GB	175	—2007	通用硅酸盐水泥
代号	顺序号 编号	批准年份	名称 汉字

国家标准,是指对全国经济、技术发展有重大意义,必须在全国范围内统一的标准,简称"国标"。国家标准由国务院标准化行政主管部门编制计划,组织草拟、统一审批、编号、发布。如:

GB——全国强制性标准;

GB/T——全国推荐性标准;

GBJ——全国建筑工程技术方面的标准。

行业标准,主要是指全国性各专业范围内统一的标准,简称"行标",包括部级标准和专业标准。这种标准由国务院有关行政主管部门制定,并报国务院标准化行政主管部门备案。

企业标准"QB",凡没有制定国家标准、行业标准的产品或工程,都要制定企业标准。这种标准是指仅限于企业范围内适用的技术标准,简称"企标"。为了不断提高产品或工程质量,企业可以制定比国家标准或行业标准更先进的产品质量标准。

地方标准"DB",对没有国家标准和行业标准而又需要在省、自治区、直辖市范围内统一的工业产品的安全、卫生要求,可以制定地方标准。地方标准由省、自治区、直辖市标准化行政主管部门制定,并报国务院标准化行政主管部门和国务院有关行政主管部门备案,在公布国家标准或者行业标准之后,该地方标准即应废止。现将国家标准及部分行业标准列于表0-2中。

国家及行业标准代号 表0-2

标准名称	代号	标准名称	代号
国家标准	GB	交通行业	JT
建材行业	JC	冶金行业	YB
建工行业	JG	石化行业	SH
铁道部	TB	林业行业	LY

随着国家经济技术的迅速发展和对外技术交流的增加,我国还引入了不少国际和国外技术标准,现将常见的标准列于表0-3,以供参考。

国际组织及几个主要国家标准 表0-3

标准名称	代号	标准名称	代号
国际标准	ISO	德国工业标准	DIN
国际材料与结构试验研究协会	RILEM	韩国国家标准	KS
美国材料试验协会标准	ASTM	日本工业标准	JIS
英国标准	BS	加拿大标准协会	CSA
法国标准	NF	瑞典标准	SIS

五、本课程的内容、任务和学习方法

建筑材料是一门实用性很强的专业基础课。它除了为后续的建筑结构、建筑施工技术等专业课提供必要的基础知识外,也为在工程实际中解决材料问题提供一定的基本理论知识和基本试验技能。主要内容涉及常用建筑材料的原材料、生产、组成、性质、技术标准(质量要求和检验)、特点与应用、运输与储存等方面。材料的基本性质、水泥混凝土、墙体材料、建筑钢材为重点章节,学生在学习过程中应引起足够重视。

本课程的主要任务是使学生通过学习,获得建筑材料的基本知识,掌握建筑材料的技术性质和应用技术及试验检测技能,同时对建筑材料的储运和保管也应有相应了解,以便在今后的工作中能正确选择和合理使用建筑材料。本课程的学习亦为学习建筑、结构、施工等后续专业课的基础。

建筑材料的内容庞杂、品种繁多,涉及许多学科或课程,其名词、概念和专业术语多,各种建筑材料相对独立,各章之间的联系较少。此外,本课程公式推导少,以叙述为主,许多内容为实践规律的总结。因此,学习建筑材料时应从材料科学的观点和方法及实践的观点出发,否则就会感到枯燥无味,难以掌握材料组成、性质、应用以及它们之间的相互联系。学习建筑材料时,应以材料的技术性质、质量检验及其在工程中的应用为重点,掌握各项性能之间的有机联系。

密切联系工程实际,重视试验课并做好试验。试验是本门课程的重要教学环节。通过试验可以使学生学会各种常用材料的试验方法,能对建筑材料进行合格性判断和验收,同时可培养学生的科学研究能力和严谨续密的科学进度。做试验时,要求严格按照试验方法,一丝不苟;要了解试验条件对试验结果的影响,并能对试验数据、试验结果进行正确的分析和判断。

单元一　建筑材料的基本性质

内容提要

本单元主要介绍材料的物理性质、力学性质、化学性质和耐久性等。通过本单元的学习，要求了解材料基本性质的概念，熟悉有关参数及计算公式，掌握建筑材料的基本性质与材料组成、结构之间的关系。

不同的建筑材料在工程结构物中起着不同的作用，因而要求建筑材料具有相应的不同性质。例如，结构材料应具有一定的力学性质，屋面材料应具有一定的防水、保温、隔热等性质，墙体材料应具有一定的强度、保温、隔热、隔音等性质，地面、机场跑道和路面应具有一定的耐磨性质等。

建筑材料的性质是多方面的，归纳起来包括材料的物理性质、力学性质、热工性质、声学性质、光学性质、工艺性质和耐久性质等。本单元主要学习材料的物理性质、力学性质、耐久性。

学习情境一　建筑材料的基本物理性质

一、材料的体积

材料的体积指材料占有的空间尺寸。因为材料具有不同的物理性质，因而表现出不同的体积。根据材料内部排列特点，可将材料的体积分为几个类别，如图 1-1 所示。

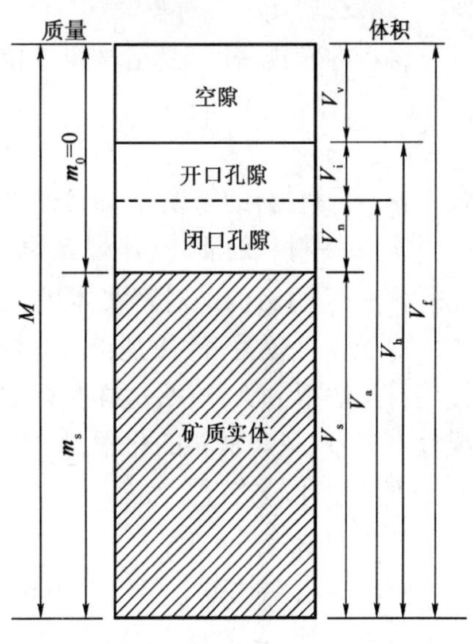

图 1-1　材料体积与质量关系示意图

1. 材料的绝对密实体积

材料在绝对密实状态下的体积，亦称为真体积，即材料内部没有孔隙时的体积，或不包括内部孔隙的材料体积，一般以 V_s 表示。除了钢材、玻璃等少数的材料之外，绝大多数材料都有一些孔隙。在测定孔隙材料密实体积时，应把材料磨成细粉，干燥后用李氏瓶测定其体积。材料磨得越细，测得的数值就越精确。砖、石块等真体积就是用此方法测得的。

2. 材料的表观体积

表观体积包含材料真体积和闭口孔隙体积，一般以 V_a 表示。在测量某些致密的、不规则的散粒材料（如卵石、砂等）的体积时，直接以颗粒状材料为试样，用排水法测定其体积。材料中部分与外部不连通的封闭的孔隙无法排除，此体积即为表观体积。

3. 材料的毛体积

材料的毛体积是指材料在自然状态下的体积，即整体材料的外观体积（包括真体积、闭口孔隙、开口孔隙），一般以 V_h 表示。对于外形规则的材料，可直接按外形尺寸计算其体积；对于外形不规则的材料，可将其加工成规则外形后求得体积。

4. 材料的堆积体积

材料的堆积体积是指粉状或者粒状材料，在堆积状态下的总体外观体积（包含材料真体积、闭口孔隙、开口孔隙及颗粒之间的空隙）。根据堆积状态的不同，同一种材料表现体积的大小可能不同，通常研究松散堆积体积和密实堆积状态体积。材料的堆积密度一般用 V_f 来表示。

二、材料的各种密度指标

表征材料的质量与其体积之间相互关系的主要参数——密度、体积密度、表观密度、堆积密度以及密实度、孔隙率、空隙率及填充率等，是建筑材料最基本的物理性质。

1. 密度

材料在绝对密实状态下单位体积的质量，称为材料的密度（俗称比重）。其计算式如下：

$$\rho_s = \frac{m_s}{V_s}$$

式中：ρ——材料的密度，g/cm^3；

m_s——材料的质量（干燥至恒量），g；

V_s——材料的绝对密实体积，cm^3。

密度的单位在国际单位制中为 kg/m^3。我国建设工程中一般用 g/cm^3，偶尔用 kg/m^3。忽略不写时，隐含的单位为 g/cm^3，如水的密度为 1。

材料的密度大小，与材料的孔隙、空隙多少及含水情况没有关系，只和材料的化学、矿物组成有关。

2. 表观密度

材料的表观密度，是指材料单位表观体积的质量。其计算式如下：

$$\rho_a = \frac{m_s}{V_a}$$

式中：ρ_a——材料的密度，g/cm^3；

m_s——材料的质量（干燥至恒量），g；

V_a——材料的绝对密实体积，cm^3。

对于自身较为密实的颗粒状材料，如配制混凝土用的砂、石等材料，可不必磨成细粉，直接用排水法得到其体积，这样测得的结果就是表观密度。表观密度的大小，与材料的含水情况没有关系，只和材料的化学、矿物组成及闭口孔隙多少有关，对于密实材料的表观密度，与其密度大小比较接近。

3. 体积密度

材料在自然状态下单位毛体积的质量，称为材料的体积密度。其按下式计算，即：

$$\rho_h = \frac{m}{V_h}$$

式中：ρ_h——材料的体积密度，kg/m^3；

m——材料的质量，kg；

V_h——材料在自然状态下的体积，m^3。

材料的体积密度包含了材料内部孔隙。其孔隙的多少，孔隙中是否含有水及含水的多少，均可能影响其总质量（有时还影响其毛体积）。因此，材料的体积密度除了与其微观结构和组成有关外，还与其孔隙内部构成状态及含水状态有关。当材料孔隙内含有水分时，其质量和体积均有所变化，故测定体积密度时需注明其含水情况。材料的含水状态有风干（气干）、烘干、饱和面干和湿润四种，一般为气干状态。烘干状态下的体积密度叫干体积密度。

4. 堆积密度

散粒材料（指粉状、粒状材料）在自然堆积状态下，单位体积的质量称为堆积密度。其计算公式为：

$$\rho_f = \frac{m}{V_f}$$

式中：ρ_f——散粒材料堆积密度，kg/m^3；

m——散粒材料的质量，kg；

V_f——散粒材料的堆积体积，m^3。

粉状或粒状材料的质量是指填充在一定容器内的材料质量，其堆积体积是指所用容器的容积。因此，材料的堆积体积包含了颗粒之间的空隙。

材料的密度、表观密度、体积密度和堆积密度，是材料的主要物理性质。在建筑工程中，计算材料和构件的自重、材料的用量，以及计算配料、运输台班和堆放场地时，经常要用到材料的各项密度数据。现将常用建筑材料的密度、表观密度、体积密度以及堆积密度列于表1-1中。

几种常用材料的基本物理参数　　表1-1

材料名称	密度ρ (g/cm^3)	表观密度ρ_a (g/cm^3)	体积密度ρ_h (kg/m^3)	堆积密度ρ_f (kg/m^3)	孔隙率 (%)	空隙率 (%)
花岗岩	2.80	—	2500~2900	—	0.50~3.00	—
碎石	—	2.60	—	1400~1700	—	35~45
砂	—	2.60	—	1450~1650	—	35~45
普通黏土砖	2.50~2.70	—	1600~1800	—	20~40	—
水泥	2.90~3.10	—	—	1200~1300		55~60
普通混凝土	2.60~2.80	—	2300~2500	—	5~20	—
轻集料混凝土	—	—	800~1900	—	70~80	—
木材	1.55	—	400~800	—	55~75	—
钢材	7.85	—	7850	—	0	—

三、材料的密实度与孔隙率

1. 密实度

材料体积内被固体物质所充实的程度称为密实度（D），即：

$$D = \frac{V_s}{V_h} \times 100\% \quad 或 \quad D = \frac{\rho_h}{\rho} \times 100\%$$

2. 孔隙率

材料体积内孔隙体积所占的比例称为孔隙率(ρ),即:

$$P = \frac{V_h - V_s}{V_h} \times 100\% = \left(1 - \frac{V_s}{V_h}\right) \times 100\% = \left(1 - \frac{\rho_h}{\rho_s}\right) \times 100\%$$

$$D + P = 1$$

孔隙率的大小反映了材料的致密程度。材料的许多性能,如强度、吸水性、耐久性、导热性等均与其孔隙率有关;此外,还与材料内部孔隙的结构有关。孔隙结构包括孔隙的数量、形状、大小、分布以及连通与封闭等情况。

四、材料的填充率与空隙率

1. 填充率

散粒材料在堆积状态下,其颗粒的填充程度称为填充率(D'),即:

$$D' = \frac{V_a}{V_f} \times 100\% \quad 或 \quad D' = \frac{\rho_f}{\rho_a} \times 100\%$$

2. 空隙率

散粒材料在堆积状态下,颗粒之间的空隙体积所占的比例称为空隙率(P'),即:

$$P' = \left(\frac{V_f - V_a}{V_f}\right) \times 100\% = \left(1 - \frac{V_a}{V_f}\right) \times 100\% = \left(1 - \frac{\rho_f}{\rho_a}\right) \times 100\%$$

$$D' + P' = 1$$

空隙率的大小表征着散粒材料颗粒间相互填充的致密程度。空隙率可作为控制混凝土集料级配与计算砂率的依据。

【例 1-1】有一块烧结普通砖,在吸水饱和状态下质量为 2900g,其绝干质量为 2550g。砖的尺寸为 240mm × 115mm × 53mm,经干燥并磨成细粉后取 50g,用排水法测得绝对密实体积为 18.62cm^3。试计算该砖的密度、体积密度、孔隙率。

解: 该砖的密度为:

$$\rho = \frac{m}{V} = \frac{50}{18.62} = 2.69 g/cm^3$$

表观密度为:

$$\rho_h = \frac{m}{V_0} = \frac{2550}{24 \times 11.5 \times 5.3} = 1.74 g/cm^3$$

孔隙率为:

$$P = 1 - \frac{\rho_h}{\rho_s} = 1 - \frac{1.74}{2.69} = 35.3\%$$

五、材料与水有关的性质

在建筑工程中,绝大多数建筑物和构筑物在不同程度上都要与水接触,有些材料能被水润湿,有些材料则不能被水润湿。根据材料被水润湿的程度,可将材料分为亲水材料和憎水材料。

1. 亲水性与憎水性

材料具有亲水性或憎水性的根本原因在于材料的分子结构。亲水性材料与水分子之间的分子亲和力,大于水分子本身之间的内聚力;反之,憎水性材料与水分子之间的亲和力,小于水分子本身之间的内聚力。

工程实际中,材料是亲水性或憎水性,通常以润湿角的大小划分。润湿角为在材料、水和空气的交点处,沿水滴表面的切线与水和固体接触面所成的夹角。其中润湿角越小,表明材料越易被水润湿,如图1-2所示。

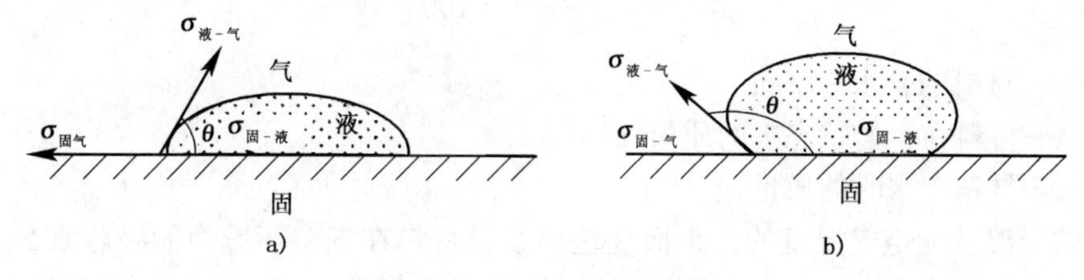

图1-2 材料的亲水性和憎水性

a)亲水性材料;b)憎水性材料

一般认为:当$\theta \leq 90°$时,水分子之间的内聚力小于水分子与材料分子间的相互吸引力,此种材料称为亲水性材料;当$\theta > 90°$时,水分子之间的内聚力大于水分子与材料分子间的吸引力,此种材料称为憎水性材料。大多数的建筑材料,比如砖、混凝土、木材、钢材等都为亲水性材料,憎水性材料则主要有沥青、石蜡、塑料等。

2. 吸水性

材料在水中吸收水分的性质称为吸水性。材料吸水能力的大小用吸水率表示。吸水率有两种表示方法:质量吸水率和体积吸水率。

(1)质量吸水率是指材料在吸水饱和时,所吸收水分的质量占材料干质量的百分率。

$$W = \frac{m_1 - m}{m} \times 100\%$$

式中:W——材料的质量吸水率,%;

m——材料在干燥状态下的质量,g;

m_1——材料在吸水饱和状态下的质量,g。

(2)体积吸水率是指材料在吸水饱和时,所吸收水分的体积占干燥材料总体积的百分率。

$$W_V = \frac{m_{湿} - m_{干}}{V_0} \cdot \frac{1}{\rho_{水}} \times 100\%$$

式中:W_V——材料的体积吸水率,%;

V_0——干燥材料的总体积,cm^3;

$\rho_{水}$——水的密度,g/cm^3。

常用的建筑材料,其吸水率一般采用质量吸水率表示。对于某些轻质材料,如加气混凝土、木材等,由于其质量吸水率往往超过100%,一般采用体积吸水率表示。

由于材料的亲水性以及开口孔隙的存在,大多数材料都具有吸水性,所以材料中通常均含有水分。

材料的吸水性不仅与其亲水性及憎水性有关,也与其孔隙率的大小及孔隙特征有关。一般孔隙率越高,其吸水性越强。对于封闭孔隙,水分不易进入;对于粗大开口孔隙,不易吸满水分;具有细微开口孔隙的材料,其吸水能力特别强。

各种材料因其化学成分和结构构造不同,其吸水能力差异极大,如致密岩石的吸水率只有0.50%~0.70%,普通混凝土为2.00%~3.00%,普通黏土砖为8.00%~20.00%,木材及其他多孔轻质材料的吸水率则常超过100%。

3. 吸湿性

材料在湿空气中吸收水分的性质称为吸湿性，用含水率表示，即：

$$W_{含} = \frac{m_{含} - m}{m} \times 100\%$$

式中：$W_{含}$——材料的含水率，%；

m——材料在干燥状态下的质量，g；

$m_{含}$——材料含水时的质量，g。

材料的吸湿性随空气湿度的大小而变化。干燥材料在潮湿环境中能吸收水分，而潮湿材料在干燥的环境中也能放出（又称蒸发）水分，这种性质称为还水性。材料最终与一定温度下的空气湿度达到平衡状态。多数材料在常温常压下均含有一部分水分，这部分水的质量占材料干燥质量的百分率称为材料的含水率。与空气湿度达到平衡时的含水率称为平衡含水率。木材具有较大的吸湿性。吸湿后木材制品的尺寸将发生变化，强度也将降低；保温隔热材料吸入水分后，其保温隔热性能将大大降低；承重材料吸湿后，其强度和变形也将发生变化。因此，在选用材料时，必须考虑吸湿性对其性能的影响，并采取相应的防护措施。

4. 材料的含水状态

亲水性材料的含水状态可分为四种基本状态（图1-3）。

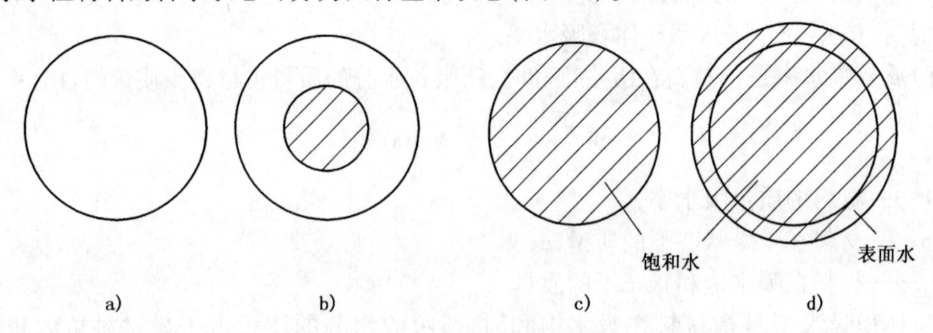

图1-3 材料的含水状态

a）干燥状态；b）气干状态；c）饱和面干状态；d）表面湿润状态

（1）干燥状态——材料的孔隙中不含水或含水极微。

（2）气干状态——材料的孔隙中含水时其相对湿度与大气湿度相平衡。

（3）饱和面干状态——材料表面干燥，而孔隙中充满水达到饱和。

（4）表面湿润状态——材料不仅孔隙中含水饱和，而且表面上被水润湿附有一层水膜。

除上述四种基本含水状态外，材料还可以处于两种基本状态之间的过渡状态中。

5. 耐水性

材料长期在饱和水的作用下抵抗破坏，保持原有功能的性质称为耐水性。材料的耐水性常用软化系数K_R表示：

$$K_R = \frac{f_{饱}}{f_{干}}$$

式中：K_R——材料的软化系数；

$f_{饱}$——材料在吸水饱和状态下的极限抗压强度，MPa；

$f_{干}$——材料在绝干状态下的极限抗压强度，MPa。

由上式可知，K_R值的大小表明材料浸水后强度降低的程度。一般材料在水的作用下，其强度均有所下降。这是由于水分进入材料内部后，削弱了材料微粒间的结合力所致。如果材料中含有某些易于被软化的物质如黏土等，这将更为严重。因此，在某些工程中，软化系数K_R的大小成为选择材料的重要依据。一般次要结构物或受潮较轻的结构所用的材料K_R值应不低于0.75；受水浸泡或处于潮湿环境的重要结构物的材料，其K_R值应不低于0.85；特殊情况下，K_R值应当更高。

【例1-2】某石材在气干、绝干、水饱和情况下测得的抗压强度分别为174MPa、178MPa、165MPa，求该石材的软化系数，并判断该石材可否用于水下工程。

解：该石材的软化系数为：

$$K_R = \frac{f_b}{f_g} = \frac{165}{178} = 0.93$$

由于该石材的软化系数为0.93，大于0.85，故该石材可用于水下工程。

6. 抗渗性

材料在压力水作用下，抵抗渗透的性质称为抗渗性。材料的抗渗性一般用渗透系数K表示：

$$K = \frac{Qd}{AtH}$$

式中：K——渗透系数，cm/h；

Q——渗水总量，cm^3；

d——试件厚度，cm；

A——渗水面积，cm^2；

t——渗水时间，h；

H——静水压力水头，cm。

抗渗性也可用抗渗等级（记为Pn）表示，即以规定的试件在标准试验条件下所能承受的最大水压（MPa）来确定。其中字母“P”是抗渗等级代号，数字“n”代表材料不发生渗透的前提下，所能承受的最大水压力。如P6、P8、P10分别代表材料能够承受0.6MPa、0.8MPa、1.0MPa的水压力而不发生渗水。

渗透系数越小的材料其抗渗性越好。材料抗渗性的高低与材料的孔隙率和孔隙特征有关。绝对密实的材料或具有封闭孔隙的材料，水分难以透过。对于地下建筑及桥涵等结构物，由于经常受到压力水的作用，要求材料应具有一定的抗渗性。对用于防水的材料，其抗渗性的要求更高。

7. 抗冻性

材料在吸水饱和状态下，抵抗多次冻融循环的性质称为抗冻性，用抗冻等级（记为Fn）表示，分F10、F15、F25、F50、F100等抗冻等级，其中字母“F”是抗冻等级的代号，数字“n”代表材料经历的冻融循环次数。如F50代表材料经过50次冻融循环后，材料尚未严重破坏，即质量损失不大于5%、强度损失不大于25%、裂纹开展不超限。

冰冻的破坏作用是由于材料中含有水，水在结冰时体积膨胀约9%，从而对孔隙产生压力而使孔壁开裂。冻融循环的次数越多，对材料的破坏作用越严重。

影响材料抗冻性的因素很多，主要有材料的孔隙率、孔隙特征、吸水率及降温速度等。一般来说，孔隙率小的材料抗冻性高；封闭孔隙含量多，抗冻性更高。

六、材料的热工性质

建筑物的功能除了实用、安全、经济外，还要为人们创造舒适的生产、工作、学习和生活环境。因此，在选用材料时，需要考虑材料的热工性质。

1. 导热性

材料传导热量的性质称为导热性。材料的导热能力用导热系数 λ 表示，即：

$$\lambda = \frac{Qd}{(t_1 - t_2)FZ}$$

式中：λ——导热系数，W/(m·K)；

Q——传导热量，J；

d——材料厚度，m；

$t_1 - t_2$——材料两侧温度差，K；

F——材料传热面积，m^2；

Z——传热时间，s。

导热系数的物理意义是：在一块面积为 $1m^2$、厚度为 1m 的壁板上，板的两侧表面温度差为 1K 时，在单位时间内通过板面的热量。因此，λ 值越小，材料的绝热性能越好。

各种建筑材料的导热系数差别很大，大致在 0.03～3.30W/(m·K)之间，如泡沫塑料 λ=0.03W/(m·K)，而大理石 λ=3.30W/(m·K)，如表 1-2 所示。习惯上，把导热系数不大于 0.175W/(m·K)的材料称为绝热材料。

几种典型材料的热工性质指标　表 1-2

材　料	导热系数[W/(m·K)]	比热容[J/(g·K)]
铜	370	0.38
钢	55	0.46
花岗岩	2.9	0.80
普通混凝土	1.8	0.88
烧结普通砖	0.55	0.84
松木(横纹)	0.15	1.63
泡沫塑料	0.03	1.30
冰	2.20	2.05
水	0.60	4.19
密闭空气	0.025	1.00

影响材料导热系数的主要因素有材料的化学成分及其分子结构、材料的孔隙率、孔隙特征、材料的湿度和温度状况等。由于密闭空气的导热系数很小[λ=0.025W/(m·K)]，所以，一般材料的孔隙率越大，其导热系数就越小(粗大而贯通孔隙除外)。

材料受潮或冻结后，其导热系数将有所增加。这是因为水的导热系数 λ=0.60W/(m·K)，而冰的导热系数 λ=2.20W/(m·K)，它们都远大于空气的导热系数。

一般认为，导热系数 $\lambda \leq 0.23$W/(m·K)的材料，可作为保温材料。保温材料经常处于干燥状态，以发挥其保温效果。

2. 比热容及热容量

材料在受热时要吸收热量，在冷却时要放出热量，吸收或放出的热量按下式计算：

$$Q = C \cdot m(t_2 - t_1)$$

式中：Q——材料吸收或放出的热量，J；

C——材料的比热容，J/(g·K)；

m——材料的质量，g；

$t_2 - t_1$——材料受热或冷却前后的温度差，K。

比热容的物理意义为1g材料温度升高或降低1K时所吸收或放出的热量。材料的比热容主要取决于矿物成分和有机质的含量。无机材料的比热容比有机材料的比热容小。

湿度对材料的比热容也有影响，随着材料湿度的增加，比热容也会提高。

比热容C与材料质量m的乘积称为材料的热容量。采用热容量大的材料作围护结构，对维持建筑物内部温度的相对稳定十分重要。热容量较大、导热系数较小的材料，才是良好的绝热材料。

学习情境二　建筑材料的力学性质

材料的力学性质通常是指材料在外力(荷载)作用下的变形性质及抵抗外力破坏的能力。

一、强度

材料的强度是材料在应力的作用下抵抗破坏的能力。在工程实际中，通常采用破坏试验法对材料的强度进行测定。将预先制作好的试件放在材料试验机上，施加外力直至破坏。根据试件的尺寸、破坏荷载值，计算材料的强度。

根据外力作用方式的不同，材料强度有抗压强度[图1-4a)]、抗拉强度[图1-4b)]、抗弯强度[图1-4c)]和抗剪强度[图1-4d)]等。

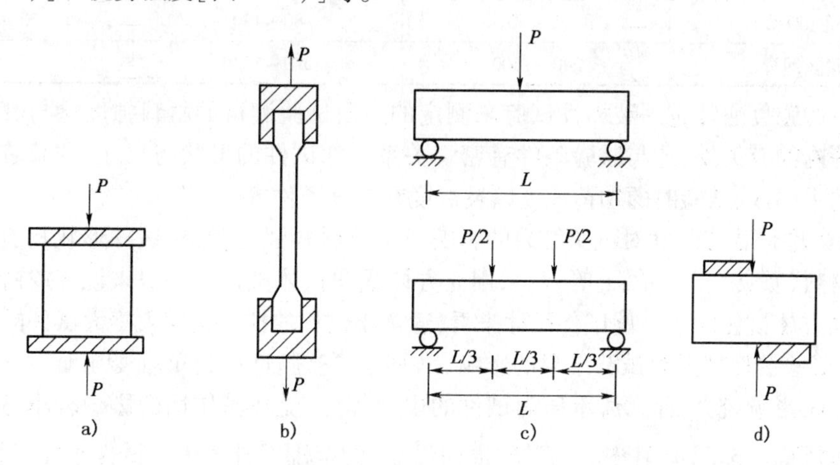

图1-4　材料所受外力示意图

a)抗压强度；b)抗拉强度；c)抗弯强度；d)抗剪强度

材料的拉伸、压缩及剪切为简单受力状态，其强度按下式计算：

$$f = \frac{P}{F}$$

式中：f——材料强度，MPa；

P——材料破坏时的最大荷载，N；

F——材料受力截面面积，mm^2。

材料受弯时，其应力分布比较复杂，强度计算公式也不一致。一般是将条形试件放在两支点上，中间加一集中荷载。对矩形截面的试件，其抗弯强度按下式计算：

$$f_{弯} = \frac{3PL}{2bh^2}$$

有时可在跨度的三分点上加两个相等的集中荷载，此时其抗弯强度按下式计算：

$$f_{弯} = \frac{PL}{bh^2}$$

式中：$f_{弯}$——材料的抗弯强度，MPa；

P——材料弯曲破坏时的最大荷载，N；

L——两支点间的距离，mm；

bh——试件横截面的宽度及高度，mm。

材料的强度与其组成和构造有关。不同种类的材料抵抗外力的能力不同；同类材料当其内部构造不同时，其强度也不同。致密度越高的材料，强度越高。同类材料抵抗不同外力作用的能力也不相同；尤其是内部构造非匀质的材料，其在不同外力作用下的强度差别很大。如混凝土、砂浆、砖、石和铸铁等，其抗压强度较高，而抗拉、弯(折)强度较低；钢材的抗拉、抗压强度都较高。表1-3是几种常用材料的强度值。

几种常用材料的强度(单位：MPa) 表1-3

材料种类	抗压强度	抗拉强度	抗弯强度
花岗岩	100~250	5~8	10~14
普通黏土砖	5~20	—	1.6~4.0
普通混凝土	5~60	1~9	4.8~6.1
松木(顺纹)	30~50	80~120	60~100
建筑钢材	240~1500	240~1500	—

材料的强度通常是用破坏性试验来测定的。由试验测得的材料强度除与其组分、结构及构造等内因有关外，还与试验条件有密切关系。如试件的形状与尺寸、试验装置情况、试件表面的平整度、试验时的加荷速度以及温度和湿度条件等。

(1)试件形状与尺寸对试验结果的影响。试验材料强度时，对试件形状均有明确规定，对脆性材料(如砖、石、混凝土等)常采用立方体或圆柱体试件。一般来说，圆柱体试件的强度值比立方体试件的小。就试件尺寸来看，通常小试件的抗压强度大于大试件的抗压强度。

(2)试验装置情况对试验结果的影响。如上所述，脆性材料单轴受压时，试件的承压面受环箍作用影响较大，而远离承压面试件的中间部分，受环箍作用的影响较小，这种影响大约在距承压面$(\sqrt{3}/2)a$(其中a为试件横向尺寸)的范围以外消失。试件破坏以后形成两个顶角相接的截头角锥体，如图1-5所示，就是这种约束作用造成的结果。

若在试件承压面上涂以润滑剂，则环箍作用将大大减弱，试件将出现直裂破坏，测得强度也较低，如图1-6所示。

(3)试件表面的平整度对试验结果的影响。试件受压面是否平整，对强度也有影响。如受压面上有凹凸不平或缺棱掉角等缺陷时，将会出现应力集中现象而降低强度。

(4)加荷速度对试验结果的影响。试验时的加荷速度对所测强度值也有影响。因为材料破坏是在变形达到一定程度时发生的，当加荷速度过快时，由于变形的增长滞后于荷载增长，所以破坏时测得的强度值较高；反之，测得的强度值较低。

（5）试验时的温度、湿度对试验结果的影响。一般来说，温度升高时材料的强度将降低，沥青混合料受温度波动的影响尤其显著。材料的强度还与其含水状态有关，一般湿度材料比干燥材料的强度低。

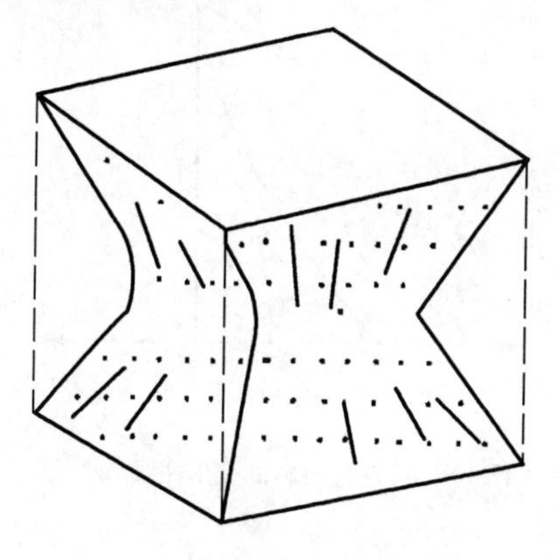

图 1-5　试块破坏后残存的棱柱体

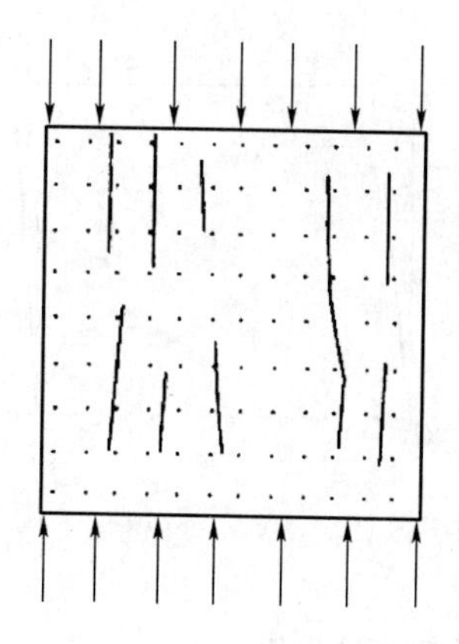

图 1-6　无摩擦阻力时试块的破坏情况

除上述诸因素外，试验机的精度、操作人员的技术水平等都对试验强度值的准确性有影响。所以，材料的强度试验，只能提供一定条件下的强度指标。应当指出，不仅强度试验结果如此，材料其他性质的试验结果也带有条件性。为了得到具有可比性的试验结果，就必须严格遵照规定的标准试验方法进行试验。

承重的结构材料除了承受外力，尚需承受自身重力。因此，不同强度材料的比较，可采用比强度指标。比强度是指单位体积质量的材料强度，它等于材料的强度与其表观密度之比。它是衡量材料是否轻质、高强的指标。以钢材、木材和混凝土为例，强度比较见表 1-4。

钢材、木材和混凝土的强度比较　　表 1-4

材　料	表观密度（kg/m^3）	抗压强度 f_c（MPa）	比强度 f_c/ρ_0
低碳钢	7860	415	0.053
松木	500	34.3（顺纹）	0.069
普通混凝土	2400	29.4	0.012

由表 1-4 数值可见，松木的比强度最大，是轻质高强材料。混凝土的比强度最小，是质量大而强度较低的材料。

二、弹性与塑性

材料在外力作用下发生变形，当外力取消后，材料能够完全恢复原来形状和尺寸的性质称为弹性。这种可以完全恢复的变形称为弹性变形（或瞬时变形），如图 1-7 所示。

材料在外力作用下发生变形，当外力取消后，材料不能恢复原来的形状和尺寸，但并不产生裂缝的性质称为塑性。这种不能恢复的变形称为塑性变形（或永久变形），如图 1-8 所示。

实际上，材料受力后所产生的变形是比较复杂的。某些材料在受力不大的条件下，表现出弹性性质，但当外力达到一定值后，则失去其弹性而表现出塑性性质。建筑钢材就是这种材料。

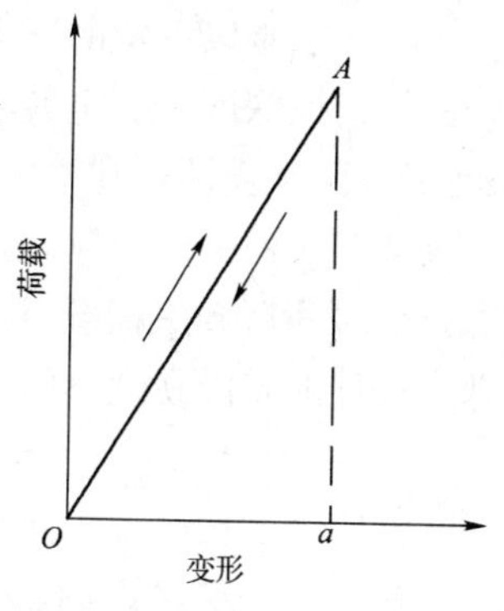

图 1-7　材料的弹性变形曲线

有的材料在外力作用下,弹性变形和塑性变形同时发生,如图1-9所示。当外力取消后,其弹性变形 ab 可以恢复,而塑性变形 Ob 则不能恢复。水泥混凝土受力后的变形就是这种情况。

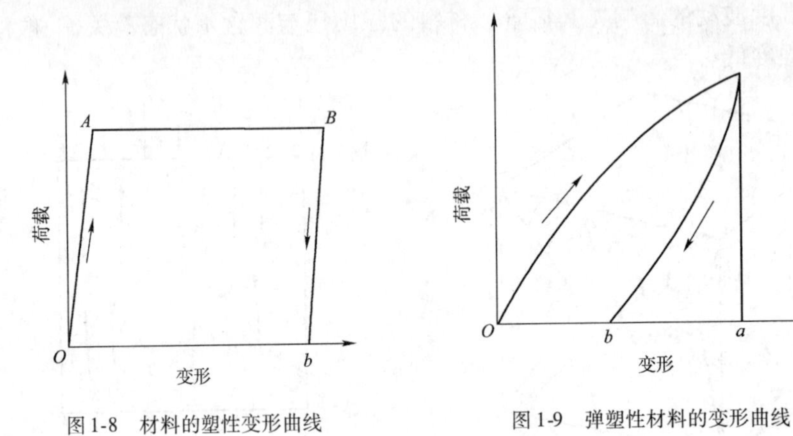

图 1-8　材料的塑性变形曲线

图 1-9　弹塑性材料的变形曲线

三、脆性与韧性

材料在冲击荷载作用下发生破坏时出现两种情况:一种是在冲击荷载作用下,材料突然破坏,破坏时不产生明显的塑性变形,材料的这种性质称为脆性;另一种是破坏时产生较大的塑性变形。一般来说,脆性材料的抗压强度远远高于其抗拉强度,这对承受振动和冲击作用是极为不利的。砖、石、陶瓷、玻璃和铸铁都是脆性材料。

韧性指材料在振动或冲击荷载作用下,能吸收较多的能量,并产生较大的变形而不破坏的性质。具有这种性质的材料称为韧性材料,如低碳钢、低合金钢、铝合金、塑料、橡胶、木材和玻璃钢等。用于道路、桥梁、轨道、吊车梁及其他受振动影响的结构,应选用韧性较好的材料。

四、材料的硬度、耐磨性

硬度是材料表面抵抗较硬物质刻划或压入的能力。测定硬度的方法很多,常用刻划法和压入法。

刻划法常用于测定天然矿物的硬度,即按滑石 1、石膏 2、方解石 3、萤石 4、磷灰石 5、正长石 6、石英 7、黄玉 8、刚玉 9、金刚石 10 的硬度递增顺序分为 10 级,通过它们对材料的划痕来确定所测材料的硬度,称为莫氏硬度。

压入法是以一定的压力将一定规格的钢球或金刚石制成的尖端压入试样表面,根据压痕的面积或深度来测定其硬度。常用的压入法有布氏法、洛氏法和维氏法,相应的硬度称为布氏硬度、洛氏硬度和维氏硬度。

如布氏法的测定原理是利用直径为 D 的淬火钢球,以荷载 P 将其压入试件表面,经规定的持续时间后卸除荷载,即得直径为 d 的压痕;以压力除以荷载 P 压痕面积 F,所得应力值即为试件的布氏硬度 HB,以数字表示,不带单位。硬度计算式如下:

$$\mathrm{HB} = \frac{2P}{\pi D(D - \sqrt{D^2 - d^2})}$$

耐磨性指材料表面抵抗磨损的能力。耐磨性常以磨损率衡量,以“G”表示,其计算式为:

$$G = \frac{m_1 - m_2}{A}$$

式中：G——材料的磨损率，g/cm^2；

$m_1 - m_2$——材料磨损前后的质量损失，g；

A——材料受磨面积，cm^2。

材料的耐磨性与材料的组成结构、构造、材料强度和硬度等因素有关。材料的结构致密、硬度较大、韧性较高时，其抵抗磨损及磨耗的能力较强。道路工程中的路面、过水路面以及涵管墩台等，经常受到车轮摩擦、水流及其挟带泥沙的冲击作用而遭受损失和破坏，这些均需要考虑材料抵抗磨损和磨耗的性能。

学习情境三　建筑材料的耐久性

工程结构物在使用过程中，除受各种力的作用外，还受到各种自然因素长时间的破坏作用。为了保持结构物的功能，要求用于结构物中的各种材料具有良好的耐久性。材料的耐久性是指材料在各种因素作用下，抵抗破坏、保持原有性质的能力。自然界中各种破坏因素包括物理的、化学的以及生物的作用等。

(1)物理作用：包括干湿交替、热胀冷缩、机械摩擦、冻融循环等。这些作用会使材料发生形状和尺寸的改变而造成体积的胀缩，或者导致材料内部裂缝的引发和扩展，久而久之终将导致材料和结构物的完全破坏，如岩石的风化、沥青和塑料的老化等。

(2)化学作用：包括酸、碱、盐水溶液以及有害气体的侵蚀作用，光、氧、热和水蒸气作用等。这些作用会使材料逐渐变质而失去其原有性质或破坏，如钢材的锈蚀、水泥腐蚀、碱集料反应等。

(3)生物作用多指虫、菌的蛀蚀作用，如木材在不良使用条件下会受到虫蛀、腐朽变质而破坏。

综上所述，材料的耐久性是一项综合性能。对具体工程材料耐久性的要求，是随着该材料实际使用环境和条件的不同而确定的。一般情况下，把材料的抗蚀性、抗冻性、抗渗性、抗老化性等作为材料耐久性的主要指标。

在实际使用条件下，经过长期的观察和测试作出的耐久性判断是最为理想的，但这需要很长的时间，因而往往是根据使用要求，在试验室进行各种模拟快速试验，借以作出判断。例如，干湿循环、冻融循环、湿润与紫外线干燥、碳化、盐溶液浸渍与干燥、化学介质浸渍与快速磨损等试验。

建筑工程中材料的耐久性与破坏因素的关系如表1-5所示。

材料的耐久性和破坏因素关系　　表1-5

破坏原因	破坏作用	破坏因素	评定指标	常用材料
渗透	物理	压力水	渗透系数、抗渗等级	混凝土、砂浆
冻融	物理	水、冻融作用	抗冻等级	混凝土、砖
磨损	物理	机械力、流水、泥沙	磨蚀率	混凝土、石材
热环境	物理、化学	冷热交替、晶型转变	*	耐火砖
燃烧	物理、化学	高温、火焰	*	防火板

续上表

破坏原因	破坏作用	破坏因素	评定指标	常用材料
碳化	化学	CO_2、H_2O	碳化深度	混凝土
化学侵蚀	化学	酸、碱、盐	*	混凝土
老化	化学	阳光、空气、水、温度	*	塑料、沥青
锈蚀	物理、化学	H_2O、O_2、Cl^-	电位锈蚀率	钢材
腐朽	生物	H_2O、O_2、菌类	*	木材、棉、毛
虫蛀	生物	昆虫	*	木材、棉、毛
碱—集料反应	物理、化学	R_2O、H_2O、SiO_2	膨胀率	混凝土

注：* 表示可参考强度变化率、开裂情况、变形情况等进行评定。

单 元 小 结

本单元是学习建筑材料课程首先应掌握的基础知识和理论。材料的材质不同，其性质也必有差异。通过本单元的学习，应了解、明辨建筑材料具有的各种基本性质的定义、内涵、参数及计算表征方法；了解材料性质对其性能的影响，如材料的孔隙率对材料强度、吸水性、耐久性等的影响；了解材料性能对建筑结构质量的影响，为下一步学习材料理论打下基础。

复习思考题

1. 建筑材料应具备哪些基本性质？为什么？

2. 材料的内部结构分为哪些层次？不同层次的结构中，其结构状态或特征对材料性质有何影响？

3. 材料的密度、表观密度和堆积密度有何差别？

4. 材料的密实度和孔隙率与散粒材料的填充率和空隙率有何差别？

5. 材料的亲水性、憎水性、吸水性、吸湿性、耐水性、抗渗性及抗冻性的定义、表示方法及其影响因素是什么？

6. 什么是材料的导热性？导热性的大小如何表示？影响材料导热性的因素有哪些？

7. 何谓材料的弹性与塑性？弹性变形与塑性变形相同吗？

8. 材料在荷载（外力）作用下的强度有几种？

9. 试验条件对材料强度有无影响？影响怎样？为什么？

10. 说明材料的脆性与韧性的区别。

11. 什么是材料的耐久性？材料为什么必须具有一定的耐久性？

12. 建筑物的屋面、外墙、基础所使用的材料各应具备哪些性质？

13. 当某种材料的孔隙率增大时，表1-6内其他性质如何变化？（用符号表示：↑增大；↓下降；—不变；？不定）

表1-6

孔隙率	密度	表观密度	强度	吸水率	抗冻性	导热性
↑						

14. 某岩石试样经烘干后，其质量为482g，将其投入盛水的量筒中，当试样吸水饱和后，水的体积由$452cm^3$增为$630cm^3$。饱和面干时取出试件称量，质量为487g。试问：①该岩石的开口孔隙率为多少？②表观密度是多少？

15. 一种木材的密度为$1.50g/cm^3$，其干燥表观密度为$540kg/m^3$，试估算其孔隙率。

16. 对普通黏土砖进行抗压强度试验：干燥状态下的破坏强度为207kN；水饱和后的破坏强度为172.5kN。若砖的受压面积为11.5cm ×12.0cm，试问此砖可否用于建筑物中常与水接触的部位？

17. 配制混凝土用的卵石，其密度为$2.65g/cm^3$，干燥状态下的堆积密度为$1550kg/cm^3$。若用砂子将卵石的空隙填满，试问$1m^3$卵石需用多少砂子（按松散体积计算）？

18. 质量为3.4kg、容量为10L的容量筒装满绝干石子后的总质量为18.4kg。若向筒内注入水，待石子吸水饱和后，为注满此筒共注入水4.27kg。将上述吸水饱和的石子擦干表面后称得总质量为18.6kg（含筒重）。求该石子的吸水率、体积密度、堆积密度、开口孔隙率。

单元二　建筑用砂石材料及石材

内容提要

本单元重点讲述砂石材料的技术性质和技术要求,石材在工程中常用类别等。通过学习本单元,要求掌握评价砂石材料的技术性质的主要指标,掌握天然石材的物理性质和力学性质以及常用石材的主要特性,熟悉工程上常用的石材制品。

学习情境一　砂石材料的技术性质

砂石材料是建筑工程用量最大的一种建筑材料,它主要用于拌制水泥混凝土或建筑砂浆等,在混合料中起骨架作用,故一般作为集料。根据《建设用砂》(GB/T 14684—2011)的规定,粒径在0.150~4.75mm之间的集料称为细集料,粒径大于4.75mm的称为粗集料。

一、细集料(砂)

细集料,通称为砂。其分类方法如下:

(1)按产源分。砂分为天然砂和人工砂两大类。

天然砂是由自然风化、水流搬运和分选、堆积形成的、粒径小于4.75mm的岩石颗粒,但不包括软质岩、风化岩石的颗粒。天然砂包括河砂、湖砂、山砂和淡化海砂,山砂和海砂含杂质较多,拌制的混凝土质量较差,河砂颗粒坚硬、含杂质较少,拌制的混凝土质量较好,工程中常用河砂拌制混凝土。

人工砂是经除土处理的机制砂和混合砂的统称。机制砂是由机械破碎、筛分制成的,粒径小于4.75mm的岩石颗粒,但不包括软质岩、风化岩石的颗粒。混合砂是由机制砂和天然砂混合制成的砂。

(2)按技术要求分。按照砂的技术要求,将其分为Ⅰ类、Ⅱ类、Ⅲ类。Ⅰ类宜用于强度等级大于C60的混凝土;Ⅱ类宜用于强度等级为C30~C60及有抗冻、抗渗或其他要求的混凝土;Ⅲ类宜用于强度等级小于C30的混凝土和建筑砂浆。

砂的技术性质包括以下几个方面:

1. 砂的物理性质

《建设用砂》(GB/T 14684—2011)规定,普通混凝土用砂,其表观密度、堆积密度、空隙率应符合如下规定:表观密度不小于2500kg/m³,松散堆积密度不小于1400kg/m³,空隙率不大于44%。

2. 砂的粗细程度和颗粒级配

砂的粗细程度是指不同粒径的砂混合在一起后的总体平均粗细程度。通常有粗砂、中砂、细砂之分。《建设用砂》(GB/T 14684—2011)规定,砂的颗粒级配和粗细程度用筛分析的方法进行测定。用级配区表示砂的颗粒级配,用细度模数表示砂的粗细。砂的筛分析方法是用一套孔径为9.50mm、4.75mm、2.36mm、1.18mm及600μm、300μm、150μm的标准方孔筛,将质量为500g的干砂试样由粗到细依次过筛,然后称得余留在各个筛上的砂子质量(g),计算分计筛余百分率 a_i(即各号筛的筛余量与试样总量之比)、累计筛余百分率 A_i(即该号筛的筛余百分率加上该号筛以上各筛余百分率之和)。分计筛余与累计筛余的关系见表2-1。

分计筛余与累计筛余的关系 表2-1

筛孔尺寸(mm)	分计筛余量(g)	分计筛余百分率(%)	累计筛余百分率(%)
4.75	M_1	a_1	$A_1=a_1$
2.36	M_2	a_2	$A_2=a_1+a_2$
1.18	M_3	a_3	$A_3=a_1+a_2+a_3$
0.60	M_4	a_4	$A_4=a_1+a_2+a_3+a_4$
0.30	M_5	a_5	$A_5=a_1+a_2+a_3+a_4+a_5$
0.15	M_6	a_6	$A_6=a_1+a_2+a_3+a_4+a_5+a_6$
<0.15	M_7	+	

根据下列公式计算砂的细度模数(M_x):

$$M_x=\frac{(A_2+A_3+A_4+A_5+A_6)-5A_1}{100-A_1}$$

按照细度模数把砂分为粗砂、中砂、细砂。其中,M_x为3.7~3.1的为粗砂,M_x为3.0~2.3的为中砂,M_x为2.2~1.6的为细砂。

颗粒级配是指不同粒径砂相互间的搭配情况。良好的级配能使集料的空隙率和总表面积均较小,从而使所需的水泥浆量较少,并且能够提高混凝土的密实度,并进一步改善混凝土的其他性能。在混凝土中,砂粒之间的空隙是由水泥浆所填充,为达到节约水泥的目的,应尽量减小砂粒之间的空隙,因此就必须有大小不同的颗粒搭配。从图2-1可以看出,如果是单一粒径的砂堆积,空隙最大[图2-1a)];两种不同粒径的砂搭配起来,空隙会有所减小[图2-1b)];如果将三种不同粒径的砂搭配起来,空隙将更小[图2-1c)]。

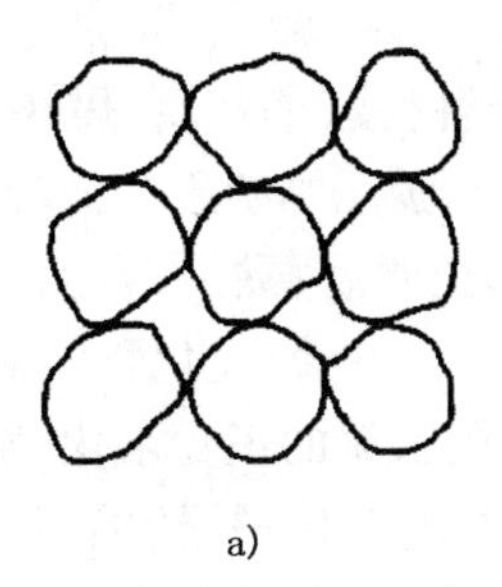
a)

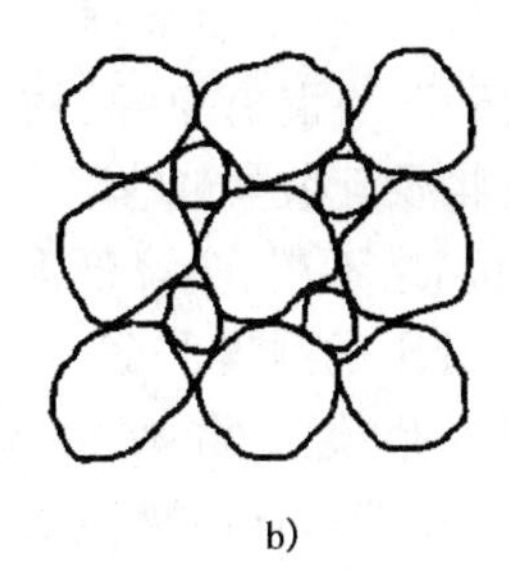
b)

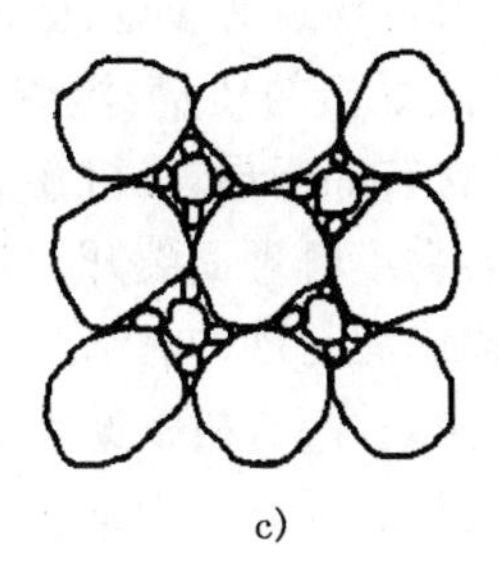
c)

图2-1 集料的颗粒级配

颗粒级配常以级配区和级配曲线表示,国家标准根据0.60mm方孔筛的累积筛余量分成三个级配区,如表2-2及图2-2所示。

砂的颗粒级配　　表 2-2

累计筛余(%) 方筛孔径(mm)	级配区		
	1	2	3
9.50	0	0	0
4.75	0~10	0~10	0~10
2.36	5~35	0~25	0~15
1.18	35~65	10~50	0~20
0.60	71~85	41~70	16~40
0.30	80~95	70~92	55~85
0.15	90~100	90~100	90~100

注:①砂的实际颗粒级配与表中所列数字相比,除4.75mm和600μm筛档外,可以略有超出,但超出总量应小于5%。

②1区人工砂中150μm筛孔的累计筛余可以放宽到85%~97%,2区人工砂中150μm筛孔的累计筛余可以放宽到80%~94%,3区人工砂中150μm筛孔的累计筛余可以放宽到75%~94%。

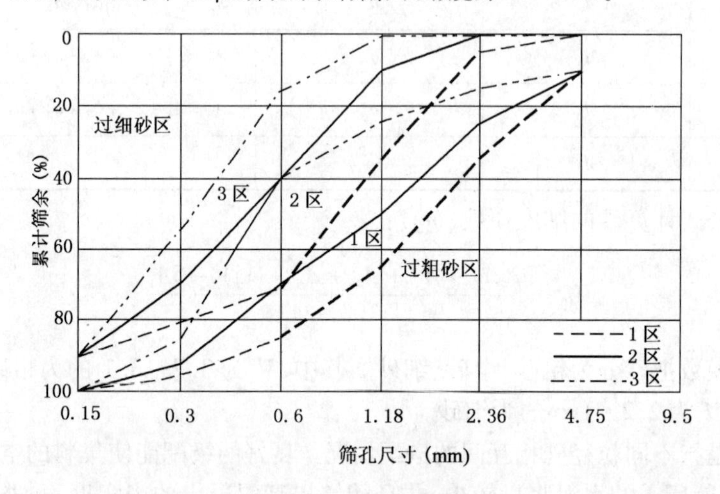

图 2-2　砂的级配曲线

筛分曲线超过3区往左上偏时,表示砂过细,拌制混凝土时需要的水泥浆量多,而且混凝土强度显著降低;超过1区往右下偏时,表示砂过粗,配制的混凝土,其拌和物的和易性不易控制,而且内摩擦大,不易振捣成型。一般认为,处于2区级配的砂,其粗细适中,级配较好,是配制混凝土最理想的级配区。

3.砂中有害物质的含量、坚固性

为保证混凝土的质量,混凝土用砂不应混有草根、树叶、树枝、塑料品、煤块、炉渣等杂物。砂中常含有如云母、有机物、硫化物及硫酸盐、氯盐、黏土、淤泥等杂质。云母呈薄片状,表面光滑,容易沿解理面裂开,与水泥黏结不牢,会降低混凝土强度;黏土、淤泥多覆着在砂的表面,妨碍水泥与砂的黏结,降低混凝土的强度和耐久性。硫酸盐、硫化物将对硬化的水泥凝胶体产生腐蚀;有机物通常是植物的腐烂产物,妨碍、延缓水泥的正常水化,降低混凝土强度;氯盐会引起混凝土中钢筋锈蚀,破坏钢筋与混凝土的黏结,使保护层混凝土开裂。

砂子的坚固性,是指砂在自然风化和其他外界物理化学因素作用下抵抗破裂的能力。通常,天然砂以硫酸钠溶液干湿循环5次后的质量损失来表示;人工砂采用压碎指标法进行试验。

按《建设用砂》(GB/T 14684—2011)的规定,各指标应符合表2-3的规定。

有害物质含量、坚固性指标、压碎指标　　表2-3

项　目	Ⅰ　类	Ⅱ　类	Ⅲ　类
云母(按质量计)(≤,%)	1.0	2.0	2.0
轻物质(按质量计)(≤,%)	1.0	1.0	1.0
有机物(比色法)	合格	合格	合格
硫化物及硫酸盐(按 SO_3 质量计)(≤,%)	0.5	0.5	0.5
氯化物(以氯离子质量计)(≤,%)	0.01	0.02	0.06
质量损失(坚固性)(≤,%)	8	8	10
单级最大压碎指标(≤,%)	20	25	30

4. 含泥量、泥块含量和石粉含量

砂中的粒径小于75μm的尘屑、淤泥等颗粒的质量占砂子质量的百分率称为含泥量。砂中原粒径大于1.18mm,经水浸洗、手捏后小于600μm的颗粒含量称为泥块含量。砂中的泥土包裹在颗粒表面,阻碍水泥凝胶体与砂粒之间的黏结,降低界面强度,降低混凝土强度,并增加混凝土的干缩,易产生开裂,影响混凝土耐久性。石粉不是一般碎石生产企业所称的"石粉"、"石沫",而是在生产人工砂的过程中,在加工前经除土处理,加工后形成粒径小于75μm,其矿物组成和化学成分与母岩相同的物质。与天然砂中的黏土成分在混凝土中所起的负面影响不同,它的掺入对完善混凝土细集料级配、提高混凝土密实性有很大的益处,进而起到提高混凝土综合性能的作用。许多用户和企业将人工砂中的石粉用水冲掉的做法是错误的。亚甲蓝试验MB值用于判定人工砂中粒径小于75μm颗粒含量主要是泥土还是与母岩化学成分相同的石粉的指标。

按《建设用砂》(GB/T 14684—2011)的规定,天然砂的含泥量和泥块含量应符合表2-4的规定。人工砂的石粉含量和泥块含量应符合表2-5的规定。

天然砂的石粉含量和泥块含量　　表2-4

项　目	Ⅰ　类	Ⅱ　类	Ⅲ　类
含泥量(按质量计,%)	≤1.0	≤3.0	≤5.0
泥块含量(按质量计,%)	0	≤1.0	≤2.0

人工砂的石粉含量和泥块含量　　表2-5

序号	项　目			Ⅰ类	Ⅱ类	Ⅲ类
1	亚甲蓝试验	MB值≤1.40或合格	石粉含量(按质量计,%)	≤10.0	≤10.0	≤10.0
2			泥块含量(按质量计,%)	0	≤1.0	≤2.0
3		MB值≥1.40或不合格	石粉含量(按质量计,%)	≤1.0	≤3.0	≤5.0
4			泥块含量(按质量计,%)	0	≤1.0	≤2.0

注:石粉含量——根据使用地区和用途,在试验验证的基础上,可由供需双方协商确定。

二、粗集料(卵石、碎石)

粒径大于4.75mm的集料称为粗集料,混凝土常用的粗集料有碎石和卵石。卵石是由自然风化、水流搬运和分选、堆积形成的且粒径大于4.75mm的岩石颗粒;碎石是天然岩石或卵石经机械破碎、筛分制成的且粒径大于4.75mm的岩石颗粒。

为了保证混凝土质量,我国国家标准《建设用碎石、卵石》(GB/T 14685—2011)按各项技术指标对混凝土用粗集料划分为Ⅰ、Ⅱ、Ⅲ类集料，并且提出了具体的质量要求，主要有以下几个方面。

1. 粗集料的物理性质

《建设用碎石、卵石》（GB/T 14685—2011）规定，普通混凝土用粗集料，表观密度、连续级配松散堆积空隙率应符合如下规定：表观密度不小于2600kg/m^3；连续级配松散堆积空隙率要求：Ⅰ类≤43%、Ⅱ类≤45%、Ⅲ类≤47%。

2. 有害杂质含量

粗集料中的有害杂质主要有黏土、淤泥及细屑，硫酸盐及硫化物，有机物质，蛋白石及其他含有活性氧化硅的岩石颗粒等。它们的危害作用与在细集料中相同。对各种有害杂质的含量都不应超出《建设用碎石、卵石》（GB/T 14685—2011）标准的规定。其技术要求及其有害物质含量见表2-6。

粗集料的有害物质含量及技术要求 表2-6

项 目	Ⅰ 类	Ⅱ 类	Ⅲ 类
有机物（比色法）	合格	合格	合格
硫化物及硫酸盐（按SO_3质量计，%）	≤0.5	≤1.0	≤1.0
含泥量（按质量计，%）	≤0.5	≤1.0	≤1.5
泥块含量（按质量计，%）	0	≤0.2	≤0.5
针片状颗粒（按质量计，%）	≤5	≤10	≤15

3. 颗粒形状与表面特征

卵石表面光滑少棱角，空隙率和表面积均较小，拌制混凝土时所需的水泥浆量较少，混凝土拌和物和易性较好。碎石表面粗糙，富有棱角，集料的空隙率和总表面积较大；与卵石混凝土比较，碎石具有棱角，表面粗糙，混凝土拌和物集料间的摩擦力较大，对混凝土的流动阻滞性较强，因此所需包裹集料表面和填充空隙的水泥浆较多。如果要求流动性相同，用卵石时，用水量可少一些，所配制混凝土的强度不一定低。

碎石或卵石的针状颗粒（即颗粒的长度大于该颗粒的平均粒径2.4倍）和片状颗粒（即颗粒的厚度小于该颗粒的平均粒径的0.4倍）含量应符合表2-6的要求。其含量过多既降低混凝土的泵送性能和强度，又影响混凝土的耐久性。

4. 最大粒径与颗粒级配

（1）最大粒径。粗集料中公称粒级的上限称为该粒级的最大粒径。当集料粒径增大时，其表面积随之减小，包裹集料表面水泥浆或砂浆的数量也相应减少，这样可以节约水泥用量。因此，在条件许可的条件下，最大粒径应尽量选用得大一些。试验研究证明，在普通配合比的结构混凝土中，集料粒径大于40mm后，由于减少用水量获得的强度提高被较少的黏结面积及大粒径集料造成的不均匀性的不利影响所抵消，因此并没有什么好处。集料最大粒径还受结构形式和配筋疏密限制，石子粒径过大，对运输和搅拌都不方便，因此，要综合考虑集料最大粒径。根据《混凝土结构工程施工质量验收规范》（GB 50204—2002）的规定，混凝土用粗集料的最大粒径不得超过结构截面最小尺寸的1/4，同时不得超过钢筋间最小净距的3/4。对于混凝土实心板，最大粒径不要超过板厚的1/2，而且不得超过50mm。

（2）颗粒级配。粗集料的级配试验也采用筛分法测定，即用2.36mm、4.75mm、9.50mm、16.0mm、19.0mm、26.5mm、31.5mm、37.5mm、53.0mm、63.0mm、75.0mm和90mm十二种孔径的方孔筛进行筛分，其原理与砂的基本相同。《建设用碎石、卵石》（GB/T 14685—2011）

对碎石和卵石的颗粒级配规定见表2-7。

碎石和卵石的颗粒级配 表2-7

公称粒径(mm)		累计筛余(%)											
		方孔筛孔径(mm)											
		2.36	4.75	9.50	16.0	19.0	26.5	31.5	37.5	53.0	63.0	75.0	90
连续级配	5~16	95~100	85~100	30~60	0~10	0	—	—	—	—	—	—	—
	5~20	95~100	90~100	40~80	—	0~10	0	—	—	—	—	—	—
	5~25	95~100	90~100	—	30~70	—	0~5	0	—	—	—	—	—
	5~31.5	95~100	90~100	70~90	—	15~45	—	0~5	0	—	—	—	—
	5~40	—	95~100	70~90	—	30~65	—	—	0~5	0	—	—	—
单粒粒级	5~10	95~100	80~100	0~15	0	—	—	—	—	—	—	—	—
	10~16	—	95~100	80~100	0~15	—	—	—	—	—	—	—	—
	10~20	—	95~100	85~100	—	0~15	0	—	—	—	—	—	—
	16~25	—	—	95~100	55~70	25~40	0~10	—	—	—	—	—	—
	16~31.5	—	95~100	—	85~100	—	—	0~10	0	—	—	—	—
	20~40	—	—	95~100	—	80~100	—	—	0~10	0	—	—	—
	40~80	—	—	—	—	95~100	—	—	70~100	—	30~60	0~10	0

石子的级配按粒径尺寸分为连续粒级和单粒粒级。连续粒级是石子颗粒由小到大连续分级,每级石子占一定比例。用连续粒级配制的混凝土混合料和易性较好,不易发生离析现象,易于保证混凝土的质量,便于大型混凝土搅拌站使用,适合泵送混凝土。单粒粒级是人为地剔除集料中某些粒级颗粒,大集料空隙由许多的小粒径颗粒填充,以降低石子的空隙率,使密实度增加,节约水泥,但是拌和物容易产生分层离析,施工困难,一般在工程中较少使用。如果混凝土拌和物为低流动性或干硬性的,同时采用机械强力振捣时,采用单粒级配是合适的。

5. 坚固性和强度

混凝土中粗集料起骨架作用,必须具有足够的坚固性和强度。坚固性是指卵石、碎石在自然风化和其他外界物理化学因素作用下抵抗破裂的能力。坚固性采用硫酸钠溶液法进行试验,卵石和碎石经5次循环后,其质量损失应符合表2-8的规定。

强度可用岩石抗压强度和压碎指标表示。岩石抗压强度是将岩石制成50mm×50mm×50mm的立方体(或ϕ50mm×50mm的圆柱体)试件,浸水48h后,从水中取出,擦干表面,放在压力机上进行强度试验。其抗压强度:火成岩应不小于80MPa,变质岩应不小于60MPa,水成岩应不小于30MPa。

压碎指标是将一定量风干后筛除大于19.0mm及小于9.50mm的颗粒,并去除针片状颗粒的石子后装入一定规格的圆筒内,在压力机上施加荷载到200kN并稳定5s,卸荷后称取试样质量(G_1),再用孔径为2.36mm的筛筛除被压碎的细粒,称取出留在筛上的试样质量(G_2)。计算公式如下:

$$Q_e = \frac{G_1 - G_2}{G_1} \times 100\%$$

式中:Q_e——压碎指标值,%;

G_1——试样的质量,g;

G_2——压碎试验后筛余的试样质量,g。

压碎指标值越小,表明石子的强度越高。对不同强度等级的混凝土,所用石子的压碎指标应符合表2-8的规定。

坚固性指标和压碎指标　　表2-8

项　目	Ⅰ　类	Ⅱ　类	Ⅲ　类
质量损失(≤,%)	5	8	12
碎石压碎指标(≤,%)	10	20	30
卵石压碎指标(≤,%)	12	16	16

6. 碱集料反应

集料中若含有活性氧化硅或含有活性碳酸盐,在一定条件下会与水泥中的碱发生碱—集料反应(碱—硅酸反应或碱—碳酸反应),生成凝胶,吸水产生膨胀,导致混凝土开裂。若集料中含有活性二氧化硅时,采用化学法和砂浆棒法进行检验;若含有活性碳酸盐集料时,采用岩石柱法进行检验。

经碱集料反应试验后,试件应无裂缝、酥裂、胶体外溢等现象,在规定的试验龄期,膨胀率应小于0.10%。

学习情境二　建筑中常用的天然石材

天然石材是采自地壳,经加工或不加工的岩石。天然石材是最古老的建筑材料之一,来源广泛,历史悠久。意大利的比萨斜塔、古埃及的金字塔、太阳神庙,我国河北的赵州桥、福建泉州的洛阳桥等,均为著名的古代石结构建筑。天然石材因具有较高的抗压强度,良好的耐久性和耐磨性,部分岩石品种经加工后还可以获得独特的装饰效果,且资源分布广,便于就地取材等优点而被广泛应用。但石材脆性大、抗拉强度低、自重大,石结构的抗震性差,加之岩石开采加工较困难、价格高等因素,石材作为结构材料已逐渐被混凝土所取代。但在现代建筑中,特别是建筑装饰中,创造性的使用石材,取得了独特的效果。

一、岩石的成因分类

岩石是由各种不同地质作用所形成的天然固态矿物组成的集合体。根据岩石成因,按地质分类法,天然岩石可分为岩浆岩、沉积岩、变质岩三大类。

1. 岩浆岩

1)岩浆岩的一般特征

岩浆岩是岩浆在活动过程中,经过冷却凝固而成的。岩浆是存在于地下深处的、成分复杂的高温硅酸盐熔融体。绝大多数岩浆岩的主要矿物成分是石英、长石、云母、角闪石、辉石及橄榄石六种。

2)岩浆岩的分类(据形成条件的不同)

(1)侵入岩。侵入岩包括深成岩和浅成岩。

①深成岩。岩浆在地壳深处受上部覆盖层压力的作用,缓慢而均匀地冷却所形成的岩石称为深成岩。其特点是矿物全部结晶,晶粒较粗、块状构造、结构致密。因而具有表观密

度大、强度高、抗冻性好等优点。建筑工程中常用的深成岩有花岗岩、正长岩、闪长岩等。

②浅成岩。浅成岩是指岩浆在地表浅处冷却结晶成岩。其结构致密,由于冷却较快,故晶粒较小,如辉绿岩。

侵入岩为全晶质结构(岩石全部由结晶的矿物颗粒组成),且没有解理。侵入岩的体积密度大、抗压强度高、吸水率低、抗冻性好。

(2)喷出岩。喷出岩是指岩浆冲破覆盖层喷出地表冷凝而成的岩石。

当喷出岩形成较厚的岩层时,其结构致密,性能接近于深成岩,但因冷却迅速,大部分结晶不完全,多呈隐晶质(矿物晶粒细小,肉眼不能识别)或玻璃质,如建筑上常用的玄武岩、安山岩等;当岩层形成较薄时,常呈多孔构造岩。

当岩浆被喷到空气中,急速冷却而形成的岩石又称火山碎屑、火山碎屑岩等。因喷到空气中急速冷却而成,故内部含有大量的气孔,并多呈玻璃质,有较高的化学活性。常用作混凝土集料、水泥混合材料,如火山灰、火山渣、浮石等。

2. 沉积岩

在地表常温常压的条件下,原岩(岩浆岩、变质岩或已成沉积岩)经风化、剥蚀、搬运、沉积和压密胶结而形成的岩石称为沉积岩。

在沉积岩的形成过程中,由于物质是一层一层沉积下来的,所以其构造是层状的。这种层状构造称为沉积岩的层理,每一层都具有一个面,称为层面。层面与层面间的距离称为岩层的厚度。有的沉积岩可以形成一系列斜交的层,称为交错层。因此,沉积岩的表观密度较小、孔隙率较大、强度较低、耐久性也较差。沉积岩的主要造岩矿物有石英、白云石及方解石等。

建筑工程中常用的沉积岩有石灰岩、砂岩和碎屑岩等。

3. 变质岩

地壳中原有的岩石(岩浆岩、沉积岩及已经生成的变质岩),由于岩浆活动及构造运动的影响(主要是温度和压力),在固体状态下发生再结晶作用,而使它们的矿物成分和结构构造以至化学成分发生部分或全部的改变所形成的新岩石称为变质岩。

1)变质岩的一般特征

变质岩的矿物成分,除保留原来岩石的矿物成分如石英、长石、云母、角闪石、辉石、方解石和白云石外,还产生了新的变质矿物,如绿泥石、滑石、石榴子石和蛇纹石等。这些矿物一般称为高温矿物。根据变质岩的特有矿物,可以把变质岩与其他岩石区别开。

变质岩的结构和构造几乎和岩浆岩类似,一般均是晶体结构。变质岩的构造,主要是片状构造和块状构造。片状构造根据片状的成因特点及厚薄,又可分成板状构造(厚片)、千层状构造(薄片)、片状构造(片很薄)及片麻状构造(片状不规则)等。

2)变质岩的分类

一般由岩浆岩变质而成的称为正变质岩,而由沉积岩变质而成的则称为副变质岩。按变质程度的不同,又分为深变质岩和浅变质岩。一般浅变质岩,由于受到高压重结晶作用,形成的变质岩比原岩更密实,其物理力学性质有所提高。如由砂岩变质而成的石英岩就比原来的岩石坚实耐久;反之,原为深成岩的岩石,经过变质作用,产生了片状构造,其性能还不如原深成岩。如由花岗岩变质而成的片麻岩,就比原花岗岩易于分层剥落,耐久性降低。建筑工程中常用的变质岩有大理岩、石英岩、片麻岩和板岩等。

二、天然石材技术性质

1. 物理性质

建筑工程中一般主要对石材的体积密度、吸水率和耐久性等有要求。

大多数岩石的体积密度均较大，且主要与其矿物组成、结构的致密程度等有关。致密岩石的表观密度一般为2400～3200kg/m^3，常用致密岩石的体积密度为2400～2850kg/m^3。同种岩石，体积密度越大，则孔隙率越低，强度和耐久性等越高。

岩石的吸水率与岩石的致密程度和岩石的矿物组成有关。深成岩和多数变质岩的吸水率较小，一般不超过1%。SiO_2的亲水性较好，因而SiO_2含量高则吸水率较高，即酸性岩石（SiO_2含量≥63%）的吸水率相对较高。岩石的吸水率越小，则岩石的强度与耐久性越高。为保证岩石的性能，有时限制岩石的吸水率，如饰面用大理岩和花岗岩的吸水率必须分别小于0.75%和1%。

大多数岩石的耐久性较高。当岩石中含有较多的黏土时，其耐久性较低，如黏土质砂岩等。

2. 力学性质与要求

1）抗压强度

（1）砌筑用石材的抗压强度与强度等级。石材的抗压强度，由边长为70mm的立方体试件进行测试，并以三个试件破坏强度的平均值表示。石材的强度等级由抗压强度来划分，并用符号MU和抗压强度值来表示，划分有MU100、MU80、MU60、MU50、MU40、MU30、MU20、MU15、MU10九个等级。当试块为非标准尺寸时，按表2-9中的系数进行换算。

石材强度等级换算系数（GB 50003—2011）　　表2-9

立方体边长（mm）	200	150	100	70	50
换算系数	1.43	1.28	1.14	1.00	0.86

（2）装饰用石材的抗压强度。石材的抗压强度采用边长为50mm的立方体试件来测试。

（3）公路工程用石材的抗压强度。石材的抗压强度采用边长为50mm±0.5mm的正立方体或直径和高均为50mm±0.5mm的圆柱体试件来测试。

2）耐磨耗性

石料抵抗撞击、剪切和摩擦等综合作用的性能称为耐磨耗性。石料耐磨耗性的大小用磨耗率表示。磨耗率的试验方法有两种：双筒式和搁板式磨耗机试验法。

（1）双筒式磨耗机试验。取一定块数（100块）和一定质量（10kg）的试样放入磨耗机中，试验机以30～33r/min的转速旋转10000r。试样在磨耗机内受到摩擦、撞击和剪切的作用而被磨耗或破碎。磨耗率按下式计算：

$$Q = \frac{m_1 - m_2}{m_1} \times 100\%$$

式中：Q——石料的磨耗率，%；

m_1——试验前石料试样烘干质量，g；

m_2——试验后留在2mm筛上的石料试样洗净烘干后的质量，g。

（2）搁板式磨耗机试验。搁板式磨耗机由一个直径710mm、长508mm的圆鼓和鼓中一个搁板组成。试样采用不同粒径的级配粒料,质量为5kg,装料时同时加入若干个一定大小的钢球(总质量为5kg)。当磨耗鼓旋转时,石料除自身的相互作用外,还受到钢球的撞击作用,加速了磨耗作用,所以只需500r即可明显区分出石料耐磨耗性的优劣。

我国标准规定:磨耗试验以搁板式磨耗机试验为标准方法。只有在缺少搁板式磨耗机时,才允许使用双筒式磨耗机试验法。

磨耗率是石料的一个综合指标,也是评定石料等级的依据之一。

3)其他力学性质

根据石材的用途,对石材的技术要求还有抗折强度(一般为抗压强度的1/20)、硬度、耐磨性、抗冲击性等。由石英、长石组成的岩石,其莫氏硬度和耐磨性较好,如花岗岩、石英岩等。由白云石、方解石组成的岩石,其莫氏硬度和耐磨性较差,如石灰岩、白云岩等。石材的硬度常用莫氏硬度来表示,耐磨性常用磨损率来表示。晶粒细小或含有橄榄石、角闪石的岩石的抗冲击性较好。

3. 耐久性

石材的耐久性主要包括抗冻性、抗风化性、耐火性和耐酸性等。

水、冰、化学等因素造成岩石开裂或剥落,称为岩石的风化。孔隙率的大小对风化有很大的影响。吸水率较小时,岩石的抗冻性和抗风化能力较强。一般认为,当岩石的吸水率小于0.5%时,岩石的抗冻性合格。当岩石内含有较多的黄铁矿、云母时,风化速度快。此外,由方解石、白云石组成的岩石在含有酸性气体的环境中也易风化。

防风化的措施主要有磨光石材的表面,防止表面积水;采用有机硅喷涂表面;对碳酸盐类石材,可采用氟硅酸镁溶液处理石材的表面。

4. 路用岩石的技术分级与要求

1)路用岩石的技术分级

在公路工程中,对不同组成和不同结构的岩石,在不同的使用条件下对其技术性质的要求也不同。所以,在石料分级之前先按其矿物组成、含量以及结构构造确定岩石的名称,然后划分出岩石类别,再确定等级。按路用岩石的技术要求,分为四大岩类,各岩类均有代表性岩石。

(1)岩浆岩类,如花岗岩、正长岩、辉长岩、闪长岩、橄榄岩、辉绿岩、玄武岩、安山岩等。

(2)石灰岩类,如石灰岩、白云岩、泥灰岩、凝灰岩等。

(3)砂岩和片麻岩类,如石英岩、砂岩、片麻岩和花岗片麻岩等。

(4)砾石类,如各种天然卵石。

以上各岩类按其物理力学性质(主要是饱水抗压强度和磨耗率)划分为下列四个等级:

1级——最坚强的岩石;

2级——坚强的岩石;

3级——中等强度的岩石;

4级——软弱的岩石。

2)路用石料的技术标准

道路工程用石料按上述分类和分级方法,各岩类各等级石料的技术指标如表2-10所示。

道路建筑用石料技术分级标准　　表2-10

岩石类别	主要岩石名称	石料等级	技术标准		
			极限抗压强度（饱水状态）（MPa）	磨耗率（%）	
				搁板式磨耗机试验法	双筒式磨耗机试验法
岩浆岩类	花岗岩、玄武岩、安山岩、辉绿岩等	1	>120	<25	<4
		2	100～120	25～30	4～5
		3	80～100	30～45	5～7
		4	—	45～60	7～10
石灰岩类	石灰岩、白云岩	1	>100	<30	<5
		2	80～100	30～35	5～6
		3	60～80	35～50	6～12
		4	30～60	50～80	12～20
砂岩和片麻岩类	石英岩、砂岩、片麻岩和花岗片麻岩等	1	>100	<30	<5
		2	80～100	30～35	5～7
		3	50～80	35～45	7～10
		4	30～50	45～60	10～15
砾石类	各种卵石	1	—	<20	<5
		2	—	20～30	5～7
		3	—	30～50	7～12
		4	—	50～60	12～20

三、石材的加工类型

建筑上常用的天然石材常加工为散粒状、块状、板材等类型的石制品。根据这些石制品用途的不同，可分为以下三类。

1. *砌筑用石材*

砌筑用石材分为毛石、料石两种。

毛石是在采石场爆破后直接得到的形状不规则的石块。按其表面的平整程度又分为乱毛石和平毛石两种。

(1)乱毛石。其形状极不规则。

(2)平毛石。平毛石是乱毛石略经加工而成的毛石，其形状较整齐，大致有上、下两个平行面。

毛石主要用于砌筑建筑物的基础、勒脚、墙身、挡土墙等，平毛石还用于铺筑园林中的小径石路，可形成不规则的拼缝图案，增加环境的自然美。

料石又称条石,是用毛石经人工斩凿或机械加工而成的石块。按料石表面加工的平整程度可分为以下四种:

(1)毛料石。表面不经加工或稍加修整的料石。

(2)粗料石。表面加工成凹凸深度不大于20mm的料石。

(3)半细料石。表面加工成凹凸深度不大于10mm的料石。

(4)细料石。表面加工成凹凸深度不大于2mm的料石。

料石一般是用较致密均匀的砂岩、石灰岩、花岗岩等开凿而成,制成条石、方料石或拱石,用于建筑物的基础、勒脚、地面等。

2. 颗粒状石料

颗粒状石料主要用作配制混凝土的集料,按其形状的不同,分为卵石、碎石和石渣三种,其中卵石、碎石应用最多。

3. 装饰用板材

用于建筑装饰的天然石材品种很多,但按其基本属性可分为大理石和花岗石两大类。饰面板材要求耐久、耐磨、色泽美观、无裂缝。

大理石是指具有装饰功能,并可磨光、抛光的各种沉积岩和变质岩,其主要的化学成分为碳酸盐类(碳酸钙或碳酸镁)。从矿体开采出来的大理石荒料经锯切、研磨、抛光等加工而成为大理石装饰面板,主要用于建筑物的室内饰面,如墙面、地面、柱面、台面、栏杆、踏步等。当用于室外时,由于大理石抗风化能力差,易受空气中二氧化硫的腐蚀,而失去表面光泽,变色并逐渐破坏。因此,大理石板材除极少数品种如汉白玉外,一般不宜用于室外饰面。

花岗石是指具有装饰功能,并可磨光、抛光的各类岩浆岩及少量其他岩石,主要是岩浆岩中的深成岩和部分喷出岩以及变质岩。这类岩石的构造非常致密,矿物全部结晶,且晶粒粗大,呈块状结构或粗晶嵌入玻璃质结构中的斑状构造。它们经研磨、抛光后形成的镜面呈斑点状花纹。

按表面加工的粗细程度,又可分为三种:

(1)粗面板材(RU),即表面平整,但粗糙,具有较规则的加工纹理,如机刨板、剁斧板、锤击板等。

(2)细面板材(RB),即表面平整且光滑。

(3)镜面板材(PL),即表面平整,并具有镜面光泽。

磨光花岗石板材的装饰特点是华丽而庄重,粗面花岗石板材的装饰特点是凝重而粗犷。

花岗石板材主要用于建筑物的室内室外饰面。另外,花岗石板材也可用作重要的大型建筑物的基础、踏步、栏杆、堤坝、桥梁、街边石等。花岗石板材种类不同,其装饰效果也不同,应根据不同的使用场合选择不同的板材。

四、石材的选用原则

在建筑设计和施工中,应根据建筑物类型、环境条件、使用要求等选择适用和经济的石材,一般应考虑以下几点:

1. 适用性

同类岩石,品种不同、产地不同,往往性能也相差很大。例如:用于地面的材料,首先应当考虑它的耐磨性和防滑性;用于室外的饰面材料,应选择耐风雨侵蚀能力强、经久耐用的材料;用于室内的饰面材料,主要考虑其工艺性质,如光泽、颜色、花纹等的美观。而且同一部位,尽可能选用同一矿山材料,避免存在明显色差和花纹不一现象。

2. 经济性

天然石材密度大,运输不便、运费高,应综合考虑当地资源,尽可能做到就地取材。一般等级越高,装饰效果越好,但价格也越高。消费者和设计师应根据实际情况选购,以免增加不必要的成本。

3. 安全性

由于天然石材含有放射性物质,石材中的镭、钍等放射性元素在衰变过程中会产生对人体有害的放射性气体氡。氡,无色无味不易察觉,特别易在通风不良的地方聚集,可导致肺、血液、呼吸道发生病变。在选择天然石材时,必须按照国家规定正确使用。研究表明,一般红色品种的花岗岩放射性指标都偏高,并且颜色越红,放射性比活度越高,花岗岩放射性比活度一般规律依次为:红色 > 肉红色 > 灰白色 > 白色 > 黑色。

单元小结

建筑用石材是建筑工程中用量较大的一类材料,但石材开采对环境保护不利。近年来,对天然石材抽查检测表明,有的天然石材中(如花岗石等)含有放射性物质超标,对人身健康有害,必须引起重视。因此,用于室内的饰面石材应经检测,使用上应符合国家标准所规定的要求。为减轻建筑物的自重和保护环境,在居室装修中要多用人造石材,以取代天然石材。

按地质成因,天然岩石分为岩浆岩(如花岗岩、玄武岩等)、沉积岩(如石灰岩、砂岩等)和变质岩(如大理岩、片麻岩)三大类。由于形成条件不同,各类岩石的构造和性质是有差别的,使用时应注意选择。

天然石材的技术性质主要有物理性质(如密度、吸水性、抗冻性等)、力学性质(如强度、硬度、耐磨性等)和可加工性。应根据建筑物对所用石材的技术要求选用性能合格的石材品种。

通过本单元的学习,了解岩石的形成条件对石材的结构及其性能的影响。重点掌握石材的技术性能,以及如何合理地应用于工程中。

复习思考题

1. 岩石按地质成因可分为哪几类?各类岩石的一般特征是什么?

2. 何谓岩石的结构与构造?岩石有哪些构造?

3. 一般岩石具有哪些主要技术性质?其技术指标是什么?

4. 天然石料是根据什么指标划分等级的?分几个等级?

5. 建筑工程中常用的天然石料有哪几种?它们各有何特点?

6. 建筑工程中常用的石料制品有几种?它们多用在建筑工程中哪些部位?

7. 何谓连续级配?何谓间断级配?怎样评定集料级配是否优良?

8. 从工地取回的砂样,烘干至恒重,进行筛分试验,其筛分结果见表 2-11,试判断该砂属于何区?是否符合标准级配要求?为什么?并绘出级配曲线图。

矿样筛分结果

表 2-11

筛孔尺寸(mm)	9.5	4.75	2.36	1.18	0.6	0.3	0.15	底盘
筛余质量(g)	0	10	20	50	130	100	155	35
分计筛余(%)								
累计筛余(%)								
通过百分率(%)								

9. 有一份残缺的砂子筛分记录如表 2-12 所示，根据现有的材料将其补全，并写出计算过程。

矿子筛分记录表

表 2-12

筛孔尺寸(mm)	4.75	2.36	1.18	0.6	0.3	0.15
分计筛余(%)				22		20
累计筛余(%)	3	20				
通过百分率(%)				50	22	2

单元三　气硬性胶凝材料

内容提要

本单元讲述建筑工程中常用的气硬性胶凝材料——石膏、石灰和水玻璃。要求掌握石膏、石灰、水玻璃等气硬性胶凝材料的性质以及它们在配制、储运和使用中应注意的问题；了解它们的生产、凝结硬化原理。

在建筑工程中，将散粒状材料（如砂和石子）或块状材料（如砖块和石块）黏结成整体，并具有一定强度的材料，统称为胶凝材料。胶凝材料按其化学组成成分的不同，可分为无机胶凝材料和有机胶凝材料两大类。

无机胶凝材料按硬化条件不同又分为气硬性和水硬性两种。气硬性胶凝材料只能在空气中凝结硬化和增长强度，所以只适用于地上和干燥环境中，不能用于潮湿环境，更不能用于水中，如建筑石膏、石灰和水玻璃等。而水硬性胶凝材料不但能在空气中凝结硬化和增长强度，在潮湿环境甚至水中能更好地凝结硬化和增长强度，因此它既适用于地上，也能适用于潮湿环境或水中，如各种水泥。本单元主要介绍气硬性胶凝材料。

有机胶凝材料是以天然或人工合成高分子化合物为主要成分的胶凝材料。常用的有机胶凝材料主要有石油沥青、煤沥青和各种天然或人造树脂。

胶凝材料分类如下：

胶凝材料
- 有机胶凝材料：沥青、树脂
- 无机胶凝材料
  - 水硬性胶凝材料：各种水泥
  - 气硬性胶凝材料：石灰、石膏、水玻璃

学习情境一　石　　灰

石灰是使用最早的气硬性胶凝材料之一。由于生产石灰的原料来源广泛，生产工艺简单，成本低廉，因此石灰至今仍被广泛应用于建筑工程中。

一、生石灰的生产

生产石灰的原料主要是以碳酸钙为主要成分的天然岩石，如石灰岩、白云石、白垩、贝壳等。除天然原料外，还可以利用化学工业副产品。

由石灰石煅烧成生石灰，实际上是碳酸钙（$CaCO_3$）的分解过程，其反应式如下：

$$CaCO_3 \xrightarrow{900℃} CaO + CO_2 \uparrow$$

通常温度接近900℃时，$CaCO_3$开始分解。随着温度提高，分解速度将进一步加快。生产中，石灰石的煅烧温度一般控制在1000～1200℃或更高。上述反应得到的氧化钙，即为生石灰。由于石灰原材料中含有一定的碳酸镁，因此，生石灰中还含有氧化镁。

生石灰的质量与氧化钙（或氧化镁）的含量有很大关系，还与煅烧条件（煅烧温度和煅烧时间）有直接关系。当温度过低或时间不足时，得到含有未分解的石灰核心，这种石灰称为欠火石灰。它使生石灰的有效利用率降低，使黏结力不足，质量差；当温度正常，时间合理时，得到的石灰是多孔结构，内比表面积大，这种石灰称正火石灰，它与水反应的能力（活性）较强。原料纯净、燃烧良好的块状石灰，质轻色白，呈疏松多孔结构，密度为3.1～3.4g/cm^3，堆积密度为800～1000kg/m^3。当煅烧温度过高，或煅烧时间过长时，内比表面积缩小，内部多孔结构变得致密，这种石灰为过火（过烧或死烧）石灰，其与水反应的速度极为缓慢，以致在使用之后才发生水化作用，产生膨胀而引起崩裂或隆起等现象。

二、生石灰的熟化（消解）

生石灰使用前一般都用水熟化，使之变为氢氧化钙，俗称熟石灰。其反应式如下：

$$CaO + H_2O \rightarrow Ca(OH)_2 + 65kJ/mol$$

这一反应过程也称为石灰的消解（消化）过程。生石灰熟化时，水化速率快，放热量大，同时体积增大1.5～2.0倍。这易在工程中造成事故，因此，在石灰熟化过程中，应注意施工安全，防止烧伤、烫伤事故的发生。

理论上讲，石灰熟化用水量为石灰质量的32%。实际上，由于放热使大量的水变为水蒸气。为了使石灰充分熟化，应根据石灰的质量，适当加大熟化反应加水量。通常用水量为石灰质量的70%～100%。

工程中熟化的方法有两种：第一种是制消石灰粉。工地调制消石灰粉时，常采用淋灰法，即每堆放0.5m高的生石灰块，淋60%～80%的水，再堆放再淋，使之充分消解而又不过湿成团。第二种是制石灰浆。石灰在化灰池中熟化成石灰浆，通过筛网流入储灰坑，石灰浆在储灰坑中沉淀并除去上层水分后成石灰膏。为了消除过火石灰的危害，石灰浆应在储灰坑中"陈伏"两个星期以上。"陈伏"期间，石灰浆表面应保有一层水分，与空气隔绝，以免碳化。

三、石灰的硬化

石灰浆体在空气中逐渐干燥变硬的过程，称为石灰硬化。石灰浆体的硬化包括两个同时进行的过程：结晶作用和碳化作用。

1.结晶作用

游离水分蒸发，氢氧化钙逐渐从饱和溶液中结晶析出。晶粒长大并彼此靠近，交错结合在一起，形成结晶结构网，产生强度。

2.碳化作用

碳化作用是氢氧化钙与空气中的二氧化碳化合生成碳酸钙晶体，释放出水分并被蒸发。其反应如下：

$$Ca(OH)_2 + CO_2 + nH_2O \rightarrow CaCO_3 + (n+1)H_2O$$

碳酸钙晶粒与氢氧化钙晶粒相互交叉、共生，构成紧密交织的结晶网，使硬化后的石灰浆体强度进一步提高。

碳化作用实际上是二氧化碳与水形成碳酸，然后与氢氧化钙反应生成碳酸钙。因为空气中的CO_2浓度很低，且石灰浆体的碳化过程从表层开始，生成的碳酸钙层结构致密，又阻

碍了 CO_2 向内层的渗透，因此，石灰浆体的碳化过程极其缓慢。

四、石灰的技术指标

按石灰中氧化镁的含量分类，将生石灰和生石灰粉分为钙质石灰（MgO 含量 <5%）和镁质石灰（MgO 含量≥5%）；将消石灰分为钙质消石灰（MgO 含量 <4%）、镁质消石灰粉（MgO 含量为 4% ~24%）和白云质消石灰粉（MgO 含量为 24% ~30%）。

建筑工程中，常用的石灰品种，主要有生石灰块、磨细生石灰粉和消石灰粉。

根据我国建材行业标准《建筑生石灰》（JC/T 479—92）与《建筑生石灰粉》（JC/T 480—92）的规定，按技术指标将钙质石灰和镁质石灰分为优等品、一等品和合格品三个等级。生石灰及生石灰粉的主要技术指标分别见表 3-1 和表 3-2。根据《建筑消石灰粉》（JC/T 481—92）的规定，按技术指标将钙质消石灰粉、镁质消石灰粉和白云石消石灰粉分为优等品、一等品和合格品三个等级。消石灰粉的主要技术指标见表 3-3。通常优等品、一等品适用于面层和中间涂层；合格品仅用于砌筑。

建筑生石灰各等级的技术指标（JC/T 479—92） 表 3-1

项　目	钙质生石灰			镁质生石灰		
	优等品	一等品	合格品	优等品	一等品	合格品
（CaO + MgO）含量（≮,%）	90	85	80	85	80	75
未消化残渣含量（5mm 圆孔筛余）（≯,%）	5	10	15	5	10	15
CO_2 含量（≯,%）	5	7	9	6	8	10
产浆量（≮,L/kg）	2.8	2.3	2.0	2.8	2.3	2.0

建筑生石灰粉各等级的技术指标（JC/T 480—92） 表 3-2

项　目		钙质生石灰			镁质生石灰		
		优等品	一等品	合格品	优等品	一等品	合格品
（CaO + MgO）含量（≮,%）		85	80	75	80	75	70
CO_2 含量（≯,%）		7	9	11	8	10	12
细度	0.9mm 圆孔筛余（≯,%）	0.2	0.5	1.5	0.2	0.5	1.5
	0.12mm 圆孔筛余（≯,%）	7.0	12.0	18.0	7.0	12.0	18.0

建筑消石灰粉各等级的技术指标（JC/T 481—92） 表 3-3

项　目		钙质消石灰粉			镁质消石灰粉			白云石消石灰粉		
		优等品	一等品	合格品	优等品	一等品	合格品	优等品	一等品	合格品
（CaO + MgO）含量（≮,%）		70	65	60	65	60	55	65	60	55
游离水（%）		0.4 ~2	0.4 ~2	0.4 ~2	0.4 ~2	0.4 ~2	0.4 ~2	0.4 ~2	0.4 ~2	0.4 ~2
体积安定性		合格	合格	合格	合格	合格	合格	合格	合格	合格
细度	0.9mm 圆孔筛余（≯,%）	0	0	0.5	0	0	0.5	0	0	0.5
	0.25mm 圆孔筛余（≯,%）	3	10	15	3	10	15	3	10	15

五、石灰的特点

1. 良好的保水性和可塑性

生石灰熟化为石灰浆时，生成了颗粒极细的（直径约 1μm）呈胶体分散状态的氢氧化钙，表面吸附一层较厚的水膜，因而保水性好，水分不易泌出，并且水膜使颗粒间的摩擦力减小，故可塑性也好。石灰的这一性质常被用来改善砂浆的保水性，以克服水泥砂浆保水性较差的缺点。

2. 凝结硬化慢，强度低

从石灰浆体的硬化过程可以看出，由于空气中二氧化碳稀薄，碳化极为缓慢。碳化后形成紧密的$CaCO_3$硬壳，不仅不利于CO_2向内部扩散，同时也阻止水分向外蒸发，致使$CaCO_3$和$Ca(OH)_2$结晶体生成量减少且生成缓慢，硬化强度也不高。通常按1∶3配合比的石灰砂浆，其28d的抗压强度只有0.2~0.5MPa，而受潮后，石灰溶解，强度更低。

3. 硬化时体积收缩大

石灰硬化时，蒸发大量游离水而引起显著收缩，所以除调成石灰乳作薄层外，通常施工时常掺入一定量的集料（如砂子等）或纤维材料（如麻刀、纸筋等），以减小收缩。

4. 耐水性差

在石灰硬化体中，大部分仍然是未碳化的$Ca(OH)_2$，$Ca(OH)_2$微溶于水，当已硬化的石灰浆体受潮时，耐水性极差，甚至使已硬化的石灰溃散。因此，石灰不宜用于潮湿环境中。

六、石灰的应用

1. 配制砂浆和石灰乳

由于石灰的保水性和可塑性好，建筑上常用石灰膏、磨细生石灰粉或消石灰粉配制石灰砂浆或石灰混合砂浆，用于抹灰和砌筑，但应注意石灰浆硬化后体积收缩大的特点。为避免抹灰层较大的收缩裂缝，往往在生石灰浆中掺入麻刀、纸筋等纤维增强材料。

石灰膏加入多量的水可稀释成石灰乳，用石灰乳作粉刷材料，其价格低廉、颜色洁白、施工方便，调入耐碱颜料还可使色彩丰富；调入聚乙烯醇、干酪素、氧化钙或明矾可减少涂层粉化现象。

2. 配制石灰土和三合土

将消石灰粉与黏土拌和，称为石灰土（灰土），若再加入砂石或炉渣、碎砖等即成三合土。石灰常占灰土总重的10%~30%，即一九、二八及三七灰土。石灰量过高，往往导致强度和耐水性降低。施工时，将灰土或三合土混合均匀并夯实，可使彼此黏结为一体，同时黏土等成分中含有的少量活性SiO_2和活性Al_2O_3等酸性氧化物，在石灰长期作用下反应，生成不溶性的水化硅酸钙和水化铝酸钙，使颗粒间的黏结力不断增强，灰土或三合土的强度及耐水性能也不断提高。因此，灰土和三合土在一些建筑物的基础和地面垫层及公路路面的基层被广泛应用。

3. 无熟料水泥和硅酸盐制品

石灰与活性混合材料（如粉煤灰、煤矸石、高炉矿渣等）混合，并掺入适量石膏等，磨细后可制成无熟料水泥。石灰与硅质材料（含SiO_2的材料，如粉煤灰、煤矸石、浮石等）必要时需加入少量石膏，经高压或常压蒸汽养护，生成以硅酸钙为主要产物的混凝土。硅酸盐混凝土中主要的水化反应如下：

$$Ca(OH)_2 + SiO_2 + H_2O \rightarrow CaO \cdot SiO_2 \cdot 2H_2O$$

硅酸盐混凝土按密实程度可分为密实和多孔两类。前者可生产墙板、砌块及砌墙砖（如灰砂砖）；后者用于生产加气混凝土制品，如轻质墙板、砌块、各种隔热保温制品等。

4. *碳化石灰板*

碳化石灰板是将磨细石灰、纤维状填料(如玻璃纤维)或轻质集料搅拌成型,然后用二氧化碳进行人工碳化(12～24h)而制成的一种轻质板材。为了减轻重度和提高碳化效果,多制成空心板。人工碳化的简易方法是用塑料布将坯体盖严,通入石灰窑产生的废气。

碳化石灰空心板表观密度为700～800kg/m^3(当孔洞率为30%～39%时),抗弯强度为3～5MPa,抗压强度为5～15MPa,导热系数小于0.2W/(m·K),能锯、钉,所以适宜用作非承重内隔墙板、无芯板。

七、石灰的储存

石灰在空气中存放时,会吸收空气中的水分熟化成石灰粉,再碳化成碳酸钙而失去胶结能力,因此生灰石不易久存。另外,生石灰受潮熟化会放出大量的热,并且体积会膨胀,所以储运石灰应注意安全,不与易燃易爆的物品及液体共存。石灰能侵蚀呼吸器官及皮肤,在施工及装卸的过程中,应注意人身安全。

【例3-1】某单位宿舍楼的内墙使用石灰砂浆抹面。数月后,墙面上出现了许多不规则的网状裂纹,同时在个别部位还发现了部分凸出的放射状裂纹。试分析上述现象产生的原因。

分析:石灰砂浆抹面的墙面上出现不规则的网状裂纹,引发的原因很多,但最主要的原因在于石灰在硬化过程中,蒸发大量的游离水而引起体积收缩。

墙面上个别部位出现凸出的呈放射状的裂纹,是由于配制石灰砂浆时所用的石灰中混入了过火石灰。这部分过火石灰在消解、陈伏阶段未完全熟化,以致在砂浆硬化后,过火石灰吸收空气中的水蒸气继续熟化,造成体积膨胀。从而出现上述现象。

【例3-2】既然石灰不耐水,为什么由它配制的灰土或三合土却可以用于基础的垫层、道路的基层等潮湿部位?

分析:石灰土或三合土是由消石灰粉和黏土等按比例配制而成的。加适量的水充分拌和后,经碾压或夯实,在潮湿环境中石灰与黏土表面的活性氧化硅或氧化铝反应,生成具有水硬性的水化硅酸钙或水化铝酸钙,所以灰土或三合土的强度和耐水性会随使用时间的延长而逐渐提高,适于在潮湿环境中使用。再者,由于石灰的可塑性好,与黏土等拌和后经压实或夯实,使灰土或三合土的密实度大大提高,降低了孔隙率,使水的侵入大为减少。因此,灰土或三合土可以用于基础的垫层、道路的基层等潮湿部位。

【评注】*黏土表面存在少量的活性氧化硅和氧化铝,可与消石灰$Ca(OH)_2$反应,生成水硬性物质。*

学习情境二　石　　膏

石膏是一种应用历史悠久的胶凝材料,如古老的金字塔就是用石膏作为胶凝材料的。其制品具有轻质、高强、保温隔热、耐火、吸音、美观及容易加工等优良品质。近年来,石膏板、建筑砖饰面板等石膏制品因其高效节能的特点,被广泛应用。

一、建筑石膏的生产与品种

生产石膏胶凝材料的原料有天然二水石膏$CaSO_4 \cdot 2H_2O$、天然硬石膏$CaSO_4$和工业副产石膏等。生产石膏的主要工序是破碎、加热与磨细,随着制备方法、加热方式和温度的不同,可生产出不同性质和质量的石膏胶凝材料。

将天然二水石膏加热,随温度的升高,将发生如下变化:

(1)建筑石膏。在常压下加热温度达到107~170℃时,二水石膏脱水变成β型半水石膏(即建筑石膏,又称熟石膏),其反应式为:

$$CaSO_4 \cdot 2H_2O \xrightarrow{107 \sim 170^\circ C} \beta\text{-}CaSO_4 \cdot \frac{1}{2}H_2O + \frac{3}{2}H_2O$$

(2)高强石膏。将二水石膏在压蒸条件下(0.13MPa,125℃)加热,则生成α型半水石膏(即高强石膏),其反应式为:

$$CaSO_4 \cdot 2H_2O \xrightarrow{125^\circ C(0.13MPa)} \alpha\text{-}CaSO_4 \cdot \frac{1}{2}H_2O + \frac{3}{2}H_2O$$

α型和β型半水石膏,虽然化学成分相同,但宏观性能上相差很大,α型半水石膏的标准稠度用水量比β型小很多,因此强度大得多。

α型半水石膏的水化速率慢,水化热低,需水量小,硬化体的强度高,而后者则与之相反。

(3)可溶性硬石膏。当加热温度升高到170~200℃时,半水石膏继续脱水,生成可溶性硬石膏,与水调和后仍能很快凝结硬化。当温度升高到200~250℃时,石膏中仅残留很少的水,凝结硬化非常缓慢,但遇水后还能逐渐生成半水石膏直至二水石膏。

(4)不溶性硬石膏。当温度加热至400~750℃时,石膏完全失去水分,成为不溶性硬石膏,失去凝结硬化能力,成为死烧石膏,但加入某些激发剂(如各种硫酸盐、石灰、煅烧白云石、粒化高炉矿渣等)混合磨细后,则重新具有水化硬化能力,成为无水石膏水泥,也称硬石膏水泥。

(5)高温煅烧石膏。当温度高于800℃时,部分石膏分解出氧化钙,经磨细后的石膏称为高温煅烧石膏。由于氧化钙的催化作用,所得产品又重新具有凝结硬化性能,硬化后有较高的强度和耐磨性,抗水性也较好,所以也称为地板石膏。

二、建筑石膏的凝结硬化

建筑石膏与适量的水拌和后,最初成为可塑的浆体,但很快失去可塑性并产生强度,逐渐发展成为坚硬的固体,这种现象称为凝结硬化。石膏的凝结硬化,实际上是石膏和水之间发生了化学反应,其主要反应如下:

(1)半水石膏加水后进行如下化学反应:

$$CaSO_4 \cdot \frac{1}{2}H_2O + \frac{3}{2}H_2O \rightarrow CaSO_4 \cdot 2H_2O$$

半水石膏首先溶解形成不稳定的过饱和溶液。这是因为半水石膏在常温下(20℃)的溶解度较大,为8.85g/L左右,而这对于溶解度为2.04g/L左右的二水石膏来说,则处于过饱和溶液中,因此,二水石膏胶粒很快结晶析出。

(2)二水石膏结晶,促使半水石膏继续溶解,继续水化,如此循环,直到半水石膏全部耗尽。

(3)由于二水石膏粒子比半水石膏粒子小得多,其生成物总表面积大,所需吸附水量也多,加之水分的蒸发,浆体的稠度逐渐增大,颗粒之间的摩擦力和黏结力增加,因此,浆体可塑性减小,表现为石膏的“凝结”。

建筑石膏凝结硬化示意图如图 3-1 所示。

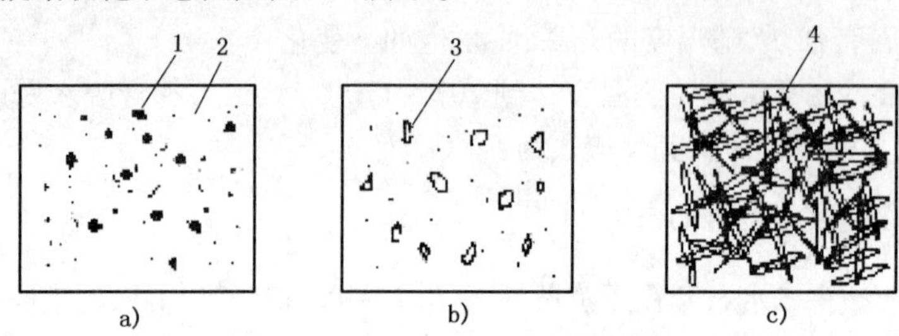

图 3-1 建筑石膏凝结硬化示意图

a)胶化;b)结晶开始;c)晶粒之间互相交叉、连生

1-半水石膏;2-二水石膏胶体微粒;3-二水石膏晶体;4-交错的晶体

三、建筑石膏的主要技术要求

建筑石膏为白色粉末,密度为 2.60 ~ 2.75g/cm^3,堆积密度为 800 ~ 1000kg/m^3。技术要求主要有强度、细度和凝结时间,并按强度、细度、凝结时间划分为优等品、一级品和合格品。其基本技术要求见表 3-4。

建筑石膏技术要求(GB/T 9776—2008) 表 3-4

技术指标		优等品	一等品	合格品
强度(MPa)	抗折强度,≥	2.5	2.1	1.8
	抗压强度,≥	4.9	3.9	2.9
细度(%)	0.2mm 方孔筛筛余,≤	5.0	10.0	14.0
凝结时间(min)	初凝时间,≥	6		
	终凝时间,≤	30		

四、建筑石膏的特性

(1)凝结硬化快。建筑石膏一般在加水后的 3 ~ 5min 内便开始失去塑性,一般在 30min 左右即可完全凝结,为了满足施工操作的要求,可加入缓凝剂,以降低半水石膏的溶解度和溶解速度。常用的缓凝剂有硼砂、酒石酸钾钠、柠檬酸、聚乙烯醇、石灰活化膏胶和皮胶等。

(2)凝结硬化时体积微膨胀。石膏凝固时不像石灰和水泥那样出现体积收缩现象,反而略有膨胀,膨胀率约为 1%。这使得石膏制品表面光滑细腻,尺寸精确,轮廓清晰,形体饱满,容易浇筑出纹理细致的浮雕花饰。

(3)建筑石膏的装饰性好。建筑石膏为白色粉末,可制成白色的装饰板,也可加入彩色矿物颜料制成丰富多彩的彩色装饰板。

(4)孔隙率高、表观密度小、强度低。建筑石膏水化反应的理论需水量只占半水石膏质量的 18.6%,但在使用中,为满足施工要求的可塑性,往往要加 60% ~80% 的水,由于多余水分蒸发,在内部形成大量孔隙,孔隙率可达 50% ~60%。因此,表观密度小(800 ~ 1000kg/m^3),强度低。

(5)有良好的保温隔热和吸声功能。石膏制品孔隙率高,且均为微细的毛细孔,因此导热系数小,一般为 0.121 ~0.205W/(m·K);隔热保温性好;吸声性强;吸湿性大,使其具有一定的调温、调湿功能。当空气中水分含量过大即湿度过大时,石膏制品能通过毛细管很快地吸水；当空气湿度减小时，又很快地向周围扩散，直到水分平衡，形成一个室内"小气候的均衡状态"。

(6)具有良好的防火性。建筑石膏与水作用转变为 $CaSO_4 \cdot 2H_2O$，硬化后的石膏制品含有占其总质量20.93%的结合水，遇火时，结合水吸收热量后大量蒸发，在制品表面形成水蒸气幕，隔绝空气，缓解石膏制品本身温度的升高，有效地阻止火的蔓延。

(7)耐水性和抗冻性差。建筑石膏硬化后有很强的吸湿性和吸水性，在潮湿条件下，晶粒间的结合力减弱，导致强度下降，其软化系数仅为0.2~0.3。另外，石膏浸泡在水中，由于二水石膏微溶于水，也会使其强度下降。若石膏制品吸水后受冻，会因水分结冰膨胀而破坏。

五、建筑石膏的应用

1. 粉刷石膏

将建筑石膏加水调成石膏浆体，可用作室内粉刷涂料，其粉刷效果好，比石灰洁白、美观。目前，有一种新型粉刷石膏，是在石膏中掺入优化抹灰性能的辅助材料及外加剂配制而成的抹灰材料，按用途可分为：面层粉刷石膏、底层粉刷石膏和保温层粉刷石膏三类。其不仅建筑功能性好，施工工效也高。

2. 石膏砂浆

将建筑石膏加水、砂拌和成石膏砂浆，用于室内抹灰或作为油漆打底层。石膏砂浆具有隔热保温性能好、热容量大的特点，因此能够调节室内温度和湿度，给人以舒适感。用石膏砂浆抹灰后的墙面不仅光滑、细腻、洁白美观，而且还具有功能效果及施工效果好等特点，所以称其为室内高级抹灰材料。

3. 墙体材料

建筑石膏还可以用作生产各类装饰制品和石膏墙体材料。

(1)石膏装饰制品。以建筑石膏为主要原料，掺加少量纤维，增强材料物胶料，加水搅拌成石膏浆体，将浆体注入各种各样的金属(或玻璃)模具中，就可得到不同花样、形状的石膏装饰制品。主要品种有装饰板、装饰吸声板、装饰线角、花饰、装饰浮雕壁画、挂饰及建筑艺术造型等。石膏装饰制品具有色彩鲜艳、品种多样、造型美观、施工简单等优点，是公用和住宅建筑物的墙面和顶棚常用的装饰制品，适用于中高档室内装饰。

(2)石膏墙体材料。石膏墙体材料主要有纸面石膏板、纤维石膏板、空心石膏板和石膏砌块四类。

【例3-3】建筑石膏及其制品为什么适用于室内，而不适用于室外？

分析：建筑石膏及其制品适用于室内装修，主要是由于建筑石膏及其制品在凝结硬化后具有以下优良性质：

(1)石膏表面光滑饱满，颜色洁白，质地细腻，具有良好的装饰性。加入颜料后，可具有各种色彩。建筑石膏在凝结硬化时产生微膨胀，故其制品的表面较为光滑饱满，棱角清晰完整，形状、尺寸准确、细致，装饰性好。

(2)硬化后的建筑石膏中存在大量的微孔，故其保温性、吸声性好。

(3)硬化后，石膏的主要成分是二水石膏，当受到高温作用时或遇火后会脱出21%左右的结晶水，并能在表面蒸发形成水蒸气幕，可有效地阻止火势的蔓延，具有一定的防火性。

(4)建筑石膏制品还具有较高的热容量和一定的吸湿性，故可调节室内的温度和湿度，改变室内的小气候。

在室外使用建筑石膏制品时,必然要受到雨水冰冻等的作用,而建筑石膏制品的耐水性差,且其吸水率高,抗渗性差、抗冻性差,所以不适用于室外使用。

学习情境三　水　玻　璃

水玻璃俗称泡花碱,其化学成分为 $R_2O \cdot nSiO_2$。固体水玻璃是一种无色、天蓝色或黄绿色的颗粒,在高温高压下溶解后是无色或略带色的透明或半透明黏稠液体。根据所含碱金属氧化物的不同,常有硅酸钠水玻璃($Na_2O \cdot nSiO_2$)和硅酸钾水玻璃($K_2O \cdot nSiO_2$)之分,我国大量使用的是硅酸钠水玻璃,而硅酸钾水玻璃虽然性能上优于硅酸钠水玻璃,但由于其价格高,因此较少使用。水玻璃在工业中有较广泛的应用,如用于制造化工产品(硅胶、白炭黑、黏合材料、洗涤剂、造纸等)、冶金行业和建筑施工等。

一、水玻璃的生产

水玻璃通常采用石英粉(SiO_2)加上纯碱(Na_2CO_3),在1300~1400℃的高温下燃烧生成固体,再在高温或高温高压水中溶解,制得溶液状水玻璃产品。固体水玻璃于水中加热溶解而生成液体水玻璃。其反应式为:

$$Na_2CO_3 + nSiO_2 \rightarrow Na_2O \cdot nSiO_2 + CO_2 \uparrow$$

我国生产的水玻璃模数一般在2.4~3.3之间。水玻璃在水溶液中的含量(或称浓度)常用密度或者波美度表示。土木工程中常用水玻璃的密度一般为1.36~1.50g/cm³。密度越大,水玻璃含量越高,黏度也越大。

二、水玻璃的硬化

液体水玻璃在空气中能吸收二氧化碳,生成二氧化硅凝胶,并逐渐干燥而硬化:

$$Na_2O \cdot nSiO_2 + CO_2 + mH_2O \rightarrow Na_2CO_3 + nSiO_2 \cdot mH_2O$$

二氧化硅凝胶($nSiO_2 \cdot mH_2O$)干燥脱水,析出固态二氧化硅,水玻璃硬化。由于空气中CO_2浓度低,因此这个过程进行得很慢。为了加速硬化,可将水玻璃加热或加入氟硅酸钠(Na_2SiF_6)作促硬剂,以加快硅胶的析出,反应式如下:

$$2(Na_2O \cdot nSiO_2) + Na_2SiF_6 + mH_2O \rightarrow Na_2CO_3 + nSiO_2 \cdot mH_2O$$

氟硅酸钠的适宜用量为水玻璃质量的12%~15%,如果用量小于12%,硬化速度慢,强度低,且未反应的水玻璃易溶于水,导致耐水性差;用量过多会引起凝结过快,造成施工困难。氟硅酸钠有一定的毒性,操作时应注意安全。

三、水玻璃的技术性质

(1)黏结力强,强度较高。水玻璃具有良好的胶结能力,且硬化后强度较高。如水玻璃胶泥的抗拉强度大于2.5MPa,水玻璃混凝土的抗压强度在15~40MPa之间。此外,水玻璃硬化析出的硅酸凝胶还可堵塞毛细孔隙,从而起到防止水渗透的作用。对于同一模数的液体水玻璃,其浓度越稠,则黏结力越强。而不同模数的液体水玻璃,模数越大,其胶体组分越多,黏结力也随之增加。

(2)耐酸性好。硬化后的水玻璃,因其主要成分是SiO_2,所以能抵抗大多数无机酸和有机酸的作用。但水玻璃不耐碱性介质的侵蚀。

(3)耐热性高。水玻璃硬化后形成 SiO_2 空间网状骨架,具有良好的耐热性能。

四、水玻璃的应用

水玻璃具有良好的胶结能力,硬化后抗拉和抗压强度高,不燃烧,耐热性好,耐酸性强,可耐除氢氟酸外的各种无机酸和有机酸的作用,水玻璃在建筑上的用途有以下几种:

(1)涂刷或浸渍材料。直接将液体水玻璃涂刷或浸渍多孔材料时,由于在材料表面形成 SiO_2膜层,可提高抗水及抗风化能力,又因材料的密实度提高,还可提高强度和耐久性。但不能用以涂刷或浸渍石膏制品,因二者反应,在制品孔隙中生成硫酸钠,结晶后体积膨胀,将制品胀裂。

(2)加固土。用模数为2.5~3.0的液体水玻璃和氯化钙溶液加固土,两种溶液发生化学反应,生成的硅胶能吸水肿胀,能将土粒包裹起来填实土的空隙,从而起到防止水分渗透和加固土的作用。

(3)配制防水剂。在水玻璃中加入两种、三种或四种矾的溶液,搅拌均匀,即可得二矾、三矾或四矾防水剂。如四矾防水剂是以蓝矾(硫酸铜)、白矾(硫酸铝钾)、绿矾(硫酸亚铁)、红矾(重铬酸钾)各取一份溶于60份沸水中,再降至50℃,投入400份水玻璃,搅拌均匀而成。这类防水剂与水泥水化过程中析出的氢氧化钙反应生成不溶性硅酸盐,堵塞毛细管道和孔隙,从而提高砂浆的防水性,这种防水剂因为凝结迅速,宜调配水泥防水砂浆,适用于堵塞漏洞、缝隙等局部抢修。

(4)配制耐酸砂浆、耐酸混凝土。水玻璃具有较高的耐酸性,用水玻璃和耐酸粉料,粗细集料配合,可制成防腐工程的耐酸胶泥、耐酸砂浆和耐酸混凝土。

(5)配制耐火材料。水玻璃硬化后形成 SiO_2非晶态空间网状结构,具有良好的耐火性,因此可与耐热集料一起配制成耐热砂浆及耐热混凝土。

【例3-4】水玻璃的化学组成是什么?水玻璃的模数、密度(浓度)对水玻璃的性能有什么影响?

解:通常使用的水玻璃都是 $Na_2O \cdot nSiO_2$的水溶液,即液体水玻璃。

一般而言,水玻璃的模数 n 越大时,水玻璃的黏度越大,硬化速度越快、干缩越大,硬化后的黏结强度、抗压强度等越高,耐水性越好,抗渗性及耐酸性越好。其主要原因是硬化时析出的硅酸凝胶 $nSiO_2 \cdot mH_2O$ 较多。

同一模数的水玻璃,密度越大,则其有效成分 $Na_2O \cdot nSiO_2$的含量越多,硬化时析出的硅酸凝胶也多,黏结力越强。

然而,如果水玻璃的模数或密度太大,往往由于黏度过大而影响到施工质量和硬化后水玻璃的性质,故不宜过大。

单 元 小 结

建筑石膏是由二水石膏在干燥状态下加热脱水后的β型半水石膏组成。在水化过程中凝结硬化较快,需水量较大,因此其硬化体(石膏制品)的孔隙率大(多孔结构特点)、体积密度小。其具有良好的保温隔热、隔音吸声效果,有较好的防火性及一定范围内的温度、湿度调节能力。石膏制品是一种具有节能意义和发展前途的新型轻质墙体材料和室内装饰材料。

以碳酸钙为主的岩石（石灰石、白云石等）经适当温度煅烧后得到块状生石灰，经加工后可得到磨细的生石灰粉、消石灰粉、石灰膏、石灰乳等产品。工程中所用生石灰必须经过充分消化（熟化），以消除过火石灰的危害。石灰浆具有良好的可塑性和保水性，硬化慢、强度低、硬化时体积收缩大。主要用于配制砂浆，制作石灰乳涂料，拌制灰土和三合土及配制硅酸盐制品。

水玻璃是由碱金属氧化物（R_2O）和二氧化硅（SiO_2）以不同比例结合而成的硅酸盐物质，可溶于水，易渗透于制品内部孔隙中或封堵制品表面毛细孔。水化过程中起胶凝作用的产物含水硅胶（$nSiO_2 \cdot mH_2O$），黏结力强，具有一定的耐酸和耐热能力。常用于涂刷或浸渍需要被保护的制品（材料）；配制防水剂堵漏、填缝及局部抢修工程；也可用于加固地基或配制耐酸、防火混凝土。

复习思考题

1. 什么是胶凝材料、气硬性胶凝材料、水硬性胶凝材料？

2. 生石膏和建筑石膏的成分是什么？石膏浆体是如何凝结硬化的？

3. 为什么说建筑石膏是功能性较好的建筑材料？

4. 建筑石膏及其制品为什么适用于室内，而不适用于室外使用？

5. 建筑石灰按加工方法不同可分为哪几种？它们的主要化学成分各是什么？

6. 什么是欠火石灰和过火石灰？它们对石灰的使用有什么影响？

7. 试从石灰浆体硬化原理，来分析石灰为什么是气硬性胶凝材料？

8. 石灰是气硬性胶凝材料，耐水性较差，但为什么拌制的灰土、三合土却具有一定的耐水性？

9. 水玻璃的成分是什么？什么是水玻璃的模数？水玻璃的模数、密度（浓度）对其性质有何影响？

10. 水玻璃的主要性质和用途有哪些？

单元四　水硬性胶凝材料

内容提要

本单元主要介绍各种水泥的生产、矿物组成、技术性质、技术标准及使用范围。重点学习硅酸盐类水泥，熟练掌握硅酸盐水泥等几种通用水泥的性能特点，相应的检测方法及使用特点。了解铝酸盐水泥及其他特性水泥和专用水泥的主要性能及使用特点。

水泥是一种粉状矿物胶凝材料，它与水混合后形成浆体，经过一系列物理化学变化，由可塑性浆体变成坚硬的石状体，并能将散粒材料胶结成为整体。水泥浆体不仅能在空气中凝结硬化，而且还能更好地在水中凝结硬化，是一种水硬性胶凝材料。

水泥是人类在长期使用气硬性胶凝材料的经验基础上发展起来的。早在 1796 年，就出现了用含有一定比例黏土成分的石灰石煅烧而成的“罗马水泥”。1824 年，英国泥建筑工人约瑟夫·阿斯普丁(Joseph·Aspdin)首先取得了生产硅酸盐水泥的专利权。因为水泥凝结后的外观颜色与波特兰的石头相似，所以将产品命名为波特兰水泥，我国称为硅酸盐水泥。自水泥问世以来，就一直是建筑材料中的主体材料，目前世界上水泥的品种已达 200 余种。任何建设工程项目，几乎都离不开水泥，水泥是最主要的建筑材料之一，广泛应用于工业与民用建筑、交通、水利电力、海港和国防工程。水泥与集料及增强材料制成混凝土、钢筋混凝土、预应力混凝土构件，也可配制砌筑砂浆、装饰、抹面、防水砂浆用于建筑物砌筑、抹面和装饰等。

水泥品种繁多，按其主要水硬性物质分，可分为硅酸盐类水泥、铝酸盐类水泥、硫铝酸盐类水泥、铁铝酸盐类水泥、氟铝酸盐类水泥等。其中，硅酸盐类水泥，按其性能用途不同，水泥可分为通用硅酸盐水泥，如硅酸盐水泥、普通硅酸盐水泥、矿渣硅酸盐水泥、火山灰硅酸盐水泥、粉煤灰硅酸盐水泥、复合硅酸盐水泥等；专用水泥，如道路硅酸盐水泥、砌筑水泥、油井水泥等；特性水泥，如快硬硅酸盐水泥、低热水泥、抗硫酸盐水泥、膨胀水泥等。

水泥的品种虽然很多，但是在常用的水泥中，硅酸盐水泥是最基本的。因此，本单元以硅酸盐水泥为主要内容，在其基础上对其他几种常用水泥作些介绍。

学习情境一　硅酸盐水泥

一、硅酸盐水泥的定义

根据国家标准《通用硅酸盐水泥》(GB 175—2007)，硅酸盐水泥的定义是：凡由硅酸盐水泥熟料、0% ~5% 石灰石或粒化高炉矿渣、适量石膏磨细制成的水硬性胶凝材料，称为硅酸盐水泥。硅酸盐水泥分两种类型，不掺加混合材料的称 I 型硅酸盐水泥，代号 P·I；在硅酸盐水泥熟料粉磨时掺加不超过水泥质量 5% 石灰石或粒化高炉矿渣混合材料的称 II 型硅酸盐水泥，代号 P·Ⅱ。

硅酸盐水泥是硅酸盐类水泥的一个基本品种，其他品种的硅酸盐类水泥都是在它的基础上加入一定量的混合材料或适当改变熟料中的矿物成分的含量而制成的。各通用硅酸盐水泥的组分和代号规定见表 4-1。

通用硅酸盐水泥的组分表　　表 4-1

品种	代号	组分				
		熟料＋石膏	粒化高炉矿渣	火山灰质混合材料	粉煤灰	石灰石
硅酸盐水泥	P·I	100	—	—	—	—
	P·Ⅱ	≥95	≤5	—	—	—
		≥95	—	—	—	≤5
普通硅酸盐水泥	P·O	≥80 且＜95	＞5 且≤20①			—
矿渣硅酸盐水泥	P·S·A	≥50 且＜80	＞20 且≤50②	—	—	—
	P·S·B	≥30 且＜50	＞50 且≤70②	—	—	—
火山灰质硅酸盐水泥	P·P	≥60 且＜80	—	＞20 且≤40③	—	—
粉煤灰硅酸盐水泥	P·F	≥60 且＜80	—	—	＞20 且≤40④	—
复合硅酸盐水泥	P·C	≥50 且＜80	＞20 且≤50⑤			

注：①本组分材料为符合规范 GB 175—2007 中第 5.2.3 条的活性混合材料，其中允许用不超过水泥质量 8% 且符合规范 GB 175—2007 中第 5.2.4 的非活性混合材料或不超过水泥质量 5% 且符合规范 GB 175—2007 中第 5.2.5 的窑灰代替。

②本组分材料为符合 GB/T 203 或 GB/T 18046 的活性混合材料，其中允许用不超过水泥质量 8% 且符合规范 GB 175—2007 中第 5.2.3 条的活性混合材料或符合规范 GB 175—2007 中第 5.2.4 条的非活性混合材料或符合规范 GB 175—2007 中第 5.2.5 条的窑灰中的任一种材料代替。

③本组分材料为符合 GB/T 2847 的活性混合材料。

④本组分材料为符合 GB/T 1596 的活性混合材料。

⑤本组分材料为由两种(含)以上符合规范 GB 175—2007 中第 5.2.3 条的活性混合材料或/和符合规范 GB 175—2007 中第 5.2.4 条的非活性混合材料组成，其中允许用不超过水泥质量 8% 且符合规范 GB 175—2007 中第 5.2.5条的窑灰代替。掺矿渣时混合材料掺量不得与矿渣硅酸盐水泥重复。

二、硅酸盐水泥的生产

生产硅酸盐水泥的原料主要是石灰质原料和黏土质原料。石灰质原料有石灰岩、泥灰岩、白垩、贝壳等，石灰质原料主要为硅酸盐水泥熟料矿物提供所需 CaO。黏土质原料有黄土、黏土、页岩、泥岩、粉砂岩及河泥等。黏土主要为硅酸盐水泥熟料提供所需的 SiO_2、Al_2O_3 及Fe_2O_3。当 Fe_2O_3不能满足配合料的成分要求时，需要校正原料铁粉或铁矿石来提供，有时也需要硅质校正原料，如砂岩、粉砂岩等补充 SiO_2。

硅酸盐水泥的生产分为三个阶段：石灰质原料、黏土质原料及少量校正原料破碎后，按一定比例配合、磨细，并调配成成分合适、质量均匀的生料，称为生料制备；生料在水泥窑内煅烧至部分熔融所得到的以硅酸钙为主要成分的硅酸盐水泥熟料，称为熟料煅烧；熟料加适量石膏和其他混合材料共同磨细为水泥，称为水泥粉磨。因此，硅酸盐水泥生产的工艺流程可总结为“两磨一烧”，如图 4-1 所示。

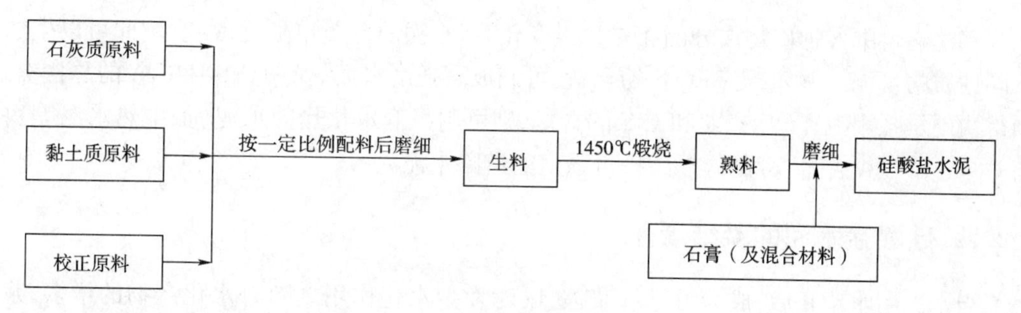

图 4-1　硅酸盐水泥生产的工艺流程

三、硅酸盐水泥熟料的矿物组成及特性

硅酸盐水泥主要熟料矿物的名称和含量范围如下：

硅酸三钙　$3CaO \cdot SiO_2$，简写为 C_3S，含量 37% ~60%；

硅酸二钙　$2CaO \cdot SiO_2$，简写为 C_2S，含量 15% ~37%；

铝酸三钙　$3CaO \cdot Al_2O_3$，简写为 C_3A，含量 7% ~15%；

铁铝酸四钙　$4CaO \cdot Al_2O_3 \cdot Fe_2O_3$，简写为 C_4AF，含量 10% ~18%。

硅酸三钙，凝结时间正常，水化较快，放热较多，但强度最高，且强度增进率较大，如 28d 的 C_3S 强度可以达到一年强度的 70% ~80%。

硅酸二钙，水化速率很慢，水化热很小，早期强度较低，但后期强度较高，在水化一年后，硅酸二钙的强度甚至将超过硅酸三钙的强度，因此是保证硅酸盐水泥后期强度的矿物。

铝酸三钙，水化迅速，放热多，如不加石膏缓凝，易使水泥速凝。它的强度在 3d 内就大部分发挥出来，但其值不高，以后几乎不再增长甚至倒缩。铝酸三钙的干缩变形大，抗硫酸盐性能差。

铁铝酸四钙，水化速率早期介于铝酸三与硅酸三钙之间，强度也在早期发挥，而后期没有什么发展。其抗冲击性能和抗硫酸盐性能较好，水化热比铝酸三钙低。表 4-2 是硅酸盐水泥熟料主要矿物单独与水作用时表观出的特性。如图 4-2 所示为水泥熟料单矿物的抗压强度增长变化情况。

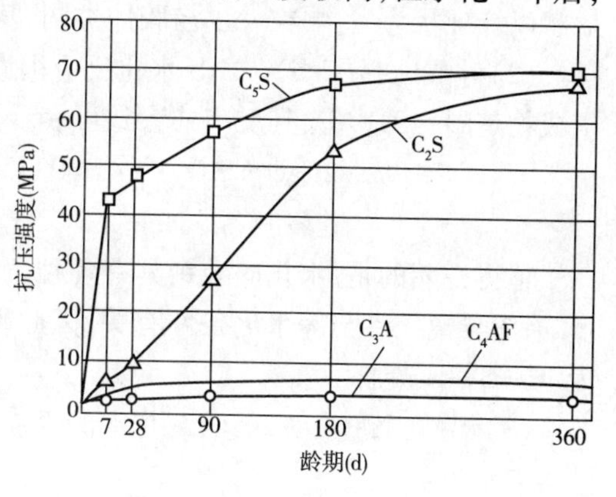

图 4-2　水泥熟料单矿物的抗压强度增长变化情况

硅酸盐水泥熟料主要矿物组成及与水作用时的特性　　表 4-2

特征 \ 矿物组成		硅酸三钙(C_3S)	硅酸二钙(C_2S)	铝酸三钙(C_3A)	铁铝酸四钙(C_4AF)
含量范围(%)		37 ~60	15 ~37	7 ~15	10 ~18
水化反应速率		快	慢	最快	快
水化热		大	小	最大	中
耐化学侵蚀		差	好	最差	中等
干缩性		中	小	大	小
强度	早期	高	低	低	低(对抗折强度有利)
	后期		高		

水泥熟料中各种矿物成分的相对含量变化时，水泥的性质也随之改变，由此可以生产出不同性质的水泥。例如，提高 C_3S 的含量，可制成高强度水泥；提高 C_3S 和 C_3A 的总含量，可制得快硬早强水泥；降低 C_3A 和 C_3S 的含量，则可制得低水化热的水泥（如中热水泥等）；提高 C_4AF 和 C_3A 含量，可制得较高抗折强度的道路水泥。

四、硅酸盐水泥的凝结硬化

当水泥用水调和后，成为可塑性浆体，同时发生水化作用。随着水化产物的增多，浆体逐渐失去可塑性，但尚不具有强度，这个过程称为"凝结"，随后发展成为具有强度的石状体——水泥石，这一过程称为"硬化"。水泥的凝结硬化是人为划分的，实际上是一个连续、复杂的物理化学变化过程。

1.硅酸盐水泥的水化作用

水泥的水化过程及水化产物非常复杂，生成一系列的水化物，并释放出一定的热量。其水化反应如下：

（1）硅酸三钙（C_3S）。C_3S 的水化反应大致可用下式表示：

$$2(3CaO \cdot SiO_2) + 6H_2O \rightarrow 3CaO \cdot 2SiO_2 \cdot 3H_2O + 3Ca(OH)_2$$

硅酸三钙　　　　水化硅酸钙　　　　氢氧化钙

其中，水化生成物氢氧化钙以晶体出现，水化硅酸钙以凝胶状近乎无定形状析出，颗粒形状以纤维状为主，颗粒大小与胶体类同，其结晶程度较差。

（2）硅酸二钙（C_2S）。C_2S 水化反应很慢，但其水化产物中的水化硅酸钙与 C_3S 的水化生成物是同一种形态，其反应式大致可表示为：

$$2(2CaO \cdot SiO_2) + 4H_2O \rightarrow 3CaO \cdot 2SiO_2 \cdot 3H_2O + Ca(OH)_2$$

硅酸三钙　　　　水化硅酸钙　　　　氢氧化钙

值得说明的是，水化硅酸钙具有各种不同的形态，水化硅酸钙的化学成分与水灰比、温度、有无异离子参与等水化条件有关，因此很难用一个固定分子式表示水化硅酸钙，通常称为"C—S—H 凝胶"。

（3）铝酸三钙（C_3A）。C_3A 与水的反应非常迅速，生成水化铝酸钙结晶体，其反应式大致可表示为：

$$3CaO \cdot Al_2O_3 + 6H_2O \rightarrow 3CaO \cdot Al_2O_3 \cdot 6H_2O$$

铝酸三钙　　　　水化铝酸钙

（4）铁铝酸四钙（C_4AF）。C_4AF 与水反应的速度仅次于 C_3A，通常认为水化产物有水化铝酸钙立方晶体及水化铁酸钙凝胶，其反应式大致可表示为：

$$4CaO \cdot Al_2O_3 \cdot Fe_2O_3 + 7H_2O \rightarrow 3CaO \cdot Al_2O_3 \cdot 6H_2O + CaO \cdot Fe_2O_3 \cdot H_2O$$

铁铝酸四钙　　　　水化铝酸钙　　　　水化铁酸钙

由于硅酸三钙迅速水化，析出的 $Ca(OH)_2$ 很快使溶液达到饱和或过饱和，在石灰饱和溶液中，水化铝酸三钙和水化铁酸钙，还会与 $Ca(OH)_2$ 发生二次反应，分别生成水化铝酸四钙（C_4AH_{12}）和水化铁酸四钙（C_4FH_{12}）。

（5）石膏。硅酸盐水泥是由熟料和适量的石膏共同粉磨而成的，当硅酸盐水泥调水后，一方面各矿物成分与水反应，另一方面石膏也迅速溶解于水，与水化铝酸钙反应生成高硫型水化硫铝酸钙针状晶体（称为钙矾石，简写成 Aft），其反应式为：

$$3CaO \cdot Al_2O_3 + 3(CaSO_4 \cdot 2H_2O) + 19H_2O \rightarrow 3CaO \cdot Al_2O_3 \cdot 3CaSO_4 \cdot 31H_2O$$

铝酸三钙　　　　　　　石膏　　　　　　　　　水化硫铝酸钙

综上所述,硅酸盐水泥水化后的主要水化产物有水化硅酸钙(C—S—H)凝胶、水化铁酸钙(C—F—H)凝胶、氢氧化钙(OH)板状晶体、水化铝酸钙(Ca_3H_6)立方晶体和水化硫铝酸钙(Aft)针状晶体。这五种水化产物的性能见表4-3。

硅酸盐水泥水化产物及性能　　　　表4-3

序　号	水化产物	性　能
1	水化硅酸钙	胶凝性强,强度高,不溶于水
2	水化铁酸钙	胶凝性差,强度低,难溶于水
3	氢氧化钙	强度较高,溶于水
4	水化铝酸钙	强度低,溶于水
5	水化硫铝酸钙	强度高,不溶于水,能提高水泥石早期强度

在完全水化的水泥石中,水化硅酸钙凝胶约占70%,$Ca(OH)_2$约占20%,水化硫铝酸钙约占7%,未水化的熟料残余物和其他微量组分大约占3%。

2.硅酸盐水泥的凝结硬化

硅酸盐水泥凝结硬化的过程非常复杂,通常将其物理、化学过程,分为以下几个阶段:

(1)初始反应阶期。水泥加水后,未水化的水泥颗粒分散在水中,形成水泥浆,如图4-3a)所示。

(2)潜伏期。水泥在水泥浆中立即发生快速反应,在几分钟内便生成过饱和溶液,然后反应急剧减慢,这是由于水泥颗粒周围生成了硫铝酸钙微晶膜或胶状的膜层,如图4-3b)所示。

(3)凝结期。水泥产物的量随时间而增加,新生胶粒不断增加,水化物膜层增厚,游离水分不断减少,颗粒间空隙也不断缩小,而分散相中最细的颗粒通过分散介质薄层,相互无序连接而生成三维空间网,形成凝聚结构,如图4-3c)所示。这种结构在振动的作用下可以破坏,但又可逆地恢复,因此具有凝胶的触变性。在形成凝聚结构的同时,水泥浆发生"凝结"。

(4)硬化期。随着以上过程的不断进行,固态的水化物不断增多,颗粒间的接触点数目增加;结晶体(CH、C_3AH_6和Aft)和凝胶体(C—S—H凝胶)互相贯穿,形成了凝聚结构,随着水化继续进行,C—S—H凝胶增多,填充硬化的水泥石毛细孔中,使孔隙率下降,强度逐渐增长,从而进入了硬化阶段,如图4-3d)所示。

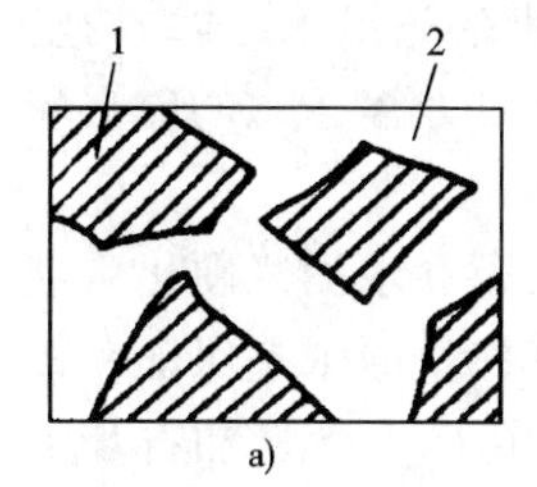

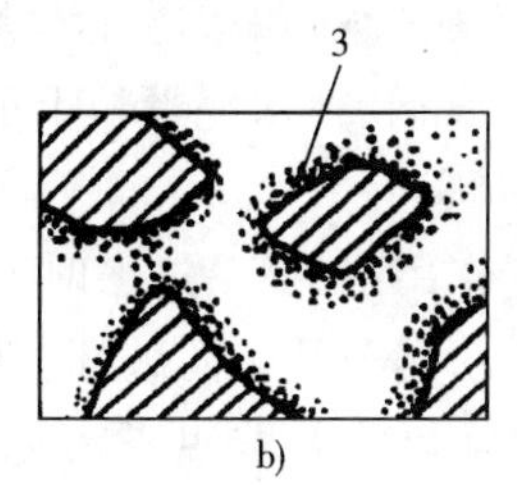

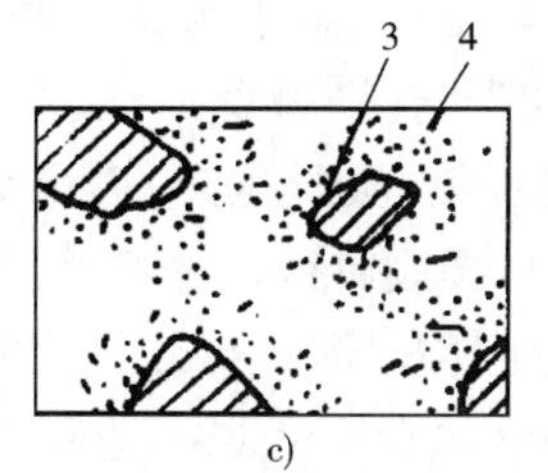

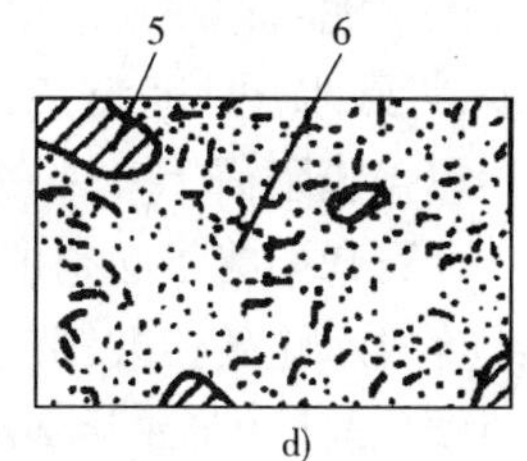

图4-3　凝结硬化过程示意图

a)分散在水中未水化的水泥颗粒;b)水泥颗粒周围形成水化物膜层;c)水化物膜层长大形成凝聚结构(凝结);d)水化物增多,填充毛细孔(硬化)

1-水泥颗粒;2-水分;3-凝胶;4-晶体;5-未水化的水泥内核;6-毛细孔

根据水化反应速率和物理化学的主要变化可将水泥的凝结硬化阶段划分为表4-4中所

列的几个阶段。

水泥凝结硬化的几个阶段　　表4-4

凝结硬化阶段	持续时间	主要物理化学变化
初始反应期	5～10min	初始溶解和水化
潜伏期	1h	凝胶体膜层围绕水泥颗粒成长
凝结期	6h	膜层增厚,水泥颗粒进一步水化
硬化期	6h至若干年	凝胶体填充毛细孔

水泥的水化与凝结硬化是一个连续的过程。水化是水泥产生凝结硬化的前提,而凝结硬化是水泥水化的结果。这个过程起初由于水化速率快,水泥强度增长也快。当未水化的水泥颗粒周围水化产物增多后,便阻碍了水泥颗粒的继续水化,水化产物生成速度减慢,强度增长速度也减慢。尽管水化反应还在进行,但其速度和水化产物的生成量随时间逐步减小,无论多久水泥内核也很难达到完全水化。

3. 影响硅酸盐水泥水化、凝结硬化的因素

影响水泥水化和凝结硬化的直接因素是矿物组成。此外,水泥的水化和凝结硬化还与水泥的细度、拌和用水量、养护温湿度和养护龄期等有关。

(1)水泥矿物组成。熟料各矿物单独与水作用后的特性是不同的,它们相对含量的变化,将导致不同的凝结硬化特性。比如当水泥中C_3A含量高时,水化速率快,但强度不高,而C_2S含量高时,水化速率慢,早期强度低,后期强度高。

(2)水泥细度。水泥颗粒细,比表面积增加,与水反应的机会增多,水化加快,从而加速水泥的凝结、硬化,提高早期强度。

(3)水灰比的影响。拌和水量的多少是影响水泥石强度的关键因素之一,水泥水化的理论需要水量约占水泥质量的23%,但实际使用时,用这样的水量拌制的水泥浆非常干涩,无法形成密实的水泥石结构。经推算,当水灰比约为0.38时,水泥可以完全水化,所有的水成为化学结合水或凝胶水,而无毛细孔水。在实际工程中,水灰比多为0.4～0.7,适当的毛细孔,可提供水分向水泥颗粒扩散的通道,可作为水泥凝胶增长时填充的空间,对水泥石结构以及硬化后强度有利。水灰比为0.38的水泥浆实际上要完全水化还是比较困难的。

(4)石膏。石膏影响铝酸盐水化产物凝聚结构形成的速率和结晶的速率与形状,未加石膏的水泥将很快形成凝聚结构,由于水化铝酸钙从过饱和溶液中很快结晶出来,其结构坚硬,导致水泥不正常急速凝结(即瞬凝)。加入石膏后,在水泥颗粒上形成难溶于水的硫铝酸钙覆盖膜阻碍了C_3A的水化,从而延长了凝聚过程。

石膏的掺量必须严格控制,掺量太少时缓凝作用小;掺量过多时会因在水泥浆硬化后继续生成水化硫铝酸钙产生体积膨胀,导致硬化的水泥石开裂而破坏,其掺量原则是保证在凝结硬化前(约加水后24h内)全部耗尽。适宜的掺量主要取决于水泥中C_3A含量和石膏中SO_3的含量。国家标准规定SO_3不得超过3.5%,石膏掺量一般为水泥质量的3%～5%。

(5)养护条件的影响。对C_3S和C_2S来说,温度对水化反应速率的影响遵循一般的化学反应规律,温度升高,水化加速,特别是对C_2S来说,由于C_2S的水化速率低,所以温度对它的影响更大。C_3A在常温时水化就较快,放热也较多,所以温度影响较小。当温度降低时,水泥水化速率减慢,凝结硬化时间延长,尤其对早期强度影响很大。在0℃以下,水化会停

止，强度不仅不增长，还会因为水泥浆体中的水分发生冻结膨胀，而使水泥石结构产生破坏，强度大大降低。

湿度是保证水泥水化的必备条件，因为在潮湿环境条件下，水泥浆内的水分不易蒸发，水泥的水化硬化得以充分进行。当环境温度十分干燥时，水泥中的水分将很快蒸发，以致水泥不能充分水化，硬化也将停止。

保持一定的温度和潮湿使水泥石强度不断增长的措施，叫做养护。高温养护往往导致水泥后期强度增长缓慢，甚至下降。

(6)龄期。从水泥加水拌和之日起至实测性能之日止，所经历的养护时间称为龄期。硅酸盐水泥早期强度增长较快，后期逐渐减慢。水泥加水后，起初3~7d强度发展快，大约4周后显著减慢。但是，只要维持适当的温度和湿度，水泥强度在几个月、几年，甚至几十年后还会持续增长。

五、硅酸盐水泥的技术性质与技术标准

根据国家标准《通用硅酸盐水泥》(GB 175—2007)的规定，硅酸盐水泥的技术性质主要有以下项目：

1. 化学性质

(1)氧化镁含量。水泥熟料中存在游离的氧化镁，它的水化反应速度很慢，常在水泥硬化后才反应，并产生体积膨胀，造成水泥石结构产生裂缝，甚至破坏。是引起水泥体积安定性不良的原因之一。

(2)三氧化硫含量。水泥中三氧化硫是添加石膏时带入的成分，或者是煅烧水泥熟料时加入石膏矿化剂带入。其量过多同样会造成水泥石体积膨胀，使水泥性能变坏，甚至导致结构被破坏。因此，三氧化硫也是引起水泥体积安定性不良的原因之一。

(3)烧失量。烧失量是指水泥在一定温度、一定时间内加热后烧失的数量。水泥煅烧不佳或受潮后，均会导致烧失量增加。

(4)不溶物。不溶物是指水泥在浓盐酸中溶解保留下来的不溶性残留物。主要由水泥原料、混合材料及石膏中的杂质引起，不溶物越多，水泥活性下降。国标规定：Ⅰ型硅酸盐水泥不溶物≤0.75%，Ⅱ型不溶物≤1.5%。

(5)碱含量。碱是指水泥中 $Na_2O+0.658K_2O$ 的计算值，当水泥中的碱与某些碱活性集料发生化学反应会引起混凝土膨胀破坏。使用活性集料或用户要求提供低碱水泥时，水泥中碱含量≤0.60%，或者由供需双方商定。

(6)水化热。水化热是由于水泥水化作用产生的，水化热的大小对工程施工有很大影响。在冬季施工时，水化热对保持水泥的正常凝结硬化有利，但水化放热对于大型构筑物、大型房屋基础及堤坝等大体积混凝土工程不利，因为混凝土是热的不良导体，水化热会积聚在混凝土内部不易散发，致使混凝土内外产生很大的温差(可达50~60℃)。当混凝土外表面因冷却收缩时，内部因温度较高体积膨胀，产生内应力，导致混凝土开裂。

水化热大部分在水泥水化初期(3~7d)内放出，特别是在水泥浆发生凝结硬化时会放出大量的热量。水化热的大小与放热速率取决于水泥的矿物组成、细度、水灰比、混合材料的含量、外加剂品种等因素。

2. 物理性质

(1)细度。细度指水泥颗粒的粗细程度。通常用筛分析的方法或比表面积的方法来测

定。筛析法以 80μm 方孔筛的筛余百分率表示，比表面积法是以 1kg 质量材料所具有的总表面积（m^2/kg）来表示。细度与水泥的水化速率、凝结硬化速度、早期强度和空气硬化收缩量等成正比，与成本及储存期成反比。

国家标准《通用硅酸盐水泥》（GB 175—2007）规定：硅酸盐水泥比表面积应大于 $300m^2/kg$。

（2）标准稠度用水量。在测定水泥的凝结时间、体积安定性等指标时，为避免试验结果出现误差并使结果具有可比性，必须在规定的水泥标准稠度下进行试验。所谓标准稠度，是采用按规定的方法拌制的水泥净浆，在水泥标准稠度测定仪上，当标准试杆沉入净浆，并距距底板（6±1）mm 时，其拌和用水量为水泥的标准稠度用水量，按照此时水与水泥质量的百分比计。

水泥的标准调度用水量主要与水泥的细度及其矿物成分等有关。硅酸盐水泥的标准稠度用水量一般在 24%～30%。

（3）凝结时间。水泥的凝结时间分初凝和终凝。初凝是指从水泥加水拌和至标准稠度的水泥净浆开始失去塑性所用的时间。终凝是指从水泥加水拌和至标准稠度的水泥净浆完全失去可塑性的时间。

水泥凝结时间用凝结时间测定仪测定。以标准稠度的水泥净浆，在标准条件下测定。国家标准《通用硅酸盐水泥》（GB 175—2007）规定，从水泥加入拌和水中开始，至试针沉入净浆中，并距底板（4±1）mm 时，所经历的时间为初凝时间；从水泥加入拌和水中开始，至试针沉入水泥净浆 0.5mm 时，所需的时间为终凝时间，如图 4-4 所示。

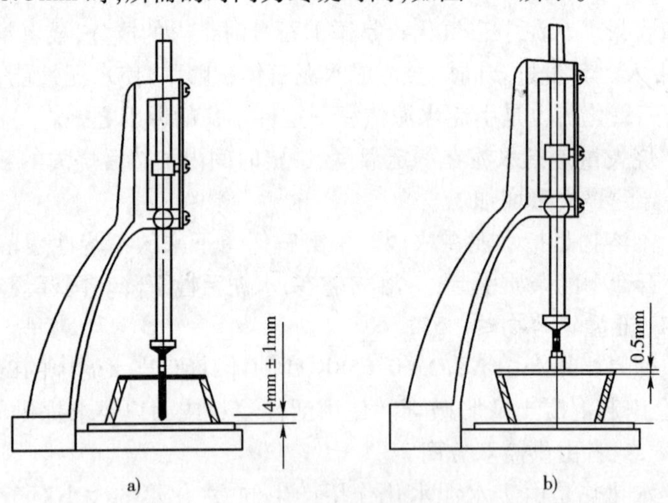

图 4-4 用标准稠度仪测定凝结时间示意图

a）初凝；b）终凝

水泥的初凝时间和终凝时间对于工程施工具有实际意义。为使混凝土和砂浆在施工中有足够的时间进行搅拌、运输、浇筑、砌筑和成型，要求初凝时间不能过早。初凝后希望混凝土或砂浆尽快形成强度，以加速施工进度，因此要求终凝时间不应过迟。国家标准《通用硅酸盐水泥》（GB 175—2007）规定：硅酸盐水泥初凝时间不早于 45min，终结时间不得迟于 6.5h。

影响水泥凝结时间的因素有矿物组成及含量、水泥细度、石膏掺量、混合材料的品种和掺量、水灰比等。

(4)体积安定性。水泥的体积安定性是指水泥在凝结硬化过程中体积变化的均匀性。硅酸盐水泥在凝结硬化的过程中,体积略有收缩,一般情况下水泥石的体积变化比较均匀,即为体积安定性良好。如果在凝结硬化过程中,水泥石内部产生不均匀的体积变化,将会产生破坏应力,使结构物及构件产生裂缝、弯曲甚至崩坍等现象,即为体积安定性不良。

造成安定性不良的主要原因有以下三点:

①熟料中过多的游离氧化钙。如前所述,这种游离的氧化钙是熟料煅烧时,没有被吸收形成熟料矿物,这种过烧的氧化钙水化慢,而且水化生成 $Ca(OH)_2$时体积膨胀,给硬化的水泥石造成破坏。国家标准《通用硅酸盐水泥》(GB 175—2007)规定:用蒸煮法检验水泥中游离氧化钙是否会引起安定性不良。

②熟料中氧化镁含量过多。熟料中游离氧化镁同样会造成膨胀破坏,且正常水化的速度更缓慢。水泥中游离氧化镁是否会引起安定性不良,是用物理方法——压蒸法来检验,只有这样才能加速氧化镁的水化。国家标准《通用硅酸盐水泥》(GB 175—2007)规定:用化学分析法检验其含量是否超标。

③水泥中三氧化硫含量过多。SO_3过多同样也会造成膨胀破坏。石膏带来的危害用物理检验方法,需长期在常温水中才能确定安定性是否不良。同游离氧化镁一样,物理检验不便于快速检验。因此国家标准《通用硅酸盐水泥》(GB 175—2007)规定:用化学分析法检验水泥中 SO_3含量是否超标。

体积安定性不良的水泥,不能用于工程中。

(5)强度及强度等级。水泥的强度是指水泥胶砂硬化一定时间后,标准试件单位面积所能承受的最大荷载,以 MPa 表示。水泥强度是表示水泥力学性质的重要指标,也是划分水泥强度等级的依据。

水泥强度检验是按《水泥胶砂强度检验方法(ISO 法)》(GB/T 17671—1999)进行的。该法是将水泥、标准砂和水按规定比例(1:3:0.5)配制成胶砂,并制成 40mm × 40mm × 160mm 的试件,脱模后在标准温度(20℃ ±1℃)的水中养护一定龄期(3d、28d)后测得其抗压、抗折强度。国家标准《通用硅酸盐水泥》(GB 175—2007)规定:硅酸盐水泥的强度等级可分为 42.5、42.5R、52.5、52.5R、62.5、62.5R 六个级别,其中带 R 的为早强型水泥,并具体规定各等级所对应的抗压强度和抗折强度在 3d、28d 时的最小值,见表 4-5。

为确保水泥在工程中的使用质量,生产厂在控制水泥 28d 的强度时,均留有一定的富余强度,在设计混凝土强度时,可采用水泥的实际强度。通常富余系数为 1.00 ~1.13。

硅酸盐水泥各龄期的强度要求(GB 175—2007)　　表 4-5

品　种	强度等级	抗压强度(MPa)		抗折强度(MPa)	
		3d	28d	3d	28d
硅酸盐水泥	42.5	≥17.0	≥42.5	≥3.5	≥6.5
	42.5R	≥22.0	≥42.5	≥4.0	≥6.5
	52.5	≥23.0	≥52.5	≥4.0	≥7.0
	52.5R	≥27.0	≥52.5	≥5.0	≥7.0
	62.5	≥28.0	≥62.5	≥5.0	≥8.0
	62.5R	≥32.0	≥62.5	≥5.5	≥8.0

续上表

品 种	强度等级	抗压强度(MPa)		抗折强度(MPa)	
		3d	28d	3d	28d
普通硅酸盐水泥	42.5	≥17.0	≥42.5	≥3.5	≥6.5
	42.5R	≥22.0	≥42.5	≥4.0	≥6.5
	52.5	≥23.0	≥52.5	≥4.0	≥7.0
	52.5R	≥27.0	≥52.5	≥5.0	≥7.0
矿渣硅酸盐水泥、火山灰硅酸盐水泥、粉煤灰硅酸盐水泥、复合硅酸盐水泥	32.5	≥10.0	≥32.5	≥2.5	≥5.5
	32.5R	≥15.0	≥32.5	≥3.5	≥5.5
	42.5	≥15.0	≥42.5	≥3.5	≥6.5
	42.5R	≥19.0	≥42.5	≥4.0	≥6.5
	52.5	≥21.0	≥52.5	≥4.0	≥7.0
	52.5R	≥23.0	≥52.5	≥4.5	≥7.0

【例 4-1】某些体积安定性不合格的水泥,在存放一段时间后变为合格,为什么?

解:某些体积安定性轻度不合格水泥,在空气中放置 2 ~ 4 周以上,水泥中的部分游离氧化钙可吸收空气中的水蒸气而水化(或消解),即在空气中存放一段时间后由于游离氧化钙的膨胀作用被减小或消除,因而水泥的体积安定性可能由轻度不合格变为合格。

【评注】必须注意的是,这样的水泥在重新检验并确认体积安定性合格后方可使用。若在放置上段时间后体积安定性仍不合格则仍然不得使用。安定性合格的水泥也必须重新标定水泥的强度等级,按标定的强度等级使用。

【例 4-2】建筑材料试验室对一普通硅酸盐水泥试样进行了检测,试验结果见表 4-6,试确定其强度等级。

表 4-6

抗折强度破坏荷载(kN)		抗压强度破坏荷载(kN)	
3d	28d	3d	28d
1.25	2.90	23	75
		29	71
1.60	3.05	29	70
		28	68
1.50	2.75	26	69
		27	70

解:(1)抗折强度计算

该水泥试样 3d 抗折强度破坏荷载的平均值为:

$$\overline{F'}_{f3} = \frac{1.25 + 1.60 + 1.50}{3} = 1.45\text{kN}$$

$$\because \frac{1.45 - 1.25}{1.45} = 13.8 \qquad (>10\%)\text{舍去 } 1.25$$

$$\overline{F}_{f_3} = \frac{1.60 + 1.50}{2} = 1.55\text{kN}$$

该水泥试样 3d 抗折强度为:

$$R_{f3}=\frac{1.5F_fL}{h^3}=\frac{1.5\times1550\times100}{40^3}=3.6\text{MPa}$$

该水泥试样28d抗折强度破坏荷载的平均值为：

$$\overline{F'}_{f28}=\frac{2.90+3.05+2.75}{3}=2.90\text{kN}$$

该水泥试样28d抗折强度为：

$$\overline{R}_{f28}=\frac{1.5F_fL}{b^3}=\frac{1.5\times2900\times100}{40^3}=6.8\text{MPa}$$

(2)抗压强度计算：

该水泥试样3d抗压强度破坏荷载的平均值为：

$$\overline{F'}_{fc3}=\frac{23+29+29+28+26+27}{6}=27\text{kN}$$

$$\because \frac{27-23}{27}=14.8\% \qquad (>10\%)\text{舍去}23$$

$$\overline{F}_{fc3}=\frac{29+29+28+26+27}{5}=27.8\text{kN}$$

该水泥试样3d抗压强度为：

$$R_{c3}=\frac{F_c}{A}=\frac{27.8\times1000}{1600}=17.4\text{MPa}$$

该水泥试样28d抗压强度破坏荷载的平均值为：

$$\overline{F}_{c28}=\frac{75+71+70+68+69+70}{6}=70.5\text{kN}$$

该水泥试样28d抗压强度为：

$$\overline{R}_{c28}\frac{F_c}{A}=\frac{70.5\times1000}{1600}=44.1\text{MPa}$$

该普通硅酸盐水泥试样在不同龄期的强度汇总见表4-7。

普通硅酸盐水泥试样在不同龄期的强度 表4-7

抗压强度(MPa)		抗压强度(MPa)	
3d	28d	3d	28d
17.4	44.1	3.6	6.8

根据《通用硅酸盐水泥》(GB 175—2007)知，该普通硅酸盐水泥试样的强度等级为42.5。

【**评注**】计算水泥试样的抗折强度时，以3个试件的强度平均值作为测定结果(精确至0.1MPa)。当3个试件的强度值中有超过平均值±10%时，应删除后再取平均值作为抗折强度的测定结果。计算水泥试样的抗压强度时，以6个半截试件的平均值作为测定结果(精确至0.1MPa)。如6个测定值中有1个超出平均值的±10%，应删除，以其余5个测定值的平均值作为测定结果。如果5个测定值中仍有再超过它们平均值±10%的数据，则该试验结果作废。

3. 技术标准

硅酸盐水泥的技术标准，按我国现行国标《通用硅酸盐水泥》(GB 175—2007)的相关规定，见表4-8。

硅酸盐水泥物理力学性能要求(GB 175—2007)　　表 4-8

技术标准	细度比表面积	凝结时间(min)		安定性(煮沸法)	强度(MPa)	不溶物(质量分数)		MgO(质量分数)	SO_3(质量分数)	烧失量(质量分数)		碱含量 Na_2O + 0.658K_2O 计(质量分数)	氯离子(质量分数)
		初凝	终凝			P·Ⅰ	P·Ⅱ			P·Ⅰ	P·Ⅱ		
指标	≥300	≥45	≤390	必须合格	见表 4-5	≤0.75	≤1.50	≤5.0①	≤3.5	≤3.0	≤3.5	≤0.60②	≤0.06③
试验方法	GB/T 8074—2008	GB/T 1346—2011		GB/T 1346—2011	GB/T 17671—1999	GB/T 176							JC/T 420—2006

注:①如果水泥经蒸压安定性合格,则水泥中的 MgO 含量允许放宽到 6%。

②水泥中碱含量为选择性指标,用 Na_2O + 0.658K_2O 计算值来表示,若使用活性集料,用户要求低碱水泥时,水泥中碱含量不得大于 0.60% 或由供需双方商定。

③当有更低要求时,该指标由买卖双方确定。

我国现行国家标准《通用硅酸盐水泥》(GB 175—2007)规定:检验结果符合不溶物、烧失量、氧化镁、三氧化硫、氯离子、初凝时间、终凝时间、安定性及强度的规定为合格;检验结果不符合上述规定的任何一项要求为不合格。

六、硅酸盐水泥的腐蚀与防止

硅酸盐水泥硬化后,在通常的使用条件下,可以有较好的耐久性。但在某些腐蚀性介质的长期作用下,水泥石将会发生一系列物理、化学变化,使水泥石的结构遭到破坏,强度逐渐降低,甚至全部溃裂破坏,这种现象称为水泥石的腐蚀。

水泥石的腐蚀一般有以下几种类型:

1. 软水腐蚀

又称溶析性侵蚀,就是硬化后的水泥石中水泥水化物被软水溶解带走的一种侵蚀现象。雨水、雪水、蒸馏水、冷凝水、含碳酸盐较少的河水和湖水等都是软水,

在水泥石的水化产物中,氢氧化钙的溶解度最大,当流水渗透混凝土时,首先就使氢氧化钙溶析,在静水无压的情况下,水中的氢氧化钙浓度很快达到饱和浓度,溶出作用就停止。在流动水中,特别是有水压作用下,且混凝土渗透性又较大时,氢氧化钙就会被溶解流失。另一方面,水泥石的碱度不断降低,引起水化产物分解,最终变成胶结能力很差的产物,使水泥石结构受到破坏。

当水中含较多的钙离子(如重碳酸盐)时,它会与水泥石中的 $Ca(OH)_2$ 发生反应,生成几乎不溶于水的碳酸钙:

$$Ca(OH)_2 + Ca(HCO_3)_2 \rightarrow 2CaCO_3 + 2H_2O$$

生成的碳酸钙沉积在水泥石孔隙中,提高水泥石的密实度,阻止了外界水分的侵入和内部氢氧化钙的析出。应用这一性质,对需与软水接触的混凝土制品或构件,可先在空气中硬化,再进行表面碳化,形成碳酸钙外壳,可起到一定的保护作用。

2. 酸类腐蚀

工业废水、地下水或沼泽水中常含有盐酸、硫酸、硝酸、氢氟酸等无机酸和醋酸、蚁酸等有机酸,这些酸性物质会与水泥石中的氢氧化钙发生反应,生成的化合物易溶于水或者体积膨胀,导致水泥石结构破坏。

例如盐酸与水泥石中的氢氧化钙反应,生成的氯化钙易溶于水。反应方程式如下:

$$2HCl + Ca(OH)_2 \rightleftharpoons CaCl_2 + 2H_2O$$

硫酸与水泥石中的氢氧化钙发生反应，生成体积膨胀的二水石膏，二水石膏再与水泥石中的水化铝酸钙起反应，生成水化硫铝酸钙，在水泥石中产生较大的膨胀，其破坏性更大。反应方程式如下：

$$H_2SO_4 + Ca(OH)_2 \rightleftharpoons CaSO_4 \cdot 2H_2O$$

$$3CaO \cdot Al_2O_3 \cdot 6H_2O + 3(CaSO_4 \cdot 2H_2O) + 19H_2O \rightarrow 3CaO \cdot Al_2O_3 \cdot 3CaSO_4 \cdot 31H_2O$$

碳酸与水泥石相遇，开始时是与水泥石中的氢氧化钙作用，生成不溶于水的碳酸钙，堵塞在水泥石的孔隙中。反应如下：

$$Ca(OH)_2 + CO_2 + H_2O \rightarrow CaCO_3 + 2H_2O$$

生成的碳酸钙再与含碳酸的水作用转变成易溶于水的重碳酸钙：

$$CaCO_3 + CO_2 + H_2O \rightleftharpoons Ca(HCO_3)_2$$

这一反应是可逆反应，当水中含碳酸较多，并超过平衡浓度时，则反应向右进行。从而将有用组分逐渐溶出并带走，溶走的碳酸钙则由固相的碳酸钙加以补充，使腐蚀作用进一步发生。

酸性水对水泥石侵蚀作用的强弱取决于水中氢离子浓度，pH 小于 6，水泥石就可能遭受腐蚀，pH 越小，腐蚀越强烈。当 H^+ 达到足够浓度时，还能直接与固相水化硅酸钙、水化铝酸钙及无水硅酸钙、铝酸钙等起反应，造成水泥石结构严重破坏。

3. 盐类的腐蚀

在一些海水、湖水、盐沼水、地下水、某些工业污水、流经高炉矿渣或煤渣的水中，常含有钠、钾、铵等硫酸盐。它们与水泥石中的氢氧化钙起置换作用，生成硫酸钙：

$$Ca(OH)_2 + Na_2SO_4 + 2H_2O \rightarrow CaSO_4 \cdot 2H_2O + 2NaOH$$

硫酸钙与水泥石中的固态水化铝酸钙作用，生成高硫型水化硫铝酸钙：

$$4CaO \cdot Al_2O_3 \cdot 12H_2O + 3CaSO_4 + 20H_2O \rightarrow 3CaO \cdot Al_2O_3 \cdot 3CaSO_4 \cdot 31H_2O + Ca(OH)_2$$

由于生成物的体积比反应物增加 1.5 倍以上，使水泥石内产生很大的结晶压力，造成膨胀开裂以至破坏。高硫型水化硫铝酸钙呈现针状晶体，通常称为“水泥杆菌”。

当硫酸盐浓度较高时，在孔隙中直接产生石膏晶体，体积膨胀，导致水泥石破坏。

在海水、地下水中，常含有大量的镁盐，主要是硫酸镁和氯化镁。它们与水泥石中的氢氧化钙发生反应，生成物中有易溶的镁盐、无胶结能力的氢氧化镁、二水石膏及二水石膏与水化铝酸钙进一步反应生成的水泥杆菌。其反应如下：

$$MgCl_2 + Ca(OH)_2 + 2H_2O \rightarrow CaCl_2 + Mg(OH)_2$$

$$MgSO_4 + Ca(OH)_2 + 2H_2O \rightarrow CaSO_4 \cdot 2H_2O + Mg(OH)_2$$

4. 强碱的腐蚀

一般情况下，水泥石能抵抗碱类的侵蚀，但如果长期处于较高浓度的含碱溶液中，则将发生缓慢腐蚀。主要包括化学作用引起的腐蚀和物理析晶引起的腐蚀两种。

（1）化学腐蚀。氢氧化钠与熟料中未水化的铝酸盐作用，生成易溶的铝酸钠：

$$3CaO \cdot Al_2O_3 + 6NaOH \rightarrow 3Na_2O \cdot Al_2O_3 + 3Ca(OH)_2$$

（2）物理析晶引起的腐蚀。当水泥石被氢氧化钠溶液浸透后又在空气中干燥，与空气中的二氧化碳作用生成碳酸钠，反应如下：

$$NaOH + CO_2 + H_2O \rightarrow NaCO_3 + H_2O$$

碳酸钠在水泥石毛细孔中结晶沉积，而使水泥石胀裂。

除以上腐蚀外，糖、铵盐、动物脂肪、含环烷酸的石油产品对水泥石也有一定的腐蚀作用。

5. 腐蚀的防止

综合以上的腐蚀机理可见,水泥石的腐蚀是一个极为复杂的过程,往往是几种腐蚀共同作用的结果。从物理和化学角度归纳分析,其主要原因有以下几种:

(1)水泥石的生成物中有易被腐蚀的成分,从以上各类腐蚀中不难看出主要的成分是氢氧化钙和水化铝酸钙。

(2)水泥石本身不密实,孔隙率大时,腐蚀介质容易侵入。

(3)腐蚀介质的存在以及水泥石所处的外界物理条件(如海水冲击、流动和有压力的水)也是一个重要原因。

针对以上原因,可以采取防止腐蚀的措施有以下几项:

(1)合理选择与环境条件相适宜的水泥品种。例如,硫铝酸盐水泥、掺混合材料的硅酸盐水泥及高铝水泥等,尽量减少水泥石中 $Ca(OH)_2$ 和水化铝酸钙的含量。

(2)提高水泥石的密实度。例如降低水灰比、掺加外加剂、采取机械施工等方法。

(3)在混凝土的表面加覆盖层,以隔离侵蚀介质与水泥石的接触。例如,采用耐腐蚀的涂料(沥青质、环氧聚酯等)或贴板材(花岗岩板、耐酸瓷砖等)。

【例 4-3】既然硫酸盐对水泥石具有腐蚀作用,那么为什么在生产水泥时,掺入的适量石膏对水泥石不产生腐蚀作用?

解:硫酸盐对水泥石的腐蚀作用,是指水或环境中的硫酸盐与水泥石中水泥水化生成的氢氧化钙 $Ca(OH)_2$、水化铝酸钙 C_3AH_6 反应,生成水化硫铝酸钙(钙矾石 $C_3AS_3H_{31}$),产生1.5倍的体积膨胀。由于这一反应是在变形能力很小的水泥石内产生的,因而造成水泥石的破坏,对水泥石具有腐蚀作用。

生产水泥时掺入的适量石膏也会和水化产物水化铝酸钙 C_3AH_6 反应生成膨胀性产物水化硫铝酸钙 $C_3AS_3H_{31}$,但该水化物主要在水泥浆体凝结前产生,凝结后产生的较少。由于此时水泥浆还未凝结,尚具有流动性及可塑性,因而对水泥浆体的结构无破坏作用。并且硬化初期的水泥石中毛细孔含量较高,可以容纳少量膨胀的钙矾石,而不会使水泥石开裂,因而生产水泥时掺入的适量石膏对水泥石不产生腐蚀作用,只起到了缓凝的作用。

【评注】硫酸盐与水泥石中水泥水化生成的氢氧化钙 $Ca(OH)_2$、水化铝酸钙 C_3AH_6 反应,生成水化硫铝酸钙(钙矾石 $C_3AS_3H_{31}$),产生 1.5 倍的体积膨胀。钙矾石为微观针状晶体,人们常称其为水泥杆菌。

七、硅酸盐水泥的性能与应用

(1)强度高。硅酸盐水泥具有凝结硬化快、早期强度高以及强度等级高的特性,因此可用于地上、地下和水中重要结构的高强及高性能混凝土工程中,也可用于有早强要求的混凝土工程中。

(2)抗冻性好。硅酸盐水泥水化放热量高,早期强度也高,因此可用于冬季施工及严寒地区遭受反复冻融的工程。

(3)抗碳化性能好。硅酸盐水泥水化后生成物中有 20% ~25% 的氢氧化钙,因此水泥石中碱度不易降低,对钢筋有保护作用,抗碳化性能好。

(4)水化热高。因为硅酸盐水泥的水化热高,所以不宜用于大体积混凝土工程。

(5)耐腐性差。由于硅酸盐水泥石中含有较多的易受腐蚀的氢氧化钙和水化铝酸钙,因此其耐腐蚀性能差,不宜用于水利工程、海水作用和矿物水作用的工程。

(6)不耐高温。当水泥石受热温度到250～300℃时，水泥石中的水化物开始脱水，水泥石收缩，强度开始下降；当温度达700～800℃时，强度降低更多，甚至破坏。水泥石中的氢氧化钙在547℃以上开始脱水分解成氧化钙，当氧化钙遇水，则因熟化而发生膨胀导致水泥石破坏。因此，硅酸盐水泥不宜用于有耐热要求的混凝土工程以及高温环境。

学习情境二　掺混合材料的硅酸盐水泥

掺混合材料的硅酸盐水泥是指由硅酸盐水泥熟料，适量混合材料及石膏共同磨细所制成的水硬性胶凝材料，与硅酸盐水泥同属通用硅酸盐水泥。与硅酸盐水泥相比，掺混合材料的硅酸盐水泥由于利用了工业废料和地方材料，因此，节省了硅酸盐水泥熟料，降低了水泥的成本，扩大水泥强度等级范围，改善了硅酸盐水泥的性能。

根据混合材料的种类和数量，掺混合材料的硅酸盐水泥分为：普通硅酸盐水泥、矿渣硅酸盐水泥、火山灰质硅酸盐水泥、粉煤灰硅酸盐水泥和复合硅酸盐水泥。

一、混合材料

混合材料分为两大类：活性混合材料和非活性混合材料。

1. 活性混合材料

混合材料磨成细粉，与石灰或与石灰和石膏拌和在一起，在常温下加水后，能生成具有胶凝性的水化产物，既能在潮湿的空气中硬化，也能在水中硬化的混合材料，称为活性混合材料。这类混合材料有粒化高炉矿渣、火山灰质混合材料和粉煤灰等。

(1)粒化高炉矿渣。粒化高炉矿渣是将炼铁高炉的熔融矿渣，经急速冷却而成的松软颗粒，粒径一般为0.5～5mm。高炉矿渣的化学成分主要为氧化钙、氧化硅、氧化铝，其总量一般在90%以上。矿渣的化学成分与硅酸盐水泥相近，差别仅在于各氧化物之间比例有所不同，主要是氧化钙含量比硅酸盐水泥熟料低，氧化硅含量高。

粒化高炉矿渣的活性与化学成分的组成和含量有关，与玻璃质的数量和性能也有关。矿渣中氧化铝和氧化钙含量越高，氧化硅含量越低，则活性越大；在组成大致相同的条件下，成粒时熔渣的温度越高，冷却速度越快，则矿渣所含的玻璃质越多，矿渣的活性也越高。

磨细的粒化高炉矿渣单独与水拌和时，反应极慢，但在氢氧化钙溶液中就能发生水化，生成水化硅酸钙与水化铝酸钙，而硫酸盐激发剂能进一步与矿渣中活性氧化铝化合，生成水化硫铝酸钙。

(2)火山灰质混合材料。这类混合材料种类很多，一般按生成条件不同，分为火山活动生成的火山灰、凝灰岩、浮石、沸石等；沉积作用生成的硅藻土、硅藻石、蛋白石等；人工烧成的如烧黏土、烧页岩、煤灰与煤渣、煤矸石等。

火山灰质混合材料都含有的活性成分是活性氧化铝和活性氧化硅，磨成细粉后，单独加水并不反应，但是细粉与石灰混合，加水拌和后，不但能在空气中硬化而且能在水中继续硬化，强度不断增加。

(3)粉煤灰混合材料。火力发电厂煤粉燃烧后，从烟气中收集下来的灰渣，被称为粉煤灰，又称飞灰。它的粒径一般为0.001～0.05mm。粉煤灰的化学成分中以SiO_2、Al_2O_3为主，总量达70%以上。由于煤粉在高温下瞬间燃烧，急速冷却，所以粉煤灰中玻璃体矿物常占到相当比例，这是粉煤灰具有较高火山灰活性的重要原因之一。粉煤灰所含颗粒大多为玻璃态实心或空心的球形体,表面比较致密,因此可使拌和物之间的内摩擦力减小,从而减少拌和水量,降低水灰比,对水泥石强度有利。

2. 非活性混合材料

非活性混合材料是指不具有活性或活性很低的人工或天然的矿物材料。这类材料磨成细粉后,无论是碱性激发剂还是硫酸盐类激发剂都不能使其发生水化反应生成水硬性物质。因此,这类混合材料也称为惰性混合材料。将它们掺入到硅酸盐水泥中,主要是为了提高产量、调节水泥强度等级、减少水化热等。常用的非活性混合材料有磨细石英砂、石灰石和慢冷矿渣。

3. 活性混合材料的水化作用

粒化高炉矿渣、火山灰质混合材料和粉煤灰都属于活性混合材料,它们的成分中均含有活性氧化硅和活性氧化铝,在激发剂的作用下,有水硬性物质生成,如图4-5所示。

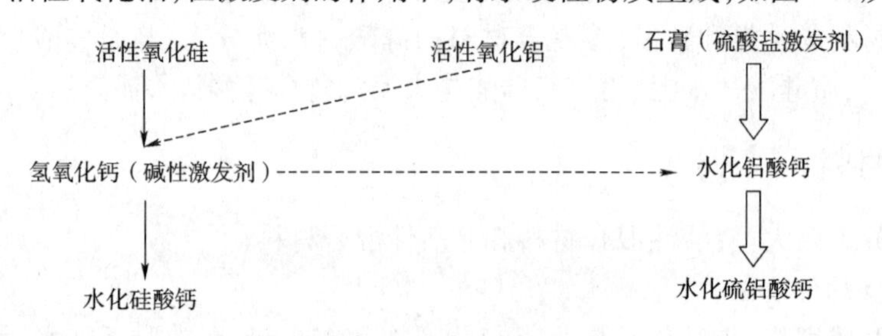

图4-5 活性混合材料的反应过程

由此可见,活性混合材料与激发剂的反应生成物中主要有水化硅酸钙凝胶、水化铝酸钙晶体及水化硫铝酸钙晶体。这与硅酸盐水泥水化后的水化产物相同,但活性混合材料与激发剂的水化反应及硬化过程与硅酸盐水泥不同,其特点是水化热低、生成物中$Ca(OH)_2$含量低、早期强度低等,对硅酸盐水泥的性能进行了改进,使其应用比硅酸盐水泥更加广泛。

4. 混合材料的应用

活性混合材料除了被用来生产掺混合材料硅酸盐水泥外,还在建筑工程中有其他的应用。例如:

(1)配制高性能混凝土。矿渣、沸石、粉煤灰在配制高性能混凝土中作为掺和料,能够起到减少水泥用量、提高抗渗性、提高水泥石与集料界面强度的作用。

(2)配制硅酸盐制品。矿渣、沸石、粉煤灰可用来配制混凝土砌块、墙板等制品。

(3)制作无熟料水泥。活性混合材料与激发剂按比例配合后,可作无熟料水泥。

(4)用于道路工程。粉煤灰可用于路面基层、水泥混凝土或沥青混凝土面层,还可以填筑路堤。

二、掺混合材料的硅酸盐水泥

1. 普通硅酸盐水泥

(1)定义与代号。普通硅酸盐水泥(简称普通水泥),代号P·O。我国现行标准《通用硅酸盐水泥》(GB 175—2007)规定,普通硅酸盐水泥组分中,硅酸盐水泥熟料和石膏≥80%且<95%,掺加>5%且≤20%的粒化高炉矿渣、火山灰质混合材料和粉煤灰等活性混合材料,其中允许用不超过水泥质量5%的窑灰或不超过水泥质量8%的非活性混合材料来代替。

(2)技术性质和技术要求。普通硅酸盐水泥由于掺加混合材料的数量较少,其性质与硅酸盐水泥相近，普通水泥的强度等级分为42.5、42.5R、52.5、52.5R四个等级，各强度等级在规定龄期的抗压强度、抗折强度不得低于表4-5的要求，其他技术性质的要求按照表4-9所列。

普硅酸盐水泥的技术指标 表4-9

技术标准	细度比表面积	凝结时间(min)		安定性(煮沸法)	强度(MPa)	不溶物(质量分数)	MgO(质量分数)	SO_3(质量分数)	烧失量(质量分数)	碱含量 $Na_2O+0.658K_2O$ 计(质量分数)	氯离子(质量分数)
		初凝	终凝								
指标	≥300	≥45	≤600	必须合格	见表4-5	—	≤5.0①	≤3.5	≤5.0	≤0.60②	≤0.06③
试验方法	GB/T 8074—2008	GB/T 1346—2011		GB/T 1346—2011	GB/T 17671—1999	GB/T 176					JC/T 420—2006

注：①如果水泥经蒸压安定性合格，则水泥中的MgO含量允许放宽到6%。

②水泥中碱含量为选择性指标，用 $Na_2O+0.658K_2O$ 计算值来表示，若使用活性集料，用户要求低碱水泥时，水泥中碱含量不得大于0.60%或由供需双方商定。

③当有更低要求时，该指标由买卖双方确定。

(3)普通水泥的主要性能及应用。普通水泥与硅酸盐水泥的区别在于其混合材料的掺量，由于混合材料的掺量变化幅度不大，在性质上差别也不大，但普通水泥在早强、强度等级、水化热、抗冻性、抗碳化能力上略有降低，耐热性、耐腐蚀性略有提高。普通水泥与硅酸盐水泥的应用范围大致相同，由于性能上有一点差异，普通水泥的应用比硅酸盐水泥更广泛。

2. *矿渣硅酸盐水泥、火山灰质硅酸盐水泥、粉煤灰硅酸盐水泥、复合硅酸盐水泥*

(1)定义及代号。矿渣硅酸盐水泥（简称矿渣水泥），代号P·S；火山灰质硅酸盐水泥（简称火山灰水泥），代号P·P；粉煤灰硅酸盐水泥（简称粉煤灰水泥），代号P·F；复合硅酸盐水泥（简称复合水泥），代号P·C，他们的组成及要求见表4-1。

(2)技术要求。四种掺混合材料水泥由于掺加混合材料的数量较多，其性质与硅酸盐水泥相差较大，四种混合水泥的强度等级分为32.5、32.5R、42.5、42.5R、52.5、52.5R六个等级，各强度等级在规定龄期的抗压强度、抗折强度不得低于表4-5的要求，其他技术性质的要求按照表4-10所列。

矿渣酸盐水泥、火山灰质硅酸盐水泥、粉煤灰硅酸盐水泥及复合硅酸盐水泥技术指标 表4-10

技术标准	细度筛余量(%)		凝结时间(min)		安定性(煮沸法)	强度(MPa)	MgO(质量分数)		SO_3(质量分数)		碱含量 $Na_2O+0.658k_2O$ 计(质量分数)	氯离子(质量分数)
	80μm方孔筛	45μm方孔筛	初凝	终凝			P·S·B	P·S·A P·P P·F P·C	P·S·A P·S·B	P·P P·F P·C		
指标	≤10	≤30	≥45	≤600	必须合格	见表4-5	—	≤6.0①	≤4.0	≤3.5	供需双方商定②	≤0.06③
试验方法	GB/T 1345—2005		GB/T 1346—2011		GB/T 1346—2011	GB/T 17671—1999	GB/T 176					JC/T 420—2006

注：①如果水泥中MgO含量（质量分数）大于6%时，需进行水泥蒸压安定性试验并合格

②水泥中碱含量为选择性指标，用 $Na_2O+0.658K_2O$ 计算值来表示，若使用活性集料，用户要求低碱水泥时，水泥中碱含量不得大于0.60%或由供需双方商定。

③当有更低要求时，该指标由买卖双方确定。

(3)矿渣水泥、火山灰水泥、粉煤灰水泥水化特性。矿渣水泥、火山灰水泥、粉煤灰水泥水化时有一个共同点就是二次水化，即水化反应分两步进行：

首先，熟料矿物水化析出氢氧化钙、水化硅酸钙、水化铝酸钙、水化铁酸钙等水化产物。

然后,活性混合材料开始水化,熟料矿物析出的氢氧化钙作为碱性激发剂,掺入水泥中的石膏作为硫酸盐激发剂,促进三种混合材料中活性氧化硅和活性氧化铝的活性发挥,生成水化硅酸钙、水化铝酸钙、水化硫铝酸钙。由于三种混合材料的活性成分含量不同,因此,生成物的相对含水量及水化特点也有些差异。

矿渣水泥的水化产物主要是水化硅酸钙凝胶、高硫型水化硫铝酸钙、氢氧化钙、水化铝酸钙及其固溶体。水化硅酸钙和高硫型水化硫铝酸钙成为硬化矿渣水泥石的主体,水泥石的结构致密、强度也高。

火山灰水泥的水化产物与矿渣水泥相近,但硬化一定时期后,游离氢氧化钙含量极低,生成水化硅酸钙凝胶的数量较多,水泥石结构比较致密。

粉煤灰水泥的水化产物基本与火山灰水泥相同,但由于致密的球形玻璃体结构,致使其吸水性小,水化速率慢。

(4)矿渣、火山灰、粉煤灰水泥的特性。矿渣、火山灰、粉煤灰水泥的共同特点如下:

①凝结硬化速度慢,早期强度低,但后期强度较高。由于这三种水泥的熟料含量较少,早强的熟料矿物量也相应减少,而二次水化反应在熟料水化之后才开始进行,因此这三种水泥均不适合有早期要求的混凝土工程。

②抗腐蚀能力强。三种水泥水化后的水泥石中,易遭受腐蚀的成分相应减少,其原因:一是二次水化反应消耗了易受腐蚀的 $Ca(OH)_2$,致使水泥石中的 $Ca(OH)_2$ 含量减少;二是熟料含量少,水化铝酸钙的含量也减少。因此,这三种水泥的抗腐蚀能力均比硅酸盐水泥和普通水泥强。适宜水工、海港等受软水和硫酸盐腐蚀的混凝土工程。

当火山灰水泥采用的火山灰质混合材料为烧黏土质和黏土质凝灰岩时,由于这类混合材料中活性 Al_2O_3 多,使水化生成物中水化铝酸钙含量增多,其含量甚至高于硅酸盐水泥。因此,这类火山灰水泥不耐硫酸盐腐蚀。

③水化热低。这三种水泥中熟料少,放热量高的矿物成分 C_3S 和 C_3A 的含量也少,水化放热速度慢,放热量低,适宜大体积混凝土工程。

④硬化时对温热敏感性强。这三种水泥对养护温度很敏感,低温情况下凝结硬化速度显著减慢,所以不宜进行冬季施工。另外,在湿热条件下(如采用蒸汽养护)这三种水泥可以使凝结硬化速度大大加快,可获得比硅酸盐水泥更为明显的强度增长效果,所以适宜蒸汽养护生产预制构件。

⑤抗碳化能力差。这三种水泥石的碳化速度较快,对防止混凝土中钢筋锈蚀不利;又因碳化造成水化产物的分解,使硬化的水泥石表面产生"起粉"现象。所以,不宜用于二氧化碳浓度较高的环境。

⑥抗冻性差。由于这三种水泥掺入了较多的混合材料,使水泥需水量增加,水分蒸发后造成毛细孔通道粗大和增多,对抗冻不利,不宜用于严寒地区,特别是严寒地区水位经常变动的部位。

矿渣、火山灰、粉煤灰水泥各自具有的特点如下:

①矿渣水泥的耐热性好。由于硬化后,矿渣水泥石中的氢氧化钙含量减少,而矿渣本身又耐热,因此矿渣水泥适宜用于高温环境。由于矿渣水泥中的矿渣不容易磨细,其颗粒平均粒径大于硅酸盐水泥的粒径,磨细后又是多棱角形状,因此矿渣水泥保水性差、易泌水、抗渗性差。

②火山灰水泥具有较高的抗渗性和耐水性。原因是:火山灰颗粒较细,比表面积大,可使水泥石结构密实,又因在水化过程中产生较多的水化硅酸钙,可增加结构致密程度。因此

适用于有抗渗要求的混凝土工程。火山灰水泥在干燥环境下易产生干缩裂缝，二氧化碳使水化硅酸钙分解成碳酸钙和氧化硅的粉状物，即发生“起粉”现象，所以，火山灰水泥不宜用于干燥地区的混凝土工程。

③粉煤灰水泥具有抗裂性好的特性，原因是：其独特的球形玻璃态结构，吸水力弱，干缩小，裂缝也少，抗裂性好。

(5)复合水泥的特点及应用

复合水泥是一种新型的通用水泥，是掺有两种以上混合材料的水泥，其特性取决于所掺两种混合材料的种类、掺量及相对比例，主要的混合材料除矿渣、火山灰和粉煤灰外，还有粒化精炼铬铁渣、粒化增钙液态渣、新开辟的活性混合材料(如粒化铁炉渣等)、非活性混合材料(如石灰石、矿岩、窑灰)。

混合材料互掺可以弥补单一混合材料的不足，如矿渣与粉煤灰互掺，可减少矿渣的泌水现象，使水泥更密实。复合水泥既有矿渣水泥、火山灰水泥和粉煤灰水泥水化热低的特性，又有普通水泥早期强度高的特性。但是，复合水泥的性能一般受所用混合材料性能的影响，使用时应针对工程的性质加以选用。

学习情境三　水泥的应用、验收与保管

一、水泥的应用

硅酸盐水泥、普通水泥、矿渣水泥、火山灰水泥、粉煤灰水泥和复合水泥是建筑工程中广泛使用的水泥品种，主要用来配制混凝土。这些水泥特性见表4-11，适用性可根据表4-12来选用。

通用水泥的主要特性　　表4-11

名　称		硅酸盐水泥		普通硅酸盐水泥	矿渣硅酸盐水泥	火山灰质硅酸盐水泥	粉煤灰硅酸盐水泥
简称		硅酸盐水泥		普通水泥	矿渣水泥	火山灰水泥	粉煤灰水泥
		Ⅰ型	Ⅱ型				
代号		P·I	P·II	P·O	P·S	P·P	P·F
密度(g/m^3)		3.00～3.15		3.00～3.15	2.80～3.10	2.80～3.10	2.80～3.10
堆积密度(kg/m^3)		1000～1600		1000～1600	1000～1200	900～1000	900～1000
特性	1.硬化	快		较快	慢	慢	慢
	2.早期强度	高		较高	低	低	低
	3.水化热	高		高	低	低	低
	4.抗冻性	好		好	差	差	差
	5.耐热性	差		较差	好	较差	较差
	6.干缩性				较大	较大	较小
	7.抗渗性	较好		较好	差	较好	较好
	8.耐蚀性	较差		较差	较强	除混合材料含Al_2O_3较多者、抗硫酸盐腐蚀性较弱外，一般均较强	
	9.泌水性	较小		较小	明显	小	小

通用水泥的选用　　表4-12

混凝土工程特点及所处环境条件			优先选用	可以选用	不宜选用
普通混凝土	1	在一般环境中的混凝土	普通水泥	矿渣水泥、火山灰水泥 粉煤灰水泥、复合水泥	
	2	在干燥环境中的混凝土	普通水泥	矿渣水泥	火山灰水泥 粉煤灰水泥
	3	在高湿环境中或长期处于水中的混凝土	矿渣水泥、火山灰水泥 粉煤灰水泥、复合水泥	普通水泥	
	4	厚大体积的混凝土	矿渣水泥、火山灰水泥 粉煤灰水泥、复合水泥		硅酸盐水泥
有特殊要求的混凝土	1	要求快硬、高强（>C40）的混凝土	硅酸盐水泥	普通水泥	矿渣水泥、火山灰水泥、 粉煤灰水泥、复合水泥
	2	严寒地区的露天混凝土，寒冷地区处于水位升降范围内的混凝土	普通水泥	矿渣水泥 （强度等级>32.5）	火山灰水泥 粉煤灰水泥
	3	严寒地区处于水位升降范围内的混凝土	普通水泥 （强度等级>42.5）		矿渣水泥、火山灰水泥、 粉煤灰水泥、复合水泥
	4	有抗渗要求的混凝土	普通水泥、火山灰水泥		矿渣水泥
	5	有耐磨性要求的混凝土	硅酸盐水泥、普通水泥	矿渣水泥 （强度等级>32.5）	火山灰水泥 粉煤灰水泥
	6	受侵蚀介质作用的混凝土	矿渣水泥、火山灰水泥 粉煤灰水泥、复合水泥		硅酸盐水泥

二、水泥的验收

水泥的验收首先验收资料是否齐全，主要包括生产许可证、合格证、出场日期、等级标号等。在质量验收时，应按国家标准规定，对细度、凝结的时间、体积安定性及强度等级（标号）进行检验。凡细度、初凝时间、终凝时间、安定性、氧化镁、三氧化硫中的任一项不符合标准规定或混合材料掺加量超过最大限度和强度低于商品强度等级的指标时，为不合格品。水泥包装标志中水泥品种、强度等级、生产者名称和出厂编号不全也属于不合格品。

三、水泥的运输和储存

水泥在运输时，要加覆盖物防雨。在储存水泥时，一定要注意防潮、防水。水泥受潮后要结块，强度降低，甚至不能使用。因此，对袋装水泥，不要弄破纸袋。储存水泥的仓库，应保持干燥，屋顶和外墙不得漏水，地面垫板离地不小于300mm。水泥垛四周离墙不小于300mm，堆垛高度一般不应超过10袋。不同品种、不同强度等级和不同出厂日期的水泥应分别堆放，不得混杂，并应有明显标志，要先到先用。临时露天存放的水泥应采取防雨措施，底板垫高，并用油毡、油布或油纸等铺垫防潮。水泥存放期不宜过长，在一般条件下，存放3

个月后的水泥强度降低约10% ~20%，时间越长，强度降低越大。所以，水泥存放超过3个月，使用时必须做试验，并按试验测定的强度等级使用。

【例4-4】何谓水泥的活性混合材料和非活性混合材料？二者在水泥中的作用是什么？

解：活性混合材料的主要化学成分为活性氧化硅 SiO_2 和活性氧化铝 Al_2O_3。这些活性材料本身不会发生水化反应，不产生胶凝性，但在常温下可与氢氧化钙 $Ca(OH)_2$ 发生水化反应，形成水化硅酸钙和水化铝酸钙而凝结硬化，最终产生强度。这些混合材料称为活性混合材料。常温下不能与氢氧化钙 $Ca(OH)_2$ 发生水化反应，也不能产生凝结硬化和强度的混合材料称为非活性混合材料。

活性混合材料在水泥中可以起到调节标号、降低水化热、增加水泥产量的作用，同时还可改善水泥的耐腐蚀性和增进水泥的后期强度等作用。而非活性混合材料在水泥中主要起填充作用，可调节水泥强度，降低水化热和增加水泥产量、降低成本等作用。

【例4-5】掺混合材料的水泥与硅酸盐水泥相比，在性能上有何特点？为什么？

解：与硅酸盐水泥相比，掺混合材料的水泥在性质上具有以下特点：

(1)早期强度低，后期强度发展快。这是因为掺混合材料的硅酸盐水泥熟料含量少，活性混合材料的水化速度慢于熟料，故早期强度低。后期因熟料水化生成的 $Ca(OH)_2$ 不断增多，并和活性混合材料中的活性氧化硅 SiO_2 和活性氧化铝 Al_2O_3 不断水化，从而生成众多水化产物，故后期强度发展快，甚至可以超过同标号硅酸盐水泥。

(2)掺混合材料的水泥水化热低，放热速度慢。因掺混合材料的水泥熟料含量少，故水化热低。虽然活性材料水化时也放热，但放热量很少，远远低于熟料的水化热。

(3)适于高温养护，具有较好的耐热性能。采用高温养护掺活性混合材料较多的硅酸盐水泥，可大大提高早期强度，并可提高后期强度。这是因为在高温下活性混合材料的水化反应大大加快。同时早期生成的水化产物对后期活性混合材料和熟料的水化没有多少阻碍作用，后期仍可正常水化，故高温养护后，水泥的后期强度也高于常温下养护的强度。而对于未掺活性混合材料的硅酸盐水泥，在高温养护下，熟料的水化速度加快，由于熟料占绝大多数，故在短期内就生成大量的水化产物，沉淀在水泥颗粒附近。这些水化产物膜层阻碍了熟料的后期水化，因而高温养护虽提高了早期强度，但对硅酸盐水泥的后期强度发展不利。

(4)具有较强的抗侵蚀、抗腐蚀能力。因掺混合材料较多的硅酸盐水泥中熟料少，故熟料水化后易受腐蚀的成分 $Ca(OH)_2$、C_3AH_6 较少，且活性混合材料的水化进一步降低了 $Ca(OH)_2$ 的数量，故耐腐蚀性较好。

学习情境四　其他品种水泥

随着现代建设工程项目的增多，通用水泥的性能已不能完全满足各类工程的要求，因此，一些具有特殊性能(如快硬性、膨胀性、装饰性等)的水泥被采用。本学习情境将分别介绍铝酸盐水泥、快硬硅酸盐水泥、快硬硫铝酸盐水泥、膨胀水泥、自应力水泥、道路硅酸盐水泥、装饰水泥及砌筑水泥。

一、铝酸盐水泥

铝酸盐水泥水泥是以石灰石和矾土为主要原料，配制成适当成分的生料，烧至全部或部分熔融，所得以铝酸钙为主要矿物的熟料，经磨细制成的水硬性胶凝材料，代号CA。由于熟料中氧化铝含量大于50%，因此又称高铝水泥。它是一种快硬、高强、耐腐蚀、耐热的水泥。

1. 铝酸盐水泥的组成

(1)化学组成。铝酸盐水泥熟料的主要化学成分为氧化钙、氧化铝、氧化硅，还有少量的氧化铁及氧化镁、氧化钛等。其中：CaO 含量≥32%；Al_2O_3含量≥50%；SiO_2含量≤8.0%；Fe_2O_3含量≤2.5%。

氧化铝和氧化钙是保证熟料中形成铝酸钙的基本成分。若氧化铝过低，熟料中会出现高碱性铝酸钙($C_{12}A_7 \cdot C_3A$)使水泥速凝，强度下降。氧化硅可以使生料均匀烧结，加速矿物生成。但含量过多，会使早强性能下降。氧化铁含量过多将使熟料水化凝结加快而强度降低。铝酸盐水泥按Al_2O_3含量分为四类，见表4-13。

铝酸盐水泥的分类(GB 201—2000)　　表4-13

类　型	Al_2O_3(%)	SiO_2(%)	Fe_2O_3(%)	$R_2O(Na_2O+0.658K_2O)$(%)	S(%)	Cl(%)
CA-50	≥50, <60	≤8.0	≤2.5	≤0.4	≤0.1	≤0.1
CA-60	≥60, <68	≤5.0	≤2.0			
CA-70	≥68, <77	≤1.0	≤0.7			
CA-80	≥77	≤0.5	≤0.5			

(2)铝酸盐水泥的矿物组成。铝酸盐水泥的矿物组成主要有铝酸一钙、二铝酸一钙、硅铝酸二钙、七铝酸十二钙，还有少量的硅酸二钙。其各自与水作用时的特点见表4-14。质量优良的铝酸盐水泥，其矿物组成一般是以铝酸一钙和二铝酸一钙为主。

铝酸盐水泥矿物水化反应特点　　表4-14

矿物名称	化学成分	简式	特　性
铝酸一钙	$CaO \cdot Al_2O_3$	CA	水硬活性很高，凝结慢，硬化快，强度主要来源，早期强度高，后期增进率不高
二铝酸一钙	$CaO \cdot 2Al_2O_3$	CA_2	硬化慢，早期强度低，后期强度高
硅铝酸二钙	$2CaO \cdot Al_2O_3 \cdot SiO_2$	C_2AS	活性很差，惰性矿物
七铝酸十二钙	$12CaO \cdot 7Al_2O_3$	$C_{12}A_7$	凝结迅速，强度不高

2. 铝酸盐水泥的水化和硬化

(1)铝酸盐水泥的水化。铝酸一钙是铝酸盐水泥的主要矿物组成。一般认为，铝酸盐水泥的水化产物结晶情况随温度有所不同。

当温度小于20℃时，其反应为：

$$\underset{\text{铝酸一钙(CA)}}{CaO \cdot Al_2O_3} + 10H_2O \rightarrow \underset{\text{水化铝酸钙}(CAH_{10})}{CaO \cdot Al_2O_3 \cdot 10H_2O}$$

当温度在20~30℃时，其反应为：

$$2(CaO \cdot Al_2O_3) + 11H_2O \rightarrow \underset{\text{水化铝酸二钙}(C_2AH_8)}{2CaO \cdot Al_2O_3 \cdot 8H_2O} + \underset{\text{铝胶}(AH_3)}{Al_2O_3 \cdot 3H_2O}$$

当温度大于30℃时，其反应为：

$$3(CaO \cdot Al_2O_3) + 12H_2O \rightarrow \underset{(C_3AH_6)}{3CaO \cdot Al_2O_3 \cdot 6H_2O} + 2(Al_2O_3 \cdot 3H_2O)$$

因此，一般情况下(<30℃)，水化产物中有CAH_{10}、C_2AH_8和铝胶。但在较高温度下，水

化产物主要为 C_3AH_6 和铝胶。

二铝酸一钙的水化与铝酸一钙基本相似，但水化速率极慢。七铝酸十二钙水化很快，水化产物也为 C_2AH_8。结晶的 C_2AS 与水反应则极微弱。硅铝酸二钙也会生成水化硅酸钙类的凝胶。

(2)铝酸盐水泥的硬化。水化产物 CAH_{10} 或 C_2AH_8 都属六方晶系，亚稳相，具有细长的针状和板状结构，能互相结成坚固的结晶连生体，形成晶体骨架。析出的铝胶难溶于水，填充于晶体骨架的空隙中，形成致密的结构。因此，铝酸盐水泥在早期便能获得很高的机械强度。但 CAH_{10} 或 C_2AH_8 将会自发地逐渐转化为比较稳定的 C_3AH_6，晶型转化的结果使水泥石内析出游离水，使孔隙大大增加，导致强度下降。温度越高，下降的也越明显。因此，铝酸盐水泥水化产物的品种及硬化后的水泥石结构，在温度影响下有很大的差异。

3. 铝酸盐水泥的技术要求

(1)细度。比表面积不小于 $300m^2/kg$ 或 0.045mm 筛余量不大于 20%。

(2)凝结时间要求见表 4-15。

铝酸盐水泥凝结时间 表 4-15

水泥类型	凝结时间	
	初凝时间(mm)	终凝时间(h)
CA-50	不早于 30	不迟于 6
CA-60	不早于 30	不迟于 18
CA-70	不早于 30	不迟于 6
CA-80	不早于 30	不迟于 6

(3)强度等级。各类型铝酸盐水泥的不同龄期强度值不得低于表 4-16 中规定。

铝酸盐水泥的强度要求 表 4-16

类型	抗压强度(MPa)				抗折强度(MPa)			
	6h	1d	3d	28d	6h	1d	3d	28d
CA-50	20	40	50	—	3.0	5.5	6.5	—
CA-60	—	30	45	85	—	2.5	5.0	10.0
CA-70	—	20	40	—	—	5.0	6.0	—
CA-80	—	25	30	—	—	4.0	5.0	—

4. 铝酸盐水泥的性质及应用

(1)快硬、早强、高温下后期强度倒缩。由于铝酸盐水泥硬化快、早期强度高，适用于紧急抢修工程及早强要求的特殊工程。但是铝酸盐水泥硬化后产生的密实度较大的 CAH_{10} 和 C_2AH_8 在较高温度下(大于 25℃)晶形会转变，形成水化铝酸三钙 C_3AH_6，碱度很高，孔隙很多，在湿热条件下更为剧烈，使强度倒缩，甚至引起结构破坏。因此，铝酸盐水泥不宜在高温、高湿环境及长期承载的结构工程中使用，使用时应按最低稳定强度设计。

(2)水化热高，放热快。铝酸盐水泥 1d 可放出水化热总量的 70% ~80%，而硅酸盐水泥放出同样热量则需要 7d，如此集中的水化放热作用使铝酸盐水泥适合低温季节，特别是寒冷地区的冬季施工混凝土工程，不适于大体积混凝土工程。

(3)耐热性强。从铝酸盐水泥的水化特性上看，铝酸盐水泥不宜在温度高于30℃的环境下施工和长期使用，但高于900℃的环境下可用于配制耐热混凝土。这是由于温度在700℃时，铝酸盐水泥与集料之间便发生固相反应，烧结结合代替了水化结合，即瓷性胶结代替了水硬胶结，这种烧结结合作用随温度的升高而更加明显。因此，铝酸盐水泥可作为耐热混凝土的胶结材料，配制1200～1400℃的耐热混凝土和砂浆，用于窑炉衬砖等。

(4)耐腐蚀性强。铝酸盐水泥水化时不放出$Ca(OH)_2$，而水泥石结构又很致密，因此高铝水泥适宜用于耐酸和抗硫酸盐腐蚀要求的工程。

值得注意的是，在施工过程中，铝酸盐水泥不得与硅酸盐水泥、石灰等能析出$Ca(OH)_2$的胶凝材料混合使用，否则会引起瞬凝现象，使施工无法进行，强度大大降低，铝酸盐水泥也不得与未硬化的硅酸盐水泥混凝土接触使用。

二、快硬型水泥

1. 快硬硅酸盐水泥

凡由硅酸盐水泥熟料和适量石膏磨细制成的，以3d抗压强度表示强度等级的水硬性胶凝材料，称为快硬硅酸盐水泥，简称快硬水泥。

快硬水泥的生产过程与硅酸盐水泥基本相同，快硬的特性主要依靠合理设计矿物组成及控制生产工艺条件。组成上，熟料矿物中硅酸三钙和铝酸三钙含量较高。通常前者的含量为50%～60%，后者为8%～14%，两者总量不小于60%～65%；石膏的掺量也适当增加(可达8%)；从工艺上，提高了水泥的粉磨细度，一般控制在330～450m^2/kg。

快硬水泥的初凝不得早于45min，终凝时间不迟于10h。安定性(沸煮法检验)必须合格。强度等级以3d抗压强度表示，分为32.5、37.5和42.5三个等级。各龄期强度均不得低于表4-17中规定。

快硬水泥的强度要求 表4-17

强度等级	抗压强度(MPa)			抗折强度(MPa)		
	1d	3d	28d*	1d	3d	28d*
32.5	14.0	32.5	52.5	3.5	5.0	7.2
37.5	17.0	37.5	57.5	4.0	6.0	7.6
42.5	19.0	42.5	62.5	4.5	6.4	8.0

注：* 供需双方参考指标。

快硬水泥具有硬化快、早期强度高、水化热高、抗冻性好、耐腐蚀性差的特性；因此适用于紧急抢修工程、早期强度要求高的工程及冬季施工工程，但不适合大体积混凝土工程和有腐蚀介质的混凝土工程。

2. 快硬硫铝酸盐水泥

以适当成分的生料，经煅烧所得以无水硫铝酸钙和硅酸二钙为主要矿物成分的熟料，加入适量石膏和0%～10%的石灰石，磨细制成的早期强度高的水硬性胶凝材料，称为快硬硫铝酸盐水泥。

快硬硫铝酸盐水泥要求细度为比表面积不小于350m^2/kg，初凝不早于25min，终凝不迟于180 min。快硬硫铝酸盐水泥以3d抗压强度分为32.5、42.5、52.5、62.5四个强度等级。各龄期强度不得低于表4-18中规定。

快硬硫铝酸盐强度要求 表 4-18

强度等级	抗压强度(MPa)			抗折强度(MPa)		
	1d	3d	28d	1d	3d	28d
32.5	34.5	42.5	48.0	6.5	7.0	7.5
42.5	44.0	52.5	58.0	7.0	7.5	8.0
52.5	52.5	62.5	68.0	7.5	8.0	8.5
62.5	59.0	72.5	78.0	8.0	8.5	9.0

快硬硫铝酸盐水泥的化学组成主要有 CaO(含量 36% ~43%)、Al_2O_3(含量 28% ~40%)、SiO_2(含量 3% ~10%)、Fe_2O_3(含量 1% ~3%)、SO_3(含量 8% ~15%)。矿物组成主要有无水硫铝酸钙($3CaO \cdot 3Al_2O_3 \cdot CaSO_4$,含量 55% ~75%)、硅酸二钙($2CaO \cdot SiO_2$,含量为 15% ~30%)、铁铝酸四钙($4CaO \cdot Al_2O_3 \cdot Fe_2O_3$,含量为 3% ~6%)。

快硬硫铝酸盐水泥的水化及硬化特点是:水泥加水后,熟料中的无水硫铝酸钙会与石膏发生反应,生成高硫型水化硫铝酸钙(AFt)晶体和铝胶,AFt 在较短时间里形成坚强骨架,而铝胶不断填补孔隙,使水泥石结构很快致密,从而使早期强度发展很快。熟料中的 C_2S 水化生成水化硅酸钙凝胶,则可使后期强度进一步增长。

快硬硫铝酸盐水泥具有早期强度高、抗硫酸盐腐蚀的能力强、抗渗性好、水化热大、耐热性差的特点,因此适用于冬季施工、抢修、修补及有硫酸盐腐蚀的工程。

三、膨胀水泥和自应力水泥

利用普通硅酸盐水泥配置的混凝土,常因水泥石干缩而开裂,混凝土抗渗性下降、腐蚀介质易于侵入,有时对建筑物和构筑物造成严重影响,而膨胀水泥和自应力水泥在硬化过程中,不仅不收缩,反而能产生一定量的膨胀。膨胀水泥在硬化过程中的体积膨胀,具有补偿收缩的性能,可防止和减少混凝土的收缩裂缝,其自应力值小于 2.0MPa,通常约为 0.5MPa;自应力水泥在硬化过程中的体积膨胀,膨胀值除可弥补水泥石硬化产生的收缩外,还有一定剩余膨胀,这不仅能减轻开裂现象,而且能以预先具有的压应力抵消外界拉应力,有效克服混凝土抗拉强度小的缺陷,这种压应力是水泥自身水化产生的,因此称为自应力水泥,其自应力值大于 2.0MPa。

1.明矾石膨胀水泥

凡以硅按盐水泥熟料(58% ~63%)、天然明矾石(12% ~15%)、无水石膏(9% ~12%)和粒化高炉矿渣(15% ~29%)共同磨细制成的具有膨胀性的水硬性胶凝材料,称为明矾石膨胀水泥。

明矾石膨胀水泥加水后,其硅酸盐水泥熟料中的矿物水化生成的氢氧化钙和水化铝酸钙,分别同明矾石、石膏反应生成大量体积膨胀性的高硫型水化硫铝酸钙,与水化硅酸钙相互交织在一起,使水泥石结构密实。

明矾石水泥要求细度为比表面积不小于 450m^2/kg。初凝不早于 45min,终凝不迟于 360min。强度等级以 3d、7d、28d 的强度值表示,分为 42.5 和 52.5 两个强度等级,各龄期强度不得低于表 4-19 规定的数值。1d 膨胀率不小于 0.15%、28d 膨胀率不小于 0.35% 和不大于 1.00%。

明矾石膨胀水泥强度要求　表 4-19

强度等级	抗压强度(MPa)			抗折强度(MPa)		
	3d	7d	28d	3d	7d	28d
42.5	24.5	34.3	51.5	4.1	5.3	7.8
52.5	29.5	43.1	61.3	4.9	6.1	8.8

明矾石膨胀水泥适用于补偿收缩混凝土、防渗混凝土、防渗抹面、预制构件梁、柱的接头和构件拼装接头等。

2. 自应力硫铝酸盐水泥

1)定义

以适当成分的生料,经煅烧所得以无水硫酸钙和硅酸二钙为主要矿物成分的熟料,加入适量石膏磨细制成的强膨胀性的水硬性胶凝材料,称为自应力硫铝酸盐水泥。

(1)细度。比表面积不小于 $370m^2/kg$。

(2)凝结时间。初凝时间不早于 40min,终凝时间不迟于 240 min。

(3)自由膨胀率。7d 不大于 1.30%,28d 不大于 1.75%。

(4)自应力硫铝酸盐水泥按 28d 自应力值分为 30 级、40 级、50 级三个级别。各级别在各龄期的自应力值应符合表 4-20 中规定。

自动硫铝酸盐水泥的自应力值要求　表 4-20

级别	7d 自应力值(≥,MPa)	28d 自应力值(MPa)	
		≥	≤
30	2.3	3.0	4.0
40	3.1	4.0	5.0
50	3.7	5.0	6.0

(5)抗压强度。7d 不小于 32.5MPa,28d 不小于 42.5MPa。

(6)28d 自应力增进率不大于 0.007MPa/d。

(7)水泥中的碱按 $Na_2O + 0.658K_2O$ 计小于 0.5%。

2)水化硬化特点

自应力硫铝酸盐水泥与快硬硫铝酸盐水泥的水化产物相同,但硬化特性不完全相同,原因是:由于自应力硫铝酸盐水泥中石膏含量较多,在水泥石已经密实和已具有相当强度的情况下,还继续生成钙矾石,引起水泥石膨胀,产生自应力。在一定范围内,石膏掺量增多,膨胀和自应力相应提高。

3)性质与应用

自应力硫铝酸盐水泥可用于制造大口径或较高压力的水管或输气管,也可现场浇制储罐、储槽或作为接缝材料使用。

四、白色及彩色硅酸盐水泥

1. 白色硅酸盐水泥的定义

以适当成分的生料烧至部分熔融,所得以硅酸钙为主要成分,氧化铁含量极少的熟料,加入适量石膏,磨细制成的水硬性胶凝材料称为白色硅酸盐水泥,简称白水泥。

2. 白色硅酸盐水泥的生产特点

为了保证白色水泥的白度,生产中采取了如下措施:

(1)精选原料。选择纯净的高岭土(黏土成分)、纯石灰石或白垩、纯石英砂等。目的是要避免带入如氧化铁、氧化锰、氧化钛、氧化铬等着色氧化物。

(2)采取无灰分的燃料。生产白色水泥常采用的燃料为天然气、煤气或重油。

(3)采用不含着色氧化物的衬板及研磨体。在普通磨机中常采用铸钢衬板和钢球,而生产白色水泥采用硅质石材或坚硬的白色陶瓷作为衬板及研磨体。

(4)加入氯化物或石膏。在生料中加入适量的 NaCl、KCl、$CaCl_2$或 NH_4Cl 等氯化物,使其在煅烧过程中与 Fe_2O_3作用生成挥发性的 $FeCl_3$,减少 Fe_2O_3含量,保证白度。另外,石膏的加入也有助于提高白度。

(5)采取特殊的工艺措施。为提高水泥的白度,可用还原气对熟料进行漂白处理,使含 Fe_2O_3矿物转变为含 FeO 的矿物。也可在熟料出窑时采取喷水急冷处理,粉磨时提高细度等措施提高白度。

3. 白色水泥的技术性质

白色水泥的性质与普通硅酸盐水泥相同,按照国家标准《白色硅酸盐水泥》(GB/T 2015—2005)规定,白色硅酸盐水泥分为32.5、42.5、52.5三个强度等级,各等级各龄期强度不低于表4-21中规定。

白色水泥的强度要求(GB /T 2015—2005)　　表4-21

强度等级	抗压强度(MPa)		抗折强度(MPa)	
	3d	28d	3d	28d
32.5	12.0	32.5	3.0	6.0
42.5	17.0	42.5	3.5	6.5
52.5	22.0	52.5	4.0	7.0

白水泥按白度分为特级、一级、二级和三级4个级别。初凝时间不早于45min,终凝时间不迟于10h,氧化镁含量不得超过4.5%。对细度,沸煮安定性和 SO_3含量的要求均同普遍水泥。

4. 彩色硅酸盐水泥

白色硅酸盐水泥熟料、石膏和耐碱矿物颜料共同磨细,可制成彩色硅酸盐水泥。在白色水泥生料中加入少量金属氧化物作为着色剂,直接烧成彩色熟料,然后再磨细制成彩色水泥。若制造红色、黑色或棕色水泥时,可在普通水泥中加耐碱矿物颜料,不一定用白色水泥。

5. 白色水泥和彩色水泥的应用

白色水泥与彩色水泥主要用于建筑装饰工程的粉刷与雕塑,有艺术性的彩色混凝土或钢筋混凝土等各种装饰部件和制品,可做成装饰砂浆,如拉毛、水刷石、水磨石、斩假石等用于室内、外饰面。

五、道路硅酸盐水泥

1. 定义

以适当成分的生料烧至部分熔融,所得以硅酸钙为主要成分和较多量铁铝酸钙的硅酸盐水泥熟料称为道路硅酸盐水泥熟料。由道路硅酸盐水泥熟料、0%~10%活性混合材料和适量石膏磨细制成的水硬性胶凝材料,称为道路硅酸盐水泥(简称道路水泥)。

2. 技术要求

(1)细度。用比表面积发测定时为300~450m^3/kg。

(2)凝结时间。初凝不得早于1.5h,终凝不得迟于10h。

(3)体积安定性。沸煮法检验合格。

(4)干缩率和耐磨性。干缩率不得大于0.10%,耐磨性以磨报量表示,不得大于3.0kg/m^2。

(5)道路水泥分32.5、42.5、52.5三个强度等级。各等级各龄期强度不得低于表4-22中规定。各化学成分含量要求见表4-23。

道路水泥强度要求(GB 13693—2005)　　表4-22

强度等级	抗压强度(MPa)		抗折强度(MPa)	
	3d	28d	3d	28d
32.5	16.0	32.5	3.5	6.5
42.5	21.0	42.5	4.0	7.0
52.5	26.0	52.5	5.0	7.5

道路水泥各化学成分含量要求(GB 13693—2005)　　表4-23

化学成分	MgO	SO_3	F-CaO		碱含量	C_3A	C_4AF	烧失量
			旋窑	立窑				
规定含量	≤5.0	≤3.5	≤1.0	≤1.8	供需双方商定	≤5.0	≥16.0	≤3.0

3.性质与应用

与硅酸盐水泥相比,道路水泥增加了C_4AF的含量,降低了C_3A的含量,因此道路水泥具有较高的抗弯折强度,良好的耐磨性,较长的初凝时间和较小的干缩率,以及抗冲击、抗冻和抗硫酸盐侵蚀的能力。它特别适用于公路路面、机场跑道、车站及公共广场等工程的面层混凝工程。

六、大坝水泥

大坝水泥有硅酸盐大坝水泥(俗称纯大坝水泥)、普通硅酸盐大坝水泥(简称普通大坝水泥)和矿渣硅酸盐大坝水泥(简称矿渣大坝水泥)三种。这三种水泥最大的特点就是水化热低,适用于要求水化热较低的大型基础、水坝、桥墩等大体积混凝土工程中。对于大体积混凝土构件,由于其体积较大,混凝土浇筑后所产生的水化热易积聚在内部,导致内部温度很快上升,使得构件内外部产生较大的温差,引起温度应力,最终可导致混凝土产生温度裂缝,因此水化热对大体积混凝土是一个非常有害的因素。在大体积混凝土工程中,不宜采用水化热较高的水泥品种。

【例4-6】不同品种水泥的混用

概况:某单位先用强度等级为32.5矿渣水泥施工正常,因某种原因,与后购进的42.5R普通水泥混合拌制混凝土使用,结果在现浇顶板时混凝土发生开裂。

分析:水泥在使用中应注意不同品种、等级的水泥不能随意掺和使用。因为不同品种等级的水泥各异,有些性能相差很大。当不同品种的水泥掺混后,水泥性能往往发生变化,强度等级降低。这不但会造成浪费,而且容易发生质量事故。例如,普通水泥的主要物理性能是早期强度高,凝结硬化快,抗冻性好等,但其水化热较高,抗酸、碱和硫酸盐的侵蚀能力差。而矿渣水泥具有耐热性好、水化热低、后期强度增长快、耐腐蚀性和耐水性能好等优点,但早期强度低、干缩大。如果将它们混合使用,将会由于水化热的不同在混凝土内部不同部位产生局部高温和低温的现象。这种温差会使混凝土产生不均匀的变形,导致裂缝产生、强度下降。所以不应将不同品种的水泥任意混合使用,以免影响工程质量。

七、砌筑水泥

1. 定义

凡由一种或一种以上的水泥混合材料,加入适量硅酸盐水泥熟料和石膏,经磨细制成的和易性较好的水硬性胶凝材料,称为砌筑水泥,代号 M。

水泥中混合材料掺加量按质量百分比计大于 50%,允许掺入适量的石灰石或窑灰。水泥中混合材料掺加量不得与矿渣水泥重复。

2. 技术要求

按照国家标准《砌筑水泥》(GB/T 3183—2003)规定,砌筑水泥的细度为 80mm 方孔筛筛余≤10%;初凝时间不早于 45min,终凝时间不得迟于 12h;沸煮安定性合格,SO_3 含量不大于 4.0%;流动性指标为流动度,采用灰砂比为 1∶2.5,水灰比为 0.46 的砂浆测定的流动度值应大于 125mm,泌水率小于 12%。砌筑水泥分为 175、275 两个标号,各标号水泥各龄期强度不低于表 4-24 中规定。

砌筑水泥强度要求(GB/T 3183—2003) 表 4-24

强度等级	抗压强度(MPa)		抗折强度(MPa)	
	7d	28d	7d	28d
12.5	7.0	12.5	1.5	3.0
22.5	10.0	22.5	2.0	4.0

3. 性质与应用

砌筑水泥是低强度水泥,硬化慢,但和易性好,特别适合配制砂浆,也可用于基础混凝土垫层或蒸养混凝土砌块等。

单 元 小 结

水泥是本课程的重点之一,它是水泥混凝土主要的也是最重要的组成材料。本章内容侧重于硅酸盐水泥,对其生产作了简介;而对其熟料矿物组成,水泥水化硬化过程,水泥石的结构以及水泥的质量要求等作了较深入的阐述。通过学习可以了解:硅酸盐水泥熟料的矿物组成及其水化产物对水泥石结构和性能的影响;水泥石产生腐蚀的种类、原因及防治措施;常用水泥的主要技术性能、共性与特点,适用范围。

在学习了硅酸盐水泥的基础上,本章介绍了混合材料知识及掺混合材料的硅酸盐水泥的组成、技术性质及应用。

为了满足工程不同工程需要,还简要介绍了一些特性水泥和专用水泥,涉及到组成及性能不同于硅酸盐水泥系列的铝酸盐水泥等多种水泥。要地掌握这些不同品种水泥与硅酸盐水泥的共性与特性,以及其特殊的用途。

复习思考题

1. 硅酸盐水泥熟料的主要矿物组成有哪些?它们加水后各表现出什么性质?

2. 硅酸盐水泥的水化产物有哪些？它们的性质各是什么？

3. 制造硅酸盐水泥时，为什么必须掺入适量石膏？石膏掺量太少或太多时，将产生什么情况？

4. 有甲、乙两厂生产的硅酸盐水泥熟料，其矿物组成见表4-25。

表4-25

生产厂	熟料矿物组成(%)			
	硅酸三钙	硅酸二钙	铝酸三钙	铁铝酸四钙
甲厂	52	21	10	17
乙厂	45	30	7	18

若用上述两厂熟料分别制成硅酸盐水泥，试分析比较它们的强度增长情况和水化热等性质有何差异？简述理由。

5. 为什么要规定水泥的凝结时间？什么是初凝时间和终凝时间？

6. 什么是水泥的体积安定性？产生安定性不良的原因是什么？

7. 为什么生产硅酸盐水泥时掺入适量石膏对水泥无腐蚀作用，而水泥石处在硫酸盐的环境介质中则易受腐蚀？

8. 什么是活性混合材料和非活性混合材料？它们掺入硅酸盐水泥中各起什么作用？活性混合材料产生水硬性的条件是什么？

9. 某工地仓库存有白色粉末状材料，可能为磨细生石灰，也可能是建筑石膏或白色水泥，可用什么简易办法来辨认？

10. 在下列混凝土工程中，试分别选用合适的水泥品种，并说明选用的理由。

(1)低温季节施工的、中等强度的现浇楼板、梁、柱；

(2)采用蒸汽养护的混凝土预制构件；

(3)紧急抢修工程；

(4)厚大体积的混凝土工程；

(5)有地鳞盐腐蚀的地下工程；

(6)热工窑炉基础工程；

(7)大跨度预应力混凝土工程。

单元五　水泥混凝土

内容提要

本单元是建筑材料课程的重点内容之一。主要介绍普通混凝土对组成组成材料的技术要求、新拌混凝土的工作性能及评定指标、混凝土外加剂应用,硬化混凝土的力学性能、耐久性及其影响因素,混凝土配合比设计方法及混凝土质量控制等。此外,还介绍其他品种混凝土的特性和用途。

通过本单元学习,熟练掌握水泥混凝土组成材料及性质要求、掌握混凝土的技术性质及其影响因素、普通混凝土的配合比设计方法;了解混凝土技术的新进展及其发展趋势。

学习情境一　概　　述

一、混凝土的定义

混凝土是由胶凝材料、集料按适当比例配合,拌和制成具有一定可塑性的浆体,经硬化而成的具有一定强度的人造石材。通常讲的混凝土是指用水泥作胶凝材料,砂、石作集料;与水(加或不加外加剂和掺和料)按一定比例配合,经搅拌、成型、养护而得的水泥混凝土,也称普通混凝土,它广泛应用于建筑工程。

混凝土是现代建筑工程中用途最广、用量最大的建筑材料之一。目前全世界每年生产的混凝土材料超过100亿t。

二、混凝土的分类

混凝土从不同的角度考虑,有以下几种分类方法:

1.按表观密度分类

(1)重混凝土。表观密度大于2800kg/m^3,常采用重晶石、铁矿石、钢屑等作集料和锶水泥、钡水泥共同配制防辐射混凝土,作为核工程的屏蔽结构材料。

(2)普通混凝土。表观密度为2000~2800kg/m^{3}的混凝土,是建筑工程中应用最广泛的混凝土,主要用作各种建筑工程的承重结构材料。

(3)轻混凝土。表观密度小于2000kg/m^3,采用陶粒、页岩等轻质多孔集料或掺加引气剂、泡沫剂形成多孔结构的混凝土,具有保温隔热性能好、质量轻等优点,多用于保温材料或高层、大跨度建筑的结构材料。

2.按所用胶凝材料分类

按照所用胶凝材料的种类,混凝土可以分为水泥混凝土、石膏混凝土、水玻璃混凝土、沥青混凝土、聚合物水泥混凝土等。

3. 按流动性分类

按照新拌混凝土流动性大小，可分为干硬性混凝土（坍落度小于 10mm）、塑性混凝土（坍落度为 10～90mm）、流动性混凝土（坍落度为 100～150mm）及大流动性混凝土（坍落度大于或等于 160mm）。

4. 按用途分类

按用途可分为结构混凝土、大体积混凝土、防水混凝土、耐热混凝土、膨胀混凝土、防辐射混凝土、道路混凝土等。

5. 按生产和施工方法分类

按照生产方式，混凝土可分为预拌混凝土和现场搅拌混凝土；按照施工方法可分为泵送混凝土、喷射混凝土、碾压混凝土、挤压混凝土、离心混凝土、压力灌浆混凝土等。

6. 按强度等级分类

（1）低强度混凝土，抗压强度 $f_{cu} < 30MPa$。

（2）中强度混凝土，抗压强度 $30MPa \leqslant f_{cu} < 60MPa$。

（3）高强度混凝土，抗压强度 $60MPa \leqslant f_{cu} < 100MPa$。

（4）超高强混凝土，其抗压强度 $f_{cu} \geqslant 100MPa$。

混凝土的品种虽然繁多，但在实践工程中还是以普通的水泥混凝土应用最为广泛，如果没有特殊说明，狭义上我们通常称其为混凝土，本章作重点讲述。

三、混凝土的特点与应用

混凝土作为建筑材料中使用最为广泛的一种，必然有其独特之处。它的优点主要体现在以下几个方面：

（1）经济性。原材料资源丰富，造价低廉。其中占混凝土体积 80% 左右的砂石集料属于地方材料，分布广泛，可就地取材，价格便宜。结构建成后的维护费用也较低。

（2）良好的可塑性。新拌混凝土拌和物可以具备很好的可塑性，几乎可以随心所欲地通过设计和模板形成形态各异的建筑物及构件，来满足工程上的不同要求。

（3）强度高。硬化混凝土具有较高的力学强度，能够根据需要配制成不同强度，可以满足一般工程的要求。目前工程构件最高抗压强度可达 130MPa，而实验室可以配制出抗压强度超过 300MPa 的混凝土，并且混凝土与钢筋有牢固的黏结力，使结构安全性得到充分保证。

（4）耐火性。混凝土一般而言可有 1～2h 的防火时效，比起钢铁来说，安全得多，不会像钢结构建筑物那样在高温下很快软化而造成坍塌。

（5）多用性。混凝土在建筑工程中适用于多种结构形式，满足多种施工要求。可以根据不同要求配制不同的混凝土加以满足，所以我们称之为“万用之石”。

（6）耐久性。混凝土本来就是一种耐久性很好的材料，抗冻性、抗渗性及耐蚀性等较好。

但是，普通混凝土也存在着自重大、抗拉缺点低、抗变形能力差、易受温度湿度变化而开裂等缺点。

进入 21 世纪，混凝土研究和实践将主要围绕两个焦点展开：一是解决好混凝土耐久性问题；二是混凝土走上可持续发展的健康轨道。水泥混凝土在过去的 100 年中，几乎覆盖了所有的建筑工程领域，可以说，没有混凝土就没有今天的世界。但是在应用过程中，传统水泥混凝土的缺陷也越来越多地暴露出来，集中体现在耐久性方面。我们寄予厚望的胶凝材料——水泥在混凝土中的表现，远没有我们想像的那么完美。经过近 10 年来的研究，越来越多的学者认识到传统混凝土过分的依赖水泥是导致混凝土耐久性不良的首要因素。给水泥重新定位，合理地控制水泥浆用量势在必行。混凝土实现性能优化的主要技术途径如下：

（1）降低水泥用量，由水泥、粉煤灰或磨细矿粉等共同组成合理的胶凝材料体系。

（2）依靠减水剂实现混凝土的低水胶比。

（3）使用引气剂减少混凝土内部的应力集中现象。

（4）通过改变加工工艺，改善集料的粒形和级配。

（5）减少单方混凝土用水量和水泥浆量。

由于多年来大规模的建设，优质资源的消耗量惊人，我国许多地区的优质集料趋于枯竭；水泥工业带来的能耗巨大，生产水泥放出的 CO_2 导致的“温室效应”日益明显，国家的资源和环境已经不堪重负，混凝土工业必须走可持续发展之路。可采取下列措施：

（1）大量使用工业废弃资源，如用尾矿资源作集料；大量使用粉煤灰和磨细矿粉替代水泥。

（2）扶植再生混凝土产业，使越来越多的建筑垃圾作为集料循环使用。

（3）不要一味追求高等级混凝土，应大力发展中、低等级耐久性好的混凝土。

学习情境二　普通混凝土的组成材料

普通混凝土由水泥、砂、石子、水以及必要时掺入的化学外加剂组成，其中水泥为胶凝材料，砂为细集料，石子为粗集料。

水泥和水形成水泥浆，均匀填充砂子之间的空隙并包裹砂子表面形成水泥砂浆；水泥砂浆再均匀填充石子之间的空隙并略有富余，即形成混凝土拌和物（又称为“新拌混凝土”）；水泥凝结硬化后即形成硬化混凝土。硬化后的混凝土结构断面见图 5-1。

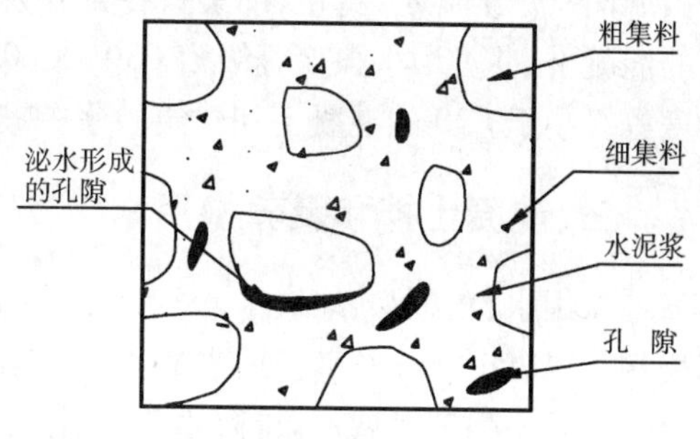

图 5-1　普通混凝土结构断面示意图

在硬化混凝土的体积中，水泥石占 25% 左右，砂和石子占 70% 以上，孔隙和自由水占1% ~5%。为了确保普通混凝土的质量，各组成材料的性能必须满足相应的要求。

一、水泥

水泥是普通混凝土的胶凝材料，其性能对混凝土的性质影响很大，在满足工程要求的前提下，应尽量节约水泥，以降低工程造价。在确定混凝土组成材料时，应正确选择水泥品种和水泥强度等级。

1. 水泥品种的选择

水泥品种应该根据混凝土工程特点、所处的环境条件和施工条件等进行选择。所用水泥的性能必须符合现行国家有关标准的规定。配制普通混凝土时，一般可采用通用水泥，有特殊需要时，可采用特性水泥或专用水泥。

2. 水泥强度等级的选择

水泥强度等级应与混凝土的设计强度等级相适应。原则上配制高强度等级的混凝土应选用强度等级高的水泥;配制低强度等级的混凝土,选用强度等级低的水泥。一般情况下,水泥强度等级为混凝土强度等级的1.5~2.0倍。配制高强混凝土时,可选择水泥强度等级为混凝土强度等级的0.9~1.5倍。

当用高强度等级的水泥配制较低强度等级混凝土时,水泥用量偏小,水灰比偏大,混凝土拌和物的和易性与耐久性较差。为了保证混凝土的和易性、耐久性,可以掺入一定数量的外掺料(如粉煤灰),但掺量必须经过试验确定。

当采用强度等级低的水泥配制高强度等级混凝土时,会使水泥用量过多,不经济,而且会影响混凝土的其他技术性质,如干缩等。表5-1是建筑工程中,水泥强度等级对应宜配制混凝土强度等级参考表。

水泥强度等级可配制混凝土强度等级参考表 表5-1

水泥强度等级	宜配制的混凝土强度等级	水泥强度等级	宜配制的混凝土强度等级
32.5	C15、C20、C25、C30	52.5	C40、C45、C50、C55、C60
42.5	C30、C35、C40、C45	62.5	≥C60

二、粗、细集料的技术要求

普通混凝土用集料按粒径分为细集料和粗集料。集料在混凝土中所占的体积为70%~80%。由于集料不参与水泥复杂的水化反应,因此,过去通常将它视为一种惰性填充料。随着混凝土技术的不断深入研究和发展,混凝土材料与工程界越来越意识到集料对混凝土的许多重要性能,如和易性、强度、体积稳定性及耐久性等都会产生很大的影响。

砂是混凝土中的细集料,是指粒径在4.75mm以下的颗粒。石子是混凝土中的粗集料,按照国家标准规定,将粗、细集料各自分为Ⅰ类、Ⅱ类、Ⅲ类。Ⅰ类宜用于强度等级大于C60的混凝土;Ⅱ类用于强度等级为C30~C60及抗冻、抗渗或其他要求的混凝土;Ⅲ类宜用于强度等级小于C30的混凝土和建筑砂浆。其技术指标和要求见本教材单元二的内容。

三、混凝土拌和及养护用水

饮用水、地下水、地表水、海水及经过处理达到要求的工业废水均可以用作混凝土拌和用水。混凝土拌和及养护用水的质量要求具体有:不得影响混凝土的和易性及凝结;不得有损于混凝土强度发展;不得降低混凝土的耐久性;不得加快钢筋腐蚀及导致预应力钢筋脆断;不得污染混凝土表面;各物质含量限量值应符合表5-2的要求。当对水质有怀疑时,应将该水与蒸馏水或饮用水进行水泥凝结时间、砂浆或混凝土强度对比试验。测得的初凝时间差及终凝时间差均不得大于30min,其初凝和终凝时间还应符合《通用硅酸盐水泥》(GB 175—2007)国家标准的规定。用该水制成的砂浆或混凝土28d抗压强度应不低于蒸馏水或饮用水制成的砂浆或混凝土抗压强度的90%。另外,海水中含有硫酸盐、镁盐和氯化物,对水泥石有侵蚀作用,也会造成钢筋锈蚀,因此不得用于拌制钢筋混凝土和预应力混凝土。

水中物质含量限量值 表5-2

项　目	预应力混凝土	钢筋混凝土	素混凝土
pH	>4	>4	>4
不溶物(mg/L)	<2000	<2000	<5000
可溶物(mg/L)	<2000	<5000	<10000

续上表

项　目	预应力混凝土	钢筋混凝土	素混凝土
氯化物（以 Cl^- 计）(mg/L)	<500	<1200	<3500
硫酸盐（以 SO_4^{2-}/计）(mg/L)	<600	<2700	<2700
硫化物（以 S^{2-} 计）(mg/L)	<100		

注：使用钢丝或经热处理钢筋的预应力混凝土氯化物含量不得超过350mg/L。

四、混凝土的外加剂

1. 外加剂的分类

外加剂是在拌制混凝土过程中掺入，用以改善混凝土性能的物质，掺量不大于水泥质量的5%（特殊情况除外）。它赋予新拌混凝土和硬化混凝土以优良的性能，如提高抗冻性、调节凝结时间和硬化时间、改善工作性、提高强度等，是生产各种高性能混凝土和特种混凝土必不可少的组分。

根据《混凝土外加剂定义、分类、命名与术语》（GB/T 8075—2005）的规定，混凝土外加剂按其主要功能分为四类：

（1）改善混凝土拌和物流变性能的外加剂。包括各种减水剂、引气剂和泵送剂等。

（2）调节混凝土凝结时间、硬化性能的外加剂。包括缓凝剂、早强剂和速凝剂等。

（3）改善混凝土耐久性的外加剂。包括引气剂、防水剂和阻锈剂等。

（4）改善混凝土其他性能的外加剂。包括加气剂、膨胀剂、防冻剂、着色剂、防水剂等。

2. 外加剂的作用

（1）改善混凝土拌和物的和易性，有利于机械化施工，保证混凝土的浇筑质量。

（2）减少养护时间，加快模板周转，提早对预应力混凝土放张，加快施工进度。

（3）提高混凝土的强度，增加混凝土的密实度、耐久性、抗渗性，提高混凝土的质量。

（4）节约水泥，减少成本，减低工程造价。

3. 常用的混凝土外加剂

1）减水剂

减水剂是一种在混凝土拌和料坍落度相同条件下能减少拌和水量的外加剂。减水剂按其减水的程度分为普通减水剂和高效减水剂。减水率在5%～10%的减水剂为普通减水剂，减水率大于10%的减水剂为高效减水剂。减水剂按其主要化学成分分为木质素系、多环芳香族磺酸盐系、水溶性树脂磺酸盐系、糖钙以及腐殖酸盐等。

（1）普通减水剂。普通减水剂是一种在混凝土拌和料坍落度相同的条件下能减少拌和用水量的外加剂。普通减水剂分为早强型、标准型、缓凝型。在不复合其他外加剂时，减水剂本身有一定的缓凝作用。

①木质素磺酸盐系减水剂。木质素磺酸盐系减水剂根据其所带阳离子的不同，分为木质素磺酸钙（木钙）、木质素磺酸钠（木钠）、木质素磺酸镁（木镁）。木钙是由亚硫酸法生产纸浆的废液，用石灰中和后浓缩的溶液经干燥所得产品，是以苯丙基为主体结构的复杂高分子，相对分子质量2000～100000。木钠是由碱法造纸的废液经浓缩、加硫，将其中的碱木素磺化后，用苛性钠和石灰中和，将滤去沉淀的溶液干燥所得的干粉。

木质素磺酸盐系减水剂的减水效果和对混凝土性能的影响与很多因素有关：含固量、固体中木质素磺酸盐含量、相对分子质量、阳离子种类、木浆的树种、含糖量等。低相对分子质量的木钙引气量较大，高相对分子质量木钙缓凝作用强。木质素磺酸钠的减水作用比木质素磺酸钙明显。

②腐殖酸盐减水剂。腐殖酸盐减水剂又称胡敏酸钠，原料是泥煤和褐煤。该类减水剂有较大的引气性，性能逊于木质素磺酸盐类减水剂。其掺量一般为0.2%～0.35%，减水率为6%～8%。

一般正常型和早强型减水剂除含减水组分外还加入一定量的促凝剂或早强剂，以抵消减水组分的缓凝作用。国外掺入的促凝或早强剂组分一般为氯化钙、甲酸钙、三乙醇胺等，其典型配方为氯化钙或甲酸钙0.3%加三乙醇胺0.01%（占水泥用量的百分数）。我国一般是加入Na_2SO_4。

（2）高效减水剂。在混凝土坍落度基本相同的条件下，能大幅度减少拌和水量的外加剂称为高效减水剂。高效减水剂是在20世纪60年代初开发出来的，由于性能较普通减水剂有明显的提高，因而又称超塑化剂。

高效减水剂的掺量比普通减水剂大得多，大致为普通减水剂的3倍以上。理论上，如果把普通减水剂的掺量提高到高效减水剂同样的水平，减水率也能达到10%～15%，但普通减水剂都有缓凝作用，木钙还能引入大量的气泡，因此限制了普通减水剂的掺量，除非采取特殊措施，如木钙的脱糖和消泡。高效减水剂没有明显的缓凝和引气作用。

①多环芳香族磺酸盐系减水剂。这类减水剂通常是由工业萘或煤焦油的萘、蒽、甲基萘等馏分，经磺化、水解、缩合、中和、过滤、干燥而制成。由于其主要成分为萘的同系物的磺酸盐与甲醛的缩合物，故又称萘系减水剂。多环芳香族磺酸盐系减水剂的适宜掺量为水泥质量的0.5%～1.0%，减水率为10%～25%，混凝土的强度提高20%以上，混凝土的其他力学性能及抗渗性、耐久性等均得到改善，对钢筋的锈蚀作用较小。

②水溶性树脂系减水剂。水溶性树脂系减水剂是以一些水溶性树脂为主要原料的减水剂，如三氯氰胺树脂、古玛隆树脂等。此类减水剂的掺量为水泥质量的0.5%～2.0%，其减水率为15%～30%，混凝土的强度提高20%～30%，混凝土的其他力学性能和抗渗性、抗冻性也得到提高，对混凝土的蒸养适应性也优于其他外加剂。

（3）减水剂的作用机理。不掺减水剂的新拌混凝土之所以相比之下流动性不好，这主要是因为水泥-水体系中界面能高、不稳定，水泥颗粒通过絮凝来降低界面能，达到体系稳定，把许多水包裹在絮凝结构中，不能发挥作用。减水剂是一种表面活性剂。表面活性剂分子由亲水基团和憎水基团两个部分组成，可以降低表面能。当水泥浆体中加入减水剂后，减水剂分子中的憎水基团定向吸附于水泥质点表面，亲水基团指向水溶液，在水泥颗粒表面形成单分子或多分子吸附膜，降低了水泥-水的界面能。同时使水泥颗粒表面带上相同的电荷，表现出斥力，将水泥加水后形成的絮凝结构打开并释放出被絮凝结构包裹的水，这是减水剂分子吸附产生的分散作用。

水泥加水后，水泥颗粒被水湿润，湿润越好，在具有同样和易性条件下所需的拌和水量也就越少，水泥水化速率加快。当有减水剂存在时，降低了水的表面张力和水与水泥颗粒间的界面张力，使水泥颗粒易于湿润，有利于水化。同时减水剂分子定向吸附于水泥颗粒表面，亲水基团指向水溶液，使水泥颗粒表面的溶剂化层增厚，增加了水泥颗粒间的滑动能力，起到润滑作用，如图5-2所示。

综上所述，减水剂在水泥颗粒表面的吸附，使水泥颗粒表面能较低，且带有相同电荷而相互电斥，导致水泥颗粒在液相中分散，絮凝结构中被水泥颗粒包围的水被释放出来，这就是减水剂的减水机理。

(4)减水剂的技术经济效果。

①在不减少单位用水量的情况下,改善新拌混凝土的和易性,提高流动性;

②在保持一定和易性时,减少用水量,提高混凝土的强度;

③在保持一定强度情况下,减少单位水泥用量,节约水泥;

④改善混凝土拌和物的可泵性以及混凝土的其他物理力学性能。

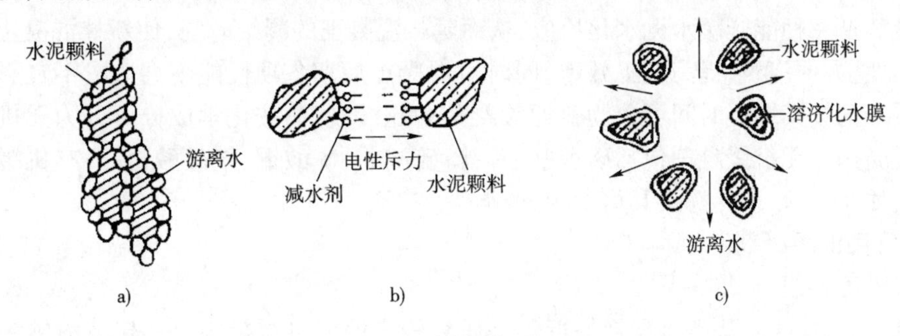

图 5-2 减水剂作用机理

2)早强剂

能加速混凝土早期强度并对后期强度无明显影响的外加剂,称为早强剂。早强剂的种类主要有无机物类(氯盐类、硫酸盐类、碳酸盐类等)、有机物类(有机胺类、羧酸盐类等)、矿物类(明矾石、氟铝酸钙、无水硫铝酸钙等)。

(1)常用早强剂。

①氯盐类早强剂。主要有氯化钙、氯化钠、氯化钾、氯化铵、氯化铁、氯化铝等,其中氯化钙早强效果好而成本低,应用最广。氯盐类早强剂均有良好的早强作用,它能加速水泥混凝土的凝结和硬化。氯化钙的用量为水泥用量的 0.5% ~2% 时,能使水泥的初凝和终凝时间缩短,3d 的强度可提高 30% ~100%,24h 的水化热增加 30%,混凝土的其他性能如泌水性、抗渗性等均提高。

②硫酸盐类早强剂。主要有硫酸钠、硫代硫酸钠、硫酸钙、硫酸铝、硫酸铝钾等。其中硫酸钠应用较多。一般掺量为水泥质量的 0.5% ~2.0%,硫酸钠对矿渣水泥混凝土的早强效果优于普通水泥混凝土。

③其他早强剂。甲酸钙已被公认是较好的 $CaCl_2$ 替代物,但由于其价格较高,其用量还很少。

(2)早强剂的作用机理。

①氯盐类。氯化钙对水泥混凝土的作用机理有两种论点:其一是氯化钙对水泥水化起催化作用,促使氢氧化钙浓度降低,因而加速了 C_3S 的水化;其二是氯化钙的 Ca^{2+} 吸附在水化硅酸钙表面,生成复合水化硅酸盐($C_3S \cdot CaCl_2 \cdot 12H_2O$)。同时,在石膏存在下与水泥石中 C_3A 作用生成水化氯铝酸盐($C_3A \cdot CaCl_2 \cdot 10H_2O$ 和 $C_3A \cdot CaCl_2 \cdot 30H_2O$)。此外,氯化钙还增强水化硅酸钙缩聚过程。

②硫酸盐类。以硫酸钠为例,在水泥硬化时,硫酸钠很快与氢氧化钙作用生成石膏和碱,新生成的细粒二水石膏比在水泥粉磨时加入的石膏更加迅速发生反应生成硫铝酸钙晶体。反应如下:

$$Na_2SO_4 + Ca(OH)_2 + 2H_2O \rightarrow CaSO_4 \cdot 2H_2O + 2NaOH$$

$$3(CaSO_4 \cdot 2H_2O) + 3CaO \cdot Al_2O_3 + 25H_2O_3 \rightarrow CaO \cdot Al_2O_3 \cdot 3CaSO_4 \cdot 31H_2O$$

同时上述反应的发生也能加快 C_3S 的水化。

(3)早强剂的应用

早强剂适用于蒸养混凝土及常温、低温(不低于 -5℃)环境中施工的,有早强要求的混凝土工程。炎热环境条件下不宜使用早强剂。

3)缓凝剂

缓凝剂是一种能延缓水泥水化反应,从而延长混凝土的凝结时间,使新拌混凝土较长时间保持塑性,方便浇筑,提高施工效率,同时对混凝土后期各项性能不会造成不良影响的外加剂。缓凝剂按其缓凝时间可分为普通缓凝剂和超缓凝剂;按化学成分可分为无机缓凝剂和有机缓凝剂。无机缓凝剂包括磷酸盐、锌盐、硫酸铁、硫酸铜、氟硅酸盐等;有机缓凝剂包括羟基羧酸及其盐、多元醇及其衍生物、糖类等。

(1)常用的缓凝剂。

①无机缓凝剂。

a.磷酸盐、偏磷酸盐类缓凝剂是近年来研究较多的无机缓凝剂。三聚磷酸钠为白色粒状粉末,无毒,不燃,易溶于水,一般掺量为水泥质量的0.1%~0.3%,能使混凝土的凝结时间延长50%~100%。磷酸钠为无色透明或白色结晶体,水溶液呈碱性,一般掺量为水泥质量的0.1%~1.0%,能使混凝土的凝结时间延长50%~100%。

b.硼砂为白色粉末状结晶物质,吸湿性强,易溶于水和甘油,其水溶液呈弱碱性,常用掺量为水泥质量的0.1%~0.2%。

c.氟硅酸钠为白色物质,有腐蚀性,常用掺量为水泥质量的0%~0.2%。

d.其他无机缓凝剂如氯化锌、碳酸锌以及锌、铁、铜、镉的硫酸盐也具有一定的缓凝作用,但是由于其缓凝作用不稳定,故不常使用。

②有机缓凝剂。

a.羟基羧酸、氨基羧酸及其盐。这一类缓凝剂的分子结构含有羟基(—OH)、羧基(—COOH)或氨基($—NH_2$),常见的有柠檬酸、酒石酸、葡萄糖酸、水杨酸等及其盐。此类缓凝剂的缓凝效果较强,通常将凝结时间延长1倍,掺量一般在0.05%~0.2%。

b.多元醇及其衍生物。多元醇及其衍生物的缓凝作用较稳定,特别是在使用温度变化时仍有较好的稳定性。此类缓凝剂的掺量一般为水泥质量的0.05%~0.2%。

c.糖类。葡萄糖、蔗糖及其衍生物和糖蜜及其改性物,由于原料广泛,价格低廉,同时具有一定的缓凝功能,因此使用也较广泛,其掺量一般为水泥质量的0.1%~0.3%。

(2)缓凝剂的作用机理。一般来讲,多数有机缓凝剂有表面活性,它们在固-液界面上产生吸附,改变固体粒子的表面性质,或是通过其分子中亲水基团吸附大量的水分子形成较厚的水膜层,使晶体间的相互接触受到屏蔽,改变了结构形成过程;或是通过其分子中的某些官能团与游离的 Ca^{2+} 生成难溶性的钙盐吸附于矿物颗粒表面,从而抑制水泥的水化过程,起到缓凝效果。大多数无机缓凝剂与水泥水化产物生成复盐,沉淀于水泥矿物颗粒表面,抑制水泥的水化。缓凝剂的机理较复杂,通常是以上多种缓凝机理综合作用的结果。

缓凝剂的掺量一般很小,使用时应严格控制,过量掺入会使混凝土强度下降。

(3)缓凝剂的应用

缓凝剂可用于商品混凝土、泵送混凝土、夏季高温施工混凝土、大体积混凝土,不宜用于气温低于5℃施工的混凝土、有早强要求的混凝土、蒸养混凝土。缓凝剂一般具有减水的作用。

4)速凝剂

速凝剂是能使混凝土迅速硬化的外加剂。速凝剂的主要种类有无机盐类和有机盐类。我国常用的速凝剂是无机盐类。

(1)常用速凝剂。

①铝氧熟料加碳酸盐系速凝剂。其主要速凝成分是铝氧熟料、碳酸钠以及生石灰,这种速凝剂含碱量较高,混凝土的后期强度降低较大,但加入无水石膏可以在一定程度上降低碱度并提高后期强度。

②铝酸盐系。它的主要成分是铝矾土、芒硝($Na_2SO_4 \cdot 10H_2O$),此类产品碱量低,且由于加入氧化锌而提高了混凝土的后期强度,但却延缓了早期强度的发展。

③水玻璃系。以水玻璃为主要成分。这种速凝剂凝结、硬化很快,早期强度高,抗渗性好,而且可在低温下施工。缺点是收缩较大,这类产品用量低于前两类,由于其抗渗性能好,常用于止水堵漏。

(2)速凝剂的作用机理。

①铝氧熟料加碳酸盐型速凝剂作用机理如下:

$$Na_2CO_3 + CaSO_4 \rightleftharpoons CaCO_3 \downarrow + Na_2SO_4$$

$$NaAlO_2 + 2H_2O \rightleftharpoons Al(OH)_3 + NaOH$$

$$2NaAlO_2 + 3Ca(OH)_2 + 3CaSO_4 + 30H_2O \rightleftharpoons 3CaO \cdot Al_2O_3 \cdot 3CaSO_4 \cdot 32H_2O + 2NaOH$$

碳酸钠与水泥浆中石膏反应,生成不溶的 $CaCO_3$沉淀,从而破坏了石膏的缓凝作用。铝酸钠在有 $Ca(OH)_2$存在的条件下与石膏反应生成水化硫铝酸钙和氢氧化钠,由于石膏消耗而使水泥中的 C_3A 成分迅速分解进入水化反应,C_3A 的水化又迅速生成钙矾石而加速了凝结硬化。另外,大量生成 NaOH、$Al(OH)_3$、Na_2SO_4,这些都具有促凝、早强作用。

②硫铝酸盐型速凝剂作用机理为:$Al_2(SO_4)_3$和石膏的迅速溶解,使水化初期溶液中硫酸根离子浓度骤增,它与溶液中的 Al_2O_3、$Ca(OH)_2$发生反应,迅速生成微细针柱状钙矾石和中间产物次生石膏,这些新晶体的增长和发展在水泥颗粒之间交叉生成网络状结构而呈现速凝。

③水玻璃型速凝剂作用机理为:水泥中的 C_3S、C_2S 等矿物在水化过程中生成 $Ca(OH)_2$,而水玻璃溶液能与 $Ca(OH)_2$发生强烈反应,生成硅酸钙和二氧化硅胶体。其反应如下:

$$Na_2O \cdot nSiO_2 + Ca(OH)_2 \rightleftharpoons (n-1)SiO_2 + CaSiO_3 + 2NaOH$$

反应中生成大量 NaOH,将进一步促进水泥熟料矿物水化,从而使水泥迅速凝结硬化。

掺有速凝剂的混凝土早期强度明显提高,但后期强度均有所降低。速凝剂广泛应用于喷射混凝土、灌浆止水混凝土及抢修补强混凝土工程中,在矿山井巷、隧道涵洞、地下工程等用量很大。

5)膨胀剂

膨胀剂是能使混凝土产生一定体积膨胀的外加剂。按化学成分可分为硫铝酸盐系膨胀剂、石灰系膨胀剂、铁粉系膨胀剂、复合型膨胀剂。

(1)常用膨胀剂。

①硫铝酸盐系膨胀剂。此类膨胀剂包括硫铝酸钙膨胀剂(代号 CSA)、U 形膨胀剂(代号

UEA)、铝酸钙膨胀剂(代号 AEA)、复合型膨胀剂(代号 CEA)、明矾石膨胀剂(代号 EA—L)。其膨胀源为钙矾石。

②石灰系膨胀剂。此类膨胀剂是指与水泥、水拌和后经水化反应生成氢氧化钙的混凝土膨胀剂,其膨胀源为氢氧化钙。该膨胀剂比 CSA 膨胀剂的膨胀速率快,且原料丰富,成本低廉,膨胀稳定早,耐热性和对钢筋保护作用好。

③铁粉系膨胀剂。此类膨胀剂是利用机械加工产生的废料——铁屑作为主要原料,外加某些氧化剂、氯盐和减水剂混合制成。其膨胀源为 $Fe(OH)_2$。

④复合型膨胀剂。复合型膨胀剂是指膨胀剂与其他外加剂复合,具有除膨胀性能外还兼有其他性能的复合外加剂。

(2)膨胀剂的作用机理。上述各种膨胀剂的成分不同,其膨胀机理也各不相同。硫铝酸盐系膨胀剂加入水泥混凝土后,自身组成中的无水硫铝酸钙或参与水泥矿物的水化或与水泥水化产物反应,形成高硫型硫铝酸钙(钙矾石),钙矾石相的生成使固相体积增加,而引起表观体积的膨胀。石灰系膨胀剂的膨胀作用主要由氧化钙晶体水化生成氢氧化钙晶体,体积增加所致。铁粉系膨胀剂则是由于铁粉中的金属铁与氧化剂发生氧化作用,形成氧化铁,并在水泥水化的碱性环境中还会生成胶状的氢氧化铁而产生膨胀效应。

掺硫铝酸钙膨胀剂的膨胀混凝土,不能用于长期处于环境温度为 80℃ 以上的工程中。掺硫铝酸钙类或石灰类膨胀剂的混凝土,不宜使用氯盐类外加剂。掺铁屑膨胀剂的填充用膨胀砂浆,不能用于有杂散电流的工程和与铝镁材料接触的部位。

6)引气剂

在混凝土搅拌过程中引入大量均匀分布、稳定而封闭的微小气泡,起到改善混凝土和易性,提高混凝土抗冻性和耐久性的外加剂,称为引气剂。引气剂按化学成分可分为松香类引气剂、合成阴离子表面活性类引气剂、木质素磺酸盐类引气剂、石油磺酸盐类引气剂、蛋白质盐类引气剂、脂肪酸和树脂及其盐类引气剂、合成非离子表面活性引气剂。

(1)常用引气剂。我国应用较多的引气剂有松香类引气剂、木质素磺酸盐类引气剂等。松香类引气剂包括松香热聚物、松香酸钠及松香皂等。松香热聚物是将松香与石炭酸、硫酸按一定比例投入反应釜,在一定温度和合适条件下反应生成,其适宜掺量为水泥质量的 0.005% ~0.02%,混凝土含气量为 3% ~5%,减水率约为 8%。松香酸钠是松香加入煮沸的氢氧化钠溶液中经搅拌溶解,然后再在膏状松香酸钠中加入水,即可配成松香酸钠溶液引气剂。松香皂是由松香、无水碳酸钠和水三种物质按一定比例熬制而成,掺量约为水泥质量的 0.02%。

(2)引气剂的作用机理。引气剂属于表面活性剂,其界面活性作用基本上与减水剂相似,区别在于减水剂的界面活性作用主要在液-固界面上,而引气剂的界面活性主要发生在气-液界面上。

(3)引气剂对混凝土质量的影响。

①混凝土中掺入引气剂可改善混凝土拌和物的和易性,可以显著降低混凝土黏性,使它们的可塑性增强,减少单位用水量。通常每提高含气量 1%,能减少单位用水量 3%。

②减少集料离析和泌水量,提高抗渗性。

③提高抗腐蚀性和耐久性。

④含气量每提高 1%,抗压强度下降 3% ~5%,抗折强度下降 2% ~3%。

⑤引入空气会使干缩增大,但若同时减少用水量,对干缩的影响不会太大。

⑥使混凝土对钢筋的黏结强度有所降低，一般含气量为4%时，对垂直方向的钢筋黏结强度降低10%～15%，对水平方向的钢筋黏结强度稍有下降。

7）防水剂

防水剂是一种能降低砂浆、混凝土在静水压力下透水性的外加剂。防水剂按化学成分可分为无机质防水剂（氯化钙、水玻璃系、氯化铁、锆化合物、硅质粉末系等）、有机质防水剂（反应型高分子物质、憎水性的表面活性剂、天然或合成的聚合物乳液以及水溶性树脂等）。

（1）无机质防水剂。

①氯化钙。它可以促进水泥水化反应，获得早期的防水效果，但后期抗渗性会降低。另外，氯化钙对钢筋有锈蚀作用，可以与阻锈剂复合使用，但不适用于海洋混凝土。

②水玻璃系。硅酸钠与水泥水化反应生成的 $Ca(OH)_2$ 反应生成不溶性硅酸钙，可以提高水泥石的密实性，但效果不太明显。

③氯化铁。氯化铁防水剂的掺量3%，在混凝土中与 $Ca(OH)_2$ 反应生成氢氧化铁凝胶，使混凝土具有较高密实性和抗渗性，抗渗压力可达2.5～4.6MPa，适用于水下、深层防水工程或修补堵漏工程。

④氯化铝。它与水泥水化生成的 $Ca(OH)_2$ 作用，生成活性很高的氢氧化铝，然后进一步反应生成水化氯铝酸盐，使凝胶体数量增加，同时水化氯铝酸盐有一定的膨胀性，因此提高水泥石的密实性和抗渗性。三氯化铝还具有很强的促凝作用，因此用它配制的水泥浆主要用于防水堵漏。

⑤锆化合物。锆的化合性很强，不以金属离子状态存在，能与电负性强的元素化合，因此锆容易与胺和乙二醇等物质化合。利用这种性质可用于纤维类的防水剂，作为混凝土防水剂也有市售品，锆与水泥中的钙结合生成不溶性物，具有憎水效果。

无机质防水剂都是通过水泥凝结硬化过程中与水发生化学反应，生成物填充在混凝土与砂浆的空隙中，提高混凝土的密实性，从而起到防水抗渗作用。

（2）有机质防水剂。此类防水剂分为憎水性表面活性剂和天然或合成聚合物乳液水溶性树脂。

①憎水性表面活性剂。金属皂类防水剂、环烷酸皂防水剂、有机硅憎水剂。这类防水剂是在建筑防水中占重要地位的一族，可以直接掺入混凝土和砂浆作防水剂，也可喷涂在表面作隔潮剂。

②天然或合成聚合物乳液水溶性树脂。包括聚合物乳液、橡胶乳液、热固性树脂乳液、乳化沥青等。

4. 外加剂与水泥的适应性问题及改善措施

外加剂除了自身的良好性能外，在使用过程中还存在一个普遍且非常重要的问题，就是外加剂与水泥的适应性问题。外加剂与水泥的适应性不好，不但会降低外加剂的有效作用，增加外加剂的掺量从而增加混凝土成本，而且还可能使混凝土无法施工或引发工程事故。外加剂在检验时，标准规定实验应使用《混凝土外加剂》（GB 8076—2008）规定的“基准水泥”，其组成和细度有严格的规定，而在实际工程使用中，由于选用水泥的组成与基准水泥不相同，外加剂在实际工程中的作用效果可能与使用基准水泥的检验结果有差异。

外加剂与水泥的适应性可描述为：按照《混凝土外加剂应用技术规范》（GB 50119—2003），将经检验符合有关标准要求的某种外加剂，掺入到按规定可以使用该外加剂且符合有关标准的水泥中，外加剂在所配制的混凝土中若能产生应有的作用效果，则称该外加剂与该水泥相适应;若外加剂作用效果明显低于使用基准水泥的检验结果,或者掺入水泥中出现异常现象,则称外加剂与该水泥适应性不良或不适应。通常的外加剂与水泥的适应性问题指的是减水剂与水泥的适应性。对于使用复合外加剂和矿物掺和料的混凝土或砂浆,除了外加剂与水泥存在着适应性问题以外,还存在着外加剂与矿物掺和料以及复合外加剂中各组分之间的造应性问题。

一般来说,影响外加剂与水泥适应性问题的因素包括三个:①水泥方面,如水泥的矿物组成、含碱量、混合材种类、细度等;②化学外加剂方面,如减水剂分子结构、极性基团种类、非极性基团种类、平均相对分子质量及相对分子质量分布、聚合度、杂质含量等;③环境条件方面,如温度、距离等。

长期以来,混凝土工作者在提高减水剂与水泥的适应性,从而控制混凝土坍落度损失方面进行了大量持久的研究工作,提出了各种改善外加剂与水泥适应性,控制混凝土坍落度损失的方法。①新型高性能减水剂的开发应用;②外加剂的复合使用;③减水剂的掺入方法(先掺法、同掺法、后掺法);④适当"增硫法";⑤适当调整混凝土配合比方法。

学习情境三　普通混凝土的主要技术性能

混凝土的主要技术性能包括:新拌混凝土的和易性;硬化后混凝土的力学性质和耐久性。

一、混凝土拌和物的和易性

混凝土在未凝结硬化之前,称为混凝土拌和物。它必须具有良好的和易性,便于施工,以保证能获得均匀密实的浇筑质量。

1.和易性的概念

和易性(又称工作性)是混凝土在凝结硬化前必须具备的性能,是指混凝土拌和物易于施工操作(拌和、运输、浇灌、捣实)并获得质量均匀、成型密实的混凝土性能。和易性是一项综合的技术性质,包括流动性、黏聚性和保水性三个方面的含义。

(1)流动性是指混凝土拌和物在本身自重或施工机械振捣的作用下,克服内部阻力和与模板、钢筋之间的阻力,产生流动,并均匀密实地填满模板的能力。流动性的大小,反映了拌和物的稀稠情况,故也称为稠度。

流动性好的混凝土拌和物,则施工操作方便,易于使混凝土成型密实。

(2)黏聚性是指混凝土拌和物具有一定的黏聚力,在施工、运输及浇注过程中,不至于出现分层离析,使混凝土保持整体均匀性的能力。

(3)保水性是指混凝土拌和物具有一定的保水能力,在施工中不致产生严重的泌水现象。保水性差的混凝土拌和物,其内部固体粒子下沉、水分上浮,在拌和物表面析出一部分水分,内部水分向表面移动过程中产生毛细管通道,使混凝土的密实度下降、强度降低、耐久性下降,且混凝土硬化后表面易起砂。上浮的水分还会聚积在石子或钢筋的下方,形成较大的孔隙,削弱了水泥浆与石子、钢筋之间的黏结力,影响混凝土的质量。

混凝土拌和物的流动性、黏聚性和保水性三者之间既互相联系,又互相矛盾。如黏聚性好则保水性一般也较好,但流动性可能较差;当增大流动性时,黏聚性和保水性往往变差。因此,拌和物的工作性是三个方面性能的总和,直接影响混凝土施工的难易程度,同时对硬化后混凝土的强度、耐久性、外观完好性及内部结构都具有重要影响,是混凝土的重要性能之一。

2. 和易性的评定

到目前为止,混凝土拌和物的工作性还没有一个综合的定量指标来衡量。根据国标《普通混凝土拌和物性能试验方法标准》(GB/T 50080—2002),试验时采用坍落度或维勃稠度来定量地测量流动性,同时通过目测观察来判定黏聚性和保水性。

(1)坍落度测定。目前世界各国普遍采用的是坍落度方法,它适用于测定最大集料粒径不大于40mm、坍落度不小于10mm的混凝土拌和物的流动性。测定的具体方法为:将标准圆锥坍落度筒(无底)放在水平的、不吸水的刚性底板上并固定,混凝土拌和物按规定方法,分3层装入其中,每层均匀插捣25次,装满刮平后,垂直向上将筒提起,移到一旁,筒内拌和物失去水平方向约束后,由于自重将会产生坍落现象。然后量出向下坍落的尺寸(mm)就叫做坍落度,作为流动性指标,如图5-3所示。坍落度越大表示混凝土拌和物的流动性越大。

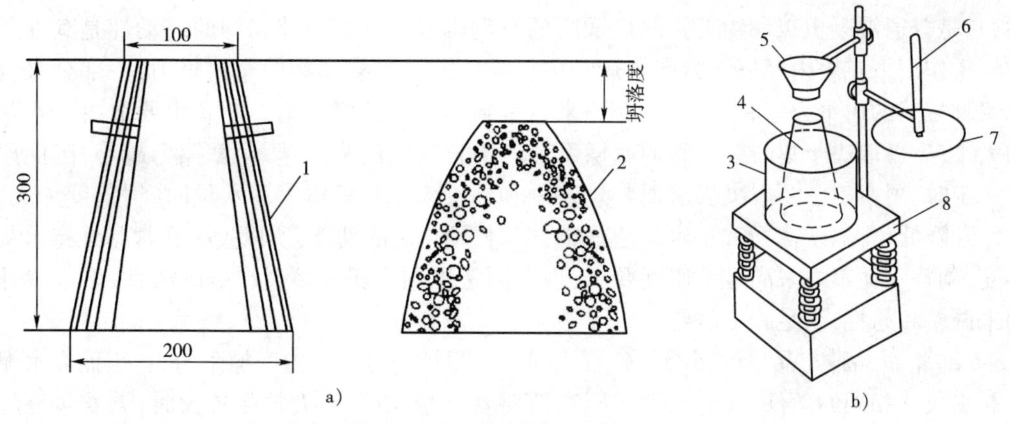

图5-3　混凝土拌和物坍落度的测定

1-坍落筒;2-拌和物试体;3-圆柱形容器;4-坍落度筒;5-漏斗;6-测杆;7-透明圆盘;8-振动台

按国家标准《混凝土质量控制标准》(GB 50164—2011)的规定,混凝土拌和物按坍落度值的大小分为四级,见表5-3。

混凝土按坍落度的分级　　表5-3

级别	名　称	坍落度(mm)	级别	名　称	坍落度(mm)
S_1	低塑性混凝土	10~40	S_4	大流动性混凝土	160~210
S_2	塑性混凝土	50~90	S_5	大流动性混凝土	≥220
S_3	流动性混凝土	100~150			

(2)维勃稠度测定。坍落度值小于10mm的混凝土叫做干硬性混凝土,通常采用维勃稠度仪测定其稠度(维勃稠度)。

维勃稠度适用于最大粒径不大于40mm、坍落度值小于10mm、维勃稠度在5~30s的混凝土拌和物稠度测定。测定的具体方法如图5-3b)所示:在筒内按坍落度实验方法装料,提起坍落度筒,在拌和物试体顶面放一透明盘,起动振动台,测量从开始振动至透明圆盘底面被水泥浆布满的瞬间为止的时间即为维勃稠度值(单位:s)。

混凝土拌和物流动性按维勃稠度大小,可分为4级:超干硬性(≥31s);特干硬性(30~21s);干硬性(20~11s);半干硬性(10~5s)。

3. 流动性的选择

混凝土拌和物坍落度的选择,应根据施工条件、构件截面尺寸、配筋情况、施工方法等来确定。一般,构件截面尺寸较小、钢筋较密,或采用人工拌和与插捣时,坍落度应选择大些。根据国家标准《混凝土结构工程施工质量验收规范》(GB 50204—2004)中的规定,混凝土浇筑时的坍落度,宜按表5-4选用。

混凝土浇筑时的坍落度 表5-4

结构种类	坍落度(mm)
基础或地面等的垫层,无配筋的大体积结构(挡土墙、基础等)或配筋稀疏的结构	10~30
板、梁和大型及中型截面的柱子等	30~50
配筋密列的结构(如薄壁、斗仓、筒仓、细柱等)	50~70
配筋特密的结构	70~90

4.影响和易性的主要因素

(1)水泥浆的数量和稠度。水泥浆是由水泥和水拌和而成的浆体,具有流动性和可塑性,它是普通混凝土拌和物工作度最敏感的影响因素。混凝土拌和物的流动性是其在外力与自重作用下克服内摩擦阻力产生运动的反映。混凝土拌和物内摩擦阻力,一部分来自水泥浆颗粒间的内聚力与黏性;另一部分来自集料颗粒间的摩擦力。前者主要取决于水灰比的大小;后者取决于集料颗粒间的摩擦系数。集料间水泥浆层越厚,摩擦力越小,因此原材料一定时,坍落度主要取决于水泥浆量多少和黏度大小。只增大用水量时,坍落度加大,而稳定性降低(即易于离析和泌水),也影响拌和物硬化后的性能,所以过去通常是维持水灰比不变,调整水泥浆量来满足工作度要求;现在因考虑到水泥浆多会影响耐久性,多以掺外加剂来调整和易性,满足施工需要。

(2)集料品种与品质的影响。碎石比河卵石粗糙、棱角多,内摩擦阻力大,因而在水泥浆量和水灰比相同的条件下,流动性与压实性要差一些;石子最大粒径较大时,需要包裹的水泥浆少,流动性要好一些,但稳定性较差,即容易离析;细砂的表面积大,拌制同样流动性的混凝土拌和物需要较多水泥浆或砂浆。所以,应采用最大粒径稍小、棱角少、片针状颗粒少、级配好的粗集料;细度模数偏大的中粗砂,砂率也稍高,水泥浆体量较多的拌和物,其和易性的综合指标较好,这也是现代混凝土技术改变了以往尽量增大粗集料最大粒径与减小砂率,配制高强混凝土拌和物的原因。

(3)砂率。砂率是指混凝土中砂的质量与砂石总质量比值的百分率。在混凝土拌和物中,是沙子填充石子(粗集料)的空隙,而水泥浆则填充沙子的空隙,同时有一定富余量去包裹集料的表面,润滑集料,使拌和物具有流动性和易密实的性能。但砂率过大,细集料含量相对增多,集料的总表面积明显增大,包裹沙子颗粒表面的水泥浆层显得不足,砂粒之间的内摩阻力增大成为降低混凝土拌和物流动性的主要矛盾。这时,随着砂率的增大流动性将降低。所以,在用水量及水泥用量一定的条件下,存在着一个最佳砂率(或合理砂率值),使混凝土拌和物获得最大的流动性,且保持黏聚性及保水性良好,如图5-4所示。

在保持流动性一定的条件下,砂率还影响混凝土中水泥的用量,如图5-5所示。当砂率过小时,必须增大水泥用量,以保证有足够的砂浆量来包裹和润滑粗集料;当砂率过大时,也要加大水泥用量,以保证有足够的水泥浆包裹和润滑细集料。在最佳砂率时,水泥用量最少。

(4)水泥与外加剂的影响。与普通硅酸盐水泥相比,采用矿渣水泥、火山灰水泥的混凝土拌和物流动性较小。但是矿渣水泥的保水性差,尤其气温低时泌水较大。

在拌制混凝土拌和物时加入适量外加剂,如减水剂、引气剂等,使混凝土在较低水灰比、较小用水量的条件下仍能获得很高的流动性。

(5)矿物掺和料。矿物掺和料不仅自身水化缓慢,还减缓了水泥的水化速率,使混凝土的工作性更加流畅,并防止泌水及离析的发生。

(6)含气量。一方面,气泡包含于水泥浆中,相当于浆体的一部分,使浆体量增大;另一方面,小的气泡在混凝土中还可以起滚珠润滑作用,同时,封闭的气泡提高混凝土拌和物的稳定性,工作性会因此改善。

(7)搅拌方法的影响。不同搅拌机械拌和出的混凝土拌和物,即使原材料条件相同,和易性仍可能出现明显的差别。特别是搅拌水泥用量大、水灰比小的混凝土拌和物,这种差别尤其显著。即使是同类搅拌机,如果使用维护不当,叶片被硬化的混凝土拌和物逐渐包裹,就减弱了搅拌效果,使拌和物越来越不均匀,和易性差。

(8)时间和温度。搅拌后的混凝土拌和物,随着时间的延长而逐渐变得干稠,坍落度降低,流动性下降,这种现象称为坍落度损失,从而使和易性变差。其原因是一部分水已与水泥硬化,一部分被水泥集料吸收,一部分水蒸发,以及混凝土凝聚结构的逐渐形成,致使混凝土拌和物的流动性变差。

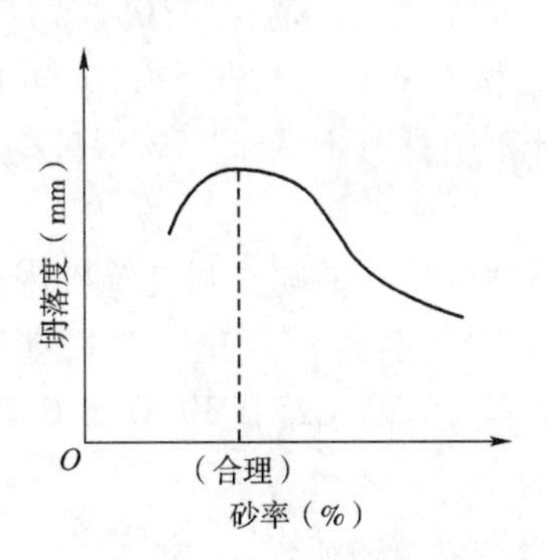

图5-4　含砂率与坍落度的关系（水与水泥用量一定）

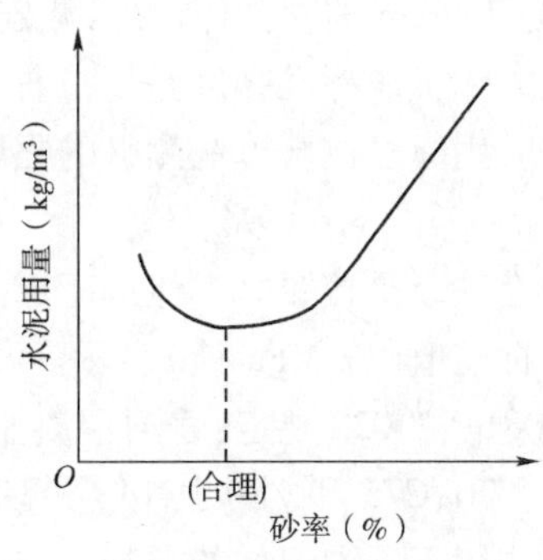

图5-5　含砂率与水泥用量的关系（达到相同坍落度）

混凝土拌和物的和易性也受温度的影响,因为环境温度升高,水分蒸发及水化反应加快,相应使流动性降低。因此,施工中为保证一定的和易性,必须注意环境温度的变化,采取相应的措施。

5.改善混凝土和易性的措施

针对如上影响混凝土和易性的因素,在实际施工中,可以采取如下措施来改善混凝土的和易性。

(1)采用合理砂率,有利于和易性的改善,同时可以节省水泥,提高混凝土的强度等质量。

(2)改善集料粒形与级配,特别是粗集料的级配,并尽量采用较粗的砂、石。

(3)掺加化学外加剂与活性矿物掺和料,改善、调整拌和物的工作性,以满足施工要求。

(4)当混凝土拌和物坍落度太小时,保持水胶比不变,适当增加水与胶凝材料用量;当坍落度太大时,保持砂率不变,适当增加砂、石集料用量。

二、硬化混凝土的强度

1.混凝土的抗压强度与强度等级

根据国家《普通混凝土力学性能试验方法标准》(GB/T 50081—2002)制作边长150mm

的立方体标准试件，在标准条件（温度20℃ ±2℃，相对湿度95%以上）下，养护28d龄期，测得的抗压强度值作为混凝土的立方体抗压强度值，用f_{cu}表示，即：

$$f_{cu} = \frac{F}{A}$$

式中：f_{cu}——混凝土的立方体抗压强度，MPa；

F——破坏荷载，N；

A——试件承压面积，mm^2。

对于同一混凝土材料，采用不同的试验方法，如不同的养护温度、湿度，以及不同形状、尺寸的试件等其强度值将有所不同。

根据粗集料的最大粒径，测定混凝土抗压强度时，也可以采用非标准试件，然后将测定结果乘以换算系数，换算成相当于标准试件的强度值。当集料最大粒径≤31.5mm时，采用边长为100mm的立方体试件，测定结果应乘以强度换算系数0.95；当集料最大粒径为60mm时，采用边长为200mm的立方体试件，测定结果应乘以强度换算系数1.05。

混凝土立方体抗压标准强度是指按标准方法制作和养护的边长为150mm的立方体试件，在28d龄期，用标准试验方法测得的强度总体分布中具有不低于95%保证率的抗压强度值，用$f_{cu,k}$表示。

混凝土强度等级是按照立方体抗压标准强度来划分的。混凝土强度等级用符号C与立方体抗压强度标准值（以MPa计）表示。我国现行规范《普通混凝土力学性能试验方法标准》（GB/T 50081—2002）规定：普通混凝土划分为C15、C20、C25、C30、C35、C40、C45、C50、C55、C60、C65、C70、C75和C80共14个等级。

不同工程或用于不同部位的混凝土，其强度等级要求也不相同，一般是：

（1）C15——用于垫层、基础、地坪及受力不大的结构。

（2）C20 ~ C25——用于梁、板、柱、楼梯、屋架等普通钢筋混凝土结构。

（3）C25 ~ C30——用于大跨度结构、要求耐久性高的结构、预制构件等。

（4）C40 ~ C45——用于预应力钢筋混凝土构件、吊车梁及特种结构等，用于25 ~ 30层。

（5）C50 ~ C60——用于30 ~ 60层以上高层建筑。

（6）C60 ~ C80——用于高层建筑，采用高性能混凝土。

（7）C80 ~ C120——采用超高强混凝土用于高层建筑。

2. 混凝土的轴心抗压强度

混凝土强度等级是采用立方体试件确定的。在结构设计中，考虑到受压构件是棱柱体（或是圆柱体），而不是立方体，所以采用棱柱体试件比用立方体试件更能反映混凝土的实际受压情况。由棱柱体试件测得的抗压强度称为轴心抗压强度。国家《普通混凝土力学性能试验方法标准》（GB/T 50081—2002）规定采用150mm×150mm×300mm的标准棱柱体试件进行抗压强度试验，也可以采用非标准尺寸的棱柱体试件。当混凝土强度等级<C60时，用非标准试件测得的强度值均应乘以尺寸换算系数，其值对200mm×200mm×400mm的试件为1.05；对100mm×100mm×300mm的试件为0.95。当混凝土强度等级>C60时宜采用标准试件；使用非标准试件时，尺寸换算系数应由试验确定。通过多组棱柱体和立方体试件的强度试验表明：在立方体抗压强度10 ~ 55MPa的范围内，轴心抗压强度（f_{cp}）和立方体抗压强度（f_{cu}）之比为0.70 ~ 0.80。

3. 混凝土的抗拉强度

我国《普通混凝土力学性能试验方法标准》(GB/T 50081—2002)规定,劈裂抗拉强度采用标准试件边长为150mm的立方体,按规定的劈裂抗拉装置检测劈拉强度。其试验装置图如图5-6所示。计算公式为:

$$f_{ts} = \frac{2F}{\pi A} = 0.637\frac{F}{A}$$

式中:f_{ts}——劈裂抗拉强度,MPa;

F——破坏荷载,N;

A——试件劈裂面面积,mm^2。

4. 混凝土抗折强度

混凝土抗折强度试验采用边长为150mm×150mm×550mm(或600mm)的棱柱体试件作为标准试件,边长为100mm×100mm×400mm的棱柱体试件是非标准试件(图5-7)。按三分点加荷方式加载测得其抗折强度,计算公式为:

$$f_{cf} = \frac{FL}{bh^2}$$

式中:f_{cf}——混凝土抗折强度,MPa;

F——破坏荷载,N;

L——支座间跨度,mm;

h——试件截面高度,mm;

b——试件截面宽度,mm。

当试件尺寸为100mm×100mm×400mm非标准试件时,应乘以尺寸换算系数0.85;当混凝土强度等级≥C60时,宜采用标准试件。

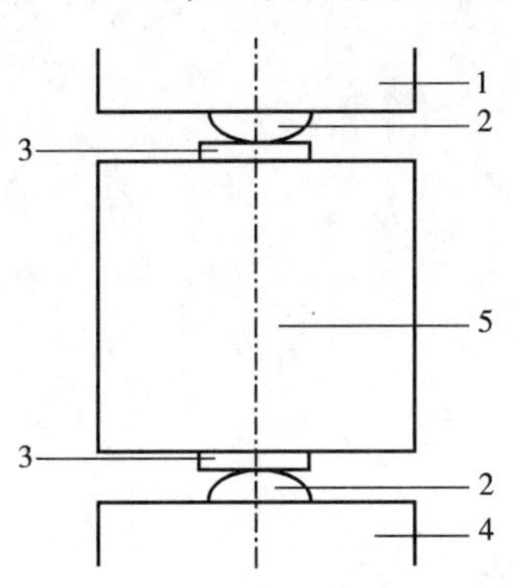

图5-6 混凝土劈裂抗拉试验装置图

1、4-压力机上、下压板;2-垫条;3-垫层;5-试件

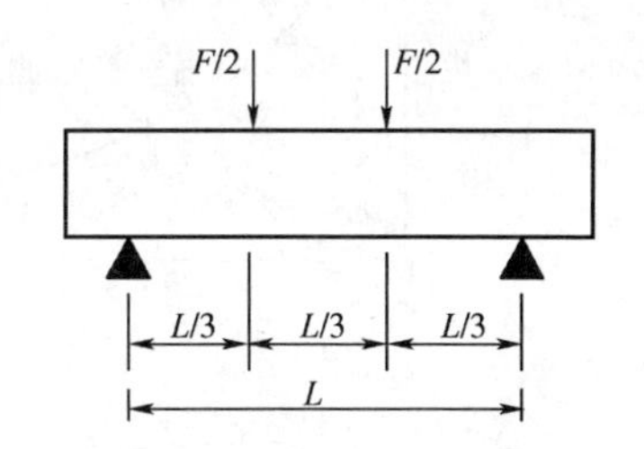

图5-7 混凝土抗折试验示意图

5. 影响混凝土强度的主要因素

在荷载作用下,混凝土破坏形式通常有三种:最常见的是集料与水泥石的界面破坏;其次是水泥石本身的破坏;第三种是集料的破坏。在普通混凝土中集料破坏的可能性较小,因为集料的强度通常大于水泥石的强度及其与集料表面的黏结强度。水泥石的强度及其与集料的黏结强度与水泥的强度等级、水灰比及集料的性质有很大关系。另外,混凝土强度还受施工质量、养护条件及龄期的影响。

(1)水泥强度等级及水灰比。水泥强度等级及水灰比是影响混凝土强度最主要的因素。

水泥是混凝土中的活性组分，其强度大小直接影响混凝土强度。在水灰比不变的前提下，水泥强度等级越高，硬化后的水泥石强度和胶结能力越强，混凝土的强度也就越高。当采用同一品种、同一强度等级的水泥时，混凝土的强度取决于水灰比（混凝土的用水量与水泥质量之比）。水泥石的强度来源于水泥的水化反应，按照理论计算，水泥水化所需的结合水一般只占水泥质量的23%左右，即水灰比为0.23；但为了使混凝土获得一定的流动性，以满足施工的要求，以及在施工过程中水分蒸发等因素，常常需要较多的水，这样在混凝土硬化后将有部分多余的水分残留在混凝土中形成水泡或在蒸发后或泌水过程中，将形成毛细管通道及在大颗粒集料下部形成水隙，大大减少了混凝土抵抗荷载的有效截面，受力时，在气泡周围产生应力集中，降低水泥石与集料的黏结强度。但是如果水灰比过小，混凝土拌和物流动性很小，很难保证浇灌、振实的质量，混凝土中将出现较多的蜂窝和孔洞，强度也将下降，如图5-8所示。试验证明，混凝土的强度随着水灰比的增加而降低，呈曲线关系，而混凝土强度和灰水比则呈直线关系。根据工程经验，建立起来的常用混凝土强度公式即保罗米公式：

$$f_{cu,o} = \alpha_a f_{ce}\left(\frac{C}{W} - \alpha_b\right)$$

式中：$f_{cu,0}$——混凝土28d抗压强度，MPa；

f_{ce}——水泥的28d实际强度测定值，MPa；

C——每立方米混凝土中水泥用量，kg；

W——每立方米混凝土中用水量，kg；

α_a、α_b——回归系数（与集料品种、水泥品种有关，《普通混凝土配合比设计规程》（JGJ 55—2011）提供的数据如下：采用碎石 $\alpha_a = 0.46$，$\alpha_b = 0.07$；采用卵石 $\alpha_a = 0.48$，$\alpha_b = 0.33$；

$f_{ce,g}$——水泥强度等级值，MPa；

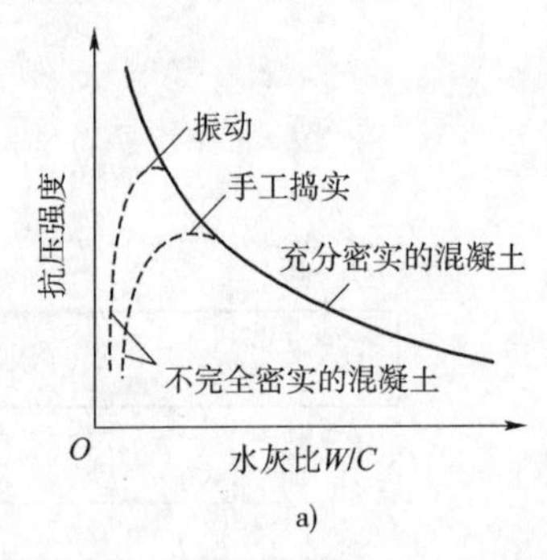

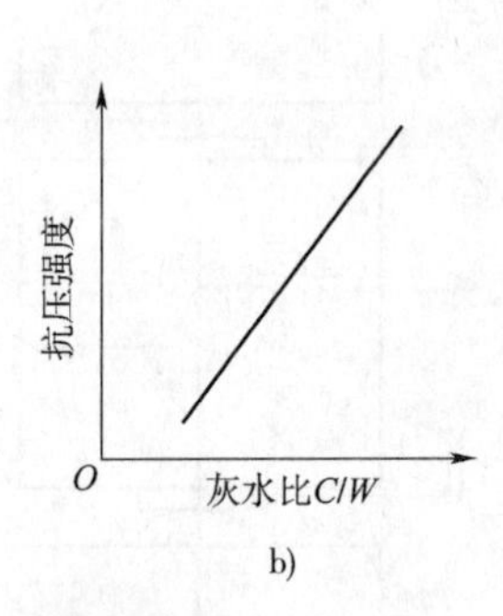

图5-8　混凝土强度与水灰比及灰水比的关系

a）强度与水灰比的关系；b）强度与灰水比的关系

（2）养护条件的影响。养护温度和湿度是决定水泥水化速率的重要条件。混凝土养护温度越高，水泥的水化速率越快，达到相同龄期时混凝土的强度越高，但是，初期温度过高将导致混凝土的早期强度发展较快，引起水泥凝胶体结构发育不良，水泥凝胶不均匀分布，对混凝土的后期强度发展不利，有可能降低混凝土的后期强度。较高温度下水化的水泥凝胶更为多孔，水化产物来不及自水泥颗粒向外扩散和在间隙空间内均匀地沉积，结果在水化颗粒临近位置堆积，分布不均匀影响后期强度的发展。湿度对水泥的水化能否正常进行有显著的影响。湿度适当，水泥能够顺利进行水化，混凝土强度能够得到充分发展。如果湿度不够，混凝土会失水干燥而影响水泥水化的顺利进行，甚至停止水化，使混凝土结构疏松，渗水性增大，或者形成干缩裂缝，降低混凝土的强度和耐久性。

（3）集料的影响。集料的有害杂质、含泥量、泥块含量、集料的形状及表面特征、颗粒级配等均影响混凝土的强度。例如，含泥量较大将使界面强度降低；集料中的有机质将影响到水泥的水化，从而影响水泥石的强度。

（4）龄期的影响。在正常养护条件下，混凝土的强度随龄期的增长而增加。发展趋势可以用下式的对数关系来描述：

$$f_n = f_{28} \cdot \frac{\lg n}{\lg 28}$$

式中：f_n——nd 龄期混凝土的抗压强度，MPa；

f_{28}——28d 龄期混凝土的抗压强度，MPa；

n——养护龄期（$n \geqslant 3$），d。

随龄期的延长，强度呈对数曲线趋势增长，开始增长速度快，以后逐渐减慢，28d 以后强度基本趋于稳定。虽然 28d 以后的后期强度增长很少，但只要温度、湿度条件合适，混凝土的强度仍有所增长。

（5）施工质量的影响。混凝土的搅拌、运输、浇筑、振捣、现场养护是一个复杂的施工过程，受到各种因素的影响。配料的准确程度、振捣密室程度、拌和物的离析、现场养护条件的控制、施工单位的技术和管理水平等都会造成混凝土强度的变化。因此，必须严格控制施工过程，确保施工质量。

（6）试验条件对混凝土强度测定结果的影响。

①试件的形状和尺寸。测定混凝土抗压强度，可按照粗集料的最大粒径选用不同的试件尺寸。但是，相同的混凝土，随着形状尺寸不同，所测定的结果是不同的。通常较小的试件，测得的强度值偏高；反之，较大的试件，测得的强度值偏低。因为尺寸增大时，内部孔隙、缺陷等出现的几率也大，导致有效受力面积的减小和应力的集中，引起混凝土强度降低。另外，试件受力面积相同而高度不同时高宽比越大，抗压强度测定值越小。

②加荷速度的影响。在测定混凝土抗压强度时，试件的侧向膨胀变形总是滞后于相应的荷载，如果加荷速度过快，到试件膨胀时，荷载已经加多了一些，因而使得测定值偏高。当加荷速度超过 1.0MPa/s 时，这种趋势更加明显。因此，我国规范规定，测定混凝土抗压强度时，根据不同的混凝土强度等级，采用一定的加荷速度，且应连续均匀的加荷。

③其他方面。试件表面的状况、试件与夹板之间的接触面是否清理干净、荷载是否施加于轴线上等因素，都会对混凝土强度测定结果有影响。

6. 提高混凝土强度的措施

1）选用高强度等级水泥

在混凝土配合比相同以及满足施工和易性和混凝土耐久性要求条件下，水泥强度等级越高，混凝土强度也越高。

2）降低水灰比

水灰比越低，混凝土硬化后留下的孔隙少，混凝土密实度高，强度可显著提高。

3）掺用混凝土外加剂、掺和料

在混凝土中掺入减水剂，可减少用水量，提高混凝土强度；一般来说，掺入矿物细掺料，能提高混凝土后期强度，但是掺加硅灰既能提高混凝土的早期强度，又能提高混凝土的后期强度。

4)采用湿热处理

(1)蒸汽养护。将混凝土放在低于100℃的常压蒸汽中养护,经16~20h养护后,其强度可达正常条件下养护28d强度的70%~80%。蒸汽养护最适合掺活性混合材料的矿渣水泥、火山灰水泥、粉煤灰水泥,因为在湿热条件下,可加速活性混合材料与水泥水化析出的氢氧化钙的化学反应,使混凝土不仅提高早期强度,而且后期强度也得到提高,28d强度可提高10%~40%。

(2)蒸压养护。混凝土在100℃以上温度和几个大气压的蒸压釜中进行养护,主要适用于硅酸盐混凝土拌和物及其制品,如灰-砂砖、石灰-粉煤灰砌块、石灰-粉煤灰加气混凝土等。由于在高温高压条件下,砂及粉煤灰等材料中二氧化硅和三氧化二铝的溶解度和溶解速度大大提高,加速了与石灰的反应速率,因而制品强度增长较快。

5)采用机械搅拌和振捣混凝土

采用机械搅拌,不仅比人工搅拌工效高,而且也均匀,故能提高混凝土的强度;采用机械振捣,可使混凝土混合料的颗粒产生振动,暂时破坏水泥的凝聚结构,降低水泥浆的黏度和集料的摩擦力,使混凝土拌和物转入液体状态,提高流动性。因此,在满足施工和易性要求的条件下,可减少拌和用水量,降低水灰比。同时,混凝土混合物被振捣后,它的颗粒互相靠近,并把空气排出,使混凝土内部孔隙大大减少,因此提高混凝土的密实度和强度。

三、混凝土的变形性能

水泥混凝土在凝结硬化过程中以及硬化后,受到外力及环境因素的作用,会发生相应整体的或局部的体积变化,产生变形。实际使用中的混凝土结构一般会受到基础、钢筋或相邻部件的牵制而处于不同程度的约束,即使单一的混凝土试块没有受到外部的约束,其内部各组成之间也还是互相制约的。混凝土的体积变化则会由于约束作用在混凝土内部产生拉应力,当此拉应力超过混凝土的抗拉强度,就会引起混凝土开裂,产生裂缝。裂缝不仅影响混凝土承受设计荷载的能力,而且还会严重损害混凝土的外观和耐久性。

1.非荷载作用下的变形

1)化学收缩

由于水泥水化产物的总体积小于水化前反应物的总体积而产生的混凝土收缩称为化学收缩。化学收缩是不可恢复的,其收缩量随混凝土龄期的延长而增加,大致与时间的对数成正比。一般在混凝土成型后40d内收缩量增加较快,以后逐渐趋向稳定。收缩值为$(4\sim100)\times10^{-6}$mm/mm,可使混凝土内部产生细微裂缝。这些细微裂缝可能会影响混凝土的承载性能和耐久性能。

2)温度变形

混凝土与其他材料一样,也会随着温度的变化产生热胀冷缩的变形。混凝土的温度线膨胀系数为$(1\sim1.5)\times10^{-5}$mm/(mm·℃),即温度每升降1℃,每米胀缩0.01~0.015mm。

混凝土温度变形,除由于降温或升温影响外,还有混凝土内部与外部的温差影响。在混凝土硬化初期,水泥水化放出较多的热量,混凝土又是热的不良导体,散热较慢,因此在大体积混凝土内部的温度比外部高,有时可达50~70℃。这将使内部混凝土的体积产生较大的膨胀,而外部混凝土却随气温降低而收缩。内部膨胀和外部收缩互相制约,在外层混凝土中将产生很大拉应力,严重时使混凝土产生裂缝。因此,对大体积混凝土工程,必须尽量减少混凝土发热量。目前常用的方法如下：

(1)最大限度地减少用水量和水泥用量。

(2)采用低热水泥。

(3)选用热膨胀系数低的集料，减小热变形。

(4)预冷原材料，在混凝土中埋冷却水管，表面绝热，减小内外温差。

(5)对混凝土合理分缝、分块、减轻约束等。

3)干湿变形

混凝土在干燥过程中，首先发生气孔水和毛细水的蒸发。气孔水的蒸发并不引起混凝土的收缩。毛细孔水的蒸发，使毛细孔中形成负压，随着空气湿度的降低，负压逐渐增大，产生收缩力，导致混凝土收缩。同时，水泥凝胶体颗粒的吸附水也发生部分蒸发，由于分子引力的作用，粒子间距离变小，使凝胶体产生紧缩。混凝土这种体积收缩，在重新吸水后大部分可以恢复，但仍有残余变形不能完全恢复。通常，残余收缩为收缩量的30% ~60%。当混凝土在水中硬化时，体积不变，甚至轻微膨胀。这是由于胶凝体中胶体粒子间的距离增大所致。

混凝土的湿胀变形量很小，一般无损坏作用。但干缩变形对混凝土危害较大，在一般条件下，混凝土的极限收缩值达$(50 \sim 90) \times 10^{-5}$mm/mm，会使混凝土表面出现拉应力而导致开裂，严重影响混凝土的耐久性。在工程设计中，混凝土的线收缩采用$(15 \sim 20) \times 10^{-5}$mm/mm，即每米收缩0.15 ~0.20mm。干缩主要是水泥石产生的，因此，降低水泥用量、减小水灰比是减小干缩的关键。

【例5-1】因温度导致的混凝土结构开裂。

概况：某跨海大桥承台采用钢筋混凝土预制箱内出现浇混凝土的结构形式，预制混凝土强度等级为C50，现浇混凝土强度等级为C60。在浇筑过程中发现混凝土预制箱频繁出现开裂现象，且这种开裂均发生在混凝土浇筑后2 ~3d内。

分析：引起混凝土预制箱频繁出现开裂的原因是承台内部现浇混凝土温度膨胀变形过大。现场测温发现，混凝土浇筑3d内温度上升超过40℃，内外温差大，此后温度逐渐下降。混凝土表面受到较大拉应力导致混凝土预制箱开裂。

【例5-2】混凝土早期养护不好导致出现收缩裂缝。

概况：连云港地区某多层住宅，为7层砖混结构，混凝土等级为C30，该工程于2002年1月开工，该年12月竣工。2004年8月16日，六楼住户发现书房及主卧室的墙角处有两道圆弧形的裂缝。8月24日，在铺贴阁楼瓷砖时，在书房处发现其顶板从中间向两边呈45°开裂。后发现主卧室的顶板也发生明显的开裂现象，该楼层施工气象条件为该地区大气比较寒冷的一段时间，最低气温3℃，最高气温15℃，相对湿度在30% ~40%，当日的风速很大，施工中虽然采取了多种冬季施工措施，但在作业时仅采用双层草帘覆盖保湿，未采取洒水养护和防风措施。

分析：如前所述，特别是风大时，施工完毕后，混凝土正处于初凝期，强度尚未有大的发展，作业又没有防风措施，导致混凝土失水分过快，引起表面混凝土干缩，产生裂缝。另外，从裂缝绝大多数集中在构件较薄及与外界接触面积最大的楼板上这一现象也可证实，开裂与其使用的材料关系不大，而受气象条件的影响大些。与楼板厚度接近的墙体之所以未裂，是因为墙体两面都有模板，不直接受大气的影响。由此可以基本断定，大气因素是导致混凝土现浇板出现干缩裂缝的直接因素。

2. 荷载作用下的变形

1）在短期荷载作用下的变形

（1）混凝土的弹塑性变形。混凝土内部结构中含有砂石集料、水泥石（水泥石中又存在着凝胶、晶体和未水化的水泥颗粒）、游离水分和气泡，这就决定了混凝土本身的不均质性。它不是完全的弹性体，而是一种弹塑性体。受力时，混凝土既产生可以恢复的弹性变形，又会产生不可恢复的塑性变形，其应力与应变关系不是直线而是曲线，如图 5-9 所示。

在静力试验的加荷过程中，若加荷至应力为 σ、应变 ε 的 A 点，然后将荷载逐渐卸去，则卸载时的应力-应变曲线如 AC 所示。卸载后能恢复的应变是由混凝土的弹性作用引起的，称为弹性应变 $\varepsilon_{弹}$；剩余不能恢复的应变，则是由于混凝土的塑性性质引起的，称为塑性应变 $\varepsilon_{塑}$。

在工程应用中，采用反复加荷、卸荷的方法使塑性变形减小，从而测得弹性变形。在重复荷载作用下的应力-应变曲线形式因作用力的大小而不同。当应力小于 $(0.3 \sim 0.5)f_{cp}$ 时，每次卸载都残留一部分塑性变形 $\varepsilon_{塑}$，但随着重复次数的增加，$\varepsilon_{塑}$ 的增量逐渐减小，最后曲线稳定于 A′C′线，它与初始切线大致平行，如图 5-10 所示。若所加应力 σ 在 $(0.5 \sim 0.7)f_{cp}$ 以上重复时，随着重复次数的增加，塑性应变逐渐增加，导致混凝土疲劳破坏。

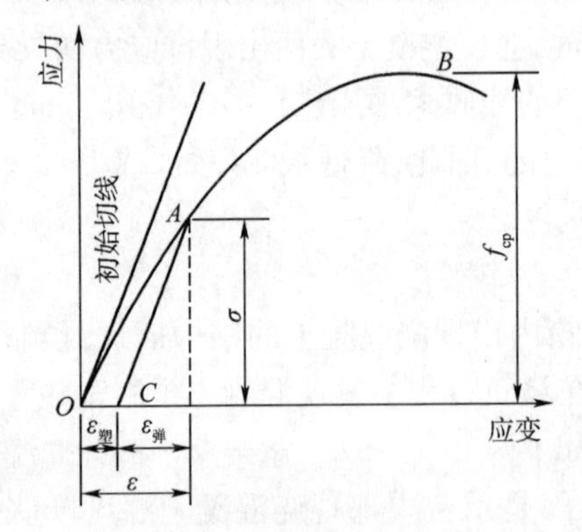

图 5-9　混凝土在压力作用下的应力—应变曲线

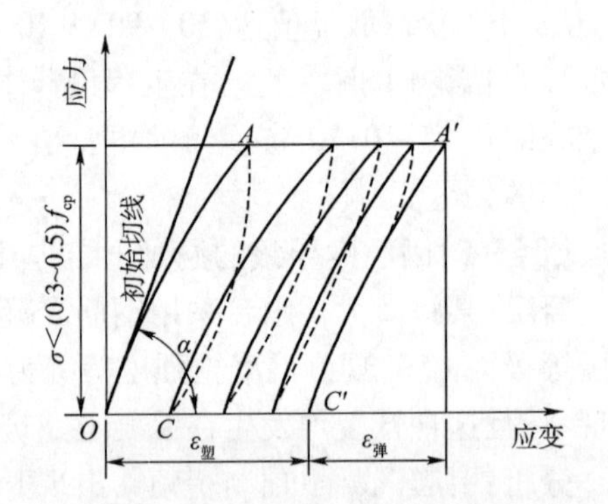

图 5-10　低应力重复荷载的应力—应变曲线

（2）混凝土的变形模量。在应力-应变曲线上任一点的应力 σ 与应变 ε 的比值，称为混凝土在该应力下的变形模量。它反映混凝土所受应力与所产生应变之间的关系。在计算钢筋混凝土变形、裂缝开展及大体积混凝土的温度应力时，均需要知道该时混凝土的变形模量。在混凝土结构或钢筋混凝土结构设计中，常采用一种按标准方法测得的静力受压弹性模量 E_c。

在静力受压弹性模量试验中，使混凝土的应力在 $0.4f_{cp}$ 水平下经过多次反复加荷和卸荷，最后所得应力-应变曲线与初始切线大致平行，这样测出的变形模量称为弹性模量 E_c，故 E_c 在数值上与 $\tan\alpha$ 相近，如图 5-10 所示。

混凝土弹性模量受其组成相及孔隙率影响，并与混凝土的强度有一定的相关性。混凝土的强度越高，弹性模量也越高，当混凝土的强度等级由 C10 增加到 C60 时，其弹性模量大致由 1.75×10^4 MPa 增至 3.60×10^4 MPa。

混凝土的弹性模量随其集料与水泥石的弹性模量而异。由于水泥石的弹性模量一般低于集料的弹性模量，所以混凝土的弹性模量一般略低于其集料的弹性模量。在材料质量不变的条件下，混凝土的集料含量越多、水灰比较小、养护较好及龄期较长时，混凝土的弹性模量较大。蒸汽养护的混凝土弹性模量比标准养护的低。

2)徐变

混凝土在恒定荷载的长期作用下,沿着作用力方向的变形随时间不断增长,一般要延续2~3年才逐渐趋于稳定。这种在长期荷载作用下产生的变形,称为徐变。当混凝土受荷载作用后,即时产生瞬时变形,瞬时变形以弹性变形为主。随着荷载持续时间的增长,徐变逐渐增长,且在荷载作用初期增长较快,以后逐渐减慢并稳定,一般可达 $3\times10^{-4}\sim15\times10^{-4}$mm/mm,即0.3~1.5mm/m,为瞬时变形的2~4倍。混凝土在变形稳定后,如卸去荷载,则部分变形可以产生瞬时恢复,部分变形在一段时间内逐渐恢复,称为徐变恢复(图5-11);但仍会残余大部分不可恢复的永久变形,称为残余变形。

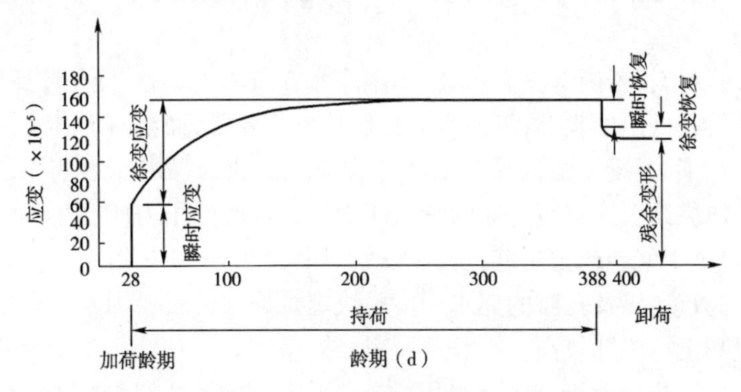

图5-11　混凝土的徐变与恢复

一般认为,混凝土的徐变是由于水泥石中凝胶体在长期荷载作用下的黏性流动,是凝胶孔水向毛细孔内迁移的结果。在混凝土较早龄期时,水泥尚未充分水化,水泥石中毛细孔较多,凝胶体易蠕动,所以徐变发展较快。在晚龄期时,由于水泥继续硬化,毛细孔逐渐减小,徐变发展减慢。

混凝土徐变可以消除钢筋混凝土内部的应力集中,使应力重新较均匀地分布,对大体积混凝土还可以消除一部分由于温度变形所产生的破坏应力。但在预应力钢筋混凝土结构中,徐变会使钢筋的预加应力受到损失,使结构的承载能力受到影响。

影响混凝土徐变的因素很多,包括荷载大小、持续时间、混凝土的组成特性以及环境温湿度等,而最根本的是水灰比与水泥用量,即水泥用量越大,水灰比越大,徐变越大。

四、混凝土的耐久性

混凝土的耐久性是它暴露在使用环境下抵抗各种物理和化学作用破坏的能力。长期以来,人们认为混凝土材料是一种耐久性良好的材料。自从混凝土出现150年以来,有如法国的地铁建筑至今完好使用的例子,且与金属材料、木材比较,混凝土不生锈、不腐朽。过去人们对混凝土结构物寿命的期望值较低,认为能够使用50年以上就是耐久性很好的材料。混凝土的耐久性是一个综合性概念,它包括的内容很多,如抗渗性、抗冻性、抗侵蚀性、抗碳化性、抗碱集料反应。这些性能决定着混凝土经久耐用的程度。

1.混凝土的抗渗性

混凝土材料抵抗压力水渗透的能力称为抗渗性,它是决定混凝土耐久性最基本的因素。钢筋锈蚀、冻融循环、硫酸盐侵蚀和碱集料反应,在这些导致混凝土品质劣化的原因中,水能够渗透到混凝土内部都是破坏的前提。也就是说,水或者直接导致膨胀和开裂,或者作为侵蚀性介质扩散进入混凝土内部的载体。可见,渗透性对于混凝土耐久性的重要意义。

混凝土的抗渗性用抗渗等级表示，共有 P_4、P_6、P_8、P_{10}、P_{12} 五个等级。混凝土的抗渗试验采用每组6个试件。按照标准试验方法成型并养护至28d进行抗渗性试验。试验时将圆台性试件周围密封并装入模具，从圆台试件底部施加水压力，初始压力为0.1MPa，每隔8h增加0.1MPa，当6个试件中有4个试件未出现渗水时的最大水压力表示。规范规定抗渗混凝土指抗渗等级不低于 P_6 的混凝土。

2.混凝土的抗冻性

混凝土的抗冻性是指混凝土在水饱和状态下经受多次冻融循环作用，能保持强度和外观完整性的能力。

混凝土是多孔材料，若内部含有水分，则因为水在负温下结冰，体积膨胀约9%，然而，此时水泥浆体及集料在低温下收缩，以致水分接触位置将膨胀，而溶解时体积又将收缩。在这种冻融循环的作用下，混凝土结构受到结冰体积膨胀造成的静水压力和因冰水蒸气压的差异推动未冻结区向冻结区迁移所造成的渗透压力。当这两种压力所产生的内应力超过混凝土的抗拉强度，混凝土就会产生裂缝，多次冻融循环使裂缝不断扩展直到破坏。混凝土的密实度、孔隙构造和数量，以及孔隙的充水程度是决定抗冻性的重要因素。密实的混凝土和具有封闭孔隙的混凝土抗冻性较高。

混凝土抗冻性用抗冻等级表示。采用立方体试块，以龄期28d的试件在吸水饱和后承受反复冻融循环作用（冻4h，融化），以抗压强度下降不超过25%，质量损失不超过5%时所承受的最大冻融循环次数表示，分为F10、F15、F25、F50、F100、F150、F200、F250和F300共9个抗冻等级。规范规定抗冻混凝土指抗冻等级不低于F50的混凝土。

在冬季，高速公路和城市道路为防止因结冰和积雪使汽车打滑造成交通事故，在路面撒盐（NaCl或 $CaCl_2$）以降低冰点去除冰雪。近年来，国内外交通行业和学术界越来越注意到除冰盐对混凝土路面和桥面造成的严重破坏，即不仅引起路面破坏，渗入混凝土中的氯盐又导致严重的钢筋锈蚀，加速碱集料反应。

3.混凝土的抗侵蚀性

当混凝土所处使用环境中有侵蚀性介质时，混凝土很可能遭受侵蚀，通常有软水侵蚀、硫酸盐侵蚀、镁盐侵蚀、碳酸侵蚀、一般酸侵蚀与强碱腐蚀等，其机理在水泥章节中已做讲解。随着混凝土在海洋、盐渍、高寒等环境中的大量使用，对混凝土的抗侵蚀性提出了更严格的要求。混凝土的抗侵蚀性受胶凝材料的组成、混凝土的密实度、孔隙特征与强度等因素影响。

4.混凝土的碳化

硬化后的混凝土中含有水泥的水化产物 $Ca(OH)_2$，能使混凝土中的钢筋表面形成阻锈的钝化膜，对钢筋提高了碱性保护。

碳化是空气中的二氧化碳与水泥石中的水化产物在有水的条件下发生化学反应，生成碳酸钙和水的过程。严重的碳化不仅是混凝土发生收缩裂纹，而且使钢筋发生锈蚀，不但失去了和混凝土的黏结，而且铁锈的膨胀会使已有裂纹的混凝土保护层发生剥落，这种剥落又将引起更严重的锈蚀和崩裂，最后导致结构破坏。碳化过程是二氧化碳由表及里向混凝土内部逐渐扩散的过程。未经碳化的混凝土 pH = 12 ~ 13，碳化后 pH = 8.5 ~ 10，接近中性。混凝土碳化程度常用碳化深度表示。

5. 混凝土的碱—集料反应

混凝土中的碱性氧化物（Na_2O、K_2O）与集料中的活性 SiO_2、活性碳酸盐发生化学反应，生成碱-硅酸盐凝胶或碱-碳酸盐凝胶，沉积在集料与水泥胶体的界面上，吸水后体积膨胀3倍以上，导致混凝土开裂破坏。

多年来，碱-集料反应已经使许多处于潮湿环境中的结构物受到破坏，包括桥梁、大坝、堤岸。1988年以前，我国未发现有较大的碱-集料破坏，这与我国长期使用掺混合材料的中低等级水泥及混凝土强度等级低有关。但进入20世纪90年代后，由于混凝土等级越来越高，水泥用量大且含碱量高，开始导致碱集料病害的发生。1999年，京广线主线石家庄南铁路桥发生严重的碱-集料反应，部分梁更换，部分梁维修加固；山东衮石线部分桥梁也因碱-集料病害而出现网状开裂，维修代价高、效果差。

【例5-3】混凝土受冻破坏。

概况：某省10层砖混结构写字楼、砖墙承重，楼盖为现浇钢筋混凝土，施工时间为1990年初，期间气温为0～5℃。此楼在拆模后出现严重冻害现象，具体表现为：混凝土表面酥松、剥落、裂缝遍布，强度严重不足。

分析：取样发现混凝土中集料表面有明显的结冰痕迹，很显然是混凝土在凝结硬化过程中受了冻害。在低温环境下浇筑混凝土，混凝土在硬化前受冻，水泥水化反应很弱，而且生成的水泥水化物少，强度低。此时水结冰冻胀，混凝土内部结构遭到破坏，因而使得强度严重不足。

【例5-4】混凝土品质差导致碳化速度过快。

概况：某楼建成仅7年，平均碳化深度26.4mm，最大碳化深度达47mm。

分析：主要原因是设计者未考虑混凝土耐久性相关问题，配合比不合理，水泥用量和水灰比都较大；此外，施工质量差，振捣不好造成混凝土不密实，加速了混凝土的碳化。

6. 提高混凝土耐久性的措施

混凝土所处的环境条件不同，其耐久性的含义也有所不同，应根据混凝土所处环境条件采取相应的措施来提高耐久性。提高混凝土耐久性的主要措施有：

1）合理选择混凝土的组成材料

（1）应根据混凝土的工程特点或所处的环境条件，合理选择水泥品种；

（2）选择质量良好、技术要求合格的集料。

2）提高混凝土制品的密实度

（1）严格控制混凝土的水胶比和胶凝材料用量。

《普通混凝土配合比设计规程》（JGJ 55—2011）对建筑工程所用混凝土的混凝土的最大水胶比（水胶比：混凝土中用水量与胶凝材料用量的质量比）和胶凝材料用量做了规定。混凝土的最大水胶比应符合《混凝土结构设计规范》（GB 50010—2010）的规定。该规范对不同环境条件的混凝土最大水胶比做了规定，见表5-5，各种环境条件规定见表5-6。

不同环境条件的混凝土最大水胶比规定 表5-5

环境类别	一	二a	二b	三
最大水胶比	0.65	0.60	0.55	0.50

环境条件规定　表5-6

环境类别	条　件
一	室内正常环境
二 a	室内潮湿环境;非严寒和非寒冷地区的露天环境、与无侵蚀性的水或土壤直接接触的环境
二 b	严寒和寒冷地区的露天环境、与无侵蚀性的水或土壤直接接触的环境
三	使用除冰盐的环境,严寒和寒冷地区冬季水位变动的环境,滨海室外环境
四	海水环境
五	受人为或自然的慢蚀性物质影响的环境

《混凝土结构耐久性设计规范》(GB/T 50476—2008)中有关胶凝材料用量规定,见表5-7。

单位体积混凝土胶凝材料用量　表5-7

最低强度等级	最大水胶比	最小用量(kg/m^3)	最大用量(kg/m^3)
C25	0.60	260	400
C30	0.55	280	
C35	0.50	300	
C40	0.45	320	450
C45	0.40	340	
C50	0.36	360	480
≥C55	0.36	380	500

注:①表中数据适用于最大集料粒径为20mm的情况,集料粒径较大时宜适当降低胶凝材料用量,集料粒径较小时可适当增加。

②引气混凝土的胶凝材料用量范围与非引气混凝土要求相同。

《普通混凝土配合比设计规程》(JGJ 55—2011)有关最大水灰比和最小水泥用量见表5-8。

混凝土的最大水灰比和最小水泥用量(JGJ 55—2011)　表5-8

环境条件	最大水灰比			最小水泥用量		
	素混凝土	钢筋混凝土	预应力混凝土	素混凝土	钢筋混凝土	预应力混凝土
一	不作规定	0.65	0.60	200	260	300
二 a	0.70	0.60	0.60	225	280	300
二 b	0.55	0.55	0.55	250	280	300
三	0.50	0.50	0.50	300	300	300

注:①当用活性掺和料取代部分水泥时,表中的最大水灰比及最小水泥用量即为替代前的水灰比和水泥用量。

②配制C15级及其以下等级的混凝土,可不受本表限制。

(2)选择级配良好的集料及合理砂率值,保证混凝土的密实度。

(3)掺入适量减水剂,可减少混凝土的单位用水量,提高混凝土的密实度。

(4)严格按操作规程进行施工操作,加强搅拌、合理浇筑、振捣密实、加强养护,确保施工质量,提高混凝土制品的密实度。

3)改善混凝土的孔隙结构

在混凝土中掺入适量引气剂,可改善混凝土内部的孔结构,封闭孔隙的存在,可以提高混凝土的抗渗性、抗冻性及抗侵蚀性。

学习情境四　混凝土的质量控制与强度评定

为了保证生产的混凝土按规定的保证率满足设计要求，应加强混凝土的质量控制。混凝土的质量控制包括初步控制、生产控制和合格控制。

初步控制：混凝土生产前对设备的调试、原材料的检验与控制以及混凝土配合比的确定与调整。

生产控制：混凝土生产中的对混凝土组成材料的计量，混凝土拌和物的搅拌、运输、浇筑和养护等工序的控制。

合格控制：对浇筑混凝土进行强度或其他技术指标检验评定，主要有批量划分、确定批量取样数、确定检测方法和验收界限等项内容。

混凝土的质量是由其性能检验结果来评定的。在施工中，虽然力求做到既要保证混凝土所要求的性能，又要保证其质量的稳定性。但实践中，由于原材料、施工条件及试验条件等许多复杂因素的影响，必然造成混凝土质量的波动。由于混凝土的质量波动将直接反映到其最终的强度上，而混凝土的抗压强度与其他性能有较好的相关性，因此，在混凝土生产质量管理中，常以混凝土的抗压强度作为评定和控制其质量的主要指标。

一、混凝土强度的质量控制

1. 混凝土强度的波动规律

对某种混凝土经随机取样测定其强度，其数据经过整理绘成强度概率分布曲线，一般均接近正态分布曲线（图 5-12）。

曲线高峰为混凝土平均强度 $\bar{f}_{cu}$ 的概率。以平均强度为对称轴，左右两边曲线是对称的。概率分布曲线窄而高，说明强度测定值比较集中，波动较小，混凝土的均匀性好，施工水平较高。如果曲线宽而矮，则说明强度值离散程度大，混凝土的均匀性差，施工水平较低。在数理统计方法中，常用强度平均值、标准差、变异系数和强度保证率等统计参数来评定混凝土质量。

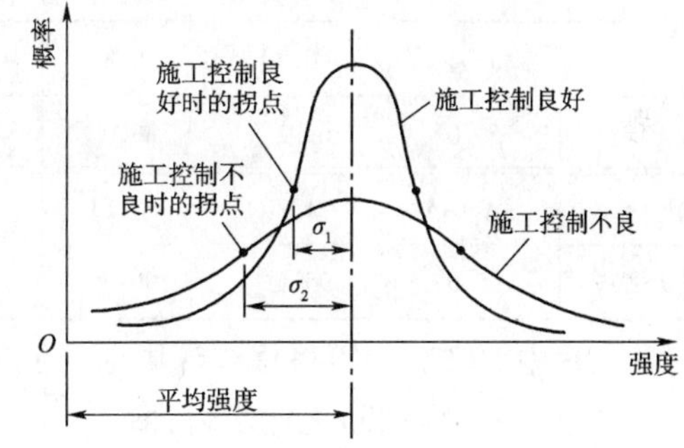

图 5-12　混凝土强度概率分布曲线

（1）强度平均值 $\bar{f}_{cu}$

$$\bar{f}_{cu} = \frac{1}{n}\sum_{i=1}^{n} f_{cu,i}$$

式中：n——试件组数；

$f_{cu,i}$——第 i 组抗压强度，MPa。

强度平均值仅代表混凝土强度总体的平均水平，但并不反映混凝土强度的波动情况。

（2）标准差 σ

$$\sigma = \sqrt{\frac{\sum_{i=1}^{n} f_{cu,i}^2 - n\bar{f}_{cu}^2}{n-1}}$$

标准差又称均方差，它表明分布曲线的拐点距强度平均值的距离。σ 越大，说明其强度离散程度越大，混凝土质量也越不稳定。

(3)变异系数 C_v

变异系数又称离散系数，是混凝土质量均匀性的指标。$C_v = \frac{\sigma}{f_{cu}}$，$\sigma$ 越小，说明混凝土质量越稳定，混凝土生产的质量水平越高。

2. 混凝土强度保证率

在混凝土强度质量控制中，除了必须考虑到所生产的混凝土强度质量的稳定性之外，还必须考虑符合设计要求的强度等级的合格率。它是指在混凝土总体中，不小于设计要求的强度等级标准值($f_{cu,k}$)的概率 $P(\%)$。

随机变量 $t = \frac{\bar{f}_{cu} - f_{cu,k}}{\sigma}$ 将强度概率分布曲线转换为标准正态分布曲线。如图5-13所示，曲线下的总面积为概率的总和，等于100%，阴影部分即混凝土的强度保证率。所以，强度保证率计算方法如下。

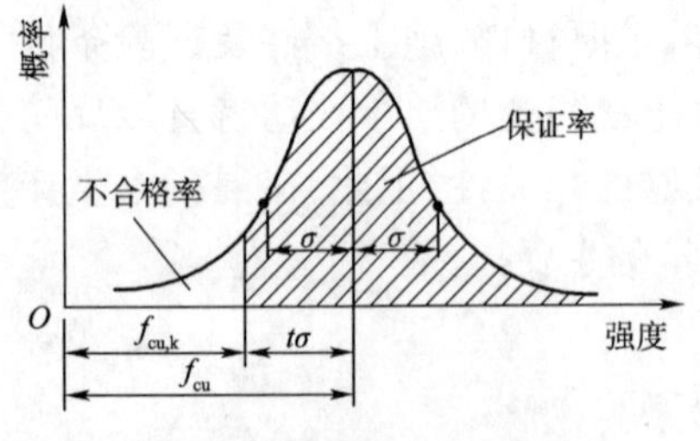

图5-13　强度标准正态分布曲线

先计算概率度 t，即：

$$t = \frac{\bar{f}_{cu} - f_{cu,k}}{\sigma} = \frac{\bar{f}_{cu} - f_{cu,k}}{C_v f_{cu}}$$

由概率度 t，再根据标准正态分布曲线方程 $P(t) = \int_t^{+\infty} \Phi(t)\,dt = \frac{1}{\sqrt{2\pi}}\int_t^{+\infty} e^{-\frac{t^2}{2}}dt$，可求得概率度 t 与强度保证率 $P(\%)$ 的关系，见表5-9。

不同 t 值的保证率 P　　　表5-9

t	0.00	-0.50	-0.84	-1.00	-1.20	-1.28	-1.40	-1.60
$P(\%)$	50.0	69.2	80.0	84.1	88.5	90.0	91.9	94.5
t	-1.645	-1.70	-1.81	-1.88	-2.00	-2.05	-2.33	-3.00
$P(\%)$	95.0	95.5	96.5	970	97.7	99.0	99.4	99.87

工程中 $P(\%)$ 值可根据统计周期内混凝土试件强度不低于要求等级标准值的组数 N_0 与试件总数 $N(N \geqslant 25)$ 之比求得，即：

$$P = \frac{N_0}{N} \times 100\%$$

我国在《混凝土强度检验评定标准》(GB/T 50107—2010)中规定，根据统计周期内混凝土强度标准差 σ 值和保证率 $P(\%)$，可将混凝土生产单位的生产管理水平划分为优良、一般及差三个等级，见表5-10。

3. 混凝土配制强度

根据混凝土保证率概念可知，如果按设计的强度等级($f_{cu,k}$)配制混凝土，则其强度保证率只有50%。为使混凝土强度保证率满足规定的要求，在设计混凝土配合比时，必须使配制强度高于混凝土设计要求强度，则有：

$$f_{cu,0} = f_{cu,k} - t\sigma$$

可见，设计要求的保证率越大，配制强度就要求越高；强度质量稳定性差，配制强度应越大。根据《普通混凝土配合比设计规程》(JGJ 55—2011)规定，工业与民用建筑及一般构筑物所采用的普通混凝土的强度保证率为95%，由表5-9知 $\sigma-t=1.645$，即得：

$$f_{cu,0}=f_{cu,k}+1.645\sigma$$

式中：$f_{cu,0}$——混凝土配制强度，MPa；

$f_{cu,k}$——混凝土立方体抗压强度标准值，MPa；

σ——混凝土强度标准差，MPa。

混凝土生产管理水平 表5-10

评定指标 \ 生产单位 \ 混凝土强度等级 \ 生产管理水平		优良		一般		差	
		< C20	≥C20	< C20	≥C20	< C20	≥C20
混凝土强度标准差 σ(MPa)	商品混凝土厂和预制混凝土构件厂	≤3.0	≤3.5	≤4.0	≤5.0	>5.0	>5.0
	集中搅拌混凝土的施工现场	≤3.5	≤4.0	≤4.5	≤5.5	>4.5	>5.5
强度等于和高于要求强度等级的百分率 P(%)	商品混凝土厂和预制混凝土构件厂及集中搅拌混凝土的施工现场	≥95		>85		≤85	

二、混凝土强度的评定

混凝土强度进行分批检验评定。一个验收批的混凝土应由强度等级相同、龄期相同以及生产工艺条件和配合比基本相同的混凝土组成。

当混凝土的生产条件在较长时间内能保持一致，且同一品种混凝土的强度变异性能保持稳定时，即标准差已知时，应由连续的三组试件组成一个验收批。其强度应同时满足下列要求：

$$\bar{f}_{cu}\geq f_{cu,k}+0.7\sigma_0$$

$$\bar{f}_{cu,min}\geq f_{cu,k}-0.7\sigma_0$$

式中：$\bar{f}_{cu}$——统一验收批混凝土立方体抗压强度的平均值，MPa；

$f_{cu,k}$——混凝土立方体抗压强度标准值，MPa；

$\bar{f}_{cu,min}$——统一验收批混凝土立方体抗压强度的最小值，MPa；

σ_0——验收批混凝土立方体抗压强度的标准差，MPa。

当混凝土强度等级不高于C20时，其强度的最小值还应满足下式要求：

$$f_{cu,min}\geq 0.85f_{cu,k}$$

当混凝土强度等级高于C20时，其强度的最小值还应满足下式要求：

$$f_{cu,min}\geq 0.90f_{cu,k}$$

验收批混凝土立方体抗压强度的标准差 σ_0，应根据前一个检验期内（不超过3个月）同一品种混凝土试件的强度数据，按下式计算：

$$\sigma_0=\frac{0.59}{m}\sum_{i=1}^{m}\Delta f_{cu,i}$$

式中：$\Delta f_{cu,i}$——第 i 批试件立方体抗压强度最大值与最小值之差，MPa；

m——用以确定验收批混凝土立方体强度标准差的数据总组数($m \geqslant 15$)。

注:上述检验期不应超过2个月,且该期间内强度数据的总批数不得少于15。

当混凝土的生产条件在较长时间内不能保持一致且混凝土强度变异不能保持稳定时,或在前一个检验期内的同一品种混凝土没有足够的数据用以确定验收批混凝土立方体抗压强度的标准差时,应由不少于10组的试件组成一个验收批,其强度应同时满足以下要求:

$$\bar{f}_{cu} - \lambda_1 S_{f_{cu}} \geqslant 0.9 f_{cu,k}$$

$$f_{cu,min} \geqslant \lambda_2 f_{cu,k}$$

式中:$S_{f_{cu}}$——同一批验收混凝土立方体抗压强度的标准差(当$S_{f_{cu}}$的计算值小于$0.06 f_{cu,k}$,取$S_{f_{cu}} = 0.06 f_{cu,k}$,MPa)。

λ_1、λ_2——合格判定系数(按表5-11取用)。

混凝土强度的合格判定系数 表5-11

试件组数	10~14	15~24	≥25
λ_1	1.70	1.65	1.60
λ_2	0.90	0.85	0.85

混凝土立方体抗压强度的标准差$S_{f_{cu}}$,可按下式计算:

$$S_{f_{cu}} = \sqrt{\frac{\sum_{i=1}^{n} f_{cu,i}^2 - n\bar{f}_{cu}^2}{n-1}}$$

式中:$f_{cu,i}$——第i组混凝土试件的立方体抗压强度值,MPa;

n——验收批混凝土试件组数。

以上为按统计方法评定混凝土强度。若按非统计法评定混凝土强度时,其强度应同时满足下列要求:

$$\bar{f}_{cu} \geqslant 1.15 f_{cu,k}$$

$$f_{cu,min} \geqslant 0.95 f_{cu,k}$$

若按上述方法检验,发现不满足合格条件时,则该批混凝土强度判为不合格。对不合格批混凝土制成的结构或构件,应进行鉴定,对不合格的结构或构件必须及时处理。

当对混凝土试件强度的代表性有怀疑时,可采用从结构或构件中钻取试样的方法或采用非破损检验方法,按有关标准的规定对结构或构件中混凝土的强度进行推定。

学习情境五 普通混凝土的配合比设计

混凝土的配合比是指混凝土各组成材料用量比例。配合比设计就是通过计算、试验、经验公式等方法和步骤,确定混凝土中各种组成材料用量比例的过程。

混凝土配合比,在工程中有以下两种表示方法。

(1)单位用量表示法:以$1m^3$混凝土中各组成材料的实际用量(kg)表示。例如水泥$m_c = 295$kg,砂$m_s = 648$kg,石子$m_g = 1330$kg,水$m_w = 165$kg。

(2)相对用量表示法:以各组成材料用量之比表示。例如上例也可表示为:$m_c : m_s : m_g = 1 : 2.20 : 4.51$,$m_w / m_c = 0.56$。

在某种意义上,混凝土是一门试验的科学,要想配制出优质的混凝土,必须具备先进的、科学的设计理念,加上丰富的工程实践经验,通过实验室试验完成。但对于初学者来说首先必须掌握混凝土的标准设计与配制方法。

一、混凝土配合比设计的基本要求

混凝土配合比的设计一般要满足以下四项要求。

(1)设计强度的要求:满足混凝土结构设计的强度要求,以保证构筑物能安全地承受各种设计荷载,混凝土在28d时的强度或规定龄期时的强度应满足结构设计的要求。

(2)施工工作性的要求:满足混凝土施工所要求的和易性,以便硬化后能得到均匀密实的混凝土。

(3)长期性能和耐久性能的要求:具有与工程环境相适应的耐久性,以保证构筑物在所处环境中服役寿命。设计时应考虑允许的"最大水灰比"和"最小水泥用量"。

(4)经济性的要求:在全面保证混凝土质量的前提下,尽量节约水泥,合理利用原材料,降低混凝土成本,满足用户和施工单位希望的经济性要求。

二、混凝土配合比设计的资料准备

混凝土配合比设计前应掌握以下基本资料:

(1)了解工程设计要求的混凝土强度等级,以确定混凝土配制强度。

(2)了解工程所处环境对混凝土耐久性的要求,以便确定所配制混凝土的最大水灰比和最小水泥用量。

(3)了解结构构件断面尺寸及钢筋配置情况,以便确定混凝土集料的最大粒径。

(4)了解混凝土施工方法及管理水平,以便选择混凝土拌和物坍落度及集料最大粒径。

(5)掌握原材料的性能指标,包括:水泥的品种、强度等级、密度;砂、石集料的种类、表观密度、级配、最大粒径;拌和用水的水质情况;外加剂的品种、性能、适宜掺量。

三、混凝土配合比设计中的三个参数

普通混凝土四种主要组成材料的相对比例,通常由以下三个参数来控制。

(1)水灰比。混凝土中水与水泥的比例称为水灰比。如前所述,水灰比对混凝土和易性、强度和耐久性都具有重要的影响,因此,通常根据强度和耐久性来确定水灰比的大小。一方面,水灰比较小时可以使强度更高且耐久性更好;另一方面,在保证混凝土和易性所要求用水量基本不变的情况下,只要满足强度和耐久性对水灰比的要求,选用较大水灰比时,可以节约水泥。

(2)砂率。砂子占砂石总质量的百分率称为砂率。砂率对混合料的和易性影响较大,若选择不恰当,还会对混凝土强度和耐久性产生影响。砂率的选用应该合理,在保证和易性要求的条件下,宜取较小值,以利于节约水泥。

(3)用水量。用水量是指1m^3混凝土拌和物中水的用量(kg/m^3)。在水灰比确定后,混凝土中单位用水量也表示水泥浆与集料之间的比例关系。为节约水泥和改善耐久性,在满足流动性条件下,应尽可能取较小的单位用水量。

四、混凝土配合比设计的步骤

混凝土配合比设计步骤包括初步配合比计算、试配和调整并确定试验室配合比、施工配合比的确定等。

1. 初步配合比计算

混凝土初步配合比计算应按下列步骤进行计算:①计算配制强度$f_{cu,0}$,并求出相应的水灰比;②选取每立方米混凝土的用水量,并计算出每立方米混凝土的水泥用量;③选取砂率,计算粗集料和细集料的用量,并提出供试配用的初步配合比。

1)配制强度($f_{cu,0}$)的确定

根据《混凝土配合比设计规程》(JGJ 55—2011)规定,试配强度按下式计算:

$$f_{cu,0} \geqslant f_{cu,k} + 1.645\sigma$$

式中:$f_{cu,0}$——混凝土配制强度,MPa;

$f_{cu,k}$——混凝土立方体抗压强度标准值,MPa;

σ——凝土强度标准差,MPa。

注意:当现场条件与试验室条件有显著差异时,或者配制C30及其以上强度等级的混凝土,采用非统计方法评定时,应提高混凝土的配制强度。

混凝土强度标准差σ应根据同类混凝土统计资料计算确定,其计算式如下:

$$\sigma = \sqrt{\frac{\sum_{i=1}^{n} f_{cu,i}^{2} - n\bar{f}_{cu}^{2}}{n-1}}$$

式中:$f_{cu,i}$——统计周期内同一品种混凝土第i组试件的强度值,MPa;

$\bar{f}_{cu}$——统计周期内同一品种混凝土n组试件的强度平均值,MPa;

n——统计周期内同品种混凝土试件的总组数。

计算混凝土强度标准差σ时,强度试件组数不应少于25组。当混凝土强度等级为C20~C25,其强度标准差计算值小于2.5MPa时,计算配制强度用的标准差应取不小于2.5MPa;当混凝土强度等级等于或大于C30级,其强度标准差小于3.0MPa,计算配制强度用的标准差应取不小于3.0MPa。

当无统计资料计算混凝土强度标准差时,其值应按现行国家标准《混凝土结构工程施工及验收规范》(GB 50204—2002)取用,见表5-12。

σ值(单位:MPa)　　表5-12

混凝土强度等级	低于C20	C20~C35	高于C35
σ	4.0	5.0	6.0

2)水灰比(W_0/C_0)的初步确定

混凝土强度等级小于C60时,混凝土水灰比应按下式计算:

$$\frac{W_0}{C_0} = \frac{\alpha_a f_{ce}}{f_{cu,0} + \alpha_a \alpha_b f_{ce}}$$

式中:α_a、α_b——回归系数;

f_{ce}——水泥28d抗压强度实测值,MPa。

在确定f_{ce}值时,f_{ce}值可根据3d强度或快测强度推定28d强度关系式得出。当无水泥28d抗压强度实测值时,其值可按下式确定:

$$f_{ce} = \gamma_c f_{ce,g}$$

式中:γ_c——水泥强度等级值的富余系数(可按实际统计资料确定),一般取值为1.00~1.13;

$f_{ce,g}$——水泥强度等级值,MPa。

回归系数 α_a 和 α_b 应根据工程所使用的水泥、集料,通过试验由建立的水灰比与混凝土强度关系确定;当不具备上述试验统计资料时,其回归系数可由表5-13采用。

回归系数 α_a 和 α_b 选用表 表5-13

系 数	碎 石	卵 石	系 数	碎 石	卵 石
α_a	0.46	0.48	α_b	0.07	0.33

为保证混凝土的耐久性,需要控制水灰比及水泥用量,水灰比不得大于表5-5所规定的最大水灰比;如果计算所得的水灰比大于规定的最大水灰比时,应取规定的最大水灰比。

3)每立方米混凝土用水量的确定

(1)干硬性和塑性混凝土用水量的确定。

水灰比在0.40~0.80范围内时,根据粗集料的品种、粒径及施工要求的混凝土拌和物稠度,其用水量可按表5-14、表5-15选取。

干硬性混凝土的用水量(单位:kg/m³) 表5-14

拌和物稠度		卵石最大粒径(mm)			碎石最大粒径(mm)		
项目	指标	10	20	40	16	20	40
维勃稠度(s)	16~20	175	160	145	180	170	155
	11~15	180	165	150	185	175	160
	5~10	185	170	155	190	180	165

塑性混凝土的用水量(单位:kg/m³) 表5-15

拌和物稠度		卵石最大粒径(mm)				碎石最大粒径(mm)			
项目	指标	10	20	31.5	40	16	20	31.5	40
坍落度(mm)	10~30	190	170	160	150	200	185	175	165
	35~50	200	180	170	160	210	195	185	175
	55~70	210	190	180	172	220	205	195	185
	75~90	215	195	185	175	230	215	205	195

注:①本表用水量是采用中砂时的平均值。采用细砂时,每立方米混凝土用水量可增加5~10kg。采用粗砂时,则可减少5~10kg。

②掺用各种外加剂或掺和料时,用水量相应调整。

水灰比小于0.40的混凝土以及采用特殊成型工艺的混凝土用水量通过试验确定。

(2)流动性和大流动性混凝土的用水量宜按下列步骤计算:

①以表5-15中坍落度90mm的用水量为基础,按坍落度每增大20mm用水量增加5kg,计算出未掺外加剂时的混凝土用水量。

②掺外加剂时的混凝土用水量可按下式计算:

$$m_{wa} = m_{wo}(1-\beta)$$

式中:m_{wa}——掺外加剂混凝土每立方米混凝土的用水量,kg;

m_{wo}——未掺外加剂混凝土每立方米混凝土的用水量,kg;

β——外加剂的减水率,%。

③外加剂的减水率应经试验确定。

另外,单位用水量也可以按下式计算:

$$m_{wo}=\frac{10}{3}(T+K)$$

式中：m_{wo}——每立方米混凝土用水量，kg；

T——混凝土拌和物的坍落度，cm；

K——系数（取决于粗集料种类与最大粒径，可参考表5-16取用）。

混凝土用水量计算公式中的 *K* 值 表5-16

系数	碎石				卵石			
	最大粒径（mm）							
	10	20	40	80	10	20	40	80
K	57.5	53.0	48.5	44.0	54.5	50.0	45.5	41.0

（3）每立方米混凝土水泥用量的确定：

根据已选定的混凝土用水量 m_{wo} 和水灰比（W_0/C_0）可求出水泥用量：

$$m_{co}=\frac{m_{wo}}{W_0/C_0}$$

为保证混凝土的耐久性，由上式计算得出的水泥用量还要满足表5-8中规定的最小水泥用量的要求；如算得的水泥用量少于规定的最小水泥用量，则应取规定的最小水泥用量值。

4）砂率的确定

合理的砂率值主要根据混凝土拌和物的坍落度、黏聚性及保水性等特征来确定。一般应通过试验来确定合理的砂率。当无历史资料可参考时，混凝土砂率的确定应符合表5-17要求。

混凝土的砂率（单位：%） 表5-17

水灰比（W/C）	卵石最大粒径（mm）			碎石最大粒径（mm）		
	10	20	40	10	20	40
0.40	26~32	25~31	24~30	30~35	29~34	27~32
0.50	30~35	29~34	28~33	33~38	32~37	30~35
0.60	33~38	32~37	31~36	36~41	35~40	33~38
0.70	36~41	35~40	34~39	39~44	38~43	36~41

注：①本表数值是中砂的选用砂率，对细砂或粗砂，可相应地减小或增大砂率。

②只用一个单粒级粗集料配制混凝土时，砂率应适当增大。

③对薄构件，砂率取偏大值。

④本表中的砂率是指砂与集料总量的质量比。

（1）坍落度为10~60mm的混凝土，其砂率应以试验确定，也可以根据粗集料品种、粒径及水灰比按表5-17选取。

（2）坍落度大于60mm的混凝土砂率，可经试验确定，也可在表5-17的基础上，按坍落度每增大20mm，砂率增大1%的幅度予以调整。

另外，砂率也可以根据以砂填充石子空隙，并稍有富余，以拨开石子的原则来确定。根据此原则可列出砂率计算公式如下：

$$V'_{so}=V'_{go}P'$$

$$\beta_s=\beta\frac{m_{so}}{m_{so}+m_{go}}=\beta\frac{\rho'_{so}\cdot V'_{so}}{\rho'_{so}\cdot V'_{so}+\rho'_{go}\cdot V'_{go}}$$

$$= \beta \frac{\rho'_{so} \cdot V'_{go} \cdot P'}{\rho'_{so} \cdot V'_{go} \cdot P' + \rho'_{go} \cdot V'_{go}} = \beta \frac{\rho'_{so} \cdot P'}{\rho'_{so} \cdot P' + \rho'_{go}}$$

式中：β_s——砂率，%；

m_{so}、m_{go}——每立方米混凝土中砂及石子用量，kg；

V'_{so}、V'_{go}——每立方米混凝土中砂及石子松散体积，m^3；

ρ'_{so}、ρ'_{go}——砂和石子堆积密度，kg/m^3；

P'——石子空隙率，%；

β——砂浆剩余系数（一般取1.1～1.4）。

5）粗集料和细集料用量的确定

粗、细集料的用量可用质量法和体积法求得。

（1）当采用质量法时，应按下列公式计算：

$$m_{co} + m_{go} + m_{so} + m_{wo} = m_{cp}$$

$$\beta_s = \frac{m_{so}}{m_{so} + m_{go}} \times 100\%$$

式中：m_{co}——每立方米混凝土的水泥用量，kg；

m_{go}——每立方米混凝土的粗集料用量，kg；

m_{so}——每立方米混凝土的细集料用量，kg；

m_{wo}——每立方米混凝土的用水量，kg；

m_{cp}——每立方米混凝土拌和物的假定质量（其值可取2350～2450kg），kg；

β_s——砂率，%。

（2）当采用体积法时，应按下列公式计算：

$$\frac{m_{co}}{\rho_c} + \frac{m_{go}}{\rho_g} + \frac{m_{so}}{\rho_s} + \frac{m_{wo}}{\rho_w} + 0.01\alpha = 1$$

$$\beta_s = \frac{m_{so}}{m_{so} + m_{go}} \times 100\%$$

式中：ρ_c——水泥密度（可取2900～3100kg/m^3），kg/m^3；

ρ_g——粗集料的表观密度，kg/m^3；

ρ_s——细集料的表观密度，kg/m^3；

ρ_w——水的密度（可取1000kg/m^3），kg/m^3；

α——混凝土的含气量百分数（在不使用引气型外加剂时，α可取1）。

粗集料和细集料的表观密度ρ_g与ρ_s应按现行行业标准《普通混凝土用砂、石质量及检验方法标准》（JGJ 52—2006）规定的方法测定。

6）外加剂和掺和料的掺量

外加剂和掺和料的掺量应通过试验确定，并应符合国家现行标准《混凝土外加剂应用技术规范》（GB 50119—2003）、《粉煤灰混凝土应用技术规程》（DG/TJ 08-230—2006）、《用于水泥与混凝土中粒化高炉矿渣粉》（GB/T 18046—2008）等的规定。

2. 配合比的试配、调整与确定

1）配合比的试配、调整

以上求出的各材料用量，是借助于一些经验公式和数据计算出来的，或是利用经验资料查得的，因而不一定符合实际情况，必须通过试拌调整，直到混凝土拌和物的和易性符合要求为止，然后提出供检验混凝土强度用的基准配合比。以下介绍和易性调整方法：

按初步配合比称取材料进行试拌。混凝土拌和物搅拌均匀后应测定坍落度，并检查其黏聚性和保水性能好坏。如坍落度不满足要求或黏聚性不好时，则应在保持水灰比不变的条件下，相应调整用水量或砂率。当坍落度低于设计要求时，可保持水灰比不变，增加适量水泥浆。如坍落度太大，可以保持砂率不变条件下增加集料。如出现含砂不足，黏聚性和保水性不良时，可适当增大砂率；反之，应减小砂率。每次调整后再试拌，直到符合为止。当试拌调整工作完成后，应测出混凝土拌和物的表观密度（$\rho_{c,t}$）。

经过和易性调整试验得出的混凝土基准配合比，其水灰比值选用不一定恰当，其强度结果不一定符合要求，所以应检验混凝土的强度。一般采用三个不同的配合比，其中一个为基准配合比，另外两个配合比的水灰比值，应比基准配合比分别增加及减少 0.05（或 0.10），其用水量应该与基准配合比相同，砂率值可分别增加或减少 1%。每种配合比制作一组（3 个）试块，标准养护 28d 试压（在制作混凝土强度试块时，尚需检验混凝土拌和物的和易性及测定表观密度，并以此结果作为代表这一配合比的混凝土拌和物的性能）。

注：在有条件的单位可同时制作一组或几组试块，供快速检验或较早龄期时试压，以便提前定出混凝土配合比供施工使用，但以后仍要以标准养护 28d 的检验结果为准，调整配合比。

2）配合比的确定

由试验得出的各灰水比值时的混凝土强度，用作图法或计算求出与$f_{cu,0}$相对应的灰水比值，并按下列原则确定每立方米混凝土的材料用量：

（1）用水量（m_w）。取基准配合比中的用水量值，并根据制作强度试块时测得的坍落度（或维勃稠度）值，加以适当调整。

（2）水泥用量（m_c）。取用水量乘以经试验定出的、为达到$f_{cu,0}$所必需的灰水比值。

（3）粗、细集料用量（m_g及m_s）。取基准配合比中的粗、细集料用量，并按定出的水灰比值作适当的调整。

3）混凝土表观密度的校正

配合比经试配、调整确定后，还需要根据实测的混凝土表观密度$\rho_{c,t}$作必要的校正，其步骤如下：

（1）计算出混凝土的表观密度值（$\rho_{c,c}$）：

$$\rho_{c,c} = m_c + m_g + m_s + m_w$$

（2）将混凝土的实测表观密度值（$\rho_{c,t}$）除以$\rho_{c,c}$得出校正系数δ，即：

$$\delta = \frac{\rho_{c,t}}{\rho_{c,c}}$$

（3）将已定出的混凝土配合比中每项材料用量均乘以校正系数δ，即为最终定出的设计配合比m_{cr}、m_{wr}、m_{sr}、m_{gr}。

另外，通常简易的做法是通过试压，选出既满足混凝土强度要求，水泥用量又较少的配合比为所需的配合比，再作混凝土表观密度的校正。

若对混凝土还有其他的技术性能要求，如抗渗等级不低于 S6 级、抗冻等级不低于 D50 级等要求，混凝土的配合比设计应按《普通混凝土配合比设计规程》（JGJ 55—2011）的有关规定进行。

3. 施工配合比

设计配合比，是以干燥材料为基准的，而工地存放的砂、石材料都含有一定的水分。所以现场材料的实际称量应按工地砂、石的含水情况进行修正，修正后的配合比，叫做施工配合比。工地存放的砂、石的含水情况常有变化，应按变化情况，随时进行修正。

现假定工地测出的砂的含水率为 $a\%$、石子的含水率为 $b\%$，则将上述设计配合比换算为施工配合比，其材料的称量应为：

$$m'_c = m_c (\text{kg})$$

$$m'_s = m_s (1 + a\%) (\text{kg})$$

$$m'_g = m_g (1 + b\%) (\text{kg})$$

$$m'_w = m_w - m_s a\% - m_g b\% (\text{kg})$$

五、混凝土配合比设计例题

【例 5-5】某框架结构工程现浇钢筋混凝土梁，混凝土设计强度等级为 C30，施工要求混凝土坍落度为 30 ~ 50mm，根据施工单位历史资料统计，混凝土强度标准差 $\sigma = 5\text{MPa}$。所用原材料情况如下：

水泥：42.5 级普通硅酸盐水泥，水泥密度为 3.10g/cm^3，水泥强度等级标准值的富余系数为 1.08；

砂：中砂，级配合格，砂表观密度为 2.60g/cm^3；

石：5 ~ 30mm 碎石，级配合格，石表观密度 2.65g/cm^3；

减水剂：HSP 高效减水剂，掺量为 5%，减水率为 20%。

试求混凝土初步配合比。

解：(1) 确定配制强度 $f_{cu,0}$

$$f_{cu,0} = f_{cu,k} - t\sigma = f_{cu,k} + 1.645\sigma = 30 + 1.645 \times 5 = 38.2 (\text{MPa})$$

(2) 确定水灰比 $(\frac{W_0}{C_0})$

$$\frac{W_0}{C_0} = \frac{\alpha_a \times f_{ce}}{f_{cu,0} + \alpha_a \times \alpha_b \times f_{ce}} = \frac{0.46 \times 1.08 \times 42.5}{38.2 + 0.46 \times 0.07 \times 1.08 \times 42.5} = 0.53$$

查表 5-18，该值小于所规定的最大值，即取 $\frac{W_0}{C_0} = 0.53$，故可以确定水灰比为 0.53。

(3) 确定 1m^3 混凝土用水量 (m_{w0})

根据坍落度为 30 ~ 50mm，碎石最大粒径为 30mm、中砂，查表 5-15，选取混凝土的用水量 $m_{w0} = 185\text{kg}$。

HSP 减水率为 20%。

$$m_{w0} = m_{w0}(1 - \frac{\beta}{100}) = 185 \times (1 - 20\%) = 148\text{kg}$$

(4) 确定 1m^3 混凝土水泥用量 (m_{c0})

$$m_{c0} = \frac{m_{w0}}{\frac{W_0}{C_0}} = \frac{148}{0.53} = 279\text{kg}$$

查表 5-18，该值大于所规定的最小值，即取 $m_{c0} = 279\text{kg}$。

(5)确定砂率(β_s)

根据水灰比$\frac{W_0}{C_0}=0.53$、碎石最大粒径为30mm、中砂,查表5-17,可以选取混凝土的砂率$\beta_s = 35\%$ 。

(6)计算$1m^3$ 混凝土的砂用量 m_{s0} 和石用量 m_{g0}

以体积法计算:

$$\begin{cases}\frac{m_{c0}}{\rho_c}+\frac{m_{g0}}{\rho_g}+\frac{m_{s0}}{\rho_s}+\frac{m_{w0}}{\rho_w}+0.01\alpha = 1\\ \beta_s = \frac{m_{s0}}{m_{so}+m_{g0}}\end{cases}$$

因为掺引气剂,故 α 可以取为1。

$$\frac{279}{3100}+\frac{148}{1000}+\frac{m_{s0}}{2600}+\frac{m_{g0}}{2650}+0.01\times1 = 1$$

$$\beta_s = \frac{m_{s0}}{m_{s0}+m_{g0}}\times100\% = 35\%$$

求解该方程组,即得 $m_{s0} = 696kg$,$m_{g0} = 1295kg$

减水剂 HSP:$J=279\times1.5\% =4.19kg$。

则$1m^3$ 混凝土中各材料用量为:水泥 279kg;水 148kg;砂 696kg;石 1295kg;减水剂4.19kg。

【例5-6】严寒地区的某工程框架梁,其设计强度等级为C25,施工要求的坍落度为35~50mm,采用机械搅拌和机械振动成型。施工单位无历史统计资料。试确定混凝土的配合比。原材料条件为:强度等级为32.5的普通硅酸盐水泥,强度富余系数为1.13,密度为$3.1g/cm^3$;级配合格的中砂(细度模数为2.8),表观密度为$2.65g/cm^3$,含水率为3%;级配合格的碎石,最大粒径为31.5mm,表观密度为$2.7g/cm^3$,含水率为1%,饮用水。

解:(1)确定初步配合比

①确定配制强度$f_{cu,0}$

查表5-12,$\sigma =5.0MPa$。因而配制强度为:

$$f_{cu,0} = f_{cu,k}+t\sigma = f_{cu,k}+1.645\sigma = 25+1.645\times5.0 = 33.2(MPa)$$

②确定水灰比($\frac{W_0}{C_0}$)

$$\frac{W_0}{C_0}=\frac{\alpha_a\times f_{ce}}{f_{cu,0}+\alpha_a\times\alpha_b\times f_{ce}}=\frac{0.46\times1.13\times32.5}{33.2+0.46\times0.07\times1.13\times32.5}=0.49$$

查表5-18,该值小于所规定的最大值,即取 $\frac{W_0}{C_0} = 0.49$ 。

③确定$1m^3$ 混凝土用水量(m_{w0})

根据坍落度为35~50mm,碎石最大粒径为31.5mm、中砂,查表5-15,选取混凝土的用水量 $m_{w0}=185kg$。

④确定$1m^3$ 混凝土水泥用量(m_{c0})

$$m_{c0} = \frac{m_{w0}}{\frac{W_0}{C_0}} = \frac{148}{0.49} = 377.6kg$$

查表 5-8，该值大于所规定的最小值，即取 $m_{c0} = 377.6\text{kg}$。

⑤确定砂率（β_s）

根据水灰比 $\dfrac{W_0}{C_0} = 0.49$、碎石最大粒径为 31.5mm、中砂，查表 5-17，可以选取混凝土的砂率 $\beta_s = 33\%$。

⑥计算 1m³ 混凝土的砂用量 m_{s0} 和石用量 m_{g0}

以体积法计算

$$\begin{cases} \dfrac{m_{c0}}{\rho_c} + \dfrac{m_{g0}}{\rho_g} + \dfrac{m_{s0}}{\rho_s} + \dfrac{m_{w0}}{\rho_w} + 0.01\alpha = 1 \\ \beta_s = \dfrac{m_{s0}}{m_{so} + m_{g0}} \end{cases}$$

因为掺引气剂，故 α 可以取为 1。

$$\frac{377.6}{3100} + \frac{185}{1000} + \frac{m_{s0}}{2650} + \frac{m_{g0}}{2700} + 0.01 \times 1 = 1$$

$$\beta_s = \frac{m_{s0}}{m_{s0} + m_{g0}} \times 100\% = 33\%$$

求解该方程组，即得 $m_{s0} = 605\text{kg}$，$m_{g0} = 1228\text{kg}$。

则 1m³ 混凝土中各材料用量为：水泥 377.6kg；水 185kg；砂 605kg；石 1228kg。

(2)试拌检验、调整及确定实验室配合比

按初步配合比试拌 15L 混凝土拌和物，各材料用量为：水泥 5.66kg、水 2.78kg、砂 9.08kg、石 18.42kg。搅拌均匀后，检验其和易性，测得坍落度为 20mm，黏聚性和保水性合格。

水泥用量和水用量增加 5% 后（水灰比不变），测得坍落度为 40mm，且黏聚性和保水性均合格。此时，拌和物的各材料用量为：水泥 $m_{c0b} = 5.66(1 + 5\%) = 5.94\text{kg}$；水 $m_{w0b} = 2.78(1 + 5\%) = 2.92\text{kg}$；砂 $m_{s0b} = 9.08\text{kg}$；石 $m_{g0b} = 18.42\text{kg}$。

以 0.54、0.49、0.44 的水灰比分别拌制三组混凝土，用水量保持不变，砂、碎石用量不变，对应的水灰比、水泥用量、水用量、砂用量及石用量分别为：

Ⅰ组 0.54，5.41kg，2.92 kg，9.08 kg，18.42 kg

Ⅱ组 0.49，5.94 kg，2.92 kg，9.08 kg，18.42 kg

Ⅲ组 0.44，6.64kg，2.92kg，9.08kg，18.42kg

养护至 28d，测得的抗压强度分别为：$f_1 = 29.9\text{MPa}$、$f_2 = 34.4\text{MPa}$、$f_3 = 39.2\text{MPa}$，绘制灰水比与抗压强度线性关系曲线，如图 5-14 所示。

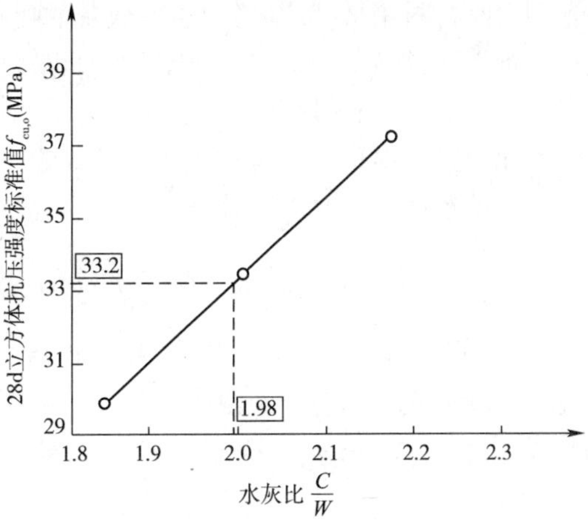

图 5-14　抗压强度与水灰比的关系曲线

由图可得配制强度 $f_{cu,0} = 33.2\text{MPa}$ 所对应的灰水比 $\dfrac{C}{W} = 1.98$。此时混凝土的各材料用量为：水泥 $2.92 \times 1.98 = 5.78\text{kg}$，水用量 2.92kg，砂用量 9.08kg，石用量 18.42kg，混凝土拌和物计算表观密度值的 $\rho_{c,c}$ 为：

$$\rho_{c,c} = \frac{5.78 + 2.92 + 9.08 + 18.42}{15 \times 10^{-3}} = 2413\text{kg/m}^3$$

并测得拌和物的体积密度$\rho_{c,t} = 2390kg/m^3$

表观密度的校正$\delta = \frac{2390}{2413} = 0.99$

因而混凝土的实验室配合比为：

$$m_{cr} = \delta \times \frac{5.78}{15 \times 10^{-3}} = 382kg$$

$$m_{cr} = \delta \times \frac{2.92}{15 \times 10^{-3}} = 193kg$$

$$m_{cr} = \delta \times \frac{9.08}{15 \times 10^{-3}} = 599kg$$

$$m_{cr} = \delta \times \frac{1216}{15 \times 10^{-3}} = 1216kg$$

(3)确定施工配合比

$$m'_c = m_{cr} = 382kg$$

$$m'_s = m_{sr} \times (1 + a\%) = 599 + 599 \times 3\% = 617kg$$

$$m'_g = m_{gr} \times (1 + b\%) = 1216 + 1216 \times 1\% = 1228kg$$

$$m'_w = m_{wr} - m_s a\% - m_g b\% = 193 - 599 \times 3\% - 1216 \times 1\% = 163kg$$

六、粉煤灰混凝土的配合比设计

粉煤灰混凝土是指将粉煤灰在混凝土搅拌前或搅拌过程中与混凝土其他组分一起掺入所制得的混凝土。粉煤灰混凝土配合比设计的基本要求与普通混凝土相同,是以未掺粉煤灰混凝土的配合比为基础,按等稠度和等强度等级的原则,按照粉煤灰的不同掺入法进行调整。

混凝土中掺用粉煤灰的方法可以采用等量取代(水泥)法、超量取代法和外加法等。等量取代法是指以等质量的粉煤灰取代相同质量的水泥;超量取代法是指掺入混凝土中的粉煤灰的掺入量超过其取代水泥的质量,超量的粉煤灰取代部分细集料。其目的是增加混凝土中胶凝材料用量,以补偿由于粉煤灰取代水泥而造成的强度降低;外加法是指在混凝土水泥用量不变的情况下,外加一定量的粉煤灰。其目的只是为了改善混凝土拌和物的和易性。

实践证明,当粉煤灰取代水泥量过多时,混凝土的抗碳化耐久性将变差,所以粉煤灰取代水泥的最大限量应符合相关规范的规定。

1. 等量取代法配合比设计

(1)选定与基准混凝土相同或稍低的水灰比($\frac{W_0}{C_0}$)。

(2)根据确定的粉煤灰取代率β_f和基准混凝土的水泥用量m_{co},计算水泥用量与粉煤灰用量。按下式计算粉煤灰混凝土的粉煤灰用量m_{fo}和水泥用量m_{cof}。

$$M_{fo} = m_{co} \times \beta_f$$

$$m_{cof} = m_{co} - m_{fo}$$

(3)计算粉煤灰混凝土用水量m_{wof}。

$$m_{wof} = \frac{W_0}{C_0} \times (m_{cof} + m_{fo})$$

(4)确定砂率。选用与基准混凝土相同或稍低的砂率β_s。

(5)计算砂石用量 m_{sof}、m_{gof}。

利用体积法计算,即各材料的体积和为 $1m^3$。

$$m_{sof} = v_a \cdot \beta_S \cdot \rho_S = (1 - m_{cof}/\rho_c - m_{wof}/\rho_w - 0.01\alpha) \cdot \beta_S \cdot \rho_S$$

$$m_{gof} = v_a \cdot (1 - \beta_S) \cdot \rho_g$$
$$= (1 - m_{cof}/\rho_c - m_{fo}/\rho_f - m_{wof}/\rho_w - 0.01\alpha) \cdot (1 - \beta_S) \cdot \rho_g$$

式中:v_a——集料的总体积,m^3;

ρ_f——粉煤灰的密度,kg/m^3;

ρ_S——细集料的表观密度,kg/m^3;

ρ_g——粗集料的表观密度,kg/m^3。

则混凝土的配合比为:

$$m_{cof}、m_{f0}、m_{wof}、m_{sof}、m_{gof}。$$

2.超量取代法配合比设计

(1)确定粉煤灰取代率 β_f 和超量系数 K(应符合相关规范的规定)。

(2)确定粉煤灰取代水泥量 m_{fc}、总粉煤灰掺量 m_{fot} 和超量部分粉煤灰质量 m_{fc}。

$$m_{fc} = m_{co} \cdot \beta_f$$

$$m_{fot} = K \cdot m_{fc}$$

$$m_{fc} = (K - 1) \cdot m_{fc}$$

(3)计算水泥用量 m_{cof}。

$$m_{cof} = m_{co} - m_{fc}$$

(4)计算粉煤灰超量部分代砂后的砂用量 m_{sof}。

$$m_{sof} = m_{sof} - \frac{m_{fe}}{\rho_f} \times \rho_s$$

则混凝土的配合比为:m_{cof}、m_{fot}、m_{wof}、m_{sof}、m_{gof}。

3.外加法配合比设计

(1)根据基准配合比计算的各组成材料用量(m_{co}、m_{wo}、m_{so}、m_{go}),选定外加剂粉煤灰的掺量 β_{fm}。

(2)计算外加粉煤灰质量 m_{fo}。

$$m_{f0} = m_{co} \times \beta_{fm}$$

(3)计算粉煤灰代砂后的砂用量。

$$m_{sof} = m_{so} - \frac{m_{fo}}{\rho_f} \times \rho_s$$

则混凝土的配合比为:m_{co}、m_{fo}、m_{wo}、m_{so}、m_{go}。

以上计算的粉煤灰混凝土配合比,需经过试配调整,其过程与普通混凝土相同。

学习情境六　其他品种混凝土

一、轻混凝土

干表观密度不大于 $1950kg/m^3$ 的水泥混凝土称为轻混凝土。轻混凝土包括轻集料混凝土、多孔混凝土和大孔混凝土。

1. 轻集料混凝土的主要技术性质及分类

1)表观密度

轻集料混凝土按干表观密度的大小划分为14个等级,见表5-18。

轻集料混凝土的表观密度等级 表5-18

表观密度等级	表观密度的变化范围(kg/m^3)	表观密度等级	表观密度的变化范围(kg/m^3)
600	560~650	1300	1260~1350
700	660~750	1400	1360~1450
800	760~850	1500	1460~1550
900	860~950	1600	1560~1650
1000	960~1050	1700	1660~1750
1100	1060~1150	1800	1760~1850
1200	1160~1250	1900	1860~1950

2)强度

轻集料混凝土强度等级,按边长150mm立方体试件,在标准试验方法条件下28d龄期测得的具有95%保证率的抗压强度值(MPa)确定,分为LC5.0、LC7.5、LC10、LC15、LC20、LC25、LC30、LC35、LC40、LC45、LC50、LC55及LC60等。

3)混凝土变形性质与导热性质

与普通混凝土相比较,轻集料混凝土受力后变形较大,弹性模量较小。混凝土的干缩率及徐变均较普通混凝土大。

轻集料混凝土导热系数与其表观密度及含水状态有关。干燥条件下的导热系数见表5-19。

轻集料混凝土导热系数 表5-19

混凝土表观密度等级	600	800	1000	1200	1400	1600	1800	1900
导热系数 $W/(m \cdot K)$	0.18	0.23	0.28	0.36	0.49	0.66	0.87	1.01

此外,轻集料混凝土还应满足工程使用条件所要求的抗冻性及抗碳化耐久性能等的要求。

4)分类

轻集料混凝土按用途不同,可分为三大类,其相应的强度等级和表观密度等级见表5-20。

轻集料混凝土按用途分类 表5-20

类别名称	混凝土强度等级的合理范围	混凝土表观密度等级的合理范围	用途
保温轻集料混凝土	LC5.0	≤800	主要用于保温的围护结构或热工构筑物
结构保温轻集料混凝土	LC5.0 LC7.5 LC10 LC15	800~1400	主要用于既承重又保温的围护结构

续上表

类别名称	混凝土强度等级的合理范围	混凝土表观密度等级的合理范围	用途
结构轻集料混凝土	LC15 LC20 LC25 LC30 LC35 LC40 LC45 LC50 LC55 LC60	1400 ~ 1900	主要用于承重结构或构筑物

2. 轻集料

粒径大于5mm,松散堆积表观密度小于1100kg/m^{3}的集料称为轻粗集料,粒径小于5mm,松散堆积表观密度小于1200kg/m^{3}的称为轻细集料(或轻砂)。

1)轻粗集料

轻粗集料按其颗粒形态分为三种:

(1)圆球型;

(2)普通型;

(3)碎石型。

轻粗集料的堆积表观密度,按松散堆积表观密度划分堆积表观密度等级,见表5-21。

轻粗集料堆积表观密度等级 表5-21

堆积表观密度等级	200	300	400	500	600	700	800	900	1000	1100
松散堆积表观密度(kg/m^3)	110 ~ 200	210 ~ 300	310 ~ 400	410 ~ 500	510 ~ 600	610 ~ 700	710 ~ 800	810 ~ 900	910 ~ 1000	1010 ~ 1100

轻粗集料强度,用筒压强度或强度等级两种方法表示。

不同品种及质量等级的轻粗集料的筒压强度见表5-22。

粗集料的强度等级,是按标准方法4测得的轻集料混凝土合理强度值。不同密度等级的高强轻集料的筒压强度及强度等级应不小于表5-23的数值。

粗集料强度等级有很大的实用意义,可供粗集料选择的参考。

2)轻砂

轻砂的细度模数宜在2.3 ~ 4.0。

轻砂的堆积表观密度等级见表5-24。

轻粗集料的筒压强度 表 5-22

轻集料品种	密度等级	筒压强度(MPa)		
		优等品	一等品	合格品
黏土陶粒、页岩陶粒、粉煤灰陶粒	200	0.3	0.2	0.2
	300	0.7	0.5	0.5
	400	1.3	1.0	1.0
	500	2.0	1.5	1.5
	600	3.0	2.0	2.0
	700	4.0	3.0	3.0
	800	5.0	4.0	4.0
	900	6.0	5.0	5.0
浮石、火山渣、煤渣	600		1.0	0.8
	700		1.2	1.0
	800		1.5	1.2
	900		1.8	1.5
煤矸石、膨胀矿渣	900		3.5	3.0
	1000		4.0	3.5
	1100		4.5	4.0

高强轻粗集料的筒压和强度等级 表 5-23

粒型及级配	筒压强度(MPa)	强度等级(MPa)	粒型及级配	筒压强度(MPa)	强度等级(MPa)
600	4.0	25	800	6.0	35
700	5.0	30	900	6.5	40

轻砂堆积表观密度等级 表 5-24

堆积表观密度等级	500	600	700	800	900	1000	1100	1200
松散堆积表观密度(kg/m^3)	410~500	510~600	610~700	710~800	810~900	910~1000	1010~1100	1110~1200

二、抗渗混凝土

抗渗混凝土是指抗渗等级大于或等于 P6 级的混凝土。抗渗混凝土的组成材料应符合以下的规定：

(1)抗渗混凝土粗集料宜选择连续级配，其最大粒径不宜大于 40mm，含泥量不得大于 1.0%，泥块含量不得大于 0.5%。

(2)抗渗混凝土细集料含泥量不得大于 3.0%，泥块含量不得大于 1.0%。

(3)外加剂宜采用防水剂、膨胀剂、引气剂、减水剂或引气减水剂。

(4)抗渗混凝土宜掺入矿物掺和料。

抗渗混凝土通过提高混凝土的密实度,改善孔隙结构,从而减少渗透通道,提高抗渗性。常用的办法是掺用引气型外加剂,使混凝土内部产生不连通的气泡,截断毛细管通道,改变孔隙结构,从而提高混凝土的抗渗性。此外,减小水灰比,选用适当品种及强度等级的水泥,保证施工质量,特别是注意振捣密实、养护充分等,都对提高抗渗性能有重要作用。

三、高强混凝土

高强混凝土是指强度等级为C60及其以上的混凝土。高强混凝土的组成材料应符合以下规定:

(1)应选用质量稳定、强度等级不低于42.5MPa的硅酸盐水泥或普通硅酸盐水泥。

(2)对强度等级为C60级的混凝土,其粗集料最大粒径不应大于31.5mm;对强度等级高于C60级的混凝土,其粗集料最大粒径不应大于25mm;粗集料的针片状颗粒含量不宜大于5.0%,含泥量不应大于0.5%,泥块含量不宜大于0.2%;其他质量指标应符合现行国家标准《建设用卵石、碎石》(GB/T 14685—2011)的规定。

(3)细集料细度模数宜大于2.6,含泥量不应大于2.0%,泥块含量不应大于0.5%。其他质量指标应符合现行国家标准《建设用砂》(GB/T 14684—2011)的规定。

(4)配制高强混凝土时应掺用高效型减水剂或缓凝高效减水剂。

(5)配制高强混凝土时应掺用活性较好的矿物掺和料,且宜复合使用矿物掺和料。

四、泵送混凝土

将搅拌好的混凝土,采用混凝土输送泵沿管道输送和浇筑,称为泵送混凝土。由于施工工艺上的要求,所采用的施工设备和混凝土配合比都与普通施工方法不同。

采用混凝土泵输送混凝土拌和物,可一次连续完成垂直和水平输送,而且可以进行浇筑,因而生产率高,节约劳动力,特别适用于工地狭窄和有障碍的施工现场,以及大体积混凝土结构物和高层建筑。

1.泵送混凝土的可泵性

1)可泵性

泵送混凝土是拌和料在压力下沿管道内进行垂直和水平的输送,它的输送条件与传统的输送有很大的不同。因此,对拌和料性能的要求与传统的要求相比,既有相同点也有不同的特点。按传统方法设计的有良好工作性(流动性和黏聚性)的新拌混凝土,在泵送时却不一定有良好的可泵性,有时发生泵压陡升和阻泵现象。阻泵和堵泵会造成施工困难。这就要求混凝土学者对新拌混凝土的可泵性做出较科学又较实用的阐述,如什么叫可泵性、如何评价可泵性、泵送拌和料应具有什么样的性能、如何设计等,并找出影响可泵性的主要因素和提高可泵性的材料设计措施,从而提高配制泵送混凝土的技术水平。在泵送过程中,拌和料与管壁产生摩擦,在拌和料经过管道弯头处遇到阻力,拌和料必须克服摩擦阻力和弯头阻力方能顺利地流动。因此,简而言之,可泵性实则就是拌和料在泵压下在管道中移动摩擦阻力和弯头阻力之和的倒数。阻力越小,则可泵性越好。

2)评价方法

基于目前的研究水平,新拌混凝土的可泵性可用坍落度和压力泌水值双指标来评价。

压力泌水值是在一定的压力下，一定量的拌和料在一定的时间内泌出水的总量，以总泌水量(Ml)或单位混凝土泌水量(kg/m^3)表示。压力泌水值太大，泌水较多，阻力大，泵压不稳定，可能堵泵；但是如果压力泌水值太小，拌和物黏稠，结构黏度过大，阻力大，也不易泵送。因此，可以得出结论，压力泌水值有一个合适的范围。实际施工现场测试表明，对于高层建筑坍落度大于160mm的拌和料，压力泌水值在70～110mL(40～70kg/m^3混凝土)较合适。对于坍落度100～160mm的拌和料，合适的泌水量范围相应还小一些。

2. 坍落度损失

混凝土拌和料从加水搅拌到浇灌要经历一段时间，在这段时间内拌和料逐渐变稠，流动性(坍落度)逐渐降低，这就是所谓"坍落度损失"。如果这段时间过长，环境气温又过高，坍落度损失可能很大，则将会给泵送、振捣等施工过程带来很大困难，或者造成振捣不密实，甚至出现蜂窝状缺陷。坍落度损失的原因是：①水分蒸发；②水泥在形成混凝土的最早期开始水化，特别是C_3A水化形成水化硫铝酸钙需要消耗一部分水；③新形成的少量水化生成物表面吸附一些水。这几个原因都使混凝土中游离水逐渐减少，致使混凝土流动性降低。

在正常情况下，从加水搅拌开始最初0.5h内水化物很少，坍落度降低也只有2～3cm，随后坍落度以一定速率降低。如果从搅拌到浇筑或泵送时间间隔不长，环境气温不高(低于30℃)，坍落度的正常损失问题还不大，只需略提高预拌混凝土的初始坍落度以补偿运输过程中的坍落度损失。如果从搅拌到浇筑的时间间隔过长，气温又过高，或者出现混凝土早期不正常的稠化凝结，则必须采取措施解决过快的坍落度损失问题。

当坍落度损失成为施工中的问题时，可采取下列措施以减缓坍落度损失：

(1)在炎热季节采取措施降低集料温度和拌和水温；在干燥条件下，采取措施防止水分过快蒸发。

(2)在混凝土设计时，考虑掺加粉煤灰等矿物掺和料。

(3)在采用高效减水剂的同时，掺加缓凝剂或引气剂或两者都掺。两者都有延缓坍落度损失的作用，缓凝剂作用比引气剂更显著。

3. 泵送混凝土对原材料的要求

泵送混凝土对材料的要求较严格，对混凝土配合比要求较高，要求施工组织严密，以保证连续进行输送，避免有较长时间的间歇而造成堵塞。泵送混凝土除了根据工程设计所需的强度外，还需要根据泵送工艺所需的流动性、不离析、少泌水的要求进行配制可泵的混凝土混合料。其可泵性取决于混凝土拌和物的和易性。在实际应用中，混凝土的和易性通常根据混凝土的坍落度来判断。许多国家都对泵送混凝土的坍落度做了规定，一般认为8～20cm范围较合适，具体的坍落度值要根据泵送距离和气温对混凝土的要求而定。

1)水泥

(1)最小水泥用量

在泵送混凝土中，水泥砂浆起到润滑输送管道和传递压力的作用。用量过少，混凝土和易性差，泵送压力大，容易产生堵塞；用量过多，水泥水化热高，大体积混凝土由于温度应力作用容易产生温度裂缝，而且混凝土拌和物的黏性增加，也会增大泵送阻力，另外不利于混凝土结构物的耐久性。

为保证混凝土的可泵性，有一最少水泥用量的限制。国外对此一般规定250～300kg/m^3，我国《混凝土强度检验评定标准》(GB/T 50107—2010)规定泵送混凝土的最少水泥用量为300 kg/m^3。实际工程中，许多泵送混凝土中水泥用量远低于此值，且耐久性良好。但是最佳水泥用量应根据混凝土的设计强度等级、泵压、输送距离等通过试配、调整确定。

(2)水泥品种

泵送混凝土要求混凝土具有一定的保水性,不同的水泥品种对混凝土的保水性有影响。一般情况下,矿渣硅酸盐水泥由于保水性差、泌水大,不宜配制泵送混凝土,但其可以通过降低坍落度、适当提高砂率,以及掺加优质粉煤灰等措施而被使用。普通硅酸盐水泥和硅酸盐水泥通常优先被选用配制泵送混凝土,但其水化热大,不宜用于大体积混凝土工程。可以通过加入缓凝型引气剂和矿物细掺料来减少水泥用量,进一步降低水泥水化热而用于大体积混凝土工程。

2)集料

集料的形状、种类、粒径和级配对泵送混凝土的性能有较大的影响。

(1)粗集料

最大粒径:由于3个石子在同一断面处相遇最容易引起管道阻塞,故碎石的最大粒径与输送管内径之比宜小于或等于1:3,卵石则宜小于1:2.5。

颗粒级配:对于泵送混凝土,其对颗粒级配尤其是粗集料的颗粒级配要求较高,以满足混凝土和易性的要求。

(2)细集料

实践证明,在集料级配中,细度模数为2.3~3.2,粒径在0.30mm以下的细集料所占比例非常重要,其比例不应小于15%,最好能达到20%,这对改善混凝土的泵送性非常重要。

3)矿物细掺料——粉煤灰

在混凝土中掺加粉煤灰是提高可泵性的一个重要措施,因为粉煤灰的多孔表面可吸附较多的水,因此,可减少混凝土的压力泌水。高质量的Ⅰ级粉煤灰的加入会显著降低混凝土拌和料的屈服剪切应力,从而提高混凝土的流动性,改善混凝土的可泵性,提高施工速度;但是低质量粉煤灰对流动性和黏聚性都不利,在泵送混凝土中掺加的粉煤灰必须满足Ⅱ级以上的质量标准。此外,加入粉煤灰,还有一定的缓凝作用,降低混凝土的水化热,提高混凝土的抗裂性,有利于大体积混凝土的施工。

4. 泵送混凝土配合比设计基本原则

根据泵送混凝土的工艺特点,确定泵送混凝土配合比设计基本原则如下:

(1)要保证压送后的混凝土能满足所规定的和易性、匀质性、强度及耐久性等质量要求。

(2)根据所用材料的质量、泵的种类、输送管的直径、压送距离、气候条件、浇筑部位及浇筑方法等,经过试验确定配合比。试验包括混凝土的试配和试送。

(3)在混凝土配合成分中,应尽量采用减水性塑化剂等化学外加剂,以降低水胶比,适当提高砂率(一般为40%~50%),改善混凝土可泵性。

【例5-7】混凝土基准配合比为$C:W:S:G=410:182:636:1181$,$W/C=0.44$,砂率为35%,利用泵送剂将其配制成坍落度为180mm的泵送混凝土,求其配合比。

解:假设混凝土表面密度为2400kg/m^3。设计原则为:

(1)水泥用量、水用量、W/C不变。

(2)砂率增大5%至40%~50%。

掺入泵送剂后,水泥用量不变,$C=410\text{kg/m}^3$;水用量不变,$W=182\text{kg/m}^3$;砂率增大5%,则$\beta_S=35\%+5\%=40\%$。

由
$$\begin{cases} C + W + S + G = 2400 \\ \dfrac{S}{S + G} = 40\% \end{cases}$$

计算得到：$S = 723\text{kg/m}^3$；$G = 1085\text{kg/m}^3$。

所以，泵送混凝土的配合比为：$C: W: S: G = 410: 182: 723: 1085$。

五、高性能混凝土

1. 高性能混凝土的定义

高性能混凝土（High performance concrete，简称 HPC）是一种新型的高技术混凝土，是在大幅度提高普通混凝土性能的基础上，采用现代技术制作的混凝土。根据我国《高性能混凝土应用技术规范》（CECS 207—2006），对高性能混凝土定义为：采用常规材料和工艺生产，具有混凝土结构所要求的各项力学性能，具有高耐久性、高工作性和高体积稳定性的混凝土。通俗地讲，高性能混凝土是指混凝土具有高强度、高耐久性、高工作性等多方面的优越性能。高强度、高工作性、高耐久性这三项指标，构成了"高性能混凝土"所具备"三高（即3H）"的性能指标。因此，高性能混凝土并不一定强调高强，也就是说，高性能混凝土除了包含以前的概念外，还包括另一个方面，就是普通混凝土的高性能化。

目前，高性能混凝土的主要发展动向有：①超高强混凝土；②绿色高性能混凝土；③机敏型高性能混凝土；④普通混凝土的高性能化 等。

2. 高性能混凝土的原材料

1）水泥

高性能混凝土所用的水泥最好是强度高且同时具有良好的流变性能，并与大宗混凝土外加剂相容性好。但在我国目前技术水平下，为避免水泥水化热大、需水量大、与外加剂相容性差、不易保存等问题，建议使用强度等级为 52.5 的普通硅酸盐水泥或中热硅酸盐水泥。

2）矿物细掺料

矿物细掺料在高性能混凝土中的作用：

（1）改善新拌混凝土的工作性和抹面质量。

（2）降低混凝土的温升。

（3）调整实际构件中混凝土强度的发展。

（4）增进混凝土的后期强度。

（5）提高抗化学侵蚀的能力，提高混凝土耐久性。

（6）不同品质矿物细掺料复合使用的"超叠效应"。

另外，在高性能混凝土中加入膨胀剂可在约束条件下产生一定的自应力，以补偿水泥的干缩和由于低水胶比造成的"自生收缩"，并在限制条件下增长强度。但必须控制好计量和拌和两个环节，否则适得其反。

3）外加剂

外加剂主要有高效减水剂、引气剂、缓凝剂。

4）集料

（1）粗集料。强度高、清洁、颗粒尽量接近等径状、针片状颗粒尽量少、不含碱活性组分，最好不用卵石。

（2）细集料。高性能混凝土宜用粗中砂，最好的砂要求 600μm 筛的累计筛余大于 70%，

300μm 筛的累计筛余大于 85% ~95%，而 150μm 筛的累计筛余大于 98%。

单 元 小 结

本单元以普通混凝土为学习重点，通过较为详尽的讨论，可以获知有关混凝土的品种、组织结构、技术性能和影响性能诸多因素的知识，对新拌混凝土的和易性、硬化混凝土的力学性能和耐久性等基本原理必须十分清楚，这样才能设计配制出完全满足建筑工程要求的符合标准的优质混凝土。

在混凝土组成材料中，水泥胶材料是关键的、最重要的成分，应将已学过的水泥知识运用到混凝土中来，砂和石子是同一性质而只是粒径不同的集料，而所起的作用基本相同，应掌握它们在配制混凝土时的技术要求。

混凝土配合比设计，要求掌握水灰比、砂浆、用水量及其他一些因素对混凝土全历程性能的影响，正确处理三者之间的关系及其定量的原则，熟练地掌握配合比计算及调整方法，应当明确，配合比设计正确与否必须通过试验的检验确定。

外加剂已成为改善混凝土性能的极有效措施之一，在国内外已得到广泛应用，被视为组成混凝土的第五种原材料，应着重了解它们的类别、性质和使用条件，同时也应知道它们的作用机理。

掌握了普通混凝土的基本原理，则对轻混凝土及其他品种混凝土的学习就比较容易融会贯通，通过对比普通混凝土与其他混凝土，掌握其他混凝土所独具的特性及配制、施工特点和方法。

复习思考题

1. 混凝土用砂为何要提出级配和细度要求？两种砂的细度模数相同，其级配是否相同？反之，如果级配相同，其细度模数是否相同？

2. 简述减水剂的作用机理，并综述混凝土掺入减水剂可获得的技术经济效果。

3. 引气剂掺入混凝土中对混凝土性能有何影响？引气剂的掺量是如何控制的？

4. 粉煤灰用作混凝土掺和料，对其质量有哪些要求？粉煤灰掺入混凝土中，对混凝土产生什么效应？

5. 普通混凝土的和易性包括哪些内容？怎样测定？

6. 什么是混凝土的可泵性？可泵性用什么指标评定？

7. 混凝土的耐久性通常包括哪些方面的性能？影响混凝土耐久性的关键是什么？怎样提高混凝土的耐久性？

8. 某工程设计要求混凝土强度等级为 C25，工地一个月内按施工配合比施工，先后取样制备了 30 组试件（15cm × 15cm × 15cm 立方体），测出每组（三个试件）28d 抗压强度代表值见表 5-25。

表 5-25

试件组编号	1	2	3	4	5	6	7	8	9	10
28d 抗压强度（MPa）	24.1	29.4	20.0	26.0	27.7	28.2	26.5	28.8	26.0	27.5

续上表

试件组编号	11	12	13	14	15	16	17	18	19	20
28d 抗压强度(MPa)	25.0	25.2	29.5	28.5	26.5	26.5	29.5	24.0	26.7	27.7
试件组编号	21	22	23	24	25	26	27	28	29	30
28d 抗压强度(MPa)	26.1	25.6	27.0	25.3	27.0	25.1	26.7	28.0	28.5	27.3

请计算该批混凝土强度的平均值、标准差、保证率,并评定该工程的混凝土能否验收和生产质量水平。

9. 为什么混凝土中的水泥用量不能过多?

10. 在水泥浆用量一定的条件下,为什么砂率过小和过大都会使混合料的流动性变差?

11. 某混凝土搅拌站原使用砂的细度模数为2.5,后改用细度模数为2.1的砂。改砂后原混凝土配比不变,但坍落度明显变小。请分析原因。

12. 粗细两种砂的筛分结果见表5-26。

表5-26

砂别	筛孔尺寸(mm)						<0.15
	4.75	2.36	1.18	0.60	0.30	0.15	
	分计筛余(g)						
细砂	0	25	25	75	120	245	10
粗砂	50	150	150	75	50	25	0

这两种砂可否单独用于配制混凝土,以什么比例混合才能使用?

13. 影响混凝土强度的主要因素有哪些?怎样影响?如何提高混凝土的强度?

14. 为什么混凝土在潮湿条件下养护时收缩较小,干燥条件下养护时收缩较大,而在水中养护时却不收缩?

15. 某工程需要配制C20混凝土,经计算初步配合比为1:2.6:4.6:0.6(m_{co}:m_{so}:m_{go}:m_{wo}),其中水泥密度为3.10g/cm^3,砂的表观密度为2.600g/cm^3,碎石的表观密度为2.650g/cm^3。

(1)求1m^{3}混凝土中各材料的用量。

(2)按照上述配合比进行试配,水泥和水各加5%后,坍落度才符合要求,并测得拌和物的表观密度为2390kg/m^3,求满足坍落度要求的各种材料用量。

单元六　建筑砂浆

内容提要

建筑砂浆是由胶结料、细集料、掺加料和水按适当比例配制而成的工程建筑材料。砂浆和混凝土的主要区别，是组成材料中没有粗集料，因此砂浆也称为细集料混凝土。所以，有关混凝土的各种基本规律，原则上也适用于砂浆。

在砖石结构中，砂浆可以把单块的砖、石块以及砌块胶结起来，构成砌体。砖墙勾缝和大型墙板的接缝也要用砂浆来填充。墙面、地面及梁柱结构的表面都需要用砂浆抹面，起到保护结构和装饰的效果。镶贴大理石、贴面砖、瓷砖、马赛克以及制作水磨石等都要使用砂浆。此外，还有一些绝热、吸声、防水、防腐等特殊用途的砂浆以及专门用于装饰方面的装饰砂浆。

根据砂浆中胶凝材料的不同，可分为水泥砂浆、石灰砂浆、石膏砂浆和混合砂浆。混合砂浆有水泥石灰砂浆、水泥黏土砂浆和石灰黏土砂浆等。根据用途，砂浆可分为砌筑砂浆、抹面砂浆、装饰砂浆及特种砂浆等。

学习情境一　砌筑砂浆

用于砌筑砖、石、砌块等砌体工程的砂浆称为砌筑砂浆。它起着黏结砌块、构筑砌体、传递荷载和提高墙体使用功能的作用，是砌体的重要组成部分。

一、砌筑砂浆的材料组成

1. 胶凝材料

砂浆中使用的胶凝材料有各种水泥、石灰、石膏和有机胶凝材料等，常用的是水泥和石灰。

(1)水泥。砂浆可采用普通硅酸盐水泥、矿渣硅酸盐水泥、复合硅酸盐水泥、火山灰质硅酸盐水泥等常用品种的水泥或砌筑水泥。水泥的强度等级应根据砂浆的强度等级进行选择，尽量选择中、低等级的水泥。一般选择强度等级为32.5的水泥，但对于高强砂浆也可以选择强度等级为42.5的水泥。水泥的品种应根据砂浆的使用环境和用途选择；在配制某些专门用途的砂浆时，还可以采用某些专用水泥和特种水泥，如用于装饰砂浆的白水泥，用于粘贴砂浆的粘贴水泥等。

(2)石灰。为节约水泥、改善砂浆的和易性，砂浆中常掺入石灰膏配制成混合砂浆，当对砂浆的要求不高时，有时也单独用石灰配制成石灰砂浆。砂浆中使用的石灰应符合技术要求。为保证砂浆的质量，应将石灰预先消化，并经“陈伏”，消除过火石灰的膨胀破坏作用后在砂浆中使用。在满足工程要求的前提下，也可以使用工业废料，如电石灰膏等。

2. 细集料

细集料在砂浆中起集架和填充作用,对砂浆的流动性、黏聚性和强度等技术性能影响较大。性能良好的细集料可以提高砂浆的工作性和强度,尤其对砂浆的收缩开裂,有较好的抑制作用。

砂浆中使用的细集料,原则上应采用符合混凝土用砂技术要求的优质河砂。由于砂浆层一般较薄,因此,对砂子的最大粒径有所限制。用于砌筑毛石砌体的砂浆,砂子的最大粒径应小于砂浆层厚度的1/4~1/5;用于砖砌体的砂浆,砂子的最大粒径应不大于2.5mm;用于光滑的抹面及勾缝的砂浆,应采用细砂,且最大粒径小于1.25mm。用于装饰的砂浆,还可采用彩砂、石渣等。砂子中的含泥量对砂浆的和易性、强度、变形性和耐久性均有影响。由于砂子中含有少量泥,可改善砂浆的黏聚性和保水性,故砂浆用砂的含泥量可比混凝土略高。对强度等级为M2.5以上的砌筑砂浆,含泥量应小于5%,对强度等级为M2.5砂浆,含泥量应小于10%。

砂浆用砂还可根据原材料情况,采用人工砂、山砂、特细砂等,但应根据经验并经试验后,确定其技术要求,在保温砂浆、吸声砂浆和装饰砂浆中,还采用轻砂(如膨胀珍珠岩)、白色或彩色砂等。

3. 掺和料

在砂浆中,掺和料是为改善砂浆和易性而加入的无机材料:如石灰膏、粉煤灰、沸石粉、黏土膏等,砂浆中使用的粉煤灰和沸石粉应符合国家现行标准《用于水泥和混凝土的粉煤灰》(GB/T 1596—2005)的要求。

4. 外加剂

为改善砂浆的和易性及其他性能,还可以在砂浆中掺入外加剂,如增塑剂、早强剂、防水剂等。砂浆中掺用外加剂时,不但要考虑外加剂对砂浆本身性能的影响,还要根据砂浆的用途,考虑外加剂对砂浆的使用功能有哪些影响,并通过试验确定外加剂的品种和掺量。为了提高砂浆的和易性,改善硬化后砂浆的性质,节约水泥,可在水泥砂浆或混合砂浆中掺入外加剂。最常用的是微沫剂,它是一种松香热聚物,掺量一般为水泥质量的0.005%~0.010%,以通过试验的调配掺量为准。

5. 拌和水

砂浆拌和用水的技术要求与混凝土拌和用水相同,应采用洁净、无油污和硫酸盐等杂质的可饮用水,为节约用水,经化验分析或试拌验证合格的工业废水也可以用于拌制砂浆。

二、砌筑砂浆的技术性质

砌筑砂浆的技术性质,主要包括新拌砂浆的和易性、硬化后砂浆的强度和黏结强度,以及抗冻性、收缩值等指标。

1. 新拌砂浆的和易性

和易性是指新拌制的砂浆拌和物的工作性,砂浆在硬化前应具有良好的和易性,即砂浆在搅拌、运输、摊铺时易于流动并不易失水的性质,和易性包括流动性和保水性两个方面。

(1)流动性(稠度)。砂浆的流动性是指砂浆在重力或外力的作用下流动的性能。砂浆的流动性用“稠度”来表示。砂浆稠度的大小用沉入度表示,沉入度是指标准试锥在砂浆内自由沉入10s时沉入的深度,单位用mm表示,沉入度大的砂浆流动性好。

砂浆稠度的选择:沉入度大小的选择与砌体基材、施工气候有关。可根据施工经验来拌制，并应符合《砌体工程施工质量验收规范》（GB 50203—2011）规定，见表6-1。

砌筑砂浆沉入度选择　　表6-1

砌体种类	砂浆稠度（mm）
烧结普通砖	70～90
轻集料混凝土小型空心砌块	60～90
烧结多孔砖、空心砖	50～70
烧结普通砖平拱式过梁	
空斗墙、筒拱	
普通混凝土小型空心砌块	
加气混凝土砌块	
石砌体	30～50

（2）保水性。保水性是指新拌砂浆保持内部水分不流出的能力。它反映了砂浆中各组分材料不易分离的性质，保水性好的砂浆在运输、存放和施工过程中，水分不易从砂浆中离析，砂浆能保持一定的稠度，使砂浆在施工中能均匀地摊铺在砌体中间，形成均匀密实的连接层。保水性不好的砂浆在砌筑时，水分容易被吸收，从而影响砂浆的正常硬化，最终降低砌体的质量。

影响砂浆保水性的主要因素有：胶凝材料的种类及用量、掺和料的种类及用量、砂的质量及外加剂的品种和掺量等。

在拌制砂浆时，有时为了提高砂浆的流动性、保水性，常加入一定的掺和料（石灰膏、粉煤灰、石膏等）和外加剂。加入的外加剂，不仅可以改善砂浆的流动性、保水性，而且有些外加剂能提高硬化后砂浆的黏结力和强度，改善砂浆的抗渗性和干缩等。

砂浆的保水性是用分层度来表示，单位mm。试验测定时，将新拌的砂浆测定其稠度后，再装入分层度仪中，静置30min后，取底部1/3处的砂浆，再测其稠度，两次稠度之差值即为分层度。保水性好的砂浆，分层度不应大于30mm；否则，砂浆易产生离析、分层，不便于施工；但分层度过小，接近于零时，水泥浆量多，砂浆易产生干缩裂缝，因此，砂浆的分层度一般控制在10～30mm。

【例6-1】砂浆质量问题

概况：某工地现场配制M10砌筑砂浆时，把水泥直接倒在砂堆上，再人工搅拌，拌和后发现该砂浆的和易性和黏结力都较差。

分析：首先，砂浆的均匀性有问题。将水泥直接倒在砂堆上，采用人工搅拌的方式往往会导致水泥和砂混合不够均匀，使强度波动大，应加入搅拌机中搅拌。其次，仅以水泥与砂配制强度等级较低（如本例M10）的砌筑砂浆时，一般只需少量水泥就可满足要求，但这样使得胶凝材料量不足，砂浆的流动性和保水性较差，黏结力较低，通常可掺入少量石灰膏、石灰粉或微沫剂等以改善砂浆和易性，提高黏结力。

2. 硬化后砂浆的抗压强度及强度等级

砂浆抗压强度是以标准立方体试件（70.7mm×70.7mm×70.7mm），一组6块，在标准养护条件下，测定其28d的抗压强度值而定的。根据砂浆的平均抗压强度，将砂浆分为M20、M15、M10、M7.5、M5.0、M2.5、M1.0共7个强度等级。

影响砂浆抗压强度的因素很多，很难用简单的公式表达砂浆的抗压强度与其组成材料之间的关系。因此,在实际工程中,对于具体的组成材料,大多根据经验和通过试配,经试验确定砂浆的配合比。

用于不吸水底面(如密实的石材)砂浆的抗压强度,与混凝土相似,主要取决于水泥强度和水灰比。关系式如下:

$$f_{m,o} = A \times f_{ce} \times \left(\frac{C}{W} - B\right)$$

式中:$f_{m,o}$——砂浆28d抗压强度,MPa;

f_{ce}——水泥28d实测抗压强度,MPa;

A、B——与集料种类有关的系数(可根据试验资料统计确定);

C/W——灰水比。

用于吸水底面(如砖或其他多孔材料)的砂浆,即使用水量不同,但因底面吸水且砂浆具有一定的保水性,经底面吸水后,所保留在砂浆中的水分几乎是相同的,因此砂浆的抗压强度主要取决于水泥强度及水泥用量,而与砌筑前砂浆中的水灰比基本无关。其关系如下:

$$f_{m,o} = A \times f_{ce} \times \frac{Q_c}{1000} + B$$

式中:Q_c——水泥用量,kg。

砌筑砂浆的配合比可以根据上述两式并结合经验估算,并经试拌后检测各项性能后确定。

三、砌筑砂浆的其他性能

1. 黏结力

砂浆的黏结力是影响砌体结构抗剪强度、抗震性、抗裂性等的重要因素。为了提高砌体的整体性,保证砌体的强度,要求砂浆要和基体材料有足够的黏结力,随着砂浆抗压强度的提高,砂浆与基层的黏结力提高。充分润湿、干净、粗糙的基面砂浆的黏结力较好。

2. 砂浆的变形性能

砂浆在硬化过程中、承受荷载或在温度条件变化时均容易变形,变形过大会降低砌体的整体性,引起沉降和裂缝。在拌制砂浆时,如果砂过细、胶凝材料过多及用轻集料拌制砂浆,会引起砂浆的较大收缩变形而开裂。有时,为了减少收缩,可以在砂浆中加入适量的膨胀剂。

3. 凝结时间

砂浆凝结时间,以贯入阻力达到0.5MPa为评定的依据。水泥砂浆不宜超过8h,水泥混合砂浆不宜超过10h,掺入外加剂应满足工程设计和施工的要求。

4. 砂浆的耐久性

砂浆应具有良好的耐久性,为此,砂浆应与基底材料有良好的黏结力、较小的收缩变形。受冻融影响的砌体结构,对砂浆还有抗冻性的要求。对冻融循环次数有要求的砂浆,经冻融试验后,质量损失率不得大于5%,抗压强度损失率不得大于25%。

四、砌筑砂浆的配合比设计

1. 设计原则

对于砌筑砂浆,一般是根据结构的部位确定强度等级,查阅有关资料和表格选定配合比，见表6-2。但有时在工程量较大时，为了保证质量和降低造价，应进行配合比设计，并经试验调整确定。

砌筑砂浆参考配合比（质量比） 表6-2

砂浆强度等级	水泥砂浆（水泥：砂）	水泥混合砂浆	
		水泥：石灰膏：砂	水泥：粉煤灰：砂
M1.0	—	1:3.70:20.9	—
M2.5	—	1:2.10:13.19	—
M5.0	1:5	1:0.97:8.85	1:0.63:9.10
M7.5	1:4.4	1:0.63:7.30	1:0.45:7.25
M10	1:3.8	1:0.40:5.85	1:0.30:4.60

2. 配合比设计步骤

（1）砂浆配制强度的确定。砌筑砂浆应具有95%的保证率，其配制强度按下式计算：

$$f_{m,o}=f_{m,k}-t\sigma_0=f_2+0.645\sigma_0$$

式中：$f_{m,o}$——砂浆的配制强度，MPa；

$f_{m,k}$——保证率为95%时的砂浆设计强度标准值，MPa；

f_2——砂浆的抗压强度平均值（即砂浆设计强度等级）（$f_2=f_{m,k}+\sigma_0$），MPa；

t——概率度（当保证率为95%时，$t=-1.645$）；

σ_0——砂浆现场强度标准差，MPa。

砂浆现场强度的标准差应通过有关资料统计得出，如无统计资料，可按表6-3取用。

不同施工水平的砂浆强度标准差 表6-3

施工水平	砂浆强度等级/MPa					
	M2.5	M5	M7.5	M10	M15	M20
优良	0.50	1.00	1.50	2.00	3.00	4.00
一般	0.62	1.25	1.88	2.50	3.75	5.00
较差	0.75	1.50	2.25	3.00	4.50	6.00

（2）计算水泥用量。砂浆中的水泥用量按下式计算确定：

$$Q_C=\frac{1000(f_{m,o}-B)}{A\times f_{ce}}$$

在无水泥的实测强度等级时，可按下式计算f_{ce}：

$$f_{ce}=\gamma_c\cdot f_{ce,k}$$

式中：$f_{ce,k}$——水泥强度等级对应的强度值，MPa；

γ_c——水泥强度等级值的富裕系数（该值应按实际资料统计确定。无统计资料时，取1.00～1.13）。

（3）掺和料的确定。为了保证砂浆有良好的和易性、黏结力和较小的变形，在配制砌筑砂浆时，一般要求水泥和掺和料总量为300～400kg，一般取350kg。水泥砂浆中水泥的最小用量不能低于200kg。

$$Q_D=Q_A-Q_C$$

式中：Q_D——每立方米砂浆的掺和料用量，kg；

Q_A——每立方米砂浆中水泥和掺和料总量，kg；

Q_C——每立方米水泥用量,kg。

但石灰膏的稠度不是12cm时,其用量应乘以换算系数,换算系数见表6-4。

石灰膏稠度的换算系数　　表6-4

石灰膏的稠度(cm)	12	11	10	9	8
换算系数	1.00	0.99	0.97	0.95	0.93
石灰膏的稠度(cm)	7	6	5	4	3
换算系数	0.92	0.90	0.88	0.86	0.85

(4)确定砂用量和水用量。砂浆中砂的用量取干燥状态下砂的堆积密度值(单位为kg)。用水量根据砂浆稠度的要求,在240~310kg选用,见表6-5。

砂浆用水量选表　　表6-5

砂浆类别	混合砂浆	水泥砂浆
用水量(kg)	250~300	280~333

(5)当砂浆的初配确定以后,应进行砂浆的试配,试配时以满足和易性和强度要求为准,进行必要的调整,最后将所确定的各种材料用量换算成以水泥为1的质量比或体积比,即得到最后的配合比。

五、砂浆配合比设计计算实例

某砖墙用砌筑砂浆要求使用水泥石灰混合砂浆。砂浆强度等级为M10,稠度70~80mm。原材料性能如下:水泥为32.5级普通硅酸盐水泥;砂子为中砂,干砂的堆积密度为1480kg/m^3,砂的实际含水率为2%;石灰膏稠度为10mm。施工水平一般。

(1)计算配制强度:

$$f_{m,o}=f_2+0.645\sigma_0=10+0.645\times2.50=11.6(\text{MPa})$$

(2)计算水泥用量:

$$Q_C=\frac{1000(f_{m,o}-B)}{A\times f_{ce}}=\frac{1000(11.6+15.09)}{3.03\times32.5}=271(\text{kg})$$

(3)计算石灰膏用量:

$$Q_D=Q_A-Q_C=310-271=39(\text{kg})$$

石灰膏稠度10mm换算成12mm,查表得:39×0.97=38(kg)。

(4)根据砂的堆积密度和含水率,计算用砂量:

$$Q_s=1480\times(1+0.02)=1510(\text{kg})$$

砂浆试配时的配合比(质量比)为:

水泥∶石灰膏∶砂=271∶38∶1510=1∶0.14∶5.57

学习情境二　抹面砂浆

凡以薄层涂抹在建筑物或建筑构件表面的砂浆,可统称为抹面砂浆,也称为抹灰砂浆。

根据抹面砂浆功能的不同,一般可将抹面砂浆分为普通抹面砂浆、装饰砂浆、防水砂浆和具有某些特殊功能的抹面砂浆(如绝热、耐酸、防射线砂浆)等。

抹面砂浆的组成材料要求与砌筑砂浆基本相同。根据抹面砂浆的使用特点,其主要技术性质的要求是具有良好的和易性和较高的黏结力，使砂浆容易抹成均匀平整的薄层，以便于施工，而且砂浆层能与底面黏结牢固。为了防止砂浆层的开裂，有时需加入纤维增强材料，如麻刀、纸筋、稻草、玻璃纤维等；为了使其具有某些特殊功能也需要选用特殊集料或掺加料。

一、普通抹面砂浆

普通抹面砂浆对建筑物和墙体起保护作用。它可以抵抗风、雨、雪等自然环境对建筑物的侵蚀，提高建筑物的耐久性。此外，经过砂浆抹面的墙面或其他构件的表面又可以达到平整、光洁和美观的效果。

普通抹面砂浆通常分为两层或三层进行施工。各层抹灰要求不同，所以每层所选用的砂浆也不一样。

底层抹灰的作用是使砂浆与底面能牢固地黏结，因此要求砂浆具有良好的和易性及较高的黏结力，其保水性要好，否则水分就容易被底面材料吸掉而影响砂浆的黏结力。底材表面粗糙有利于与砂浆的黏结。用于砖墙的底层抹灰，多用石灰砂浆或石灰炉灰砂浆；用于板条墙或板条顶棚的底层抹灰多用麻刀石灰灰浆；混凝土墙、梁、柱、顶板等底层抹灰多用混合砂浆。

中层抹灰主要是为了找平，多采用混合砂浆或石灰砂浆。

面层抹灰要达到平整美观的表面效果。面层抹灰多用混合砂浆、麻刀石灰灰浆或纸筋石灰灰浆。在容易碰撞或潮湿的地方，应采用水泥砂浆，如墙裙、踢脚板、地面、雨棚、窗台以及水池、水井等处一般多用1:2.5水泥砂浆。在硅酸盐砌块墙面上做抹面砂浆或粘贴饰面材料时，最好在砂浆层内夹一层事先固定好的钢丝网，以免日后剥落现象。普通抹面砂浆的配合比，可参考表6-6。

普通抹面砂浆参考配合比 表6-6

材　料	配合比(体积比)	材　料	配合比体积(比)
水泥:砂	1:2～1:3	石灰:石膏:砂	1:0.4:2～1:2:4
石灰:砂	1:2～1:4	石灰:黏土:砂	1:1.1:4～1:1.1:8
水泥:石灰:砂	1:1.1:6～1:1.2:9	石灰膏:麻刀	100:1.3～100:2.5(质量比)

【例6-2】 抹面砂浆裂缝问题

概况：如图6-1所示的地面基层抹灰砂浆层上有很多裂纹。抹灰砂浆的配合比为水泥:砂:水=1:1:0.65，请分析抹灰砂浆层开裂的原因。

分析：用于地面基层的抹灰砂浆中的水泥用量不宜多，一般可采取水泥:砂=1:2～1:3的配合比，因为水泥用量高不仅多消耗水泥，而且砂浆的干缩量大。此外，该砂浆水灰比较大，用水量较多也是导致裂缝产生的另一原因。

图6-1　抹面砂浆裂缝

二、装饰砂浆

涂抹在建筑物内外墙表面，具有美观和装饰效果的抹面砂浆通称为装饰砂浆。装饰砂浆的底层和中层抹灰与普通抹面砂浆基本相同。面层要选用具有一定颜色的胶凝材料和集料以及采用某种特殊的施工工艺，使表面呈现出各种不同的色彩、线条与花纹等装饰效果。装饰砂浆所采用的胶凝材料有普通水泥、矿渣水泥、火山灰质水泥和白水泥、彩色水泥，或是在常用水泥中掺加些耐碱矿物颜料配成彩色水泥以及石灰、石膏等。集料常采用大理石、花岗石等带颜色的细石渣或玻璃、陶瓷碎粒等。

一般外墙面的装饰砂浆有如下的常用工艺做法：

1. 拉毛墙面

先用水泥砂浆做底层，再用水泥石灰混合砂浆做面层，在砂浆尚未凝结之前，用抹刀将表面拍拉成凹凸不平的形状。

2. 干黏石

在水泥浆面层的整个表面上，黏结粒径5mm以下的彩色石渣、小石子或彩色玻璃碎粒。要求石渣黏结牢固不脱落。干黏石多用于建筑物的外墙装饰，具有一定的质感，经久耐用。干黏石的装饰效果与水刷石相同，但其施工是采用干操作，避免了水刷石的湿操作，施工效率高，污染小，也节约材料。

3. 水磨石

用普通水泥、白色水泥或彩色水泥拌和各种色彩的大理石石渣做面层，硬化后用机械磨平抛光表面。水磨石多用于地面装饰，可事先设计图案和色彩，抛光后更具有艺术效果。除可用做地面之外，还可预制做成楼梯踏步、窗台板、柱面、台面、踢脚板和地面板等多种建筑构件。

4. 水刷石

用颗粒细小(约5mm)的石渣所拌成的水泥石子浆做面层，在水泥初始凝固时，即喷水冲刷表面，使石渣半露而不脱落。水刷石由于施工污染大，费工费时，目前工程中已逐渐被干黏石所取代。

5. 斩假石

斩假石又称为剁斧石。它是在水泥浆硬化后，用斧刃将表面剁毛并露出石渣。斩假石表面具有粗面花岗岩的装饰效果。

6. 假面砖

将普通砂浆用木条在水平方向压出砖缝印痕，用钢片在竖面方向压出砖印，再涂刷涂料，即可在平面上做出清水砖墙图案效果。

三、防水砂浆

用作防水层的砂浆叫做防水砂浆。砂浆防水层又叫刚性防水层，仅适用于不受振动和具有一定刚度的混凝土或砖石砌体工程。对于变形较大或可能发生不均匀沉陷的建筑物，不宜采用刚性防水层。

防水砂浆可以使用普通水泥砂浆，按以下施工方法进行：

(1)喷浆法。利用高压喷枪将砂浆以每秒约100m的速度喷至建筑物表面，砂浆被高压空气强烈压实，密实度大，抗渗性好。

(2)人工多层抹压法。砂浆分4~5层抹压，抹压时，每层厚度约为5mm左右，在涂抹前先在润湿清洁的底面上抹纯水泥浆，然后抹一层5mm厚的防水砂浆，在初凝前用木抹子压实一遍，第二、三、四层都是同样的操作方法，最后一层要进行压光，抹完后要加强养护。

防水砂浆也可以在水泥砂浆中掺入防水剂来提高抗渗能力。常用防水剂有氯化物金属盐类防水剂和金属皂类防水剂等。氯化物金属盐类防水剂,主要有氯化钙、氯化铝,掺入水泥砂浆中,能在凝结硬化过程中生成不透水的复盐,起促进结构密实作用,从而提高砂浆的抗渗性能,一般用于水池和其他地下建筑物。由于氯化物金属盐会引起混凝土中钢筋锈蚀,故采用这类防水剂,应注意钢筋的锈蚀情况。金属皂类防水剂是由硬脂酸、氨水、氢氧化钾(或碳酸钠)和水按一定比例混合加热皂化而成,主要也是起填充微细孔隙和堵塞毛细管的作用。

四、其他特种砂浆

1. 绝热砂浆

采用水泥、石灰、石膏等胶凝材料与膨胀珍珠岩砂、膨胀蛭石或陶粒砂等轻质多孔集料,按一定比例配制的砂浆称为绝热砂浆。绝热砂浆具有体积密度小、轻质和绝热性能好等优点,其导热系数约为0.07~0.10W/(m·K),可用于屋面绝热层、绝热墙壁以及供热管道绝热层等。

2. 吸声砂浆

一般绝热砂浆是由轻质多孔集料制成的,都具有良好吸声性能,故也可作吸声砂浆。另外,还可以用水泥、石膏、砂、锯末(其体积比约为1:1:3:5)配制成吸声砂浆,或在石灰、石膏砂浆中掺入玻璃纤维、矿物棉等松软纤维材料也能获得一定的吸声效果。吸声砂浆用于室内墙壁和顶棚的吸声。

3. 耐酸砂浆

用水玻璃和氟硅酸钠配制成耐酸涂料,掺入石英岩、花岗岩、铸石等粉状细集料,可拌制成耐酸砂浆。水玻璃硬化后具有很好的耐酸性能。耐酸砂浆多用作耐酸地面和耐酸容器的内壁防护层。

4. 防辐射砂浆

在水泥浆中掺入重晶石粉、砂可配制成有防X射线能力的砂浆。其配合比约为水泥:重晶石粉:重晶石砂=1:0.25:4.5。如在水泥浆中掺加硼砂、硼酸等可配制有抗中子辐射能力的砂浆。此类防射线砂浆应用于射线防护工程。

5. 膨胀砂浆

在水泥砂浆中掺入膨胀剂,或使用膨胀型水泥可配制膨胀砂浆。膨胀砂浆可在修补工程中及大板装配工程中填充缝隙,达到黏结密封的作用。

6. 自流平砂浆

在现代施工技术条件下,地坪常采用自流平砂浆,从而使施工迅捷方便、质量优良。自流平砂浆中的关键性技术是掺用合适的化学外加剂;严格控制砂的级配、含泥量、颗粒形态;同时选择合适的水泥品种。良好的自流平砂浆可使地面平整光洁、强度高、无开裂、技术经济效果良好。

7. 聚合物砂浆

聚合物砂浆是在水泥砂浆中加入有机聚合物乳液配制而成的砂浆,具有黏结力强、干缩率小、脆性低、耐腐蚀性好等特性,用于修补和防护工程。常用的聚合物乳液有氯丁胶乳液、丁苯橡胶乳液、丙烯酸树脂乳液等。

单 元 小 结

砂浆实质上也是一种混凝土,在工程中用量也很大,它与混凝土有很多共性,注意了解各种砂浆的配制方法及用途。

复习思考题

1. 砌筑砂浆的组成材料有哪些?对组成材料有哪些要求?

2. 砌筑砂浆的主要技术性质有哪些?

3. 影响砌筑砂浆强度的因素有哪些?

4. 配制砂浆时,为什么除水泥外常常还要加入一定量的其他胶凝材料?

5. 某工地夏秋季需要配制 M5.0 的水泥石灰混合砂浆。采用 32.5 级普通水泥,沙子为中砂,堆积密度为 $1480kg/m^3$,施工水平为中等。试求砂浆的配合比。

单元七　建筑钢材

内容提要

本单元主要学习建筑钢材的基础知识、技术性能、常用品种及防腐措施等。钢材的性能包括两大部分，一是力学性能（抗拉性能、冲击韧性、疲劳性能和硬度），二是工艺性能（冷弯、焊接、热处理、冷加工强化及时效处理）。

熟练掌握建筑钢材的抗拉性能、冲击韧性、疲劳性能和冷弯性能的意义，测定方法及影响因素。掌握建筑钢材的强化机理及强化方法、建筑工程中常用建筑钢材的分类及其选用原则、化学成分对钢材性能的影响、钢材的防腐蚀。了解钢材的冶炼及分类、钢材的硬度概念、钢材的焊接性能和热处理方法及其对钢材性能的影响、钢材的组织与性能的关系、钢材的防火、建筑工程中常用建筑钢材的品种。

学习情境一　钢材的冶炼和分类

建筑钢材是指用于工程建设的各种钢材，包括钢结构用的各种型钢（圆钢、角钢、槽钢和工字钢）；钢板；钢筋混凝土用的各种钢筋、钢丝和钢绞线。除此之外，还包括用作门窗和建筑五金等钢材。

建筑钢材强度高、品质均匀，具有一定的弹性和塑性变形能力，能承受冲击振动荷载。

钢材还具有很好的加工性能，可以铸造、锻压、焊接、铆接和切割，装配施工方便。建筑钢材广泛用于大跨度结构、多层及高层建筑、受动力荷载结构和重型工业厂房结构，广泛用于钢筋混凝土之中，因此建筑钢材是最重要的建筑结构材料之一。钢材的缺点是容易生锈，维护费用大，耐火性差。

由于钢材是国民经济各部门中用量很大的材料，所以建筑工程中应节约钢材。钢筋混凝土结构的自重虽然大，但能大量节省钢材，还克服了钢结构易于锈蚀的特点。今后，随着混凝土和钢材强度的提高，钢筋混凝土结构自重大的缺点将得以改善。所以，钢筋混凝土将是今后的主要结构材料，钢筋和钢丝也成为重要的建筑材料。

一、钢的冶炼

钢和铁的主要成分都是铁和碳，用含碳量的多少加以区分，含碳量大于2.06%的为生铁，小于2.06%的为钢。

钢是由生铁冶炼而成。生铁是由铁矿石、焦炭和少量石灰石等在高温的作用下进行还原反应和其他的化学反应，铁矿石中的氧化铁形成金属铁，然后再吸收碳而成生铁。生铁的主要成分是铁，但含有较多的碳以及硫、磷、硅、锰等杂质，杂质使得生铁的性质硬而脆，塑性很差，抗拉强度很低，使用受到很大限制。炼钢的目的就是通过冶炼将生铁中的含碳量降至

2.06%以下,其他杂质含量降至一定的范围内,以显著改善其技术性能,提高质量。

钢的冶炼方法主要有氧气转炉法、电炉法和平炉法三种,不同的冶炼方法对钢材的质量有着不同的影响,如表7-1所示。目前,氧气转炉法已成为现代炼钢的主要方法,而平炉法则已基本被淘汰。

炼钢方法的特点和应用 表7-1

炉 种	原 料	特 点	生产钢种
氧气转炉	铁水、废钢	冶炼速度快,生产效率高,钢质较好	碳素钢、低合金钢
电炉	废钢	容积小,耗电大,控制严格,钢质好,但成本高	合金钢、优质碳素钢
平炉	生铁、废钢	容量大,冶炼时间长,钢质较好且稳定,成本较高	碳素钢、低合金钢

在铸锭冷却过程中,由于钢内某些元素在铁的液相中的溶解度大于固相,因此这些元素便向凝固较迟的钢锭中心集中,导致化学成分在钢锭中分布不均匀,这种现象称为化学偏析,其中以硫、磷偏析最为严重。偏析会严重降低钢材质量。在冶炼钢的过程中,由于氧化作用使部分铁被氧化成 FeO,使钢的质量降低,因而在炼钢后期精炼时,需在炉内或钢包中加入锰铁、硅铁或铝锭等脱氧剂进行脱氧,脱氧剂与 FeO 反应生成 MnO、SiO_2或 Al_2O_3等氧化物,它们成为钢渣而被除去。若脱氧不完全,钢水浇入锭模时,会有大量的 CO 气体从钢水中逸出,引起钢水呈沸腾状,产生所谓沸腾钢。沸腾钢组织不够致密,成分不太均匀,硫、磷等杂质偏析较严重,故钢材的质量差。

二、钢的分类

钢的分类方法很多,目前的分类方法主要有下面几种。

1.按化学成分分类

(1)碳素钢。碳素钢含碳量为0.02%~2.06%,按含碳量又可分为低碳钢(含碳量<0.25%)、中碳钢(合碳量0.25%~0.6%)、高碳钢(含碳量>0.6%)。

在建筑工程中,主要用的是低碳钢和中碳钢。

(2)合金钢。合金钢可以分为低合金钢(合金元素总量<5%)、中合金钢(合金元素总量为5%~10%)、高合金钢(合金元素总量>10%)。

建筑上常用低合金钢。

2.按有害杂质含量分类

(1)普通钢。硫含量≤0.050%,磷含量≤0.045%。

(2)优质钢。硫含量≤0.035%,磷含量≤0.035%。

(3)高级优质钢。硫含量≤0.025%,磷含量≤0.025%。高级优质钢的钢号后加“高”字或“A”。

(4)特级优质钢。硫含量≤0.025%,磷含量≤0.015%。特级优质钢后加“E”。

建筑中常用普通钢,有时也用优质钢。

3.根据冶炼时脱氧程度分类

(1)沸腾钢。炼钢时加入锰铁进行脱氧,脱氧很不完全,故称沸腾钢,代号为“F”。

沸腾钢组织不够致密,杂质和夹杂物多,硫、磷等杂质偏析较严重,故质量较差。但其生产成本低、产量高、可广泛用于一般的建筑工程。

(2)镇静钢。炼钢时一般采用硅铁、锰铁和铝锭等作为脱氧剂,脱氧充分,这种钢水铸锭时能平静地充满锭模并冷却凝固,基本无 CO 气泡产生,故称镇静钢,代号为“Z”(亦可省略不写)。镇静钢虽成本较高,但其组织致密,成分均匀,性能稳定,故质量好。适用于预应力混凝土等重要结构工程。

(3)特殊镇静钢。比镇静钢脱氧程度更充分彻底的钢,其质量最好。适用于特别重要的结构工程,代号为“TZ”(亦可省略不写)。

(4)半镇静钢。脱氧程度介于沸腾钢和镇静钢之间,为质量较好的钢,其代号为“b”。

建筑工程中,常用的钢材是沸腾钢、镇静钢和半沸腾钢。

4.根据用途分类

(1)结构钢。主要用作工程结构构件及机械零件的钢。

(2)工具钢。主要用作各种量具、刀具及模具的钢。

(3)特殊钢。具有特殊物理、化学或力学性能的钢,如不锈钢、耐酸钢和耐热钢等。

建筑工程中,常用的钢材主要是普通碳素结构钢和普通低合金结构钢。

学习情境二　建筑钢材的主要技术性能

在建筑工程中,掌握钢材的性能是合理选用钢材的基础。钢材的性能主要包括力学性能(抗拉性能、冲击韧性、疲劳强度和硬度等)和工艺性能(冷弯性能、焊接性能和热处理性能等)两个方面。

一、力学性能

1.抗拉性能

抗拉性能是建筑钢材最主要的技术性能。通过拉伸试验可以测得屈服强度、抗拉强度和伸长率,这些是钢材的重要技术性能指标。

建筑钢材的抗拉性能可用低碳钢受拉时的应力—应变图(图7-1)来阐明。低碳钢从受拉至拉断,分为以下四个阶段。

(1)弹性阶段。OA 为弹性阶段。在 OA 范围内,随着荷载的增加,应变随应力成正比增加。如卸去荷载,试件将恢复原状,表现为弹性变形,与 A 点相对应的应力为弹性极限,用 σ_p 表示。在这一范围内,应力与应变的比值为一常量,称为弹性模量,用 E 表示,即 $E=\sigma/\varepsilon$。弹性模量反映钢材的刚度,是钢材在受力条件下计算结构变形的重要指标。常用低碳钢的弹性模量 $E=(2.0\sim2.1)\times10^5$MPa,弹性极限 $\sigma_p=180\sim200$MPa。

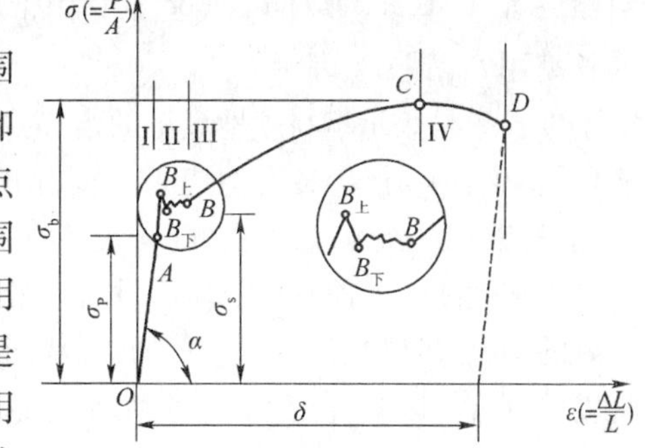

图7-1　低碳钢受拉的应力—应变图

(2)屈服阶段。AB 为屈服阶段。在 AB 曲线范围内,应力与应变不成比例,开始产生塑性变形,应变增加的速度大于应力增长速度,钢材抵抗外力的能力发生“屈服”了。图中 $B_上$ 点是这一阶段应力最高点,称为屈服上限,$B_下$ 点为屈服下限。因 $B_下$ 比较稳定易测,故一般以 $B_下$ 点对应的应力作为屈服点,用 σ_s 表示。常用低碳钢的 σ_s 一般为 195~300MPa。

该阶段在材料万能试验机上表现为指针不动(即使加大送油)或来回窄幅摇动。

钢材受力达屈服点后,变形即迅速发展,尽管尚未破坏但已不能满足使用要求。故设计中一般以屈服点作为强度取值依据。

(3)强化阶段。BC 为强化阶段。过 B 点后,抵抗塑性变形的能力又重新提高,变形发展速度比较快,随着应力的提高而增强。对应于最高点 C 的应力,称为抗拉强度,用 σ_b 表示。常用低碳钢的 σ_b 为 385 ~520MPa。

抗拉强度不能直接利用,但屈服点与抗拉强度的比值(即屈强比 σ_s/σ_b),能反映钢材的安全可靠程度和利用率。屈强比越小,表明材料的安全性和可靠性越高、结构越安全。但屈强比过小,则钢材有效利用率太低,造成浪费。屈强比最好在 0.60 ~0.75 之间。低碳常用钢的屈强比为 0.58 ~0.63,低合金钢为 0.65 ~0.75。

(4)颈缩阶段。CD 为颈缩阶段。过 C 点后,材料变形迅速增大,而应力反而下降。试件在拉断前,于薄弱处截面显著缩小,产生“颈缩现象”,直至断裂。

通过拉伸试验,除能检测钢材屈服强度和抗拉强度等强度指标外,还能检测出钢材的塑性。塑性表示钢材在外力作用下发生塑性变形而不破坏的能力,它是钢材的一个重要性指标。钢材塑性用伸长率或断面收缩率表示。

将拉断后的试件于断裂处对接在一起(图 7-2),测得其断后标距 L_1。试件拉断后标距的伸长量与原始标距(L_0)的百分比称为伸长率(δ_n)。伸长率的计算公式如下:

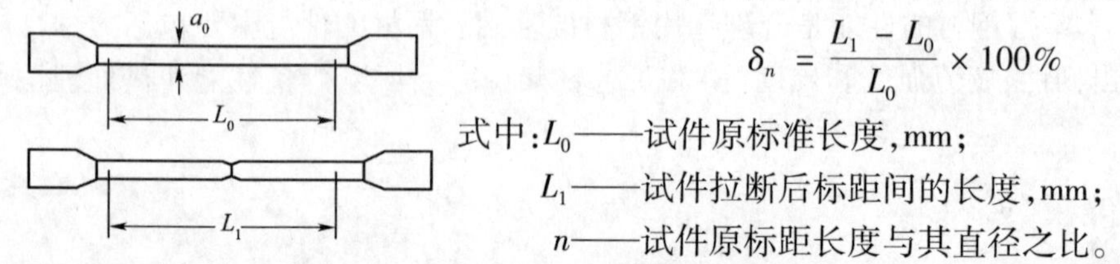

$$\delta_n = \frac{L_1 - L_0}{L_0} \times 100\%$$

式中:L_0——试件原标准长度,mm;

L_1——试件拉断后标距间的长度,mm;

n——试件原标距长度与其直径之比。

图 7-2　钢材拉断前后的试件

应当指出,由于出现颈缩,塑性变形在试件标距内的分布是不均匀的,而且颈缩处的伸长较大。因而原标距与直径之比越大,则颈缩处伸长值在整个伸长值中的比重越小,结果计算出的伸长率则小一些。通常以 δ_5 表示 $L_0 = 5d_0$(称为短试件)时的伸长率;以 δ_{10} 表示 $L_0 = 10d_0$(称为长试件)的伸长率。d_0 为试件的原直径。对于同一钢材,$\delta_5 > \delta_{10}$。某些钢材的伸长率是采用定标距试件测定的,如标距 $L_0 = 100$mm 或 200mm,则伸长率用 δ_{100} 或 δ_{200} 表示。

伸长率是表示钢材塑性大小的指标,在工程中具有重要意义。伸长率过大,钢质软,在荷载作用下结构易产生较大的塑性变形,影响实际使用;伸长率过小,钢质硬脆,当结构受到超载作用时,钢材易断裂;塑性良好(伸长率在一定范围内)的钢材,即使在承受偶然超载时,钢材通过产生塑性变形而使其内部应力重新分布,从而克服了因应力集中而造成的危害。此外,塑性良好的钢材,可以在常温下进行加工,从而得到不同形状的制品,并使其强度和塑性得到一定程度的改善。因此,在实际使用中,尤其受动荷载作用的结构,对钢材的塑性有较高的要求。

高碳钢(包括高强度钢筋和钢丝,也称硬钢)受拉时的应力—应变曲线与低碳钢的完全不同,见图 7-3。其特点是没有明显的屈服阶段,抗拉强度高,伸长率小,拉断时呈脆性破坏。这类钢因无明显的屈服阶段,故不能测定其屈服点。因此,规定残余应变为 0.2% 时的应力作为屈服点,以 $\sigma_{0.2}$ 表示,称其为条件屈服点。

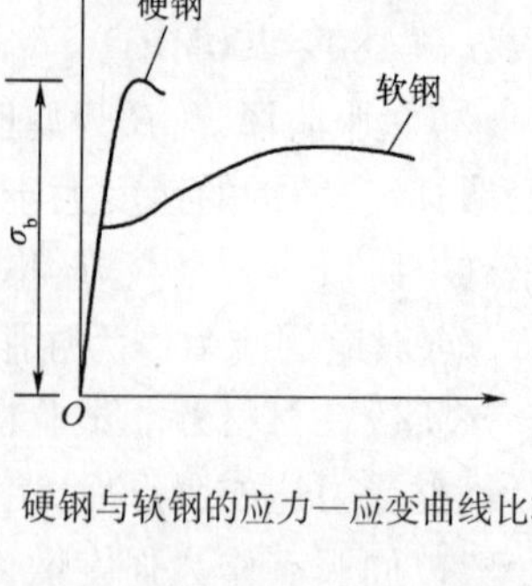

图 7-3　硬钢与软钢的应力—应变曲线比较

通过拉力试验,还可以测定另一表明试件塑性的指标——断面收缩率 ψ。它是试件拉断后颈缩处横截面最大缩减量与原始横截面积的百分比,即:

$$\psi = \frac{F_0 - F}{F_0} \times 100\%$$

式中：F_0——原始横截面积，mm^2；

F——断裂颈缩处的横截面积，mm^2。

2. 冲击韧性

钢材在瞬间动载作用下，抵抗破坏的能力称为冲击韧性。冲击韧性的大小是用带有V形刻槽的标准试件的弯曲冲击韧性试验确定的（图7-4）。以摆锤打击试件时，于刻槽处试件被打断，试件单位截面积（cm^2）上所消耗的功，即为钢材的冲击韧性指标，以冲击功（也称冲击值）a_k表示。a_k值越大，表示冲断试件时消耗的功越多，钢材的冲击韧性越好。钢材的冲击韧性受其化学成分、组织状态、轧制与焊接质量、环境温度以及时间等因素的影响。

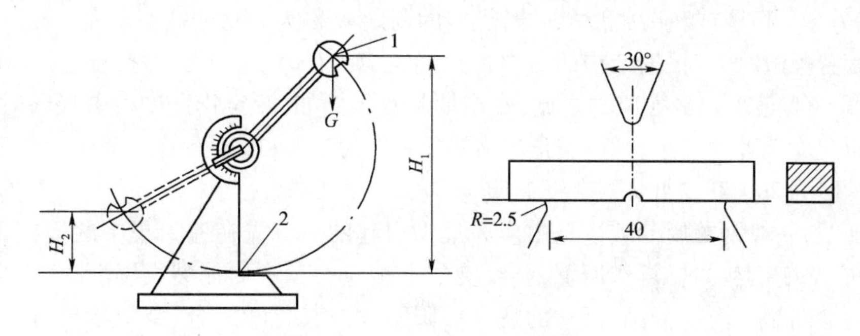

图7-4　冲击韧性试验示意图

1-摆锤；2-试件

（1）化学成分与组织状态对冲击韧性的影响。当钢中的硫、磷含量较高，且存在偏析及非金属夹杂物时，a_k值下降。细晶结构的a_k值比较粗晶结构的高。

（2）轧制与焊接质量对冲击韧性的影响。试验时，沿轧制方向取样比沿垂直于轧制方向取样的a_k值高。焊接件中形成的热裂纹及晶体组织的不均匀分布，将使a_k值显著降低。

（3）环境温度对冲击韧性的影响。试验表明，钢材的冲击韧性受环境温度的影响很大。为了找出这种影响的变化规律，可在不同温度下测定其冲击值，将试验结果绘成曲线，如图7-5所示。由图7-5可见，冲击韧性随温度的下降而降低；温度较高时a_k值下降较少，破坏时呈韧性断裂。当温度降至某一温度范围时，a_k值突然大幅度下降，钢材开始呈脆性断裂，这种性质称为钢材的冷脆性。发生冷脆性时的温度范围，称为脆性转变温度范围。脆性转变温度越低，表明钢材的冷脆性越小，其低温冲击性能越好。

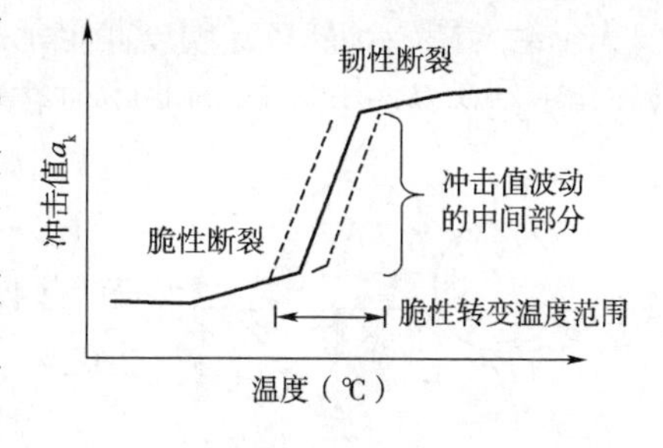

图7-5　温度对冲击韧性的影响（在20℃以下）

冷脆性是冬季一些钢结构发生事故的主要原因。因此，在负温下使用钢结构时，应评定钢材的冷脆性。由于脆性临界温度的测定较复杂，通常根据气温条件在－20℃或－40℃时测定a_k值，以此来推断其脆性临界温度范围。

（4）时间对冲击韧性的影响。随着时间的推移，钢材的强度提高，而塑性和冲击韧性降低的现象称为时效。钢中的氮原子和氧原子是产生时效的主要原因，它们及其化合物在温度变化或受机械作用时将加快向缺陷中的富集过程，从而阻碍了钢材受力后的变形，使钢材的塑性和冲击韧性降低。完成时效变化过程可达数十年。钢材如受冷加工而变形,或者使用中经受振动和反复荷载的影响,其时效可迅速发展。因时效而导致性能改变的程度称为时效敏感性,时效敏感性的大小可以用时效前后冲击值降低的程度(时效前后冲击值之差与时效前冲击值之比)来表示。时效敏感性越大的钢材,经过时效以后其冲击韧性的降低越显著。为了保证安全,对于承受动荷载作用的重要结构,应当选用时效敏感性小的钢材。

由上可知,钢材的冲击韧性受诸多因素的影响。对于直接承受振动荷载作用或可能在负温下工作的重要结构,必须按照有关规定要求对钢材进行冲击韧性检验。

3. 耐疲劳性

钢材在交变荷载反复作用下,常常在远小于其屈服点应力作用下而突然破坏,这种破坏称疲劳破坏。若发生破坏时的危险应力是在规定周期(交变荷载反复作用次数)内的最大应力,则称其为疲劳极限或疲劳强度。此时规定的周期 N 称为钢材的疲劳寿命。

测定疲劳极限时,应根据结构的受力特点确定应力循环类型(拉—拉型、拉—压型等)、应力特征值 ρ(为最小和最大应力之比)和周期基数。例如,测定钢筋的疲劳极限时,常用改变大小的拉应力循环来确定 ρ 值,非预应力筋 ρ 一般为 0.1 ~ 0.8;预应力筋则为 0.7 ~ 0.85;周期基数一般为 200 万或 400 万次以上。

试验证明,一般钢的疲劳破坏是由应力集中引起的。首先在应力集中的地方出现疲劳裂纹;然后在交变荷载的反复作用下,裂纹尖端产生应力集中而使裂纹逐渐扩大,直至突然发生瞬时疲劳断裂。由此可见,钢材的疲劳极限不仅与其化学成分、组织结构有关,而且与其截面变化、表面质量以及内应力大小等可能造成应力集中的各种因素有关。所以,在设计承受反复荷载作用且必须进行疲劳验算的钢结构时,应当了解所用钢材的疲劳极限。

4. 硬度

钢材的硬度是指其表面抵抗硬物压入产生局部变形的能力。测定钢材硬度的方法有布氏法、洛氏法和维氏法等,建筑钢材常用布氏硬度表示,其代号为 HB。布氏法的测定原理是利用直径为 D(mm)的淬火钢球,以荷载 P(N)将其压入试件表面,经规定的持续时间后卸去荷载,得直径为 d(mm)的压痕,以压痕表面积 A(mm^2)除荷载 P,即得布氏硬度(HB)值,此值无量纲。图 7-6 是布氏硬度测定示意图。

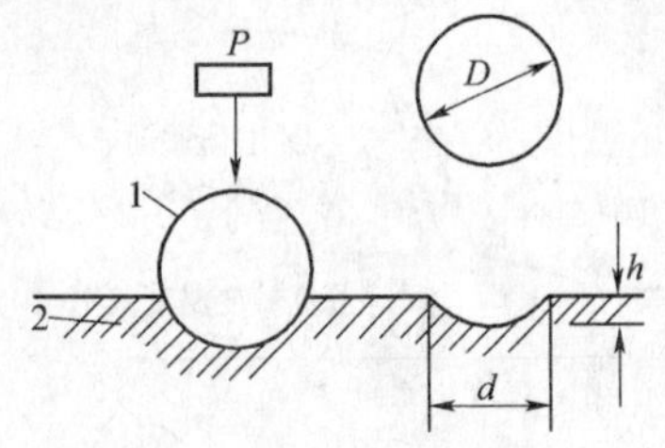

图 7-6 布氏硬度测定示意图

在测定前应根据试件厚度和估计的硬度范围,按试验方法的规定选定钢球直径、所加荷载及荷载持续时间。布氏法适用于 HB < 450 的钢材,测定时所得压痕直径应在 $0.25D < d < 0.6D$ 范围内,否则测定结果不准确。当被测材料硬度 HB > 450 时,钢球本身将发生较大变形,甚至破坏,应采用洛氏法测定其硬度。布氏法比较准确,但压痕较大,不适宜用于成品检验,而洛氏法压痕小,它是以压头压入试件的深度来表示硬度值的,常用于判断工件的热处理效果。材料的硬度是材料弹性、塑性、强度等性能的综合反映。试验证明,碳素钢的 HB 值与其抗拉强度 σ_b 之间存在较好的相关关系,当 HB < 175 时,$\sigma_b \approx$ 3.6HB;当 HB > 175 时,$\sigma_b \approx$ 3.5HB。根据这些关系,可以在钢结构原位上测出钢材的 HB 值,来估算钢材的抗拉强度。

【**例 7-1**】韩国首尔大桥疲劳破坏案例。

概况:韩国首尔汉江水大桥建于 1979 年,桥长 1000m 以上,宽 19.9m, 1994 年 10 月 21 日该桥中段 50m 的桥体像刀切一样坠入河中。当时正值交通繁忙期,多数车辆掉入河里,造成多人死亡。

分析:经调查,采用抗疲劳性能很差的劣质钢材进行施工是引发事故的直接原因。用相同材料进行疲劳试验表明,圣水大桥支撑材料的疲劳寿命仅为12年,即在12年后就会因疲劳而破坏。大型汽车在类似桥上反复行驶的试验结果表明,这些支撑材料约在8.5年后开始损坏,最终发展为桥体坍塌。

二、工艺性能

建筑工程用钢材不仅应有优良的力学性能,而且应有良好的工艺性能,以满足施工工艺的要求。其中,冷弯性能和焊接性能是钢材的重要工艺性能。

1. 冷弯性能

钢材在常温下承受弯曲变形的能力称为冷弯性能。钢材冷弯性能指标。用试件在常温下所承受的弯曲程度表示。弯曲程度可以通过试件被弯曲的角度和弯心直径对试件厚度(或直径)的比值来表示,见图7-7。试验时,采用的弯曲角度越大,弯心直径对试件厚度的比值越小,表明冷弯性能越好。在常温下,以规定弯心直径和弯曲角度(90°或180°)对钢材进行弯曲,在弯曲处外表面即受拉区或侧面无裂纹、起层、鳞落或断裂等现象,则钢材冷弯合格。如有一种及以上的现象出现,则钢材的冷弯性能不合格。

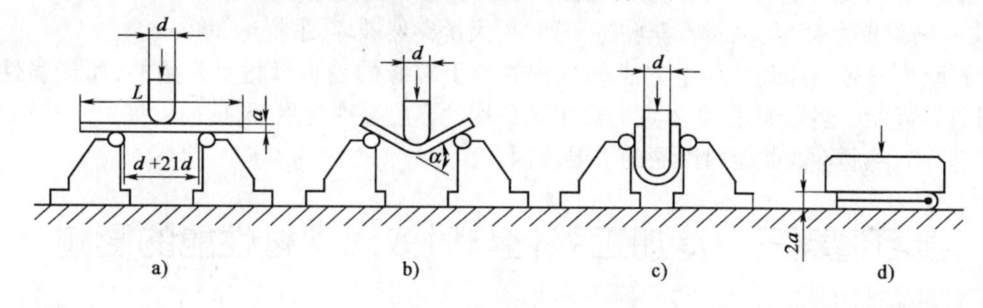

图7-7 钢材冷弯试验示意图

钢材的冷弯,是通过试件受弯处的塑性变形实现的,如图7-7所示。它和伸长率一样,都反映钢材在静载下的塑性。但冷弯是钢材局部发生的不均匀变形下的塑性,而伸长率则反映钢材在均匀变形下的塑性,故冷弯试验是一种比较严格的检验,与伸长率相比,它更能很好地揭示钢材是否存在内部组织不均匀、内应力和夹杂物等缺陷。这些缺陷在拉伸试验中,常因塑性变形导致应力重分布而得不到反映。

冷弯试验对焊接质量也是一种严格的检验,它能揭示焊件在受弯表面存在的未熔合、微裂纹和夹杂物等缺陷。

2. 焊接性能

在工业与民用建筑中,焊接连接是钢结构的主要连接方式;在钢筋混凝土工程中,焊接则广泛应用于钢筋接头、钢筋网、钢筋骨架和预埋件的焊接,以及装配式构件的安装。因此,要求钢应有良好的可焊性。

钢材的焊接方法主要有两种:钢结构焊接用的电弧焊和钢筋连接用的接触对焊。焊接过程的特点是:在很短的时间内达到很高的温度;钢件熔化的体积小;由于钢件传热快,冷却的速度也快,所以存在剧烈的膨胀和收缩。因此,在焊件中常发生复杂的、不均匀的反应和变化,使焊件易产生变形、内应力组织的变化和局部硬脆倾向等缺陷。对于可焊性良好的钢材,焊接后焊缝处的性质应尽可能与母材一致,这样才能获得焊接牢固可靠、硬脆倾向小的效果。

钢的可焊性能主要受其化学成分及含量的影响。当含碳量超过0.3%后,钢的可焊性变差。锰、硅、钒等对钢的可焊性能也都有影响。其他杂质含量增多,也会使可焊性降低。特别是硫能使焊缝处产生热裂纹并硬脆,这种现象称为热脆性。

由于焊接件在使用过程中要求的主要力学性能是强度、塑性、韧性和耐疲劳性,因此,对性能影响最大的焊接缺陷是焊件中的裂纹、缺口和因硬化而引起的塑性和冲击韧性的降低。

采取焊前预热和焊后热处理的方法,可以使可焊性较差的钢材的焊接质量得以提高。此外,正确地选用焊接材料和焊接工艺,也是提高焊接质量的重要措施。

【例7-2】钢材因冷脆性导致桥体断裂案例。

概况:加拿大魁北克市的Duplessis大桥建于1947年,是全焊接钢结构。在使用27个月后,发现桥的东端有裂纹,采用新钢板焊补。1951年1月1日,该桥在-35℃的低温下彻底断裂,坠入河中。

分析:经检测,钢材含碳量、含磷量高,夹杂物多,造成冲击韧性很低,冷脆性大,导致Duplessis大桥在低温下断裂而坠入河中。

【例7-3】钢桥热脆性断裂案例。

概况:澳大利亚墨尔本的Kings大桥为焊接腰板多跨结构,在使用15个月后,于1962年7月当一辆载重为45t的载货汽车驶过一跨时,大桥突然破坏,下挠达300mm。

分析:裂缝是由加劲肋与下翼缘的接头处及下翼缘的盖板母材上开始的,属于脆性断裂,且裂缝起始于热影响区,顺着应力集中区各构件厚度突变处展开,横向发展。经检验,钢材含硫量高,热脆性大是钢材断裂的主要原因。

学习情境三　冷加工强化与时效对钢材性能的影响

一、冷加工强化与时效处理的概念

将钢材于常温下进行冷拉、冷拔或冷轧,使之产生塑性变形,从而提高强度,但钢材的塑性和韧性会降低,这个过程称为冷加工强化处理。将经过冷拉的钢筋,于常温下存放15~20d,或加热到100~200℃并保持2~3h后,则钢筋强度将进一步提高,这个过程称为时效处理。前者称为自然时效,后者称为人工时效。通常对强度较低的钢筋可采用自然时效,强度较高的钢筋则须采用人工时效。对钢材进行冷加工强化与时效处理的目的是提高钢材的屈服强度,以便节约钢材。

二、常见冷加工方法

建筑工地或预制构件厂常用的冷加式方法是冷拉和冷拔。

(1)冷拉,将热轧钢筋用冷拉设备进行张拉,拉伸至产生一定的塑性变形后,卸去荷载。冷拉参数的控制直接关系到冷拉效果和钢材质量。一般钢筋冷拉仅控制冷拉率,称为单控,对用作预应力的钢筋,须采用双控,即既控制冷拉应力,又控制冷拉率。冷拉时,当拉至控制应力时可以未达控制冷拉率,反之钢筋则应降级使用。

钢筋冷拉后,屈服强度可提高20%~30%,可节约钢材10%~20%,钢材经冷拉后屈服阶段缩短,伸长率降低,材质变硬。

(2)冷拔,将光圆钢筋通过硬质合金拔丝模孔强行拉拔。每次拉拔断面缩小应在10%以内。钢筋在冷拔过程中,不仅受拉,同时还受到挤压作用,因而冷拔的作用比纯冷拉作用强烈。经过一次或多次冷拔后的钢筋,表面光滑,屈服强度可提高40%~60%,但塑性大大降低,具有硬钢的性质。

三、钢材冷加工强化与时效处理的机理

钢筋经冷拉、时效后的力学性能变化规律,可从其拉伸试验的应力—应变图得到反映(图7-8)。

(1)图中 $OBCD$ 曲线为未冷拉,其含义是将钢筋原材一次性拉断,而不是指不拉伸。

此时,钢筋的屈服点为 B 点。

(2)图中 $O'KCD$ 曲线为冷拉无时效,其含义是将钢筋原材拉伸至超过屈服点但不超过抗拉强度(使之产生塑性变形)的某一点 K,卸去荷载,然后立即再将钢筋拉断。卸去荷载后,钢筋的应力—应变曲线沿 KO' 恢复部分变形(弹性变形部分),保留 $O\ O'$ 残余变形。

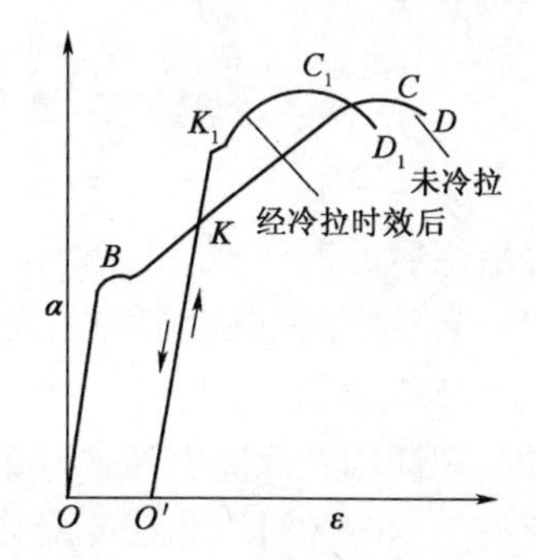

图7-8 钢筋经冷拉时效后应力—应变图的变化

通过冷拉无时效处理,钢筋的屈服点升高至 K 点,以后的应力—应变关系与原来曲线 KCD 相似。这表明钢筋经冷拉后,屈服强度得到提高,抗拉强度和塑性与钢筋原材基本相同。

(3)图中 $O'K_1C_1D_1$ 曲线为冷拉时效,其含义是将钢筋原材拉伸至超过屈服点但不超过抗拉强度(使之产生塑性变形)的某一点 K,卸去荷载,然后进行自然时效或人工时效,再将钢筋拉断。通过冷拉时效处理,钢筋的屈服点升高至 K_1 点,以后的应力—应变关系 $K_1C_1D_1$ 比原来曲线 KCD 短。这表明钢筋经冷拉时效后,屈服强度进一步提高,与钢筋原材相比,抗拉强度亦有所提高,塑性和韧性则相应降低。

钢材冷加工强化的原因是钢材经冷加工产生塑性变形后,塑性变形区域内的晶粒产生相对滑移,导致滑移面下的晶粒破碎,晶格歪曲畸变,滑移面变得凹凸不平,对晶粒进一步滑移起阻碍作用,亦即提高了抵抗外力的能力,故屈服强度得以提高。同时,冷加工强化后的钢材,由于塑性变形后滑移面减少,从而使其塑性降低、脆性增大,且变形中产生的内应力,使钢的弹性模量降低。

四、钢材的热处理

热处理是将钢材在固态范围内按一定规则加热、保温和冷却,以改变其金相组织和显微结构组织,从而获得所需性能的一种工艺过程。建筑工程所用钢材一般在生产厂家进行热处理并以热处理状态供应。在施工现场,有时需对焊接件进行热处理。

钢材热处理的方法有以下几种。

(1)退火,是将钢材加热到一定温度,保温后缓慢冷却(随炉冷却)的一种热处理工艺,有低温退火和完全退火之分。低温退火的加热温度在基本组织转变温度以下;完全退火的加热温度在800~850℃。其目的是细化晶粒,改善组织,减少加工中产生的缺陷、减轻晶格畸变,降低硬度,提高塑性,消除内应力,防止变形、开裂。

(2)正火，是退火的一种特例。正火在空气中冷却，两者仅冷却速度不同。与退火相比，正火后钢材的硬度、强度较高，而塑性减小。其目的是消除组织缺陷等。

(3)淬火，是将钢材加热到基本组织转变温度以上(一般为900℃以上)，保温使组织完全转变，即放入水或油等冷却介质中快速冷却，使之转变为不稳定组织的一种热处理操作。其目的是得到高强度、高硬度的组织。淬火会使钢材的塑性和韧性显著降低。

(4)回火，是将钢材加热到基本组织转变温度以下(150～650℃内选定)，保温后在空气中冷却的一种热处理工艺，通常和淬火是两道相连的热处理过程。其目的是促进不稳定组织转变为需要的组织，消除淬火产生的内应力，改善力学性能等。

学习情境四　钢材的化学性能

经冶炼后的钢材，存在各种化学元素，它们对钢材的性质产生不同的影响，分述如下。

(1)碳。碳是铁碳合金的主要元素之一，对钢的性能有重要影响，见图7-9。由图7-9可知，对于含碳量不大于0.8%的碳素钢，随着含碳量的增加，钢的抗拉强度和硬度提高，而塑性和冲击韧性则降低。但当含碳量大于1%时，强度开始下降，钢中含碳量的增加，焊接时焊缝附近的热影响区组织和性能变化大，容易出现局部硬脆倾向，而使钢的可焊性降低。当含碳量超过0.3%时，钢的可焊性将显著下降。含碳量增大，将增加钢的冷脆性和时效倾向，而且降低抵抗大气腐蚀的能力。

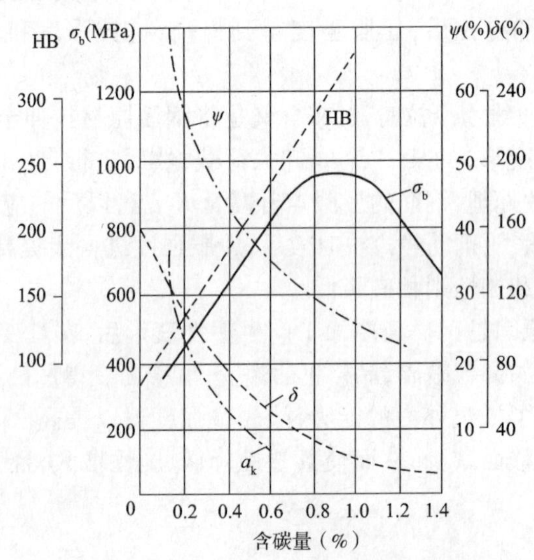

图7-9　含碳量对钢的力学性能的影响

σ_b-抗拉强度；a_k-冲击韧性；HB-硬度；δ-伸长率；ψ-断面缩减率

(2)硅。硅是在钢的精炼过程中为了脱氧而有意加入的元素。由于硅与氧的结合力强，所以能夺取氧化铁中的氧形成二氧化硅进入钢渣中被排除，使钢的质量提高。当硅含量小于1%时，可提高钢的强度，但对塑性和韧性无明显影响，且可提高其抗腐蚀能力。

硅是我国钢筋用钢的主加合金元素，其主要作用是提高钢材的强度。

(3)锰。锰也是在钢的精炼过程中为了脱氧和去硫而加入的。锰对氧和硫的结合力大于铁对氧和硫的结合力，故可使有害的氧化铁和硫化铁分别形成氧化锰和硫化锰而进入钢渣被排除，削弱了硫所引起的热脆性，改善钢材的热加工性。同时，锰还能提高钢的强度和硬度,但含量较高时,将显著降低钢的焊接性能。因此,碳素钢的含锰量控制在0.9%以下。锰是我国低合金结构钢和钢筋用钢的主加合金元素,一般其含量控制为1% ~2%。其主要作用是提高钢的强度。

(4)磷。磷是碳素钢的有害杂质,主要来源于炼钢用的原料。钢的含磷量提高时,钢的强度提高、塑性和韧性显著下降。温度越低,它对塑性和韧性的影响越大。此外,磷在钢中的分布不均匀、偏析严重,使钢的冷脆性显著增大,焊接时容易产生冷裂纹,使钢的可焊性显著降低。因此,在碳素钢中对磷的含量有严格要求。

磷可以提高钢的耐磨性和耐蚀性,在普通低合金钢中,可配合其他元素加以利用。

(5)硫。硫也是钢的有害杂质,来源于炼钢原料,以硫化铁夹杂物的形式存在于钢中,能降低钢的各种力学性能。由于硫化铁的熔点低,当钢在红热状态下进行热加工或焊接时,易使钢材内部产生裂纹,引起钢材断裂,这种现象称为热脆性。热脆性将大大降低钢的热加工性能与可焊性能。硫还能降低钢的冲击韧性、疲劳强度和抗腐蚀性。因此,碳素钢中对硫的含量有严格限制。

(6)氧。氧多以氧化铁的形式存在于钢中的非金属夹杂物中,会降低各种力学性能,尤其是使韧性降低显著。氧化物所造成的低熔点也使钢的可焊性降低,而且氧有促进时效倾向的作用,故氧在钢中的含量应有所限制。

(7)氮。氮是在炼钢过程中随空气进入钢水中而存留下来的元素。它可以提高钢的屈服点、抗拉强度和硬度,但使其塑性特别是韧性显著降低。氮还会加剧钢材的时效敏感性和冷脆性,降低可焊性,也使冷弯性能变差,故应限制其含量。若在钢中加入少量铝、钒、钛等元素,并使其变为氮化物,可减少氮的不利影响,得到强度较高的细粒结构钢。

(8)钛。钛是强脱氧剂,且能使晶粒细化,故可以显著提高钢的强度,而塑性略有降低。同时,因晶粒细化,可改善钢的韧性,还能提高可焊性和抗大气腐蚀性。因此,钛是常用的合金元素。

(9)钒。钒是弱脱氧剂,它加入钢中能削弱碳和氮的不利影响。钒能细化晶粒,提高强度和改善韧性,并能减少时效倾向,但钒将增大焊接时的硬脆倾向而使可焊性降低。

学习情境五　常用建筑钢材

建筑工程用钢有钢结构用钢和钢筋混凝土用钢两类,前者主要应用有型钢、钢板和钢管,后者主要应用有钢筋、钢丝和钢绞线,二者钢制品所用的原料用钢多为碳素钢、合金钢和低合金钢。其技术标准及选用如下。

一、建筑工程中的主要钢种

我国建筑工程中,常用钢种主要有碳素结构钢和合金钢两大类。其中,合金钢中使用较多的是普通低合金结构钢。

1.碳素结构钢

(1)牌号及其表示方法。根据国家标准《碳素结构钢》(GB/T 700—2006)中的规定,钢的牌号由代表屈服点的字母、屈服点数值、质量等级符号、脱氧方法符号四个部分按顺序组成,其中,以“Q”代表屈服点;屈服点数值共分195MPa、215MPa、235MPa和275MPa四种;质量等级以硫、磷等杂质含量由多到少,分别由A、B、C、D符号表示,A级:不要求冲击韧性;B

级:要求+20℃冲击韧性;C级——要求0℃冲击韧性; D级——要求-20℃冲击韧性,A、B、C级表示普通级钢,D级表示优质钢。脱氧方法以F代表沸腾钢、b代表半镇静钢、Z和TZ分别表示镇静钢和特殊镇静钢,Z和TZ在钢的牌号中予以省略。例如,Q235-A·B表示屈服点为235MPa的A级沸腾钢;Q215-B表示屈服点为215MPa的B级镇静钢。

(2)技术要求。碳素结构钢的技术要求包括化学成分、力学性能、冶炼方法、交货状态及表面质量五个方面。

各牌号钢的化学成分应符合表7-2的规定。各牌号钢的力学性质、工艺性质应符合表7-3和表7-4规定。

碳素结构钢的化学成分(GB/T 700—2006)　　表7-2

牌号	统一数字代号①	等级	厚度或直径(mm)	脱氧方法	化学成分(质量分数,%),不大于				
					C	Si	Mn	P	S
Q195	U11952	—	—	F、Z	0.12	0.30	0.50	0.035	0.040
Q215	U12152	A	—	F、Z	0.15	0.35	1.20	0.045	0.050
	U12155	B							0.0.045
Q235	U12352	A	—	F、Z	0.22	0.35	1.40	0.045	0.050
	U12355	B			0.20②				0.045
	U12358	C		Z	0.17			0.040	0.040
	U12359	D		TZ				0.035	0.035
Q275	U12752	A	—	F、Z	0.24	0.35	1.50	0.045	0.050
	U12755	B	≤40	Z	0.21			0.045	0.045
			>40		0.22				
	U12758	D	—	Z	0.20			0.040	0.040
	U12759	B		TZ				0.035	0.035

注:①表中为镇静钢、特殊镇静钢牌号的统一数字,沸腾钢牌号的统一数字代号如下:

Q195F——U11950;

Q215AF——U12150,Q215BF——U12153;

Q235AF——U12350,Q235BF——U12353;

Q275AF——U12750。

②经需方同意,Q235B的碳含量可不大于0.22%。

(3)碳素钢的选用。钢材的选用一方面要根据钢材的质量、性能及相应的标准;另一方面要根据工程使用条件对钢材性能的要求。GB/T 700—2006将碳素结构钢分为四个牌号,每个牌号又分为不同的质量等级。一般而言,牌号数值越大、含碳量越高,其强度、硬度也越高,但塑性、韧性降低。平炉钢和氧气转炉钢质量均较好。特殊镇静钢、镇静钢质量优于半镇静钢,更优于沸腾钢。碳素结构钢的质量等级主要取决于钢材内硫、磷的含量,硫、磷的含量越低、钢的质量越好,其焊接性能和低温冲击性能都能得到提高。

Q195和Q215钢:这两个牌号的钢材虽然强度不高,但具有较大的伸长率和韧性,冷弯性能较好,易于冷弯加工,常用作钢钉、铆钉、螺栓及铁丝等。

碳素结构钢的力学性质(GB/T 700—2006)　　表 7-3

牌号	等级	拉伸试验												冲击试验	
		屈服点 σ_s(N/mm^2),不小于						抗拉强度	断后伸长率 δ(%),不小于					温度(℃)	V 型冲击功(纵向)
		钢材厚度(直径)(mm)						σ_b (N/mm^2)	钢材厚度(直径,mm)						
		≤16	>16~40	>40~60	>40~100	>100~150	>150~200		≤40	>40~60	>40~100	>100~150	>150~200		
Q195	—	195	185	—	—	—	—	315~430	33	—	—	—	—	—	—
Q215	A	215	205	195	185	175	165	335~450	31	30	29	27	26	—	—
	B													+20	27
Q235	A	235	225	215	215	195	185	370~500	26	25	24	22	21	—	—
	B													+20	27
	C													0	
	D													−2	
Q275	A	275	265	255	245	225	215	410~540	22	21	20	18	17	—	
	B													+20	27
	C													0	
	D													−20	

碳素结构钢的工艺性质(GB/T 700—2006)　　表 7-4

牌　　号	试样方向	冷弯试验 180°, $B=2a$① 钢材厚度②(直径,mm)	
		60	>60~100
		弯心直径 d	
Q195	纵	0	—
	横	0.5a	
Q215	纵	0.5a	1.5a
	横	a	2a
Q235	纵	a	2a
	横	1.5a	2.5a
Q275	纵	1.5a	2.5a
	横	2a	3 a

注:①B 为试样宽度,a 为试样厚度(或直径);

②钢材厚度(或直径)大于 100mm 时,弯曲试验由双方协商确定。

Q235 钢:具有较高的强度和良好的塑性和加工性能,能满足一般钢结构和钢筋混凝土结构要求,可制作低碳热轧圆盘条等建筑工程用钢材,应用范围广泛,其中 C、D 质量等级可作为重要焊接结构用。

Q275 钢:强度更高,硬而脆,适于制作耐磨构件、机械零件和工具,也可以用于钢结构构件,但不宜在建筑结构中使用。

工程结构的荷载类型、焊接情况及环境温度等条件对钢材性能有不同的要求,选用钢材时必须满足。一般情况下,沸腾钢在下述情况下是限制使用的:

①在直接承受动荷载的焊接结构。

②非焊接结构而计算温度等于或低于 -20℃时。

③受静荷载及间接动荷载作用,而计算温度等于或低于 -30℃时的焊接结构。

2. 低合金高强度结构钢

(1)牌号的表示方法。根据国家标准《低合金高强度结构钢》(GB/T 1591—2008)规定,共有八个牌号。所加元素主要有锰、硅、钡、钛、铌、铬、镍及稀土元素。其牌号的表示方法由屈服点字母 Q、屈服点数值、质量等级(分 A、B、C、D、E 五级)三个部分组成。

(2)标准与性能。低合金高强度结构钢的化学成分、力学性能见表 7-5 和表 7-6。低合金高强度钢的含碳量一般都较低,以便于钢材的加工和焊接要求。其强度的提高主要靠加入的合金元素结晶强化和固溶强化来达到。

采用低合金高强度钢的主要目的是减轻结构质量,延长使用寿命。这类钢具有较高的屈服点和抗拉强度、良好的塑性和冲击韧性,具有耐锈蚀、耐低温性能,综合性能好。特别是大跨度、大柱网结构,采用较高强度的低合金结构钢,技术经济效果更显著。

由于合金元素的强化作用,因此低合金高强度结构钢与碳素结构相比,既具有较高的强度,同时又有良好的塑性、低温冲击韧性、可焊性和耐蚀性等特点,是一种综合性能良好的建筑钢材。Q345 级钢是钢结构的常用牌号,Q390 也是推荐使用的牌号。与碳素结构钢 Q235 相比,低合金高强度结构钢 Q345 的强度更高,等强度代换时可以节省钢材 15% ~25%,并减轻结构自重。另外,Q345 具有良好的承受动荷载和耐疲劳性。低合金高强度结构钢广泛应用于钢结构和钢筋混凝土结构中,特别是大型结构、重型结构、大跨度结构、高层建筑、桥梁工程、承受动荷载和冲击荷载的结构。

3. 优质碳素结构钢

国家标准《优质碳素结构钢》(GB/T 699—1999),将优质碳素结构钢划分为 31 个牌号,分为低含锰量(0.25% ~0.50%)、普通含锰量(0.35% ~0.80%)和较高含锰量(0.70% ~1.20%)三组,其表示方法如下:

平均含碳量的万分数—含锰量标识—脱氧程度

32 个牌号是 08F、10F、15F、08、10、15、20、25、30、35、40、45、50、55、60、65、70、75、80、85、15Mn、20Mn、25Mn、30Mn、35Mn、40Mn、45Mn、50Mn、55Mn、60Mn、65Mn、70Mn。如“10F”表示平均含碳量为 0.10%,低含锰量的沸腾钢;“45”表示平均含碳量为 0.45%,普通含锰量的镇静钢;“30Mn”表示平均含碳量为 0.30%,较高含锰量的镇静钢。

优质碳素结构对有害杂质含量控制严格,质量稳定,综合性能好,但成本较高。其性能主要取决于含碳量的多少,含碳量高,则强度高,塑性和韧性差。在建筑工程中,30 ~45 号钢主要用于重要结构的钢铸件和高强度螺栓等,45 号钢用作预应力混凝土锚具,65 ~80 号钢用于生产预应力混凝土用钢丝和钢绞线。

4. 桥梁用结构钢

国家标准《桥梁用结构纲》(GB/T 714—2000)规定了桥梁用结构纲的牌号表示方法、技术标准等。

(1)桥梁用结构纲的牌号。桥梁用钢的牌号由代表屈服点的汉语拼音字母、屈服点数值、桥梁钢的汉语拼音字母、质量等级符号 4 个部分组成,例如 Q345qC,其中:

低合金离强度结构钢的化学成分(GB/T 1591—2008) 表 7-5

牌号	质量等级	化学成分[①,②](质量分数,%)														
		C≤	Si≤	Mn≤	P	S	Nb	Ti	V	Cr	Ni	Cu	N	Mo	B	Als
					不大于											不小于
Q345	A	0.20	0.50	1.70	0.035	0.035	0.07	0.15	0.20	0.30	0.50	0.30	0.012	0.10	—	—
	B				0.035	0.035										
	C				0.030	0.030										0.015
	D	0.18			0.030	0.025										
	E				0.025	0.020										
Q390	A	0.20	0.50	1.70	0.035	0.035	0.07	0.20	0.20	0.30	0.50	0.30	0.015	0.10	—	—
	B				0.035	0.035										
	C				0.030	0.030										0.015
	D				0.030	0.025										
	E				0.025	0.020										
Q420	A	0.20	0.50	1.70	0.035	0.035	0.07	0.20	0.20	0.30	080	0.30	0.015	0.20	—	—
	B				0.035	0.035										
	C				0.030	0.030										0.015
	D				0.030	0.025										
	E				0.025	0.020										

续上表

牌号	质量等级	化学成分①,②(质量分数,%)														
		C≤	Si≤	Mn≤	P	S	Nb	Ti	V	Cr	Ni	Cu	N	Mo	B	Als
					不大于											不小于
Q460	C	0.20	0.60	1.80	0.030	0.030	0.11	0.20	0.20	0.30	0.80	0.55	0.015	0.20	0.004	0.015
	D				0.030	0.025										
	E				0.025	0.020										
Q500	C	0.18	0.60	1.80	0.030	0.030	0.11	0.12	0.20	0.60	0.80	0.55	0.015	0.20	0.004	0.015
Q500	D				0.030	0.025										
	E				0.025	0.020										
Q550	C	0.18	0.60	2.00	0.030	0.030	0.11	0.12	0.20	0.80	0.80	0.80	0.015	0.30	0.004	0.015
	D				0.030	0.025										
	E				0.025	0.020										
Q620	C	0.18	0.60	2.00	0.030	0.030	0.11	0.12	0.20	1.00	0.80	0.80	0.015	0.30	0.004	0.015
	D				0.030	0.025										
	E				0.025	0.020										
Q690	C	0.18	0.60	2.00	0.030	0.030	0.11	0.12	0.20	1.00	0.80	0.80	0.015	0.30	0.004	0.015
	D				0.030	0.025										
	E				0.025	0.020										

注:①型材及棒材 P、S 含量可提高 0.005%,其中 A 级钢上限可为 0.045%。

②细化晶粒元素组合加入时,20(Nb + V + Ti) ≤0.22%,20(Mo + Cr) ≤0.30%。

表 7-6

低合金高强度结构钢的力学性能（GB/T 1591—2008）

牌号	质量等级	拉伸试验①,②,③																					
		下屈服强度（MPa）									抗拉强度（MPa）							断后伸长率（%）					
		公称厚度（直径，边长；mm）									公称厚度（直径，边长；mm）							公称厚度（直径，边长；mm）					
		≤16	16 ~ 40	40 ~ 63	63 ~ 80	80 ~ 100	100 ~ 150	150 ~ 200	200 ~ 250	250 ~ 400	≤40	40 ~63	63 ~ 80	80 ~ 100	100 ~ 150	150 ~ 200	200 ~ 250	≤40	40 ~ 63	63 ~ 100	100 ~ 150	150 ~ 200	200 ~ 250
		≥																≥					
	A																	20	19	19	18	17	
	B									—							—						—
Q345	C	345	335	325	315	305	285	275	265		470 ~ 630	470 ~ 630	470 ~ 630	470 ~ 630	450 ~ 600	450 ~ 600							
	D																	21	20	19	19	18	17
	E									265							450 ~ 600						
	A																						
	B																						
Q390	C	390	370	350	330	330	310	—	—	—	490 ~ 650	490 ~ 650	490 ~ 650	490 ~ 650	470 ~ 620	—	—	20	19	19	18	—	—
	D																						
	E																						
	A																						
	B																						
Q420	C	420	400	380	360	360	340	—	—	—	520 ~ 680	520 ~ 680	520 ~ 680	520 ~ 680	500 ~ 650	—	—	19	18	18	18	—	—
	D																						
	E																						

续上表

牌号	质量等级	拉伸试验①,②,③																					
		下屈服强度(MPa)									抗拉强度(MPa)							断后伸长率(%)					
		公称厚度(直径,边长;mm)									公称厚度(直径,边长;mm)							公称厚度(直径,边长;mm)					
		≤16	16~40	40~63	63~80	80~100	100~150	150~200	200~250	250~400	≤40	40~63	63~80	80~100	100~150	150~200	200~250	≤40	40~63	63~100	100~150	150~200	200~250
		≥																≥					
Q460	C	460	440	420	400	400	380	—	—	—	550~	550~	550~	550~	530~	—	—	17	16	16	16	—	—
	D																						
	E																						
Q500	C																						
	D	500	480	470	450	440	—	—	—	—	610~770	600~760	590~750	540~730	—	—	—	17	17	17		—	—
	E																						
Q550	C																						
	D	550	530	520	500	490	—	—	—	—	670~830	620~810	600~790	590~730	—	—	—	16	16	16	—	—	—
	E																						
Q620	C																						
	D	620	600	590	570	—	—	—	—	—	710~880	690~880	670~860	—	—	—	—	15	15	15	—	—	—
	E																						
Q690	C																						
	D	690	670	660	640	—	—	—	—	—	770~940	750~920	730~900	—	—	—	—	14	14	14	—	—	—
	E																						

注:①当屈服不明显时,可测量 $\sigma_{0.2}$ 代替下屈服强度。

②宽度不小于600mm 的扁平材,拉伸试验取横向试样,宽度小于600mm 的扁平材、型材及棒材取纵向试样,断后伸长率最小值相应提高1%(绝对值)。

③厚度为250~400mm 的数值适用于扁平材。

Q——表示桥梁屈服点的“屈”字汉语拼音首字字母；

345——屈服点数值，单位为 MPa；

q——桥梁钢“桥”字汉语拼音首字字母；

C——质量等级为 C 级。

(2)桥梁用结构钢的技术要求。桥梁用结构钢的化学成分见表 7-7，桥梁用结构钢的力学性能与工艺性能要求见表 7-8。

桥梁用结构钢的化学成分(GB/T 714—2000)　　表 7-7

牌号	质量等级	化学成分(%)					
		C	Si	Mn	P	S	Als
					不大于		
Q235q	C	≤0.02	≤0.30	0.40～0.70	0.035	0.035	
	D	≤0.18	≤0.30	0.50～0.80	0.025	0.025	≥0.015
Q345q	C	≤0.02	≤0.60	1.00～1.60	0.035	0.035	
	D	≤0.18	≤0.60	1.00～1.60	0.025	0.025	≥0.015
	E	≤0.17	≤0.50	1.20～1.60	0.020	0.015	≥0.015
Q370q	C	≤0.18	≤0.50	1.20～1.60	0.035	0.035	
	D	≤0.17	≤0.50	1.20～1.60	0.025	0.025	≥0.015
	E	≤0.17	≤0.50	1.20～1.60	0.020	0.015	≥0.015
Q420q	C	≤0.18	≤0.50	1.20～1.60	0.035	0.035	
	D	≤0.17	≤0.60	1.20～1.70	0.025	0.025	≥0.015
	E	≤0.17	≤0.60	1.20～1.70	0.020	0.015	≥0.015

注：表中的酸溶铝(Als)可以用测定总含铝量代替，此时铝含量应不小于 0.020%。

桥梁用结构钢的力学性能与工艺性能　　表 7-8

牌号	质量等级	板厚(mm)	屈服点 σ_a(MPa)	抗拉强度 σ_b(MPa)	伸长率 δ_a(%)	V 型冲击功能(纵向)			180°弯曲试验 钢材厚度(mm)	
						湿度(℃)	I	时效(J)		
			不小于						≤16	>16
Q235q	C	≤16	235	390	26	0	27		$d=1.5a$	$d=2.5a$
		16～35	225	380						
		35～50	215	375						
		50～100	205	375						
	D	≤16	235	390	26	-20		27		
		16～35	225	380						
		35～50	215	375						
		50～100	205	375						
Q345q	C	≤16	345	510	21	0	34		$d=2a$	$d=3a$
		16～35	325	490	20					
		35～50	315	470	20					
		50～100	305	470	20					

续上表

牌　号	质量等级	板厚(mm)	屈服点 σ_a(MPa)	抗拉强度 σ_b(MPa)	伸长率 δ_a(%)	V型冲击功能(纵向) 湿度(℃)	I	时效(J)	180°弯曲试验 钢材厚度(mm) ≤16	>16
			不小于							
Q345q	D	≤16	345	510	21	−20	34	34	$d=2a$	$d=3a$
		16~35	325	490	20					
		35~50	315	470	20					
		50~100	305	470	20					
	E	≤16	345	510	21	−40				
		16~35	325	490	20					
		35~50	315	470	20					
		50~100	305	470	20					
Q370q	C	≤16	370	530	21	0	41		$d=2a$	$d=3a$
		16~35	355	510	20					
		35~50	330	490	20					
		50~100	330	490	20					
	D	≤16	370	530	21	−20		41		
		16~35	355	510	20					
		35~50	330	490	20					
		50~100	330	490	20					
	E	≤16	370	530	21	−40				
		16~35	355	510	20					
		35~50	330	490	20					
		50~100	330	490	20					
Q420q	C	≤16	420	570	20	0	47		$d=2a$	$d=3a$
		16~35	410	550	19					
		35~50	400	540	19					
		50~100	390	530	19					
	D	≤16	420	570	20	−20		47		
		16~35	410	550	19					
		35~50	400	540	19					
		50~100	390	530	19					
	E	≤16	420	570	20	−40				
		16~35	410	550	19					
		35~50	400	540	19					
		50~100	390	530	19					

二、钢结构用钢

钢结构用钢材主要是热轧成型的钢板和型钢等；薄壁轻型钢结构中主要采用薄壁型钢、圆钢和小角钢；钢材所用的母材主要是普通碳素结构钢和低合金高强度结构钢。

1. 热轧型钢

钢结构常用型钢有工字钢、H形钢、T形钢、Z形钢、槽钢、等边角钢和不等边角钢等。如

图 7-10 所示为几种常用型钢示意图。型钢由于截面形式合理，材料在截面上分布对受力最为有利，且构件间连接方便，所以它是钢结构中采用的主要钢材。

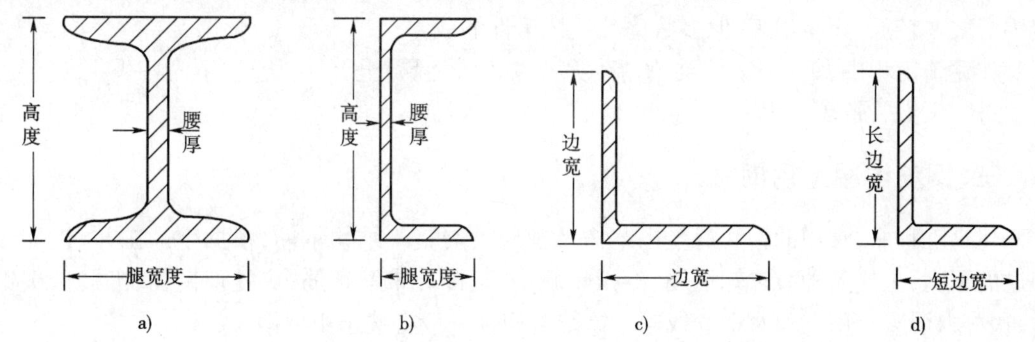

图 7-10 几种常用热轧型钢截面示意图

a）工字钢；b）槽钢；c）等边角钢；d）不等边角钢

钢结构用钢的钢种和钢号，主要根据结构与构件的重要性、荷载的性质（静载或动载）、连接方法（焊接、铆接或螺栓连接）、工作条件（环境温度及介质）等因素来选择。我国建筑用热轧型钢主要采用碳素结构钢和低合金钢，其中应用最多是碳素钢 Q235-A，低合金钢 Q345（16Mn）及 Q390（15MnV），前者适用于一般钢结构工程，后者可用于大跨度、承受动荷载的钢结构工程。

工字钢广泛应用于各种建筑结构和桥梁，主要用于承受横向弯曲（腹板平面内受弯）的杆件，但不宜单独用作轴心受压构件或双向弯曲的构件。

与工字钢相比，H 形钢优化了截面的分布，有翼缘宽，侧向刚度大，抗弯能力强，翼缘两表面相互平行、连接构造方便、省劳力，质量轻、节省钢材等优点。常用于承载力大、截面稳定性好的大型建筑，其中宽翼缘和中翼缘 H 形钢适用于钢柱等轴心受压构件，窄翼缘 H 形钢适用于钢梁等受弯构件。

槽钢可用作承受轴向力的杆件、承受横向弯曲的梁以及联系杆件，主要用于建筑结构、车辆制造等。

角钢主要用作承受轴向力的杆件和支撑杆件，也可作为受力构件之间的连接零件。

2. 冷弯薄壁型钢

冷弯薄壁型钢通常用 2～6mm 薄钢板冷弯或模压而成，有角钢、槽钢等开口薄壁型钢及方形、矩形等空心薄壁型钢。可用于轻型钢结构。

3. 钢板

钢板有热轧钢板和冷扎钢板之分，按厚度可分为厚板（厚度 $>$4mm）和薄板（厚度$\leqslant$4mm）两种。厚板用热轧方式生产，材质按使用要求相应选取；薄板用热轧或冷扎方式均可生产，冷扎钢板一般质量较好，性能优良，但其成本高，建筑工程中使用的薄钢板多为热轧型。钢板的钢种主要是碳素钢，某些重型结构、大跨度桥梁等也采用低合金钢。厚板主要用于结构，薄板主要用于屋面板、楼板和墙板等。在钢结构中，单块钢板不能独立工作，必须用几块板组合成工字形、箱形等结构来承受荷载。

4. 钢管

按照生产工艺，钢结构所用钢管分为热轧无缝钢管和焊接钢管两大类。

（1）热轧无缝钢管以优质碳素钢和低合金结构钢为原材料，多采用热轧—冷拔联合工艺生产，也可用冷扎方式生产，但后者成本高昂。主要用于压力管道和一些特定的钢结构。

（2）焊接钢管采用优质或普通碳素钢钢板卷焊而成，表面镀锌或不镀锌（视使用情况而定）。按其焊缝形式有直缝电焊钢管和螺旋焊钢管，适用于各种结构、输送管道等用途。焊接钢管成本较低，容易加工，但多数情况下抗压性能较差。

在建筑工程中，钢管多用于制作桁架、塔桅、钢管混凝土等，广泛应用于高层建筑、厂房柱、塔柱、压力管道等工程中。

三、钢筋混凝土用钢材

建筑工程中，常用的钢筋混凝土结构及预应力混凝土结构钢筋，根据生产工艺、性能和用途的不同，主要品种有热轧钢筋、冷拉热轧钢筋、冷轧带肋钢筋、热处理钢筋、冷拔低碳钢丝、预应力混凝土用钢丝及钢绞线等。钢结构构件一般直接选用型钢。

1. 热轧钢筋

热轧钢筋是钢筋混凝土和预应力钢筋混凝土的主要组成材料之一，不仅要求有较高的强度，而且应有良好的塑性、韧性和可焊性能。热轧钢筋主要有Q235轧制的光圆钢筋和由合金钢轧制的带肋钢筋两类。

（1）热轧光圆钢筋。根据《钢筋混凝土用钢 第1部分：热轧光圆钢筋》（GB 1499.1—2008）的规定，热轧光圆钢筋级别为Ⅰ级，热轧光圆钢筋按屈服强度特征值分为235级、300级，其牌号的构成及含义如表7-9所示，力学与工艺性能要求如表7-10所示。

热轧光圆钢筋技术要求（GB 1499.1—2008）　　表7-9

产品名称	牌号	牌号构成	英文字母含义
热轧光圆钢筋	HPB235	由HPB+屈服强度特征值构成	HPB——热轧光圆钢筋的英文（Hot rolled Plain Bars）缩写
	HPB300		

热轧光圆钢筋的力学、工艺性能（GB 1449.1—2008）　　表7-10

牌号	σ_s(MPa)	σ_b(MPa)	δ_5	δ_{gt}(%)	冷弯试验180° d——弯心直径 a——钢筋公称
	不小于				
HPB235	235	370	20.0	7.5	$d=a$
HPB300	300	420			

热轧光圆钢筋的强度较低，但具有塑性好、伸长率高、便于弯曲成型、容易焊接等特点，它的使用范围很广，可用作中、小型钢筋混凝土结构的主要受力钢筋，构件的箍筋，还可以作为冷轧带肋钢筋和冷拔低碳钢丝的原材料。

（2）热轧带肋钢筋。热轧带肋钢筋表面有两条纵肋，并沿长度方向均匀分布有牙形横肋，如图7-11所示。

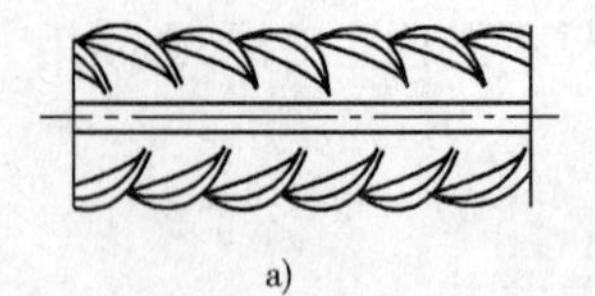

a)　　b)

图7-11　带肋钢筋外形图
a）月牙肋；b）等高肋

根据《钢筋混凝土用钢 第2部分：热轧带肋钢筋》（GB 1499.2—2007）的规定，热轧带肋钢筋分为HRB335、HRB400、HRB500三个牌号。其中H、R、B分别为热轧（Hot rolled）、带肋（Ribbed）和钢筋（Bars）三个词的英文首字母，数字表示相应的屈服强度要求值（MPa）。热轧带肋钢筋的力学性能和工艺性能应符合表 7-11 的规定。

热轧带肋钢筋的力学性能和工艺性能指标(GB 1499.2—2007)　　表 7-11

牌　号	公称直径(mm)	σ_s(MPa)	σ_b(MPa)	δ_5	δ_{gt}(%)	冷弯试验 180°
		不小于				弯心直径
HRB335 HRBF335	6~25	335	455	17	7.5	3d
	28~40					4d
	40~50					5d
HRB400 HRBF400	6~25	400	540	16		4d
	28~40					5d
	40~50					6d
HRB500 HRBF500	6~25	500	630	15		6d
	28~40					7d
	40~50					8d

热轧带肋钢筋具有较高的强度,塑性和可焊性也较好。钢筋表面带有纵肋和横肋,从而加强了钢筋与混凝土之间的握裹力。HRB335 和 HRB400 钢筋的强度较高,塑性和焊接性能较好,广泛用作大、中型钢筋混凝土结构的受力筋。HRB500 钢筋强度高,但塑性和焊接性能较差,可用作预应力钢筋。

2. 冷轧带肋钢筋

冷轧带肋钢筋采用热轧圆盘条经冷轧而成,表面带有沿长度方向均匀分布的两面或三面的月牙肋。

冷轧带肋钢筋强度高,塑性、焊接性较好,握裹力强,广泛用于中、小预应力混凝土结构构件和普通钢筋混凝土结构构件中,也可以用冷轧带肋钢筋焊接成钢筋网使用于上述构件的生产。

根据国家标准《冷轧带肋钢筋》(GB 13788—2000)规定,冷轧带肋钢筋的牌号表示为 CRB×××。钢筋牌号共有 CRB550、CRB650、CRB800、CRB970、CRB1170 五个牌号,分别表示抗拉强度不小于 550MPa、650MPa、800MPa、970MPa、1170MPa 的钢筋。公称直径范围为 4~12mm。其中 CRB650 公称直径为 4mm、5mm、6mm、CRB800 以上级别推荐公称直径为 5mm。

冷轧带肋钢筋各等级的力学性能和工艺性能应符合表 7-12 的规定。

冷轧带肋钢筋的性能(GB 13788—2000)　　表 7-12

级别代号	σ_b(MPa)≥	伸长率(≥,%)		冷弯试验 180°	反复弯曲次数	松弛率 =0.7σ_b	
		δ_{10}	δ_{100}			1000h≤%	10h≤%
CRB550	550	8	—	$D=3d$	—	—	—
CRB650	650	—	4	—	3	8	5
CRB800	800	—	4	—	3	8	5
CRB970	970	—	4	—	3	8	5
CRB1170	1170	—	4	—	3	8	5

注:①牌号中 CRB 为英文 cold rolling ribbed steel wires and bars 的首位字母,后面的数字为抗拉强度值。

②松弛率为初始荷载加至试样实际强度的 70% 后,测定 1000h 的松弛值合格的基础上再以 10h 作为常规试验。

3. 冷拔低碳钢丝

冷拔低碳钢丝是用6.5~8mm的碳素结构钢Q235或Q215盘条,通过多次强力拔制而成的直径为3mm、4mm、5mm的钢丝。其屈服强度可提高40%~60%。但失去了低碳钢的性能,变得硬脆,属硬钢类钢丝。冷拔低碳钢丝按力学强度分为两级:甲级为预应力钢丝;乙级为非预应力钢丝。混凝土工厂自行冷拔时,应对钢丝的质量严格控制,对其外观要求分批抽样,表面不准有锈蚀、油污、伤痕、皂渍、裂纹等,逐盘检查其力学、工艺性质并要符合表7-13的规定,凡伸长率不合格者,不准用于预应力混凝土构件中。

冷拔低碳钢丝的机械性能(JC/T 540—2006)　　表7-13

项次	钢丝级别	直径(mm)	抗拉强度(MPa)		伸长率δ(%)(标距100mm)	180°反复弯曲(次数)
			1组	2组		
			≥			
1	甲级	5	650	600	3	4
		4	700	650	2.5	
2	乙级	3.0、4.0、5.0、6.0	550		2	4

4. 预应力混凝土用钢丝及钢绞线

(1)预应力混凝土用钢丝是用优质碳素结构钢制成,《预应力混凝土用钢丝》(GB/T 5223—2002)按加工状态分为冷拉钢丝(WCD)和消除应力钢丝两类。消除应力钢丝按松弛性能又分为低松弛级钢丝(WLR)和普通松弛钢丝(WNR)。按外形分类光圆(P)、螺旋肋钢丝(H)和刻痕钢丝(I)。

预应力混凝土用钢丝有强度高(抗拉强度 σ_b 在1470~1770MPa以上,屈服强度 $\sigma_{0.2}$ 在1100~1330MPa以上),柔性好(标距为200mm的伸长率大于1.5%,弯曲1800达4次以上),无接头,质量稳定可靠,施工方便,不需冷拉、不需焊接等优点。主要用于大跨度屋架及薄腹梁、大跨度吊车梁、桥梁、电杆和轨枕等的预应力钢筋等。

(2)预应力混凝土用钢绞丝是以数根优质碳素结构钢钢丝经绞捻和消除内应力的热处理而制成。《预应力混凝土用钢绞线》(GB/T 5224—2004)根据捻制结构(钢丝的股数),将其分为:1×2用两根钢丝捻制的钢绞线;1×3用三根钢丝捻制的钢绞线;1×3I用三根刻痕钢丝捻制的钢绞线;1×7用七根钢丝捻制的标准型钢绞线;1×7C用七根钢丝捻制又经模拔的钢绞线,共五类。预应力混凝土用钢绞线的最大负荷随钢丝的根数不同而不同,7根捻制结构的钢绞线,整根钢绞线的最大力达384kN以上,规定非比例延伸力可达346kN以上,1000h松弛率≤1.0%~4.5%。预应力混凝土用钢绞线亦具有强度高、柔韧性好、无接头、质量稳定和施工方便等优点,使用时按要求的长度切割,主要用于大跨度、大负荷的后张法预应力屋架、桥梁和薄腹板等结构的预应力筋。

单元小结

钢材是建筑工程最重要的金属材料,在工程中应用的钢材主要是碳素结构钢和低合金高强度结构钢。钢材具有强度高,塑性和韧性好,可焊可铆,易于加工。装配等优点,已被广泛地应用于个工业领域中。在建筑工程中,钢材用来制作钢结构构件及做混凝土结构中的增强材料,已成为常用的重要的结构材料,尤其在当代迅速发展的大跨度、大荷载。高层的建筑中,钢材已是不可或缺的材料。

现今迅速发展的低合金高强度结构钢，是在碳素结构钢的基本成分中加入5%以下的合金元素的新型材料。其强度得到显著提高，同时具有良好的塑性、冲击韧性、耐蚀性、耐低温冲击等优良性能，所以在预应力钢筋混凝土结构的应用中，取得良好的技术经济效果，因而是大力推广的钢种。

钢材也是工程中耗量较大而价格昂贵的建筑材料，所以如何经济合理地利用钢材，以及设法用其他较廉价的材料来代替钢材，以节约金属材料资源，降低成本，也是非常重要的课题。

复习思考题

1. 低碳钢的拉伸试验图划分为几个阶段？各阶段的应力—应变有何特点？指出弹性极限σ_p、屈服点σ_s和抗拉强度σ_b在图中的位置。

2. 何谓钢材的屈强比？其大小对使用性能有何影响？

3. 钢的伸长率与试件标距长度有何关系？为什么？

4. 钢的脱氧程度对钢的性能有何影响？

5. 钢材的冷加工对钢的力学性能有何影响？从技术和经济两个方面说明低合金钢的优越性。

6. 试述钢中含碳量对各项力学性能的影响。

7. 对有抗震要求的框架，为什么不宜用强度等级较高的钢筋代替原设计中的钢筋？

8. 建筑上常用有哪些牌号的低合金钢？

9. 工地上为何常对强度偏低而塑性偏大的低碳盘条钢筋进行冷拉？

单元八　墙体材料

内容提要

墙体材料主要是指砖、砌块、墙板等，在建筑物中起承重、围护、隔断、防水、保温、隔音等作用。烧结普通砖是我国传统的墙体材料，使用的量大、面广。为了保护环境、可持续发展、建筑节能等，我国鼓励使用蒸压蒸养砖（灰砂砖，粉煤灰砖和炉渣砖）和砌块（普通混凝土小型砌块、轻集料混凝土空心砌块和加气混凝土砌块等）。建筑的砌块化已成为一种发展趋势。

熟练掌握烧结普通砖的性质与应用特点。掌握烧结多孔砖、烧结空心砖、蒸压蒸养砖、砌块的主要性质与应用特点。

学习情境一　砌　墙　砖

砌墙砖是指以黏土、工业废料及其他地方资源为主要原料，按不同工艺制成的，在建筑上用来砌筑墙体的块状材料。按制作工艺分为烧结砖和蒸养砖。

一、烧结砖

烧结砖是以砂质黏土、页岩、煤矸石、粉煤灰为主要原料，经焙烧等工艺制成的矩形直角六面体块材。分有普通砖（实心砖）、多孔砖和空心砖三种，普通砖按原料又分为烧结黏土砖（N）、烧结页岩砖（Y）、烧结粉煤灰砖（F）和烧结煤矸石砖（M）。

1. 烧结砖的工艺流程

烧结砖的工艺流程为：原料开采→配料配制→成型→干燥→焙烧→成品。

（1）原料的开采和处理。原料的开采在原料矿进行，当原料矿整体的化学成分和物理性能基本相同、质量均匀时，可采用任意方式开采；当不均匀时，可沿断面均匀取土。为了破坏黏土的天然结构，开采的原料需要经风化、混合搅拌、陈化和原料的细碎处理过程。

（2）成型。烧结砖的成型方法依黏土的塑性不同，可采取不同的成型方法，其中有塑性挤出法或半硬挤出法。前者成型时坯体中含水大于18%；后者坯体中含水小于18%。

（3）干燥。砖坯成型后，含水率较高，如若直接焙烧，会因坯体内产生的较大蒸汽压使砖坯爆裂，甚至造成砖垛倒塌等严重后果。因此，砖坯成型后需要进行干燥处理，干燥后的砖坯含水率要降至6%以下。干燥有自然干燥和人工干燥两种。前者是将砖坯在阴凉处阴干后再经太阳晒干，这种方法受季节限制；后者是利用焙烧窑中的余热对砖坯进行干燥，不受季节限制。干燥中常出现的问题是干燥裂纹，在生产中应严格控制。

（4）焙烧。焙烧是烧结砖最重要的环节，焙烧时，坯体内发生了一系列的物理化学变化。当温度达110℃时，坯体内的水全部被排出，温度升至500～700℃，有机物燃尽，黏土矿物和其他化合物中的结晶水脱出。温度继续升高，黏土矿物发生分解，并在焙烧温度下重新化合生成合成矿物（如硅线石等）和易熔硅酸类新生物。原料不同，焙烧温度（最高烧结温度）有所不同，通常黏土砖为950℃左右；页岩砖、粉煤灰砖为1050℃左右；煤矸石砖为1100℃左右。当温度升高达到某些矿物的最低共熔点时，便出现液相，该液相包裹一些不熔固体颗粒，并填充颗粒的间隙中，在制品冷却时，这些液相凝固成玻璃相。从微观上观察烧结砖的内部结构是结晶的固体颗粒被玻璃相牢固地黏结在一起的，所以烧结砖的性质与生坯完全不同，既有耐水性，又有较高的强度和化学稳定性。

焙烧温度若控制不当，就会出现过火砖和欠火砖，过火砖变形较大，欠火砖耐水性和强度都较低，因此，焙烧时要严格控制焙烧温度。为节约能耗，在坯体制作过程中，加入粉煤灰、煤矸石、煤粉，经烧结制成的砖叫"内燃砖"，这种砖的质量较均匀。

焙烧砖坯的窑主要有轮窑、隧道窑和土窑，用轮窑或隧道窑烧砖的特点是生产量大、可以利用余热、可节省能源，烧出的砖的色彩为红色，也叫红砖。土窑的特点是窑中的焙烧"气氛"可以调节，到达焙烧温度后，可以采取措施使窑内形成还原气氛，使砖中呈红色的高价 Fe_2O_3 还原成呈青色的 FeO，从而得到青砖，青砖多用于仿古建筑的修复。

2. 烧结普通砖

根据国家标准《烧结普通砖》（GB 5101—2003）所指，烧结普通砖是指以黏土、页岩、煤矸石、粉煤灰为主要原料，经焙烧而成的实心或空洞率小于15%的砖，分别为烧结黏土砖（N）、烧结页岩砖（Y）、烧结煤矸石砖（M）和烧结粉煤灰砖（F）。

烧结普通砖曾在我国使用得非常广泛，尽管我国在逐渐限制烧结砖的生产和使用，但由于烧结普通砖的使用历史悠久，其性能及特点已被人们所熟悉，质量检验技术已成熟，因此烧结普通砖的技术性质已成为发展其他墙体材料时的参考。

1）烧结普通砖的规格和质量等级

（1）烧结普通砖的规格。砖的外形为直角六面体，其公称尺寸为：长240mm、宽115mm、高53mm，如加上10mm的砌筑灰缝，则4块砖长、8块砖宽或16块砖厚均为1m，1m^{3}的砖砌砌体共需512块砖。在建筑上，墙厚的尺寸是以普通砖为基础，如"二四墙"、"三七墙"和"四九墙"，分别为一块砖长的厚度、一块半和两块的厚度。

（2）强度等级。普通砖按抗压强度分为MU30、MU25、MU20、MU15、MU10五个强度等级；强度和抗风化性能合格的砖，根据尺寸偏差、外观质量、泛霜和石灰爆裂分为优等品（A）、一等品（B）、合格品（C）三个质量等级。其中，优等品可以用于清水墙和墙体装饰，一等品、合格品可以用于混水墙。中等泛霜的砖不能用于潮湿部位。

2）技术要求

《烧结普通砖》（GB 5101—2003）中规定的技术要求中，包括尺寸偏差、外观质量、强度、抗风化性能、泛霜和石灰爆裂。其中各指标要求如下。

（1）尺寸允许偏差。砖的尺寸允许偏差见表8-1。

尺寸允许偏差（GB 5101—2003）（单位：mm）　　表8-1

公称尺寸	优等品		一等品		合格品	
	样本平均偏差	样本极差≤	样本平均偏差	样本极差≤	样本平均偏差	样本极差≤
240	±2.0	8	±2.5	8	±3.0	8
115	±1.5	4	±2.0	6	±2.5	7
53	±1.5	5	±1.6	5	±2.0	6

(2)外观质量。砖的外观质量应符合表 8-2 规定。

外观质量(GB 5101—2003)(单位:mm)　　表 8-2

项　目			优等品	一等品	合格品
两条面高度差		≤	2	3	4
弯曲		≤	2	3	4
杂质突出高度		≤	2	3	4
缺棱掉角的三个破坏尺寸		不得同时大于	15	20	30
裂纹长度≤	a. 大面上宽度方向及其延伸至条面上水平裂纹的长度		30	60	80
	b. 大面上长度方向及其延伸至顶面或条面上水平裂纹的长度		50	80	100
完整面		不得少于	一条面和一顶面	一条面和一顶面	—
颜色			基本一致	—	—

(3)强度等级。普通砖的强度等级的评定方法如下。

第一步,分别测出 10 块砖的破坏荷载,并求出 10 块砖的强度个别值和平均值:

$$\bar{f}=\frac{1}{10}\sum_{i=1}^{10}f_i$$

第二步,根据 f_i 及再求出强度标准差 S 及变异系数 δ:

强度标准差

$$S=\sqrt{\frac{1}{9}\sum_{i=1}^{10}(f_i-\bar{f})^2}$$

变异系数

$$\delta=\frac{S}{f}$$

第三步,根据 δ 值确定评定方法:当 $\delta \leqslant 0.21$ 时,按平均值 $\bar{f}$ 和强度标准值 f_k 评定(其中强度标准值 $f_k=\bar{f}-1.83S$);当 $\delta>0.21$ 时,按平均值和单块最小抗压强度值评定。各强度等级具体指标见表 8-3。

烧结普通砖强度等级(GB 5101—2003)(单位:MPa)　　表 8-3

强 度 等 级	抗压强度平均值	变异系数 $\delta \leqslant 0.21$	变异系数 $\delta>0.21$
		强度标准值 $f_k \geqslant$	单块最小抗压强度值 $f_{min} \geqslant$
MU30	30.0	22.0	25.0
MU25	25.0	18.0	22.0
MU20	20.0	14.0	16.0
MU15	15.0	10.0	12.0
MU10	10.0	6.5	7.5

(4)抗风化性能。砖的抗风化性能用抗冻融试验或吸水率试验来衡量。严重风化区中的 1、2、3、4、5 地区(表 8-4)的砖必须进行冻融试验,其他地区的砖抗风化性能符合表 8-5 规定时可不做冻融试验;否则,必须进行冻融试验。

(5)泛霜。泛霜是指可溶性盐类(如硫酸盐类)在砖或砌块表面的析出现象,一般是白色粉末、絮团或片状结晶。砖中出现泛霜不仅影响外观，而且因结晶膨胀引起砖表层酥松，甚至剥落。优等品不应有泛霜；一等品不允许出现中等泛霜；合格品不应出现严重泛霜。

风 化 区 划 分 表 8-4

严重风化区		非严重风化区		
1. 黑龙江省	8. 青海省	1. 山东省	8. 四川省	15. 海南省
2. 吉林省	9. 陕西省	2. 河南省	9. 贵州省	16. 云南省
3. 辽宁省	10. 山西省	3. 安徽省	10. 湖南省	17. 西藏自治区
4. 内蒙古自治区	11. 河北省	4. 江苏省	11. 福建省	18. 上海市
5. 新疆维吾尔自治区	12. 北京市	5. 湖北省	12. 台湾省	19. 重庆市
6. 宁夏回族自治区	13. 天津市	6. 江西省	13. 广东省	
7. 甘肃省		7. 浙江省	14. 广西壮族自治区	

抗风化性能(GB 5101—2003) 表 8-5

砖种类	严重风化区				非严重风化区			
	5h 沸煮吸水率(%)		饱和系数		5h 沸煮吸水率(%)		饱和系数	
	平均值	单块最大值	平均值	单块最大值	平均值	单块最大值	平均值	单块最大值
黏土砖	18	20	0.85	0.87	19	20	0.88	0.90
粉煤灰砖	21	23			23	25		
页岩砖	16	18	0.74	0.77	18	20	0.78	0.80
煤矸石砖	16	18						

(6)石灰爆裂。当砂质黏土中含石灰石时，焙烧后将有生石灰生成，生石灰遇水膨胀导致砖块裂缝。因此，对于石灰爆裂产生的区域在标准中都作出了规定。

另外，产品不允许有欠火砖、酥砖和螺旋砖。

3)烧结普通砖的应用

在建筑工程中，烧结普通砖主要用作墙体材料，也可砌筑砖柱、砖拱、烟囱、沟渠、基础等，还可以与其他轻质材料构成复合墙体。

烧结普通砖有一定的强度和耐久性，并有较好的隔热性，是传统的墙体材料。但由于焙烧普通砖的过程中要大量占用耕地，消耗能源，污染环境，因此国家为促进墙体材料结构调整和技术进步，提高建筑工程质量和改善建筑功能，出台了一系列政策。从 20 世纪 90 年代开始，逐步减少黏土砖的生产和使用，全国已有 170 个大中城市于 2003 年 6 月 30 日以前禁止使用实心黏土砖。除此之外，所有省会城市在 2005 年底以前全面禁止使用实心黏土砖，在沿海地区和大中城市，禁用范围将逐步扩大到以黏土为主要原料的墙体材料。

烧结普通砖的产品标记：按产品名称、规格、品种、强度等级、质量等级及标准编号的顺序编写。实例：烧结普通黏土砖 N MU15 B GB/T 5101。

3. 烧结多孔砖、烧结多孔砌块及烧结空心砖

与普通砖相比，多孔砖、多孔砌块和空心砖具有以下优越性：在生产方面，节土、节煤和提高生产效率，如孔洞率为 24% 的多孔砖，可比实心砖节约 24% 左右的土及煤，用于实心砖相同的挤泥机，可相应提高成型效率，由于其质量低，还提高了装运与出窑效率。在施工方面，可提高工效约 30%，节约砂浆 20%，节约运输费约 15%，由于可使建筑物自重下降，可减

少基础荷重,降低造价。在使用方面,由于其导热系数比普通砖低,故绝热效果优于普通砖。目前,多孔砖、多孔砌块和空心砖已成为普通砖的替代产品。

1)烧结多孔砖、多孔砌块

烧结多孔砖是指以黏土、页岩、煤矸石、粉煤灰、淤泥(江河湖淤泥)及其他固体废弃物为主要原料,经焙烧而成的、孔洞率大于或者等于28%、孔的尺寸小而数量多的砖;烧结多孔砌块是指用以上原材料,经焙烧而成,孔洞率大于或等于33%,孔的尺寸小而数量多的砌块,主要用于承重部位。

按照烧结多孔砖和砌块所使用的主要原材料,可为烧结黏土多孔砖和黏土多孔砌块(N)、烧结页岩多孔砖和页岩多孔砌块(Y)、烧结煤矸石多孔砖和煤矸石多孔砌块(M)、烧结粉煤多孔灰砖和粉煤灰多孔砌块(F)、烧结淤泥砖和淤泥多孔砌块(U)、烧结固体废弃物砖和固体废弃物多孔砌块(G)。按照《烧结多孔砖和多孔砌块》(GB 13544—2011)规定,烧结多孔砖和多孔砌块的主要技术要求如下。

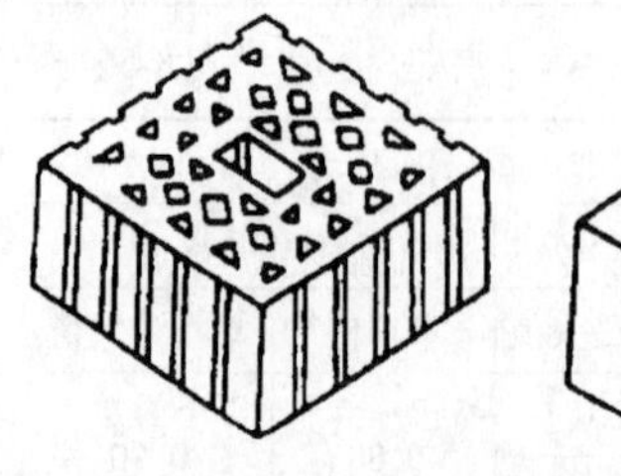
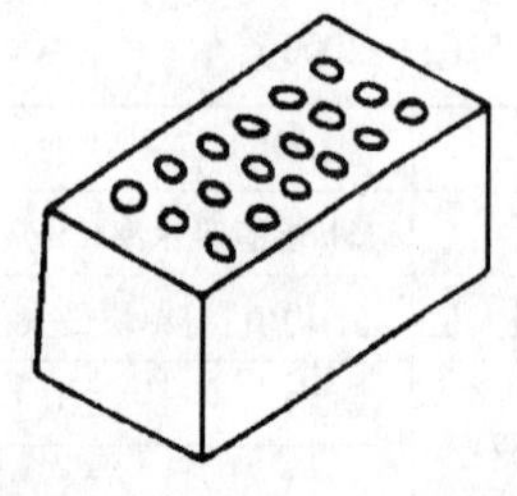

图8-1 烧结多孔砖外形示意图

(1)规格尺寸。多孔砖和多孔砌块的外形为直角六面体,其外形如图8-1所示,多孔砖的规格尺寸要求:290mm、240mm 、190mm、180mm、140mm、115mm、90mm;多孔砌块的规格尺寸要求:490mm、440mm、390mm、340mm、290mm、240mm、190mm、180mm、140mm、115mm、90mm。其他规格尺寸可由供需双方商定。

(2)孔洞。按照《烧结多孔砖和多孔砌块》(GB 13544—2011)规定,采用矩形孔或者矩形条孔,不得采用其他孔型。烧结多孔砖的孔洞率不小于28%,烧结多孔砌块的孔洞率不小于33%。对单个孔洞尺寸的规定:空宽度不大于13mm,长度不大于40mm,最小外壁厚度不小于12mm,最小肋厚不小于5mm。所有孔宽应相等,孔采用单向或双向交错排列;孔洞排列应上下、左右对称,分布均匀。多孔砖尺寸允许偏差见表8-6。

多孔砖尺寸允许偏差(GB 13544—20011)(单位:mm)　　表8-6

尺寸	样本平均偏差	样本极差≤
>400	±3.0	10.0
400~300	±2.5	9.0
300~200	±2.5	8.0
200~100	±2.0	7.0
<100	±1.5	6.0

(3)烧结多孔砖及多孔砌块外观质量要求见表8-7。

多孔砖外观质量(GB 13544—2011)(单位:mm)　　表8-7

项　目		指标
1.完整面	不得少于	一条面和一顶面
2.缺棱掉角的三个破坏尺寸	不得同时大于	30
3.裂纹长度		
(1)大面上(有孔面)深入孔壁15mm以上宽度方向及其延伸到条面的长度≯		80
(2)大面上(有孔面)深入孔壁15mm以上长度方向及其延伸到顶面的长度≯		100
(3)条顶面上的水平裂纹≯		100
5.杂质在砖或砌块面上造成的凸出高度	≯	5

(4)烧结多孔砖及多孔砌块的等级。按抗压强度平均值及标准值分为 MU30、MU25、MU20、MU15、MU10 五个强度等级,强度等级的要求见表 8-8。

多孔砖强度等级(GB 13544—2011)(单位:MPa)　　表 8-8

强度等级	抗压强度平均值 $\overline{f} \geqslant$	强度标准值 $f_k \geqslant$
MU30	30.0	22.0
MU25	25.0	18.0
MU20	20.0	14.0
MU15	14.0	10.0
MU10	10.0	6.5

(5)密度等级(单位 kg/cm^3)。烧结多孔砖的密度等级分为:1000、1100、1200、1300 四个等级;烧结多孔砌块的密度等级分为:900、1000、1100、1200 四个等级。其中,900 级要求 3 块试件平均干燥表观密度≤900kg/cm^3,1000 级要求 3 块试件平均干燥表观密度为 900~1000kg/cm^3,1100 级要求 3 块试件平均干燥表观密度为 1000~1100kg/cm^3,1200 级要求 3 块试件平均干燥表观密度为 1100~1200kg/cm^3,1300 级要求 3 块试件平均干燥表观密度为 1200~1300kg/cm^3。

烧结多孔砖及多孔砌块产品标记:按产品名称、品种、规格、强度等级、密度等级及标准编号的顺序编写。实例:

烧结多孔砖 N 290×140×90　25　1200　GB 13544

2)烧结空心砖

以黏土、页岩、煤矸石、粉煤灰为主要原料,经焙烧而成的、孔洞率大于或等于 35%、孔的尺寸大而数量少的砖,称为烧结空心砖。烧结空心砖孔的方向平行于大面和条面,如图 8-2 所示。

烧结空心砖尺寸应满足:长度(L)不大于 365mm,宽度(B)不大于 240mm。

烧结空心砖根据其大面和条面的抗压强度分为:5.0、3.0、2.0 三个强度等级,根据其表观密度分为 800、900、1100 三个密度级别。每个密度级别的产品根据其孔洞及孔排列数、尺寸偏差、外观质量、强度等级分为优等品(A)、一等品(B)、合格品(C)三个质量等级,其中尺寸允许偏差、外观质量要求和强度等级指标分别见表8-9~表 8-11。

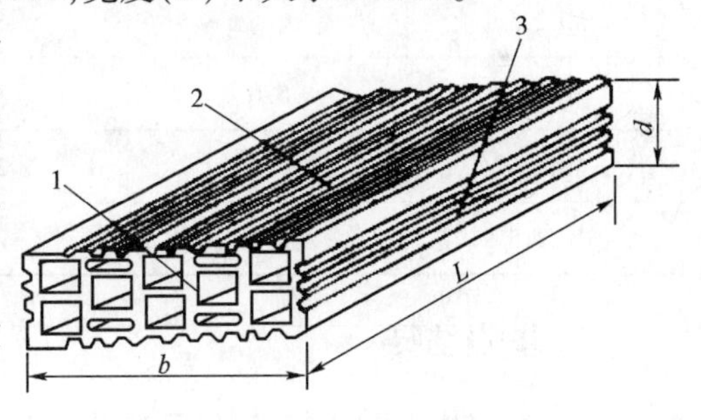

图 8-2　烧结空心砖的外形示意图

1-顶面;2-大面;3-条面;L-长度;b-宽度;d-高度

3)烧结多孔砖和空心砖的应用

烧结多孔砖强度高,主要用于砌筑六层以下的承重墙体。空心砖自重轻、强度较低,多用作非承重墙,如多层建筑内隔墙或框架结构的填充墙等。

烧结空心砖的产品标记:按产品名称、品种、规格、密度等级、强度等级、质量等级及标准编号的顺序编写。例如:烧结空心砖 Y 290×190×90 800 MU7.5 A GB13545。

空心砖的尺寸允许偏差(GB 13545—2003)(单位:mm)　　表 8-9

尺寸	优等品		一等品		合格品	
	样本平均偏差	样本极差≤	样本平均偏差	样本极差≤	样本平均偏差	样本极差≤
>300	±2.5	6.0	±3.0	7.0	±3.5	8.0
200~300	±2.0	5.0	±2.5	6.0	±3.0	7.0
100~200	±1.5	4.0	±2.0	5.0	±2.5	6.0
<100	±1.5	3.0	±1.7	4.0	±2.0	5.0

空心砖外观质量(GB 13545—2003)(单位:mm)　　表 8-10

项　　目		优等品	一等品	合格品
1. 弯曲	≯	3	4	4
2. 缺棱掉角的三个破坏尺寸	不得同时大于	15	30	40
3. 未贯穿裂纹长度	≯			
a. 大面上宽度方向及其延伸到条面的长度		不允许	100	140
b. 大面上长度方向或条面上水平方向的长度		不允许	120	160
4. 贯穿裂纹长度	≯			
a. 大面上宽度方向及其延伸到条面的长度		不允许	60	80
b. 壁、肋沿长度方向、宽度方向及其水平方向长度		不允许	60	
5. 肋、壁内残缺长度	≯	不允许	60	80
6. 完整面	不少于	一条面和一大面	一条面或一大面	—
7. 欠火砖和酥砖		不允许	不允许	不允许

空心砖强度等级(GB 13545—2003)(单位:MPa)　　表 8-11

强 度 等 级	抗压强度平均值 $\bar{f}\geqslant$	变异系数 $\delta\leqslant0.21$	变异系数 $\delta>0.21$	密度等级范围 (kg/m^3)
		强度标准值 $f_k\geqslant$	单块最小抗压强度值 $f_{min}\geqslant$	
MU10	10.0	7.0	8.0	≤1100
MU7.5	7.5	5.0	5.8	
MU5.0	5.0	3.5	4.0	
MU3.5	3.5	2.5	2.8	
MU2.5	2.5	1.6	1.8	≤800

二、非烧结砖

不经过焙烧而制成的砖,属于非烧结砖,如碳化砖、免烧免蒸砖、蒸压砖、蒸养砖等。与烧结砖相比较,非烧结砖具有能耗低的优点。目前,应用较广的是蒸压砖和蒸养砖。

蒸养(压)砖是以石灰和含硅材料(砂子、粉煤灰、煤矸石、炉渣和页岩等)加水拌和,经压制成型、蒸汽养护或蒸压养护而成。

1. 蒸压灰砂砖

蒸压灰砂砖是以石灰和天然砂为主要原料,经磨细、计量配料、搅拌混合、消化、压制成型(一般温度为 175～203℃,压力为 0.8～1.6MPa 的饱和蒸汽)养护、成品包装等工序而制成的空心砖或实心砖。

1)灰砂砖的技术要求

灰砂砖的规格尺寸同烧结普通砖,为 240mm × 115mm × 53mm,表观密度为 1800～1900kg/m^3,导热系数为 0.61W/(m·K)。根据产品的外观与尺寸偏差、强度和抗冻性分为优等品(A)、一等品(B)和合格品(C)三个质量等级,按抗压强度和抗折强度分为 MU25、MU20、MU15、MU10 四个强度等级。蒸压灰砂砖的强度等级和抗冻性指标见表 8-12。尺寸偏差与外观质量见表 8-13。

灰砂砖的强度等级和抗冻性指标(GB 11945—1999)　　表 8-12

强度等级	强度指标				抗冻性指标	
	抗压强度(MPa)		抗折强度(MPa)		5 块冻后抗压强度	单块砖干质量
	平均值≥	单块值≥	平均值≥	单块值≥	平均值(≥,MPa)	损失小于(%)
MU25	25.0	20.0	5.0	4.0	20.0	2.0
MU20	20.0	16.0	4.0	3.2	16.0	2.0
MU15	14.0	12.0	2.3	2.6	12.0	2.0
MU10	10.0	8.0	2.5	2.0	8.0	2.0

灰砂砖尺寸偏差和外观质量(GB 11945—1999)　　表 8-13

<table>
<tr><th colspan="2" rowspan="2">项　目</th><th colspan="3">指　标</th></tr>
<tr><th>优等品</th><th>一等品</th><th>合格品</th></tr>
<tr><td rowspan="3">尺寸偏差(mm)</td><td>长度</td><td>±2</td><td rowspan="3">±2</td><td rowspan="3">±3</td></tr>
<tr><td>宽度</td><td>±2</td></tr>
<tr><td>高度</td><td>±1</td></tr>
<tr><td rowspan="3">缺棱掉角</td><td>个数,不多于(个)</td><td>1</td><td>1</td><td>2</td></tr>
<tr><td>最大尺寸不得大于(mm)</td><td>10</td><td>15</td><td>20</td></tr>
<tr><td>最小尺寸不得大于(mm)</td><td>5</td><td>10</td><td>10</td></tr>
<tr><td colspan="2">对应高度差,不得大于(mm)</td><td>1</td><td>2</td><td>3</td></tr>
<tr><td rowspan="3">裂纹</td><td>条数,不多于(条)</td><td>1</td><td>1</td><td>2</td></tr>
<tr><td>大面上宽度方向及其延伸到条面的长度,不得大于(mm)</td><td>20</td><td>50</td><td>70</td></tr>
<tr><td>大面上长度方向及其延伸到顶面上的长度或条、顶面水平裂纹的长度,不得大于(mm)</td><td>30</td><td>70</td><td>100</td></tr>
</table>

2)灰砂砖的性能与应用

(1)耐热性、耐酸性差。灰砂砖中含有氢氧化钙等不耐热和不耐酸的组分,因此,不宜用于长期受热高于 200℃、受急冷急热交替作用或有酸性介质的建筑部位。

(2)耐水性良好,但抗流水冲刷能力差。在长期潮湿环境中,灰砂砖的强度变化不明显,但其抗流水冲刷能力较弱,因此,不能用于有流水冲刷的建筑部位,如落水管出水处和水龙头下面等。

(3)与砂浆黏结力差。灰砂砖表面光滑平整,与砂浆黏结力差,当用于高层建筑、地震区或筒仓构筑物等,除应有相应结构措施外,还应有提高砖和砂浆黏结力的措施,如采用高黏度的专用砂浆,以防止渗雨、漏水和墙体开裂。

(4)灰砂砖自生产之日起,应放置 1 个月以后,方可用于砌体的施工。砌筑灰砂砖砌体时,砖的含水率宜为 8% ~12%,严禁使用干砖或含水饱和砖,灰砂砖不宜与烧结砖或其他品种砖同层混砌。

蒸压灰砂砖的产品标记:按照产品名称(LSB)、颜色、强度等级、质量等级、标准编号的顺序编写,例如:LSB Co 20 A GB11945 表示强度等级为 MU20,优等品的彩色灰砂砖,其中

Co 表示灰砂砖是有彩色的,N 表示灰砂砖是本色的。

2. 蒸压(养)粉煤灰砖

蒸压粉煤灰砖是以粉煤灰、石灰、和水泥为主要原料,掺加适量石膏、外加剂、颜料以及集料,经坯料制备、压制成型、常压或高压蒸汽养护等工艺过程制成的实心粉煤灰砖。常压蒸汽养护的称蒸养粉煤灰砖;高压蒸汽(温度在 176℃,工作压力在 0.8MPa 以上)养护制成的称蒸压粉煤灰砖。

粉煤灰具有火山灰性、在水热环境中、在石灰碱性激发剂和石膏的硫酸盐激发剂共同作用下,形成水化硅酸钙、水化铝酸钙等多种水化产物。蒸压养护可使砖中的活性组分水热反应充分,砖的强度高,性能趋于稳定,而蒸养粉煤灰砖的性能较差,墙体更易出现开裂等弊端。

根据《粉煤灰砖》(JC 239—2001)规定,粉煤灰砖按抗压强度和抗折强度划分为 MU30、MU25、MU20、MU15、MU10 五个强度等级;按尺寸偏差、外观质量、强度和干缩分为优等品(A)、一等品(B)和合格品(C)三个质量等级。优等品强度应不低于 MU15,优等品和一等品的干缩值应不大于 0.65mm/m,合格品应不大于 0.75mm/m。

蒸压粉煤灰砖的外观尺寸同烧结普通砖,性能上与灰砂砖相近,可用于工业和民用建筑的墙体和基础,但因砖中含有氢氧化钙,不得用于长期受热高于 200℃、受急冷急热交替作用或有酸性介质的建筑部位。压制成型的粉煤灰砖表面光滑平整,并可能有少量“起粉”,与砂浆黏结力低,使用时,应尽可能采用专用砌筑砂浆。粉煤灰砖的初始吸水能力差,后期的吸水较大,施工时应提前湿水,保持砖的含水率在 10% 左右,以保证砌筑质量。由于粉煤灰砖出釜后收缩较大,因此,出釜 1 周后才能用于砌筑。

粉煤灰砖的产品标记:按照产品名称(FB)、颜色、强度等级、质量等级、标准编号的顺序编写,例如:FB Co MU20 A JC239 表示强度等级为 MU20,优等品的彩色粉煤灰砖,其中 Co 表示灰砂砖是有彩色的,N 表示灰砂砖是本色的。

3. 炉渣砖(又称煤渣砖)

炉渣砖是以煤燃烧后的炉渣为主要原料,加入适量石灰、石膏等材料,经混合、压制成型、蒸汽或者蒸压养护而成的实心砖。

根据《炉渣砖》(JC/T 525—2007)的规定,炉渣砖的公称尺寸为 240mm × 115mm × 53mm,按其抗压强度及抗折强度分为:MU20、MU15、MU10、MU7.5 四个强度等级。

炉渣砖可用于工业和民用建筑的墙体和基础,但用于基础或用于易受冻融和干湿交替环境的建筑部位,必须使用 MU15 及以上的级别。炉渣砖不得用于长期受热高于 200℃、受急冷急热交替作用或有酸性介质的建筑部位。

学习情境二　混凝土砌块

砌块是指砌筑用的、形体大于砌墙砖的人造块材。砌块建筑在我国始于 20 世纪 20 年代,时至今日,小砌块的生产和使用才得以迅速发展。这主要是由于我国建筑业一直在使用我国引以为豪的传统烧结普通砖,但烧结普通砖的生产和使用造成了土地资源和能源的消耗,不适合作为可持续发展的材料。砌块使用灵活、适应性强,无论在严寒地区或温带地区、地震区或非地震区、各种类型的多层或低层建筑中,都能适用并满足高质量的要求,因此,砌块在世界上发展很快,目前已有 100 多个国家生产小型砌块。近年来,我国建筑业一直在倡导使用新型墙体材料,并制定了有关墙体材料改革的政策。实际上,我国具有广泛的生产砌块的原材料,发展砌块使之成为新型墙体材料,非常适合我国国情。

砌块的生产工艺简单,生产周期短,造型、尺寸、颜色、纹理和断面可以多样化,能满足砌体建筑的需要,即可以用来作结构承重材料、特种结构材料,也可以用于墙面的装饰和功能材料。特别是高强砌块和配筋混凝土砌体已发展并用以建造高层建筑的承重结构。

一、蒸压加气混凝土砌块(代号 ACB)

蒸压加气混凝土砌块是蒸压加气混凝土的制品之一,它是由硅质材料(砂、粉煤灰、工业废渣等)、钙质材料(水泥、石灰等)、外加剂、发泡稳定剂等为原料,经配料、搅拌、浇注、发泡、成型、切割、压蒸养护而成。

加气混凝土砌块发展很快,世界上 40 多个国家都能生产加气砌块,我国加气砌块的生产和使用在20 世纪70 年代特别是80 年代得到很大的发展,目前,全国有加气砌块厂140 多个,总生产能力达 700 万 m^3,应用技术规程等方面也已经成熟。

1. 加气混凝土砌块的组成材料

(1)水泥。水泥的重要作用主要在于保证生产初期阶段的浇注稳定性和坯体凝结硬化速度,对于后期蒸压过程中的反应也有着相当大的作用。由于矿渣、火山灰、粉煤灰水泥早期强度低,若要保证早期性能就要增加水泥用量,因此从经济技术考虑,一般使用普通水泥。

(2)石灰。必须采用生石灰以使消解时放出的热量促进铝粉水化放出氢气,石灰的另外作用是参与水化反应,生成水化产物,促进料浆稠化,促进坯体硬化,提高砌块的强度。

(3)粉煤灰和矿渣。均为活性混合材料,可以在激发剂作用下生成水硬性胶凝材料。

(4)铝粉。主要作用是发气,产生气泡,使料浆形成多孔结构。

(5)外加剂。有气泡稳定剂、铝粉脱脂剂、调节剂等,其中气泡稳定剂保证坯体形成细小而均匀的多孔结构。调节剂的品种较多,有起激发作用的、调节凝结时间作用的等。

2. 砌块的技术性能

(1)规格尺寸见表 8-14,如需其他规格,可有供需双方协商决定。

砌块的规格尺寸(GB 11968—2006)　　表 8-14

长　度　L	宽　度　B	高　度　H
600	100、120、125、150、180、200、240、250、300	200、240、250、300

(2)等级。按尺寸偏差和外观、强度等级、干体积密度分为优等品(A)、合格品(B)两个等级。根据《蒸压加气混凝土砌块》(GB 11968—2006)规定,砌块按强度分为 A1.0、A2.0、A2.5、A3.5、A5.0、A7.5、A10.0 七个等级,标记中 A 代表砌块强度等级,数字表示强度值(MPa)。具体指标见表 8-15。按体积密度(kg/m^3)分为 300、400、500、600、700、800 六级,分别记为 B03、B04、B05、B06、B07、B08 六个级别。

(3)干缩值、抗冻性、导热系数。砌块孔隙率较高,抗冻性较差、保温性较好;出釜时含水率较高,干缩值较大;因此《蒸压加气混凝土砌块》(GB 11968—2006)规定了干缩值、抗冻性和导热系数,见表 8-16。

砌块的抗压强度(GB 11968—2006)　　表 8-15

强度等级	立方体抗压强度(MPa)	
	平均值不小于	单块最小值不小于
A1.0	1.0	0.8
A2.0	2.0	1.6
A2.5	2.5	2.0
A3.5	3.5	2.8
A5.0	5.0	4.0
A7.5	7.5	6.0
A10.0	10.0	8.0

砌块的干燥收缩、抗冻性和导热系数(GB 11968—2006)　　表 8-16

干密度级别			B03	B04	B05	B06	B07	B08
干燥收缩值*	标准法(mm/m), ≤		0.50					
	快速法(mm/m), ≤		0.80					
抗冻性	质量损失(%), ≤		5.0					
	冻后强度(MPa)≥	优等品(A)	0.8	1.6	2.8	4.0	6.0	8.0
		合格品(B)			2.0	2.8	4.0	6.0
导热系数(干态)[W/(m·K)], ≤			0.10	0.12	0.14	0.16	0.18	0.20

注:规定采用标准法、快速法测定砌块干燥收缩值,若测定结果发生矛盾不能判定时,则以标准法测定的结果为准。

3. 蒸压加气混凝土砌块的特性及应用

蒸压力加气混凝土砌块表观密度小、质量轻(仅为烧结普通砖的1/3),工程应用可使建筑物自重减轻2/5~1/2,有利于提高建筑物的抗震性能,并降低建筑成本。多孔砌块使导热系数小(0.14~0.28W/(m·K)),保温性能好。砌块加工性能好(可钉、可锯、可刨、可黏结),使施工便捷。制作砌块可利用工业废料,有利于保护环境。

蒸压力加气混凝土砌块适用于低层建筑的承重墙,多层建筑的间隔墙和高层建筑框架结构的充填墙,也可用于一般工业建筑的围护墙,作为保温隔热材料,也可以用复合墙板和屋面结构中。在无可靠的防护措施时,蒸压力加气混凝土砌块不得用于水中、高湿度和有侵蚀介质的环境中,也不得用于建筑物的基础和温度长期高于80℃的建筑部位。

蒸压力加气混凝土砌块的产品标记:按照产品名称(ACB)、强度等级、干密度等级、质量等级、规格尺寸、标准编号的顺序编写,例如:ACB A3.5 B05 600×200×250A GB 11968 表示强度等级为A3.5、干密度等级为B05,尺寸规格为600×200×250优等品的蒸压力加气混凝土砌块。

二、蒸养粉煤灰砌块

粉煤灰砌块,是以粉煤灰、石灰、石膏和集料(炉渣、矿渣)等为原料,经配料、加水搅拌、振动成型、蒸汽养护而制成的密实砌块。其主规格尺寸有880mm×380mm×240mm和880mm×430mm×240mm两种。

1. 技术性质

根据《粉煤灰砌块》[JC238—1991(1996)]规定,砌块按立方体试件的抗压强度分为

MU10 和 MU13 两个强度等级；按外观质量、尺寸偏差和干缩性能分为一等品(B)和合格品(C)两个质量等级。

2. 应用

蒸养粉煤灰砌块属硅酸盐类制品，其干缩值比水泥混凝土大，弹性模量低于同强度的水泥混凝土制品。以炉渣为集料的粉煤灰砌块，其体积密度约为 1300 ~ 1550kg/m^3，导热系数为 0.465 ~ 0.582W/(m · K)。粉煤灰砌块适用于一般工业与民用建筑的墙体和基础。但不宜用于长期受高温(如炼钢车间)和经常受潮湿的承重墙，也不宜用于有酸性介质侵蚀的建筑部位。

三、普通混凝土小型空心砌块

普通混凝土小型空心砌块是以普通混凝土拌和物为原料，经成型、养护而成的空心块体墙材。

1. 品种

普通混凝土空心砌块按原材料分有普通混凝土砌块、工业废渣集料混凝土砌块、天然轻集料混凝土和人造轻集料混凝土砌块；按性能分有承重砌块和非承重砌块。

2. 规格形状

混凝土小型空心砌块的主规格尺寸为 390mm × 190mm × 190mm，最小外壁厚应不小于 30mm，最小肋厚应不小于 25mm。小砌块的空心率应不小于 25%。其他规格尺寸也可以根据供需双方协商。图 8-3 是砌块各部位名称。

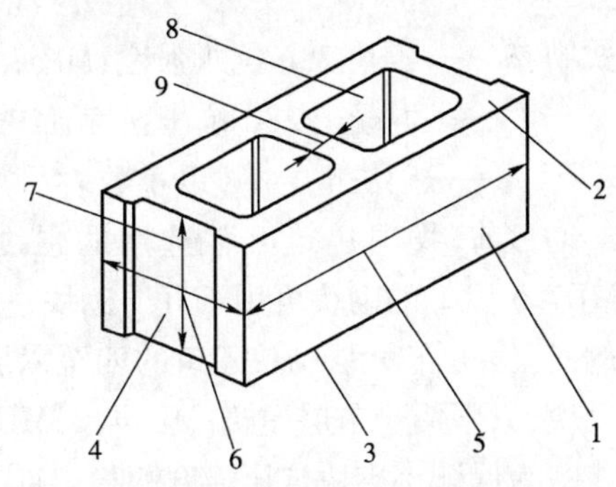

图 8-3　砌块各部位名称

1-条面；2-坐浆面(肋厚较小的面)；3-铺浆面；4-顶面；5-长度；6-宽度；7-高度；8-壁；9-肋

3. 产品等级

根据《普通混凝土小型空心砌块》(GB 8239—1997)的规定，砌块按尺寸允许偏差、外观质量(包括弯曲、掉角、缺棱、裂纹)分为优等品(A)、一等品(B)和合格品(C)三个质量级，见表 8-17、表 8-18；按强度等级又分为 MU3.5、MU5.0、MU7.5、MU10.0、MU14.0、MU20.0 六个强度等级，见表 8-19。

尺寸允许偏差(GB 8239—1997)(单位：mm)　　表 8-17

项目名称	优等品(A)	一等品(B)	合格品(C)
长度	±2	±3	±3
宽度	±2	±3	±3
高度	±2	±3	+3 -4

外观质量(GB 8239—1997)　　表 8-18

项目名称			优等品(A)	一等品(B)	合格品(C)
弯曲(mm)		不大于	2	2	3
掉角缺棱	个数，个	不多于	0	2	2
	三个方向投影尺寸的最小值(mm)	不大于	0	20	30
裂纹延伸的投影尺寸累计(mm)		不大于	0	20	30

强度等级(GB 8239—1997)(单位:MPa)　　表 8-19

强度等级	砌块抗压强度	
	平均值,不小于	单块最小值,不小于
MU3.5	3.5	2.8
MU5.0	5.0	4.0
MU7.5	7.5	6.0
MU10.0	10.0	8.0
MU15.0	15.0	12.0
MU20.0	20.0	16.0

4. 性能

(1)抗压强度。混凝土砌块的强度以试验的极限荷载除以砌块毛截面积计算。砌块的强度取决于混凝土的强度和空心率。这几项参数间有下列关系:

$$f_k = (0.9577 - 1.129K) \times f_H$$

式中:f_k——砌块 28d 抗压强度,MPa;

f_H——混凝土 28d 抗压强度,MPa;

K——砌块空心率(以小数表示)。

目前,我国建筑上常选用的强度等级为 MU3.5、MU5、MU7.5、MU10 四种。等级在 MU7.5 以上的砌块可用于五层砌块建筑的底层和六层砌块建筑的一、二两层;五层砌块建筑的二至五层和六层砌块建筑的四至六层都用 MU5 小砌块建筑,也用于四层砌块建筑;MU3.5 砌块,只限用于单层建筑;MU14.0、MU20.0 多用于中高层承重砌块墙体。

为保证小砌块抗压强度的稳定性,生产厂严格控制变异系数为 10% ~15%。

(2)抗折强度。小砌块的抗折强度随抗压强度的增加而提高,但并非是直线关系,抗折强度是抗压强度的 0.16 ~0.26 倍,如 MU5 的抗折强度为 1.3MPa、MU7.5 的抗折强度是 1.5MPa、MU10 的抗折强度是 1.7MPa。

(3)相对含水率。砌块因失水而产生的收缩会导致墙体开裂,为了控制砌块建筑的墙体开裂,国家标准《普通混凝土小型空心砌块》(GB 8239—1997)规定了砌块的相对含水率,见表 8-20。

相对含水率(GB 8239—1997)(单位:%)　　表 8-20

使用地区	潮湿	中等	干燥
相对含水率不大于	45	40	35

注:潮湿——指年平均相对湿度大于 75% 的地区;

中等——指年平均相对湿度 50% ~75% 的地区;

干燥——指年平均相对湿度小于 50% 的地区。

(4)抗渗性。小砌块的抗渗与建筑物外墙体的渗漏关系十分密切,特别是对用于清水墙砌块的抗渗性要求更高,国家标准《普通混凝土小型空心砌块》(GB 8239—1997)中规定试块按规定方法测试时,其水面下降高度在三块试件中任一块应不大于 10mm。

(5)抗冻性。砌块的抗冻性应符合表 8-21 的规定。

抗冻性(GB 8239—1997)　表 8-21

使用环境条件		抗冻标号	指　标
非采暖地区		不规定	—
采暖地区	一般环境	D15	强度损失≤25% 质量损失≤5%
	干湿交替环境	D25	

注:非采暖地区是指最冷月份平均气温高于 -5℃的地区。

采暖地区是指最冷月份平均气温低于或等于 -5℃的地区。

(6)体积密度、吸水率和软化系数。混凝土小砌块的体积密度与密度、空心率、半封底与通孔以及砌块的壁、肋厚度有关,一般砌块体积密度为 1300 ~ 1400kg/m^3。

当采用卵石集料时,吸水率为 5% ~7%,当集料为碎石时,吸水率为 6% ~8%。

小砌块的软化系数一般为 0.9 左右,属于耐水性材料。

(7)干缩率。小砌块会产生干缩,一般干缩率为 0.23% ~0.4%,干缩率的大小直接影响墙体的裂缝情况,因此应尽量提高强度减少于缩。

5. *砌块应用时应注意的事项*

(1)保持砌块干燥。混凝土砌块在砌筑时一般不宜浇水,如果使用受潮的砌块来砌墙,随着水分的消失它们将会产生收缩,而当这种收缩受到约束时,则随着内部应力的产生将使砌体开裂。一般要求砌块干燥至平衡含水率以下。

(2)砌块砂浆要保持良好的和易性。砂浆的性能会影响到砌块结构强度、耐久性和不透水性。要求砂浆稠度应小于 50mm 为宜。

(3)采取墙体防裂措施。砌块墙体会产生因碳化引起收缩和结构中其他部位的位移的影响,当收缩与位移受到约束时,墙体产生应力,如砌体的收缩受到遏制时,墙体会产生拉应力。当应力超过砌体的受拉强度和砂浆与砌体的黏结强度时,或者超过了水平灰缝的抗剪强度,则墙体就会产生裂缝。《混凝土小型空心砌块建筑技术规程》(JGJ/T 14—1995)中规定了墙体防裂的主要措施。

(4)清洁砌块。为了保证砌筑外观质量及砌筑强度,砌块表面污物和芯柱所用砌块孔洞的底部毛边应清洁。

【例 8-1】温度差引起的裂缝。

概况:如图 8-4 所示,某工程采用普通混凝土小型空心砌块砌筑墙体,在顶层两端砌体部位出现裂缝。

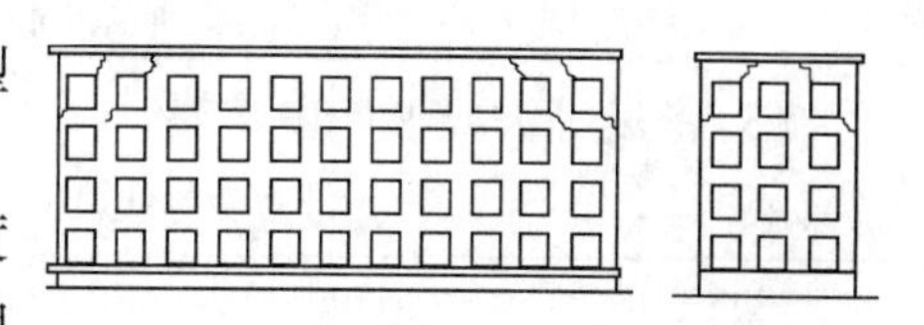

图 8-4　普通混凝土小型空心砌块砌筑墙体

分析:温度变化,砌体产生伸缩。由于砌体长度过长,砌体在墙体上层部分因此基础受到约束小,伸缩变形较大,产生不均匀变形,从而引起开裂。

四、轻集料混凝土小型空心砌块

1. *轻集料混凝土小型空心砌块定义与优势*

轻集料混凝土是指用轻粗集料、轻砂(或普通砂)、水泥和水等原材料配制而成的干表观密度不大于 1950kg/cm^3 的混凝土。用轻集料混凝土制成的小型空心砌块,即为轻集料混凝土小型空心砌块

目前,国内外使用轻集料混凝土小型空心砌块非常广泛。这是因为轻集料混凝土小型空心砌块与普通混凝土小型空心砌块相比具有以下优势:

(1)轻质。表观密度最大不超过1400kg/m^3。

(2)保温性好。轻集料混凝土的导热系数较小,做成空心砌块因空洞使整块砌块的导热系数进一步减小,从而更有利于保温。

(3)有利于综合治理与应用。轻集料的种类可以是人造轻集料,如页岩陶粒、黏土陶粒、粉煤灰陶粒,也可以有如煤矸石、煤渣、液态渣、钢渣等工业废料,将其利用起来,可净化环境,造福于人民。

(4)强度较高。砌块的强度可达到10MPa,因此可作为承重材料,建造5~7层的砌块建筑。

2.轻集料混凝土小型空心砌块的分类及等级

(1)分类。轻集料混凝土小型空心砌块按其孔的排数分为:单排孔、双排孔、三排孔和四排孔四类。

(2)等级。

①按密度等级分为:700、800、900、1000、1100、1200、1300、1400 八个等级。

②按强度等级分为:MU2.5、MU3.5、MU5.0、MU7.5、MU10.0 五个等级。

3.技术要求

(1)根据我国标准《轻集料混凝土小型空心砌块》(GB/T 15229—2011)规定,砌块的主规格尺寸为390mm×190mm×190mm,其他尺寸可由供需双方商定。其尺寸允许偏差见表8-22。

(2)外观质量要求见表8-22。

外观质量(GB/T 15229—2011)　　表8-22

项目		指标
尺寸偏差(mm)	长度、宽度、高度	±3
最小外壁厚(mm)	用于承重墙≥	30
	用于非承重墙≥	20
肋厚(mm)	用于承重墙≥	25
	用于非承重墙≥	20
缺棱掉角	个数(块)≤	2
	3个方向投影的最大值(m)≤	20
裂缝延伸的尺寸(mm)≤		30

(3)密度等级要求见表8-23。

密度等级(GB/T 15229—2011)(单位:kg/m^3)　　表8-23

密度等级	砌块干燥表观密度的范围	密度等级	砌块干燥表观密度的范围
700	≥610,≤700	1100	≥1010,≤1100
800	≥710,≤800	1200	≥1110,≤1200
900	≥810,≤900	1300	≥1210,≤1300
1000	≥910,≤1000	1400	≥1310,≤1400

(4)强度等级要求见表8-24。

(5)吸水率要求。①吸水率不应大于18%;②干缩率和相对含水率的要求见表8-25。

(6)抗冻性要求。对于温和与夏热冬暖地区,抗冻强度等级要达到F15;对于夏热冬冷地区,抗冻强度等级要达到F25;对于寒冷地区,抗冻强度等级要达到F35,对于严寒地区,抗冻强度等级要达到F50。

强度等级(GB/T 15229—2011)(单位:MPa)　　表 8-24

强度等级	砌块抗压强度		密度等级范围
	平均值	最小值	
MU2.5	≥2.5	2.0	≤800
MU3.5	≥3.5	2.8	≤1000
MU5.0	≥5.0	4.0	≤1200
MU7.5	≥7.5	6.0	≤1200[a] ≤1300[b]
MU10.0	≥10.0	8.0	≤1200[a] ≤1400[b]

注:当砌块的抗压强度同时满足两个强度等级或两个以上强度等级要求时,应以满足要求的最高强度等级为准。

a. 除自燃煤矸石掺量不小于砌块质量 35% 以外的其他砌块;

b. 自燃煤矸石掺量不小于砌块质量 35% 的砌块。

相对含水率(GB/T 15229—2011)　　表 8-25

干缩率(%)	相对含水率(≤)(%)		
	潮湿地区	中等湿度地区	干燥地区
>0.03	45	40	35
0.03~0.045	40	35	30
0.045~0.065	35	30	25

(7)碳化与软化系数要求。加入粉煤灰等火山灰质掺和料的小砌块,碳化系数不小于 0.8,软化系数不小于 0.8。

4. 轻集料混凝土小型空心砌块的应用及应用要点

(1)用作保温型墙体材料。强度等级小于 MU5.0 用在框架结构中的非承重隔墙和非承重墙。

(2)用作结构承重型墙体材料。强度等级为 MU7.5、MU10.0 的主要用于砌筑多层建筑的承重墙体。

(3)应用技术要点包括:设置钢筋混凝土带,墙体与柱、墙、框架采用柔性连接;隔墙门口处理采取相应措施;砌筑前一天,注意在与其接触的部位洒水湿润。

五、混凝土中型空心砌块

混凝土中型空心砌块是以水泥或无熟料水泥,配以一定比例的集料,制成空心率≥25% 的制品。其尺寸规格为:长度 500mm、600mm、800mm、1000mm;宽度 200mm、240mm;高度 400mm、450mm、800mm、900mm。砌块的构造形式见图 8-5。

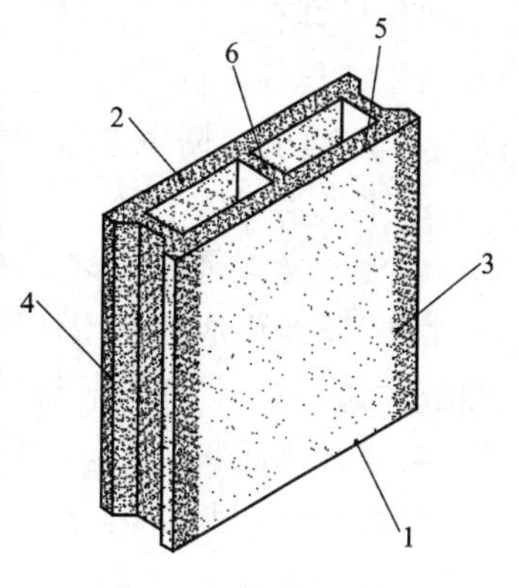

图 8-5　砌块的构造形式

1-铺浆面;2-坐浆面;3-侧面;4-端面;5-壁面;6-肋

用无熟料水泥配制的砌块属硅酸盐类制品,生产中应通过蒸汽养护或相关的技术措施以提高产品质量。这类砌块的干燥收缩值≤0.8mm/m;经 15 次冻融循环后其强度损失≤15%,外观无明显疏松、剥落和裂缝;自然碳化系数(1.15×人工碳化系数)≥0.85。

中型空心砌块具有体积密度小,强度较高,生产简单,施工方便等特点,适用于民用与一般工业建筑物的墙体。

学习情境三　轻型墙用板材

墙用板材是一类新型墙体材料。它改变了墙体砌筑的传统工艺，采用通过黏结、组合等方法进行墙体施工，加快了建筑施工的速度。墙板除轻质外，还具有保温、隔热、隔声、防水及自承重的性能。有的轻型墙板还具有高强、绝热性能，从而为高层、大跨度建筑及建筑工业实现现代化提供了物质基础。

墙用板材的种类很多，主要包括加气混凝土板、石膏板、石棉水泥板、玻璃纤维增强水泥板、铝合金板、稻草板、植物纤维板及镀塑钢板等类型。本学习情境仅介绍几种有代表性的板材。

一、水泥类墙用板材

水泥类的墙用板材具有较好的耐久性和力学性能，生产技术成熟，产品质量可靠，可用于承重墙，外墙和复合墙体的外层面，但表观密度大，抗拉强度低，多采用空心化来减轻自重。

1. 玻璃纤维增强水泥(GRC)空心轻质墙板

该空心板是以耐碱玻璃纤维为增强材料，以硫铝酸盐水泥轻质砂浆为基材制成具有若干个圆孔的条形板，可用作非承重的内隔墙，也可用作公共建筑、住宅建筑和工业建筑的外围护墙体。

GRC 多孔板适用于民用与工业建筑的分宅、分户、厨房、厕浴间、阳台等非承重的内外墙体部位，抗压强度不小于 10MPa 的板材也可用于建筑加层或两层以下建筑的内外承重墙体部位。写字楼、学校、医院、体有场馆、候车室、商场、娱乐场所和各种星级宾馆中，都可使用 GRC 多孔板。

2. 纤维增强低碱度水泥建筑平板(TK 板)

该板是以低碱水泥、耐碱玻璃纤维为主要原料，加水混合成浆、经制坯、压制、蒸养成的薄型建筑平扳。规格：长度 1200 ~ 3000mm，宽度为 800 ~ 1200mm，厚度为 4mm、5mm、6mm 和 8mm。

TK 板具有质量轻、抗折、抗冲击强度高、不燃、防潮、不易变形和可锯、可钉、可涂刷等优点。TK 板与各种材料龙骨、填充料复合后，可用作各类建筑物的内隔墙和复合外墙，特别是高层建筑有防火、防潮要求的隔墙。

3. 水泥木丝板

水泥木丝板是以木材下脚料经机械刨切成均匀木丝，加入水泥、水玻璃等，经成型、冷压、养护、干燥而成的薄型建筑平板。它具有自重轻、强度高、防火、防水、防蛀、保温、隔音等性能，可进行锯、钻、钉、装饰等特点。主要用于建筑物内外墙板、天花板、壁橱板等。

4. 水泥刨花板

该板以水泥和刨花为主要原料，加入适量的水和化学助剂，搅拌成型加压养护而成，其性能用途同水泥木丝板。

二、石膏类墙用板材

石膏类板材在轻质材料中占有很大比例，主要有纸面石膏板、纤维石膏板及石膏空心条板和石膏刨花板等。

1. 纸面石膏板

纸面石膏板是以建筑石膏为主要原料,并掺入某些纤维和外加剂所组成的芯材,并与芯材牢固地结合在一起的护面纸所组成的建筑板材。主要包括普通纸面石膏板、防火纸面石膏板和防水纸面石膏板三个品种。

根据形状不同,纸面石膏板的板边有矩形(PJ)、45°倒角形(PD)、楔形(PC)、半圆形(PB)和圆形(PY)五种。

纸面石膏板具有轻质、高强、绝热、防火、防水、吸声、可加工、施工方便等特点。

普通纸面石膏板适用于建筑物的围护墙、内隔墙和吊顶。在厨房、厕所以及空气相对湿度经常大于70%的潮湿环境使用时,必须采用相对防潮措施。

防水纸面石膏板纸面经过防水处理,而且石膏芯材也含有防水成分,因而适用于湿度较大的房间墙面。由于它有石膏外墙衬板、耐水石膏衬板两种,可用于卫生间、厨房、浴室等贴瓷砖、金属板、塑料面砖墙的衬板。

2. 纤维石膏板

纤维石膏板是以石膏为主要原料,加入适量有机或无机纤维和外加剂,经打浆、铺浆脱水、成型、干燥而成的一种板材。

纤维石膏板主要用于工业与民用建筑的非承重内墙、天棚吊顶及内墙贴面等。

3. 石膏空心条板

该板材以天然石膏为主要材料,添加适当的辅料,搅和成料浆,浇注成型、抽芯、干燥等工艺制成的轻质板材。石膏空心条板具有质量轻、强度高、隔热、隔声、防水等性能,可锯、可刨、可钻、施工简便。与纸面石膏板相比,石膏用量少、不用纸和胶粘剂、不用龙骨,工艺设备简单,所以比纸面石膏板造价低。石膏空心条板主要用于工业与民用建筑的内隔墙,其墙面可做喷浆、涂料、贴瓷砖、贴壁纸等各种饰面。

4. 石膏刨花板

石膏刨花板是一种新型的墙体材料,它是以石膏为胶合剂,木质刨花为增强材料,外加适量的水和化学助剂,经强制性的搅拌混合形成半干性混合均匀料,在成型压力机内完成石膏与木质材料的水化固结后形成的板材。

石膏刨花板和水泥刨花板类似,只不过作为胶凝材料的不是水泥而是石膏。石膏刨花板具有优良的物理力学性能,我国产品标准 Q/CSJC 001—1996 规定的石膏刨花板指标为:密度在每立方米1.0~1.3g之内;含水率在0.5%~0.3%之间,静曲强度大于7.0MPa;弹性模量不低于2200MPa;内结合强度大于0.35MPa,垂直板面握螺钉力不小于670N;2h浸水厚度膨胀率不高于2.5%;在20℃时,在相对湿度由30%上升到85%的条件下,线形膨胀率约0.06%~0.07%。

石膏刨花板具有优良的物理力学性能和尺寸稳定性,它同普通刨花板相比较,还具有质量轻、静曲强度高、防火、保温、隔音和抗震性能好,并可进行机械加工等优点。因此,它被广泛地应用于建筑、交通、通信等部门用作不承重墙体材料、装修间隔板、天花吊顶板、车船隔舱板、活动房墙体板、音响材料、室内固定式家具壁柜和室内装修的基础材料等。

三、植物纤维类板材

植物纤维类板材是用农作物的废弃物经适当处理而制成的板材,常见的植物纤维类板材有:稻草板、麦秸秆、稻壳板、蔗渣板、麻屑板等。

四、复合墙板

以单一材料制成的板材,常因材料本身的局限性而使其应用受到限制。如质量较轻和隔热隔声效果较好的石膏板、加气混凝土板、稻草板等,因其耐水性或强度较低,通常只能用于非承重的内隔墙。而水泥混凝土类板材虽有足够的强度和耐水性,但其自重大,隔声保温性能较差。为克服上述缺点,常用不同材料组合成多功能的复合墙体以满足需要。

常用的复合墙板主要由承受(或传递)外力的结构层(多为普通混凝土或金属板)和保温层(矿棉、泡沫塑料、加气混凝土等)及面层(各类具有可装饰性的轻质薄板)组成。

1. 泰柏板

泰柏板是一种轻质复合墙板,是由三维空间焊接钢丝网架和泡沫塑料(聚苯乙烯)芯组成,而后喷涂或抹水泥砂浆制成的一种轻质板材。泰柏板强度高(有足够的轴向和横向强度)、质量轻(以100mm厚的板材与半砖墙和一砖墙相比,可减少质量54%~76%,从而降低了基础和框架的造价)、不碎裂(抗震性能好以及防水性能好),具有隔热(保温隔热性能佳,优于两砖半墙的保温隔热性能)、隔声、防火、防震、防潮、抗冻等优良性能。适用于民用、商业和工业建筑作为墙体、地板及屋面等。钢丝网架聚苯乙烯水泥夹心板(又称泰柏板),简称:GJ板。

该板可任意裁剪、拼装与连接,两侧铺抹水泥砂浆后,可形成完整的墙板。其表面可作各种装饰面层,可用作各种建筑的内外填充墙,亦可用于房屋加层改造各种异型建筑物,并且可作为屋面板使用(跨度3m以内),免做隔热层。采用该墙板可降低工程造价13%以上,增加房屋的使用面积(高层公寓14%、宾馆11%,其他建筑根据设计相应减少)。目前,该产品已大量应用在高层框架加层建筑、农村住宅的围护外墙和轻质隔墙、外墙外保温层,以及低层建筑的承重墙板等处。

2. 轻型夹心板

该类板是用轻质高强的薄板为外层,中间以轻质的保温隔热材料为芯材组成的复合板。用于外墙面的外层薄板有不锈钢板、彩色镀锌钢板车、铝合金板、纤维增强水泥薄板等。芯材有岩棉毡、玻璃棉毡、阻燃型发泡聚苯乙烯、发泡聚氨酯等。用于内侧的外层薄板可根据需要选用石膏类板、植物纤维类板、塑料类板材等。该类复合墙板的性能和适用范围与泰柏板基本相同。

单 元 小 结

由于墙体材料约占建筑物总质量的50%,用量较大,因此合理选用墙材,对建筑物的功能、造价以及安全等有重要意义。本单元主要讲述了传统的黏土烧结类砖、瓦材料的品种、性能、规格等,并较多地介绍了新型节能利废的墙体,墙体材料除必须具有一定强度、能承受荷载外。这需具有相应的防水、抗冻、绝热、隔声等功能,而且要自重轻,价格适当,经久耐用。同时,应就地取材,尽量利用工业副产品或废料加工制成各种墙砖、砌块、板材等。为了解决墙体多种功能的需要,应发展复合墙板。只有用新型的轻型的墙体材料取代黏土实心砖,才能使墙体材料摆脱传统单一的秦砖汉瓦,逐渐发展为节约能源、节省土地、保护环境的绿色建材。

复习思考题

1. 砌墙砖分哪几类?

2. 某住宅楼地下室墙体用普通黏土砖,设计强度等级为 MU10,经对现场送检试样进行检验,抗压强度测定结果,见表 8-26。

抗压强度测定结果　　表 8-26

试件编号	1	2	3	4	5	6	7	8	9	10
抗压强度(MPa)	11.2	9.8	13.5	12.3	9.6	9.4	8.8	13.1	9.8	12.5

试评定该砖的强度是否满足设计要求。

3. 烧结多孔砖和空心砖为什么是普通黏土砖的替代产品?

4. 砌块与砌墙砖相比,有什么优缺点?

单元九　建筑防水材料

内容提要

本单元主要讲述了防水材料的组成、类别、性能特点及工程应用等。重点介绍了石油沥青的组成、结构及技术性质。通过学习本单元,要求了解石油沥青的组成、结构与技术性质之间的关系,熟悉工程上常用的防水材料的类别,掌握各种防水材料的应用。

学习情境一　防水材料——沥青

沥青是建筑工程中不可缺少的材料之一,广泛用于房屋建筑、道路桥梁、水利工程以及其他防水防潮工程中。沥青材料用作防水材料的历史久远,直到现代,仍然以沥青防水材料为主。随着建设事业的突飞猛进以及石油工业的发展,沥青材料在道路和水利工程中也得到大量应用。

沥青是一种有机胶凝材料,是由许多高分子碳氢化合物及其非金属(氧、硫、氮等)衍生物所组成的复杂的混合物。它能溶于二硫化碳等有机溶剂中,在常温下呈褐色或黑褐色固体、半固体及液体状态。

沥青按产源不同分为地沥青与焦油沥青两大类。地沥青中有石油沥青与天然沥青;焦油沥青则有煤沥青、木沥青、页岩沥青及泥炭沥青等几种。建筑工程中,主要使用石油沥青和煤沥青,以及以沥青为原料通过加入表面活性物质而得到的乳化沥青。

一、石油沥青

石油沥青是石油(原油)经蒸馏等工艺提炼出各种轻质油及润滑油以后得到的残留物,或者再经加工得到的残渣。当原油的品种不同、提炼加工的方式和程度不同时,可以得到组成、结构和性质不同的各种石油沥青产品。

1. 石油沥青的品种

石油沥青的分类方法尚不统一,各种分类方法都有各自的特点和实用价值,现介绍如下。

(1)按原油加工后所得沥青中含蜡量多少分类。

石油沥青按原油基层不同分为石蜡基、沥青基和中间基三种。

①石蜡基沥青。它是由含大量烷属烃成分的石蜡基原油提炼制得的,其含蜡量一般均大于5%。由于其含蜡量较高,其黏性和温度稳定性将受到影响,故这种沥青的软化点高,针入度小,延度低,但抗老化性能较好。

②沥青基沥青(环烷基沥青)。它是由沥青基原油提炼制得的。其含蜡量一般少于2%,含有较多的脂环烃,故其黏性高,延伸性好。

③中间基沥青(混合基沥青)。它是由含蜡量介于石蜡基和沥青基石油之间的原油提炼制得的。其含蜡量在2% ~5%之间。

(2)按加工方法分类。

按加工方法不同,石油可炼制成如图9-1所示的不同种类的沥青。

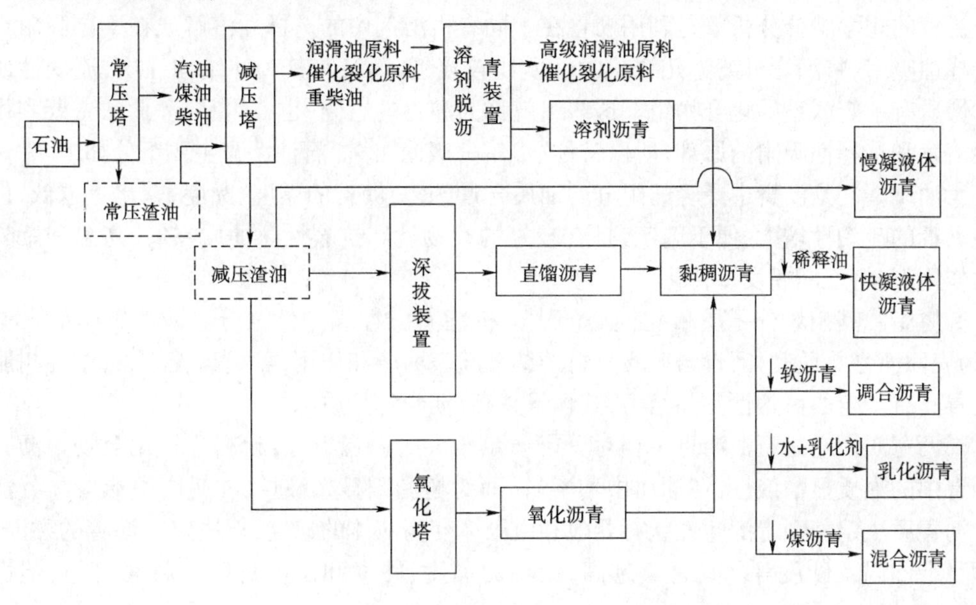

图9-1 石油沥青生产工艺流程示意图

原油经过常压蒸馏后得到常压渣油,再经减压蒸馏后,得到减压渣油。这些渣油属于低标号的慢凝液体沥青。

为提高沥青的稠度,以慢凝液体沥青为原料,可以采用不同的工艺方法得到黏稠沥青。渣油再经过减蒸工艺,进一步深拔出各种重质油品,可得到不同稠度的直馏沥青:渣油经不同深度的氧化后,可以得到不同稠度的氧化沥青或半氧化沥青;渣油经不同程度地脱出沥青油,可得到不同稠度的溶剂沥青。除轻度蒸馏和轻度氧化的沥青属于高标号慢凝沥青外,这些沥青都属于黏稠沥青。

有时为施工需要,希望在常温条件下具有较大的施工流动性,在施工完成后短时间内又能凝固而具有高的黏结性,为此在黏稠沥青中掺加煤油或汽油等挥发速度较快的溶剂,这种用快速挥发溶剂作为稀释剂的沥青,称为中凝液体沥青或快凝液体沥青。为得到不同稠度的沥青,也可以采用硬的沥青与软的沥青以适当比例调配,称之为调配沥青。按照比例不同所得成品可以是黏稠沥青,也可以是慢凝液体沥青。

快凝液体沥青需要耗费高价的有机稀释剂,同时要求石料必须是干燥的。为节约溶剂和扩大使用范围,可将沥青分散于有乳化剂的水中而形成沥青乳液,这种乳液也称为乳化沥青。

为更好地发挥石油沥青和煤沥青的优点,选择适当比例的煤沥青与石油沥青混合而成一种稳定的胶体,这种胶体称为混合沥青。

2. 石油沥青的化学组成与结构

(1)沥青的化学组成。

石油沥青是高分子碳氢化合物及其非金属衍生物的混合物。其主要化学成分是碳(80% ~87%)和氢(10% ~15%),少量的氧、硫、氮(约为5%)及微量的铁、钙、铅、镍等金属元素。

由于沥青化学组成结构的复杂性以及分析测试技术的限制,将沥青分离成纯化学单体较困难,而且化学元素含量的变化与沥青的技术性质间也没有较好的相关性,所以许多研究者都着眼于沥青化学组分的分析。化学组分的变化,将直接影响沥青的技术性质。

沥青的化学组分分析就是利用沥青在不同有机溶剂中的选择性溶解或在不同吸附剂上的选择性吸附,将沥青分离为几个化学性质比较接近,而又与其胶体结构性质、流变性质和技术性质有一定联系的化合物组。这些组就称为沥青的组分(也称组丛)。此法主要利用选择性溶解和选择性吸附的原理,所以又称“溶解—吸附”法。石油沥青主要组分如下。

①油质。它是沥青中最轻的组分。油质含量越多,沥青的稠度、黏度、软化点越低,但它可使沥青的流动性增大,便于施工,且有较好的柔韧性和抗裂性。油质在氧、高温和紫外线等的作用下,将逐渐挥发和转化。

②树脂。其相对分子质量比油质的大。树脂有酸性和中性之分。酸性树脂的含量较少,为表面活性物质,对沥青与矿质材料的结合起表面亲和作用,可提高胶结力;中性树脂可使沥青具有一定的可塑性和黏结力,其含量越高,沥青的品质越好。

③沥青质。它是石油沥青中相对分子质量较大的固态组分,为高分子化合物。沥青质对沥青中的油质显憎液性,在油质中不溶解,面对树脂则显亲液性,在树脂中形成高分散溶液。沥青质决定着沥青的塑性状态界限和由固体变为液体的速度,还决定着沥青的黏滞度、温度稳定性以及硬度等。其含量越高,沥青的黏度、硬度和温度稳定性越高,但其塑性则越低。

④沥青碳和似碳物。它们是由于沥青受高温的影响脱氢而生成的,一般只在高温裂化或加热及深度氧化过程中产生。它们多为深黑色固态粉末状微粒,是石油沥青中相对分子质量最高的组分。

沥青碳和似碳物在沥青中的含量不多,一般在3%以下,它们能降低沥青的黏结力。

⑤蜡。蜡在常温下呈白色结晶状态存在于沥青中。当温度达45℃左右时,它就会由固态转变为液态,石蜡含量增加时,将使沥青的胶体结构遭到破坏,从而降低沥青的延度和黏结力,所以蜡是石油沥青的有害成分。国际上大多都规定沥青的含蜡量不应超过5%。石油沥青各组分含量及性状列于表9-1中。

石油沥青各组分含量及性状 表9-1

组分	颜色	体态	相对密度	相对分子质量	碳氢原子数比	在沥青中含量(%)	特征性能	作用	转化方向
油质	淡黄色至红褐色	黏稠透明液体	0.6~1.0	200~700 平均500	0.5~0.7	40~60	几乎溶于所有溶剂,具有光学活性,在很多情况下发荧光	赋予沥青以流动性	↓
树脂	红褐色至黑褐	有黏性的半固体	约1.0	500~3000 平均1000	0.7~0.8	15~30	对温度敏感,熔点低于100℃	赋予沥青以黏性和塑性	↓
沥青质	深褐色至黑色	固体脆性粉末状微粒	>1.0	1000~5000	0.8~1.0	10~30	加热不熔化,分解为硬焦炭	增加沥青的黏性和热稳定性	↓

续上表

组分	颜色	体态	相对密度	相对分子质量	碳氢原子数比	在沥青中含量(%)	特征性能	作用	转化方向
沥青碳	黑色	固体粉末	>1.0	约10000	1.0~1.3	2~3	外形似沥青,不溶于四氯化碳,仅溶于二硫化碳	降低沥青的黏性和塑性	↓
似碳物	黑色	固体粉末	>1.0		约1.3		是沥青质的最终产物,不溶于任何溶剂	降低沥青的黏结力	
蜡	白色(常温)	白色结晶(常温)		300~700		变化范围较大	能溶于多种溶剂中,对温度特别敏感	降低沥青的延度和黏结力	

(2)石油沥青胶体结构。

石油沥青的主要成分是油质、树脂和地沥青质。油质和树脂可以互溶,树脂能浸润地沥青质,在地沥青质的超细颗粒表面能形成树脂薄膜,所以石油沥青的胶体结构是以沥青质为核心,其周围吸附着高相对分子质量的树脂而形成胶团,无数胶团分散于溶有低相对分子质量树脂的油分中而形成胶体结构。在这个稳定的分散系统中,分散相为吸附部分树脂的沥青质,分散介质为溶有部分树脂的油质。分散相与分散介质表面能量相等,它们能形成稳定的亲液胶体。在这个胶体结构中,从地沥青质到油质是均匀地逐步递变的,并无明显界面。

石油沥青中各化学组分含量变化时,会形成不同类型的胶体结构。通常根据沥青的流变特性,其胶体结构可分为以下三类。

①溶胶型结构。当油质和低相对分子质量树脂足够多时,胶团外膜层较厚,胶团间没有吸引力或吸引力较小,胶团之间相对运动较自由,这种胶体结构的沥青,称为溶胶型石油沥青。溶胶型石油沥青的特点是:流动性和塑性较好,开裂后自行愈合能力较强,但其温度稳定性较差。直馏沥青多属溶胶型结构。

②凝胶型结构。当油质和低相对分子质量树脂较少时,胶团外膜层较薄,胶团间距离减小,相互吸引力增大,胶团间相互移动比较困难,具有明显的弹性效应,这种胶体结构的沥青称为凝胶型石油沥青。凝胶型石油沥青的特点是:弹性和黏性较高,温度稳定性好,但流动性和塑性较差,开裂后自行愈合能力较差。氧化沥青多属凝胶型结构。

③溶胶—凝胶型结构。当沥青各组分的比例适当,而胶团间又靠得较近时,相互间有一定的吸引力,在常温下受力较小时,呈现出一定的弹性效应;当变形增加到一定数值后,则变为有阻尼的黏性流动,形成一种介于溶胶和凝胶型二者之间的结构,这种结构称为溶胶—凝胶型结构。具有这种结构的石油沥青的性质也介于溶胶型沥青和凝胶型沥青之间。它是道路建筑用沥青较理想的结构,大部分优质道路石油沥青均配制成溶胶—凝胶型结构。

溶胶型、溶胶—凝胶型及凝胶型结构的石油沥青如图9-2所示。

3. 石油沥青的技术性质

石油沥青作为胶凝材料常用于建筑防水和道路工程。沥青是憎水性材料几乎完全不溶于水,所以具有良好的防水性。为了保证工程质量,正确选择材料和指导施工,必须了解和掌握沥青的各种技术性质。

(1)黏滞性(黏性)。沥青作为胶结材料,必须具有一定的黏结力,以便把矿质材料和其他材料胶结为具有一定强度的整体。黏结力的大小与沥青的黏滞性密切有关。黏滞性是指在外力作用下,沥青粒子相互位移时抵抗变形的能力。沥青的黏滞性以绝对黏度表示,它是沥青性质的重要指标之一。

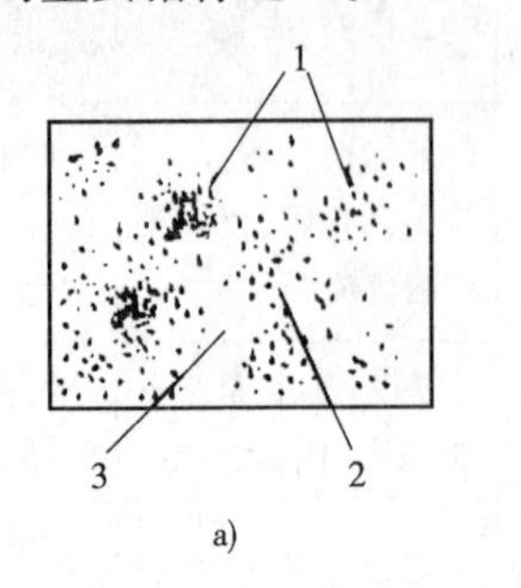

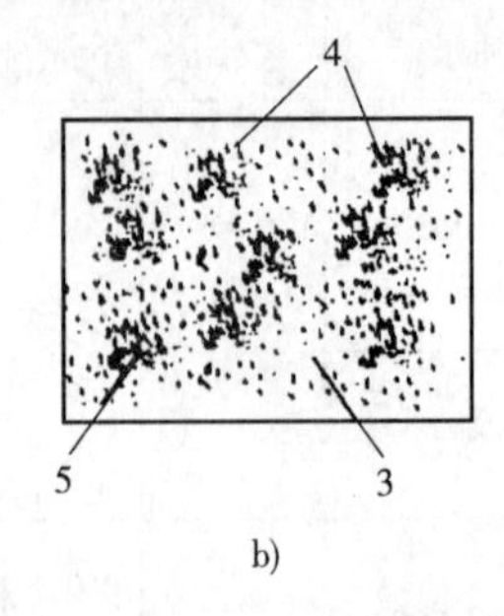

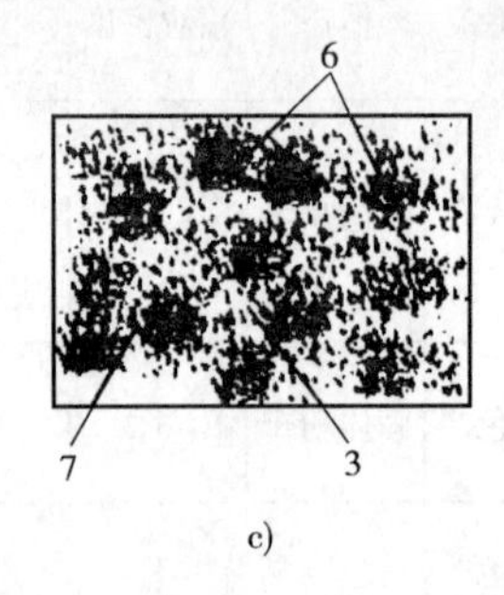

图 9-2 石油沥青的胶体结构类型示意图

a)溶胶型;b)溶—凝胶型;c)凝胶型

1-溶胶中的胶粒;2-质点颗粒;3-分散介质油质;4-吸附层;5-地沥青质;6-凝胶颗粒;7-结合的分散介质油质

绝对黏度的测定方法比较复杂。工程上常用相对(条件)黏度代替绝对黏度。测定相对黏度时,用针入度仪和标准黏度计。前者用来测定黏稠石油沥青的相对黏度;后者则用于测定液体(或较稀的)石油沥青的相对黏度。黏稠石油沥青的相对黏度用针入度表示。针入度是指在规定的温度(25℃)条件下,以规定质量(100g)的标准针,经过规定时间(5s)贯入试样的深度(以 1/10mm 为 1°)。它反映石油沥青抵抗剪切变形的能力。针入度值越小,沥青的黏滞度越大,抵抗变形的能力越强。

液体沥青的相对黏度可以用标准黏度计测定的标准黏度表示。标准黏度是在规定温度(20℃、25℃、30℃或 60℃)、规定直径(3mm、5mm 或 10mm)的孔口流出 $50mm^3$ 沥青所需的时间(s)。常用符 $C_t^d T$ 表示,其中 d 为流孔直径,t 为试样温度,T 为流出 $50mm^3$ 沥青所需的时间(s)。各种石油沥青黏滞性的变化范围很大,主要受其组分和温度的影响。一般沥青质含量较高时,其黏滞性较大。在一定温度范围内,温度升高时,黏滞性降低;反之,则随之增大。

(2)塑性。沥青在外力作用下,产生变形而不破坏,除去外力后,仍能保持变形后的形状的性质,称为塑性。它是石油沥青的重要技术性质之一。

石油沥青的塑性以延度(延伸度)表示。延度是在延度仪上测定的,即把沥青试样制成∞形标准试模(中间最小截面面积 $1cm^2$),在规定的温度(25℃)下,以规定速度(5cm/mm)拉伸试模,拉断时的长度(以 cm 表示)即为延度。延度越大,说明沥青的塑性越好。

沥青的塑性与其组分有关。当树脂含量较多,且其他组分含量又适当时,塑性较好。此外,周围介质的温度和沥青膜层厚度对塑性有影响。温度升高,则塑性增大;膜层越厚,则塑性趋高;反之,膜层越薄,塑性变差;当膜层薄至 1μm 时,塑性近于消失,即接近于弹性。

塑性高是沥青的一种良好性能,它反映了沥青开裂后的自行愈合能力。例如,履带车辆在通过沥青路面后,路面有变形发生但无局部破坏,而在通过水泥混凝土路面后,则可能发生局部脆性破坏。另外,沥青的塑性对冲击振动荷载也有一定吸收能力,并能减少摩擦时的噪声,故沥青是一种优良的道路路面材料。此外,沥青基柔性防水材料的柔性,在很大程度上来源于沥青的塑性。

(3)温度敏感性。温度敏感性是指石油沥青的黏滞性和塑性随温度升降而变化的性能。因沥青是一种高分子非晶态热塑性物质,故没有一定的熔点。当温度升高时,沥青由固态或半固态逐渐软化,使沥青分子之间发生相对滑动,此时沥青就像液体一样发生了黏性流动,称为黏流态。与此相反,当温度降低时又逐渐由黏流态凝固为固态(或称高弹态),甚至变硬变脆(像玻璃一样硬脆称作玻璃态)。在此过程中,反映了沥青随温度升降其黏滞性和塑性的变化。在相同的温度变化间隔里,各种沥青黏滞性及塑性变化幅度不会相同,工程要求沥青随温度变化而产生的黏滞性及塑性变化幅度应较小,即温度敏感性较小。建筑工程宜选用温度敏感性较小的沥青。所以,温度敏感性是沥青性质的重要指标之一。

通常,石油沥青中地沥青质含量较多,在一定程度上能够减小其温度敏感性。在工程使用时往往加入滑石粉、石灰石粉或其他矿物填料来减小其温度敏感性。沥青中含蜡量较多时,则会增大温度敏感性。多蜡沥青不能用于建筑工程就是因为该沥青温度敏感性大,当温度不太高(60℃左右)时就发生流淌;在温度较低时又易变硬开裂。

沥青软化点是反映沥青温度敏感性的重要指标。由于沥青材料从固态至液态有一定的变态间隔,故规定其中某一状态作为从固态转到黏流态(或某一规定状态)的起点,相应的温度称为沥青软化点。

沥青软化点测定方法很多,国内外一般采用环球法软化点仪测定。它是把沥青试样装入规定尺寸(直径约16mm,高约6mm)的铜环内,试样上放置一标准钢球(直径9.5mm,重3.5g),浸入水或甘油中,以规定的升温速度(5℃/min)加热,使沥青软化下垂,当下垂到规定距离25.4mm时的温度,以℃表示。

石油沥青的针入度、延度和软化点是评定黏稠石油沥青牌号的三大指标。

(4)大气稳定性。石油沥青是有机材料,它在热、阳光、氧及潮湿等大气因素的长期综合作用下,其组分和性质将发生一系列变化,即油质和树脂减少,地沥青质逐渐增多。因此,沥青随时间的进展而流动性和塑性减小,硬脆性逐渐增大,直至脆裂,此过程称为沥青的“老化”。抵抗“老化”的性质,为大气稳定性。

石油沥青的大气稳定性常以加热后的蒸发损失和蒸发后针入度比来评定。蒸发损失百分数越小,蒸发后针入度比越大,表示沥青的大气稳定性越高,老化越慢,耐久性越好。

(5)溶解度。溶解度是石油沥青在溶剂(苯、三氯甲烷、四氯化碳等)中溶解的百分率,以确定石油沥青中有效物质的含量。某些不溶物质(沥青碳或似碳物等)将降低沥青的性能,应将其视为有害物质加以限制。

实际工作中除特殊情况外,一般不进行沥青的化学组分分析而测定其溶解度,借以确定沥青中对工程有利的有效成分的含量,石油沥青的溶解度一般均在98%以上。

(6)闪点与燃点。沥青在使用时均需要加热,在加热过程中,沥青中挥发出的油分蒸气与周围空气组成油气混合物,此混合气体在规定条件下与火焰接触,初次发生有蓝色闪光时的沥青温度即为闪点(又称闪火点)。若继续加热,油气混合物的浓度增大,与火焰接触能持续燃烧5s以上时的沥青温度即为燃点(又称着火点)。通常燃点比闪点高约10℃。

闪点和燃点的高低,表明沥青引起火灾或爆炸的危险性的大小。因此,加热沥青时,其加热温度必须低于闪点,以免发生火灾。

4.石油沥青的技术标准与选用

我国现行石油沥青标准,将黏稠石油沥青分为道路石油沥青、建筑石油沥青和普通石油沥青三大类,在建筑工程中常用的主要是道路石油沥青和建筑石油沥青。道路石油沥青和建筑石油沥青依据针入度大小将其划分为若干牌号,每个牌号还应保证相应的延度、软化点以及其他指标。现将其质量指标列于表9-2及表9-3中。

(1)道路石油沥青。按道路的交通量,道路石油沥青分为中、轻交通石油沥青和重交通石油沥青。

中、轻交通道路石油沥青共有五个牌号，按石油化工行业标准《道路石油沥青》（SH 0522—2000），道路石油沥青分为五个牌号，其中 A-100 和 A-60 又按延度的不同分为甲、乙两个副牌号，各牌号的技术指标要求见表 9-2。由表 9-2 可知，牌号越大，沥青的黏滞性越小（针入度越大），塑性越好（延度越大），温度稳定性越差（软化点越低）。

道路石油沥青和建筑石油沥青技术标准 表 9-2

质量指标	道路石油沥青（SH 0522—2000）							建筑石油沥青（GB 494—1998）		
	A-200	A-180	A-140	A-100 甲	A-100 乙	A-60 甲	A-60 乙	40 号	30 号	20 号
针入度（25℃，100g）（1/10mm）	201 ~ 300	161 ~ 200	121 ~ 60	91 ~ 120	81 ~ 120	51 ~ 80	41 ~ 80	36 ~ 50	26 ~ 35	10 ~ 25
延度（25℃，≥，cm）	—	100	100	90	60	70	40	3.5	2.5	1.5
软化点（环球法）（℃）	30 ~ 45	35 ~ 45	38 ~ 48	42 ~ 52	42 ~ 52	45 ~ 55	45 ~ 55	>60	>75	>95
溶解度（三氯乙烯，四氯化碳或苯）（≥，%）	99	99	99	99	99	99	99	99.5	99.5	99.5
蒸发损失（160℃，5h）（≤，%）	1	1	1	1	1	1	1	1	1	1
蒸发后针入度比（≥，%）	50	60	60	65	65	70	70	65	65	65
闪点（开口）（≥，℃）	180	200	230	230	230	230	230	230	230	230

中、轻交通道路石油沥青主要用于一般道路路面、车间地面等工程。常配制沥青混凝土、沥青混合料和沥青砂浆使用。选用道路石油沥青时，要按照工程要求、施工方法以及气候条件等选用不同牌号的沥青。此外，还可用于密封材料、黏结剂和沥青涂料等。

重交通道路石油沥青主要用于高速公路、一级公路路面、机场道面以及重要的城市道路路面等工程。按国家标准《重交通道路石油沥青》（GB/T 15180—2000），重交通道路石油沥青分为 AH-50、AH-70、AH-90、AH-110 和 AH-130 五个牌号，各牌号的技术要求见表 9-3。除石油沥青规定的有关指标外，延度的温度为 15℃，大气稳定性采用薄膜烘箱试验，并规定了含蜡量的要求。

重交通量道路石油沥青的技术标准（GB/T 15180—2010） 表 9-3

项 目	质量指标						
	AH-130	AH-110	AH-90	AH-70	AH-50	AH-30	试验方法
针入度（25℃，100g，5s）（1/10mm）	120 ~ 140	100 ~ 120	80 ~ 100	60 ~ 80	40 ~ 60	20 ~ 40	GB/T 4509
延度（25℃，15mm/min）（≥，cm）	100	100	100	100	80	报告	GB/T 4508
软化点（环球法）（℃）	38 ~ 51	40 ~ 53	42 ~ 55	44 ~ 57	45 ~ 58	50 ~ 65	GB/T 4507
闪点（开口杯法）（≥，℃）	230					260	GB/T 267
溶解度（≥，%）	99.0						GB/T 11148
含蜡量（质量分数）（≤，%）	3						GB/T 0425
密度（25℃，kg/cm^3）	报告						GB/T 8929
薄膜烘箱加热试验（163℃，5h）							GB/T 5304
质量损失（≤，%）	1.3	1.2	1.0	0.8	0.6	0.5	GB/T 5304
针入度比（≥，%）	45	48	50	55	58	60	GB/T 4509
延度（15℃）（≥，%）	100	50	40	30	报告	报告	GB/T 4508

报告必须报告实测值

(2)建筑石油沥青。建筑石油沥青的特点是黏性较大(针入度较小)、温度稳定性较好(软化点较高),但塑性较差(延度较小)。建筑石油沥青应符合《建筑石油沥青》(GB 494—1998)的要求,其技术指标见表9-2。常用其制作油纸、油毡、防水涂料及沥青胶等,并用于屋面及地下防水、沟槽防水、防蚀及管道防腐等工程。

值得注意的是,使用建筑石油沥青制成的沥青膜层较厚,黑色沥青表面又是好的吸热体,故在同一地区的沥青屋面(或其他工程表面)的表面温度比其他材料高。据测定高温季节沥青层面的表面温度比当地最高气温高25~30℃。为避免夏季屋面沥青流淌,一般屋面用沥青材料的软化点应比本地区屋面最高温度高20℃以上。但软化点也不宜选得太高,以免冬季低温时变得硬脆,甚至开裂。

(3)普通石油沥青。普通石油沥青因含有较多的蜡(一般含量大于5%,多者达20%以上),故又称多蜡沥青。由于蜡的熔点较低,所以多蜡沥青达到液态时的温度与其软化点相差无几;与软化点相同的建筑石油沥青相比,其黏滞性较低,塑性较差,故在建筑工程中不宜直接使用。

(4)沥青的掺配。一种牌号的石油沥青往往不能满足工程使用的要求,因此常需要将不同牌号的沥青加以掺配。为了保证掺配后的沥青胶体结构和技术性质不发生大的波动,应选用化学性质和胶体结构相近的沥青进行掺配。试验证明,相同产源的沥青(指同属石油沥青或同属煤沥青)易于保证掺配后的沥青胶体结构的均匀性。

两种沥青的掺配比例,可按下式估算:

$$Q_1 = \frac{T_2 - T}{T_2 - T_1} \times 100\%$$

$$Q_2 = 100\% - Q_1$$

式中:Q_1——较软(牌号大)沥青用量,%;

Q_2——较硬(牌号小)沥青用量,%;

T——掺配沥青要求的软化点,℃;

T_1——较软沥青的软化点,℃;

T_2——较硬沥青的软化点,℃。

例如,某工地现有10号及60号两种石油沥青,而工程要求用软化点为80℃的石油沥青,如何掺配才能满足工程需要?

由试验(或规范)测得,10号及60号石油沥青的软化点分别为95℃和45℃,则估算的掺配用量为:

$$60\text{号石油沥青用量} = \frac{95-80}{95-45} \times 100\% = 30\%$$

$$10\text{号石油沥青用量} = 100\% - 30\% = 70\%$$

根据上式得到的掺配比例,不一定满足工程要求,此时可用掺配比及其邻近这[±(5%~10%)]的比例进行试配,混合熬制均匀,测定掺配后沥青的软化点;然后绘制掺配比—软化点曲线,即可从曲线上确定所要求的掺配比例。

同理,也可用针入度指标按上述方法进行估算及试配。

不同产源的沥青(如石油沥青和煤沥青),由于其化学组成、胶体结构差别较大,其掺配问题比较复杂。大量的试验研究表明,在软煤沥青中掺入20%以下的石油沥青,可提高煤沥青的大气稳定性和低温塑性;在石油沥青中掺入25%以下的软煤沥青,可提高石油沥青与矿质材料的黏结力。这样掺配所得的沥青称为混合沥青。由于混合沥青的两种原料是难溶的,掺配不当会发生结构破坏和沉淀变质现象,因此,掺配时选用的材料、掺配比例均应通过试验确定。

二、煤沥青

1. 煤沥青的原料——煤焦油

煤沥青的原料是煤焦油,它是生产焦炭和煤气的副产物。将烟煤在隔绝空气的条件下加热干馏,干馏中的挥发物气化流出,冷却后仍为气体者即为煤气;冷凝下来的液体除去氨及苯后,即为煤焦油。

按照干馏温度的不同,煤焦油有高温煤焦油(700℃以上)和低温煤焦油(450~700℃);按照工艺过程有焦炭焦油和煤气焦油。高温煤焦油含碳较多,密度较大,含有多量的芳香族碳氢化合物,技术性质较好;低温煤焦油则与之相反,技术性质较差。因此,多用高温煤焦油制作煤沥青和建筑防水材料。

2. 煤沥青的品种

将煤焦油进行再蒸馏,蒸去水分和全部轻油及部分中油、重油和蒽油、萘油后所得的残渣即为煤沥青。

煤沥青根据蒸馏程度不同分为低温沥青、中温沥青和高温沥青三种。建筑和道路工程中使用的煤沥青多为黏稠或半固体的低温沥青。

3. 煤沥青的化学组分和结构

煤沥青也是一种复杂的高分子碳氢化合物及其非金属衍生物的混合物。其主要组分有以下几种。

(1)游离碳(又称自由碳)。游离碳是高分子有机化合物的固态碳质微粒,不溶于任何有机溶剂,加热不熔化,只在高温下才分解。游离碳能提高煤沥青的黏度和热稳定性,但随着游离碳的增多,沥青的低温脆性也随之增加,其作用相当于石油沥青中的沥青质。

(2)树脂。树脂属于环心含氧的环状碳氢化合物。树脂有固态树脂和可溶性树脂之分。

①固态树脂(也称硬树脂)。为固态晶体结构,仅溶于吡啶,类似石油沥青中的沥青质,它能增加煤沥青的黏滞度。

②可溶性树脂(又称软树脂)。为赤褐色黏塑状物质,溶于氯仿,类似石油沥青中树脂,它能使煤沥青的塑性增大。

(3)油分。油分为液态,由未饱和的芳香族碳氢化合物组成,类似于石油沥青中的油质,能提高煤沥青的流动性。

此外,煤沥青油分中还含有萘油、蒽油和酚等。当萘油含量<15%时,可溶于油分中;当其含量超过15%,且温度低于10℃时,萘油呈固态晶体析出,影响煤沥青的低温变形能力。酚为苯环中含羟基的物质,呈酸性,有微毒,能溶于水,故煤沥青的防腐杀菌力强。但酚易与碱起反应而生成易溶于水的酚盐,会降低沥青产品的水稳定性,故其含量不宜太多。

和石油沥青一样,煤沥青也具有复杂的分散系胶体结构,其中自由碳和固态树脂为分散相,油分是分散介质。可溶性树脂溶解于油分中,被吸附于固态分散微粒表面给予分散系以稳定性。

4. 煤沥青技术性质的特点

煤沥青与石油沥青相比,由于产源、组分和结构的不同,故其技术性质有如下特点:

(1)温度稳定性差。煤沥青是较粗的分散系(自由碳颗粒比沥青质粗),且树脂的可溶性较高,受热时由固态或半固态转变为黏流态(或液态)的温度间隔较窄,故夏天易软化流淌而冬天易脆裂。

(2)塑性较差。煤沥青中含有较多的游离碳,故塑性较差,使用中易因变形而开裂。

(3)大气稳定性较差。煤沥青中含挥发性成分和化学稳定性差的成分(如未饱和的芳香烃化合物)较多,它们在热、阳光、氧气等因素的长期综合作用下,将发生聚合、氧化等反应,使煤沥青的组分发生变化,从而黏度增加,塑性降低,加速老化。

(4)与矿质材料的黏附性好。煤沥青中含有较多的酸、碱性物质,这些物质均属于表面活性物质,所以煤沥青的表面活性比石油沥青的高,故与酸、碱性石料的黏附性较好。

(5)防腐力较强。煤沥青中含有蒽、萘、酚等有毒成分,并有一定臭味,故防腐能力较好,多用作木材的防腐处理。但蒽油的蒸气和微粒可引起各种器官的炎症,在阳光作用下危害更大,因此施工时应特别注意防护。

5.石油沥青和煤沥青的比较和鉴别

石油沥青和煤沥青虽然化学成分和性质大致相似,但其所含碳氢化合物的构造却不同。所以从外观上看,很难区别,必须借助物理或化学方法加以区分。工地上常用的简易鉴别方法如表9-4所示。

石油沥青和煤沥青的简易鉴别方法 表9-4

鉴别方法	石油沥青	煤沥青
锤击法(声响、断口)	声哑,有弹性感,韧性好,断口整齐,呈贝壳状	声清脆,韧性差,断口不整齐,有碎末
溶液颜色法(将沥青置于盛有乙醇的透明玻璃瓶中观察溶液颜色)	无颜色	呈黄色,并带有绿蓝色荧光
燃烧法(将沥青加热燃烧)	烟无色,有油味或松香味	烟呈黄色,有刺激性臭味
溶解度法(将样品一小块约1g,投入30~50倍的汽油或煤油中,用玻璃棒搅动,充分溶解后观察)	样品基本溶解,溶液呈棕黑色	样品基本不溶解,溶液稍呈黄绿色
斑点法(样品一小块约1g,溶于30~50倍的有机溶剂——苯、二硫化碳等中,用玻璃棒搅动,充分溶解后,滴一滴于滤纸上,形成斑点)	斑痕完全化开,呈均匀的棕色	斑痕分内外两圈,内圈呈黑色斑点,炭粒较多,外圈呈棕色(或黄色)

三、乳化沥青

乳化沥青是将沥青热融,经过机械的作用,使其以细小的微滴状态分散于含有乳化剂的水溶液之中,形成水包油状的沥青乳液。水和沥青是互不相溶的,但由于乳化剂吸附在沥青微滴上的定向排列作用,降低了水与沥青界面间的界面张力,使沥青微滴能均匀地分散在水中而不致沉析;同时,由于稳定剂的稳定作用,使沥青微滴能在水中形成均匀稳定的分散系。乳化沥青呈茶褐色,具有高流动度,可以冷态使用,在与基底材料和矿质材料结合时有良好的黏附性。

1. 乳化沥青的组成材料

乳化沥青主要由沥青、水、乳化剂、稳定剂等材料组成。

(1)沥青。沥青是乳化沥青的主要组成材料,占乳化沥青的55% ~70%。各种标号的沥青均可配制乳化沥青,稠度较小的沥青(针入度在100 ~250之间)更易乳化。

(2)水。水质对乳化沥青的性能也有影响:一方面水能润湿、溶解、黏附其他物质,并起缓和化学反应的作用;另一方面,水中含有各种矿物质及其他影响乳化沥青形成的物质。所以,水质应相当纯净,不含杂质。一般说来,水质硬度不宜太大,尤其阴离子乳化沥青,对水质要求较严,每升水中氧化钙含量不得超过80mg。

(3)乳化剂。乳化剂是乳化沥青形成和保持稳定的关键组成,它能使互不相溶的两相物质(沥青和水)形成均匀稳定的分散体系,它的性能在很大程度上影响着乳化沥青的性能。

沥青乳化剂是一种表面活性剂,按其在水中能否解离而分为离子型乳化剂和非离子型乳化剂两大类。离子型乳化剂按其解离后亲水端生成离子所带电荷的不同,又分为阴离子型乳化剂、阳离子型乳化剂和两性离子型乳化剂等三种。现将常用的沥青乳化剂列于表9-5中。

常用沥青乳化剂　　表9-5

乳化剂类型		乳化剂名称
按离子类型分类	阴离子乳化剂	羧酸盐类——肥皂等 磺酸盐类——洗衣粉等
	阳离子乳化剂	十八烷基三甲基氯化铵(代号NOT或1831) 十六烷基三甲基溴化铵(代号1631) 十八烷基二甲基羧乙基硝酸铵 烷基丙烯二胺(代号ASF) 烷基酰基多胺(代号JSA)
	两性离子乳化剂	氨基酸型两性乳化剂 甜菜碱型两性乳化剂
	非离子型乳化剂	聚氧乙烯醚型非离子型乳化剂
按分解破乳速度分类	快裂型	烷基二甲基羟乙基氯化铵(代号1621)
	中裂型	牛脂烷基酰胺基多胺(代号JSA-2)
	慢裂型	硬脂酸烷酰胺基多胺(代号3SA-1) HY型双胺类

(4)稳定剂。为使沥青乳液具有良好的储存稳定性,常常在乳化沥青生产时向水溶液中加入适量的稳定剂。常用的稳定剂有氯化钙、聚乙烯醇等。

2. 乳化沥青形成机理

乳化沥青是油—水分散体系。在这个体系中,水是分散介质,沥青是分散相,两者只有在表面能较接近时才能形成稳定的结构。乳化沥青的结构是以沥青细微颗粒为固体核,乳化剂包覆沥青微粒表面形成吸附层(包覆膜),此膜具有一定的电荷,沥青微粒表面的膜层较紧密,向外则逐渐转为普通的分散介质;吸附层之外是带有相反电荷的扩散离子层水膜。由上可知,乳化沥青能够形成和稳定存在的原因主要如下:

(1)乳化剂在沥青—水系统界面上的吸附作用,降低了两相物质间的界面张力,这种作用可以抵制沥青微粒的合并。

(2)沥青微粒表面均带有相同电荷，使微粒间相互排斥不靠拢，达到分散颗粒的目的。

(3)微粒外水膜的形成，可以机械地阻碍颗粒的聚集。

3. 乳化沥青的分解破乳

要使乳化沥青在路面中(或与其他材料接触时)发挥结合料的作用，就必须使沥青从水相中分离出来，产生分解与破乳。所谓分解破乳就是指沥青乳液的性质发生变化，沥青与乳液中的水相分离，使许多微小的沥青颗粒互相聚结，成为连续整体薄膜。这种分解破乳主要是乳液与其他材料接触后，由于离子电荷的吸附和水分的蒸发而产生的，其变化过程可从沥青乳液的颜色、黏结性及稠度等方面的变化进行观察和鉴别。乳液分解破乳的外观特征是其颜色由茶褐色变成黑色，此时乳液还含有水分，需待水分完全蒸发、分解破乳完成后，乳液中的沥青才能恢复到乳化前的性能。沥青乳液的分解破乳过程如图 9-3 所示。

沥青乳液分解破乳所需要的时间，即为沥青乳液的分解破乳速度。影响分解破乳速度的因素有以下几个。

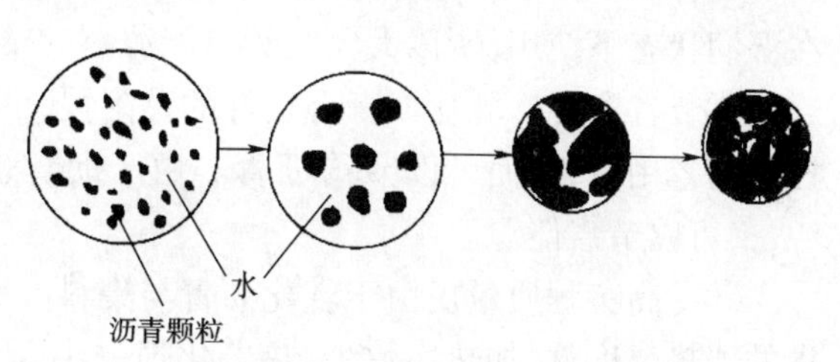

图 9-3　沥青乳液的分解破乳过程

(1)离子电荷的吸引作用。这种作用对阳离子乳化沥青尤为显著。目前，我国筑路用石料多含碳酸盐或硅酸盐，在潮湿状态下它们一般带负电荷，所以阳离子沥青乳液很快与集料表面相结合。此外，阳离子沥青乳化剂具有较高的振动性能，与固体表面有自然的吸引力，它可以穿过集料表面的水膜，与集料表面紧密结合。电荷强度大，能加速破乳；反之则延缓破乳速度。

(2)集料的孔隙度、粗糙度与干湿度的影响。如果与乳液接触的集料或其他材料为多孔质表面粗糙或疏松的材料时，乳液中的水分将很快被材料所吸收，破坏了乳液的平衡，加快了破乳速度；反之，若材料表面致密光滑，吸水性很小时，将延缓乳液的破乳速度。材料本身的干湿度也将影响破乳速度。干燥材料将加快破乳速度，湿润与饱和水材料将延缓破乳速度。

(3)施工时气候条件的影响。沥青乳液施工时的气温、湿度、风速等都将影响分解破乳速度。气温高、湿度小、风速大将加速破乳；否则，将延缓破乳。

(4)机械冲击与压力作用的影响。施工中压路机和行车的振动冲击和碾压作用，也能加快乳液的破乳速度。

(5)集料颗粒级配的影响。集料颗粒越细、表面积越大，乳液越分散，其破乳速度越快，否则破乳速度将延缓。

(6)乳化剂种类与用量的影响。乳化剂本身有快、中、慢型之分，因此用其所制备的沥青乳液也相应分为快、中、慢型三种。这些分类本身就意味着与材料接触时的分解破乳速度不同。同种乳化剂其用量不同时，也影响破乳速度。乳化剂用量大，延缓破乳；用量小则加快破乳。

4. 乳化沥青的应用

自商品乳化沥青问世以来，已有几十年的历史。前期主要发展阴离子乳化沥青，其缺点是沥青与集料间的黏附力低，若遇阴湿或低温季节，沥青分解破乳的时间将更长。此外，石蜡基与中间基原油的沥青量增多,阴离子乳化剂对这些沥青也难以进行乳化,故其发展受到限制。

近年来,阳离子乳化沥青发展较快。这种沥青乳液与集料的黏附力强,即使在阴湿低温季节,其吸附作用仍然可以正常进行。因此,它既有阴离子乳化沥青的优点,又弥补了阴离子乳化沥青的缺点。于是,乳化沥青的发展又进入了一个新阶段。

乳化沥青可以作为防水材料喷涂或涂刷在表面上作为防潮或防水层;也可粘贴玻璃纤维毡片(或布)作为屋面防水层;还可以拌制冷用沥青砂浆和沥青混合料而用于道路工程或其他工程。

5. 乳化沥青的优缺点

(1)乳化沥青的优点。

①节约能源。采用乳化沥青筑路时,只需要在沥青乳化时一次加热,且加热温度较低(一般为120~140℃)。若使用阳离子乳化沥青时,砂石料也不需要烘干和加热,甚至可以在湿润状态下使用,所以大大节约了能源。

②节省资源。乳化沥青有良好的黏附性,可以在集料表面形成均匀的沥青膜,易于准确控制沥青用量,因而可以节约沥青。由于沥青也是一种能源,所以节省沥青既可以节省资源,又可以节省能源。

③提高工程质量。由于乳化沥青与集料有良好的黏附性,而且沥青用量又少,施工中沥青的加热温度低,加热次数少,热老化损失小,因而增强了路面的稳定性、耐磨性与耐久性,提高了工程质量。

④延长施工时间。阴雨与低温季节,正是沥青路发生病害较多的季节。采用阳离子乳化沥青筑路或修补,几乎不受阴湿或低温季节的影响,发现病害及时修补,能及时改善路况,提高好路率和运输效率。一年中延长施工的时间,随各地气候条件而不同,平均60d左右。

⑤改善施工条件,减少环境污染。采用乳化沥青可以在常温下施工,现场不需要支锅熬油,施工人员不受烟熏火烤,减少了环境污染、改善了施工条件。

⑥提高工作效率。沥青乳液的黏度低、喷洒与拌和容易,操作简便、省力、安全,故可以提高工效30%,深受交通部门和施工人员的欢迎。

(2)乳化沥青的缺点。

①储存期较短。乳化沥青由于稳定性较差,故其储存期较短,一般不宜超过半年,而且储存温度也不宜太低,一般保持在0℃以上。

②乳化沥青修筑道路的成型期较长,最初要控制车辆的行驶速度。

四、改性沥青

沥青具有良好的塑性,能加工成良好的柔性防水材料。但沥青耐热性与耐寒性较差,即高温下强度低,低温下缺乏韧性。表现为高温易流淌,低温易脆裂。这是沥青防水屋面渗漏现象严重,使用寿命短的原因之一。如前所述,沥青是由分子量几百到几千的大分子化组成的复杂混合物,但分子量比通常高分子材料(几万到几百万或以上)小得多,而且其分子量最高(几千)的组分在沥青中的比例比较小,决定了沥青材料的强度不高,弹性不好。为此,常添加高分子的聚合物对沥青进行改性。高分子的聚合物分子和沥青分子相互扩散、发生缠结,形成凝聚的网络混合结构,因而具有较高的强度和较好的弹性。按掺用高分子材料的不同,改性沥青可分为橡胶改性沥青、树脂改性沥青、橡胶树脂共混改性沥青三类。

(1)橡胶改性沥青。在沥青中掺入适量橡胶后,可使沥青的高温变形性小,常温弹性较好,低温塑性较好。常用的橡胶有 SBS 橡胶、氯丁橡胶、废橡胶等。

(2)树脂改性沥青。在沥青中掺入适量树脂后,可使沥青具有较好的耐高低温性、黏结性和不透气性。常用树脂有 APP(无规聚丙烯)、聚乙烯、聚丙烯等。

(3)橡胶和树脂共混改性沥青。在沥青中掺入适量的橡胶和树脂后,沥青兼具橡胶和树脂的特性,常见的有氯化聚乙烯—橡胶共混改性沥青及聚氯乙烯—橡胶共混改性沥青等。

(4)矿物填充料改性沥青。为了提高沥青的黏结能力和耐热性,减小沥青的温度敏感性,经常加入一定数量的粉状或纤维状矿物填充料。常用的矿物有滑石粉、石灰粉、云母粉、硅藻土粉等。

学习情境二　防水卷材

防水卷材是建筑工程防水材料中重要的品种之一,20 世纪 80 年代以前,沥青防水材料是主流产品,20 世纪 80 年代后逐渐向橡胶、树脂基、改性沥青系列发展,形成了沥青防水卷材、高聚物改性沥青卷材和合成高分子防水卷材三大类型。

一、沥青防水卷材

传统的沥青防水材料虽然在性能上存在一些缺陷,但是它的价格低廉、货源充足,结构致密、防水性能良好,对腐蚀性液体、气体抵抗力强,黏附性好、有塑性、适应基材的变形。随着对沥青基防水材料胎体的不断改进,目前它在工业、民用建筑、市政建筑、地工程、道路桥梁、隧道涵洞、水工建筑和国防军事等领域得到广泛的应用。

20 世纪 50 ~ 60 年代以来,我国防水材料一直以纸胎石油沥青油毡为代表。由于纸胎耐久性差,现在已基本上被淘汰。目前用纤维织物、纤维毡等改造的胎体和以高聚物改性的沥青卷材已成为沥青防水卷材的发展方向。

沥青防水卷材按其胎体可分为有胎卷材和无胎卷材。有胎卷材是一种用玻璃布、石棉布、棉麻织品、厚纸等作为胎体,浸渍石油沥青,表面撒布粉状、粒状或片状防粘材料制成的卷材,也称作浸渍卷材。无胎卷材是将橡胶粉、石棉粉等混合到沥青材料中,经混炼、压延而成的防水材料,也称辊压卷材。沥青防水卷材,是目前土木建筑中常用的柔性防水材料。

(1)石油沥青纸胎油毡

石油沥青纸胎油毡是指用低软化点石油沥青浸渍原纸,然后用高软化点石油沥青涂敷油纸的两面,再撒一层滑石粉或云母片等隔离材料而成的制品。根据《石油沥青纸胎油毡》(GB 326—2007)规定,油毡按卷重和物理性能,可分为Ⅰ型、Ⅱ型、Ⅲ型。Ⅰ型、Ⅱ型油毡适用于辅助防水、保护隔离层、临时性建筑防水、防潮及包装等。Ⅲ型油毡适用于屋面工程的多层防水。各型号油毡的物理性能应符合表 9-6 的要求。

石油沥青纸胎油毡防水卷材,应根据品种、规格、等级不同,分开堆放,储运时应竖直堆放,堆高不宜超过 2 层,应避免日光直射或雨水浸湿,并注意通风。

石油沥青纸胎油毡防水卷材物理性能　　表 9-6

项　目			指　标		
			Ⅰ型	Ⅱ型	Ⅲ型
单位面积浸涂材料总量(g/m^2)		≥	600	750	1000
不透水性	压力(MPa)	≥	0.02	0.02	0.10
	保持时间(min)	≥	20	30	30
吸水率(%)		≤	3.0	2.0	1.0
耐热度			(85±2)℃,2h 涂盖层无滑动、流淌和集中性气泡		
拉力(纵向)(N/50mm)		≥	240	270	340
柔度			(18±2)℃,绕 φ20mm 棒或弯板无裂纹		

注:本标准Ⅲ型产品物理性能要求为强制性的,其余为推荐性的。

(2)沥青玻璃布油毡。用石油沥青浸涂玻璃纤维织布的两面,并撒以粉状撒布材料所制成的一种无机纤维为基料的沥青防水卷材称沥青玻璃布油毡。其特点是抗拉强度高于 500 号纸胎油毡,柔韧性好,耐腐蚀性强,耐久性高于普通油毡 1 倍以上。主要用于地下防水层、防腐层、屋面防水层及金属管道(热管道除外)防腐保护层等。

(3)沥青再生胶油毡。将废橡胶粉掺入石油沥青中,经过高温脱硫为再生胶,再掺入填料经炼胶机混炼,然后经压延而成的防水卷材称为再生胶油毡。它是一种不用原纸作为基层的无胎油毡。其特点是质地均匀、延伸大、低温柔性好、耐腐蚀性强,耐水性及耐热稳定性良好。主要用于屋面或地下做接缝或满堂铺设的防水层,尤其适用于水工、桥梁、地下建筑等基层沉降较大或沉降不均匀的建筑物变形缝处的防水。

(4)焦油沥青耐低温油毡。以煤焦油为基料,以聚氯乙烯为主要改性材料而制成的纸胎防水卷材称为焦油沥青耐低温油毡。其特点是具有优良的耐热和耐低温性能,且最低开卷温度为 -15℃,比国内现有的石油沥青油毡降低约 25℃,延长了冬季施工工期;产品价格与石油沥青油毡相当,具有较好的综合技术经济指标,适用于屋面防水工程。

二、改性沥青防水卷材

1. 弹性体改性沥青防水卷材

弹性体改性沥青防水卷材是用沥青或热塑性弹性体(如 SBS)改性沥青浸渍胎基,两面涂以弹性体沥青涂盖层,上表面撒以细砂、矿物粒(片)或覆盖聚乙烯膜,下表面撒以细砂或覆盖聚乙烯膜所制成的一类防水卷材。

SBS 防水卷材是弹性体改性沥青防水卷材中使用较广泛的一种,按胎基分为聚酯胎(PY)、玻纤胎(G)和玻纤增强聚酯毡(PYG)三类。按卷材表面覆盖材料可分为聚乙烯膜(PE)、细砂(S)与矿物粒(片)料(M)三种。按物理力学性能分为Ⅰ型和Ⅱ型。

SBS 防水卷材物理力学性能应符合表 9-7 的规定。

SBS(苯乙烯—丁二烯—苯乙烯)高聚物属嵌段聚合物,采用特殊的聚合方法使丁二烯两头接上苯乙烯,不需硫化成型就可以获得弹性丰富的共聚物。所有改性沥青中,SBS 改性沥青的性能是目前最佳的。改性后防水卷材,既具有聚苯乙烯抗拉强度高、耐高温性好,又具备聚丁二烯弹性高、耐疲劳性和柔软性好的特性。

SBS 卷材在常温下有弹性,在高温下有热塑性、低温柔性好,以及耐热性、耐水性和耐腐蚀性好的特性。其中,聚酯毡的力学性能、耐水性和耐腐蚀性最优。玻纤毡价格低,但其强度较低、无延伸性。

SBS 卷材适用于工业与民用建筑的屋面和地下防水工程,尤其适用于较低气温环境的建筑防水。

SBS 卷材物理力学性能(GB 18242—2008)　　表 9-7

序号	项目			指标 I PY	指标 I G	指标 II PY	指标 II G	指标 II PYG
1	可溶物含量 $(g/m^2) \geqslant$	3mm		2100				—
		4mm		2900				—
		5mm		3500				
		试验现象		—	胎基不燃	—	胎基不燃	—
2	耐热性	℃		90		105		
		≤mm		2				
		试验现象		无流淌、滴落				
3	低温柔性/℃			-20		-25		
				无裂缝				
4	不透水性 30min			0.3MPa	0.2MPa	0.3MPa		
5	拉力	最大峰拉力(N/50mm)	≥	500	350	800	500	900
		次高峰拉力/(N/50mm)	≥	—	—	—	—	800
		试验现象		拉伸过程中,试件中部无沥青涂盖层开裂或与胎基分离现象				
6	延伸率	最大峰时延伸率(%)	≥	30	—	40	—	—
		第二峰时延伸率(%)	≥	—		—		15
7	浸水后质量增加(%) ≤	PE、S		1.0				
		M		2.0				
8	热老化	拉力保持率(%)	≥	90				
		延伸率保持率(%)	≥	80				
		低温柔性(℃)		-15		-20		
				无裂缝				
		尺寸变化率(%)	≤	0.7	—	0.7	—	0.3
		质量损失(%)	≤	1.0				
9	渗油性	张数	≤	2				
10	接缝剥离强度(N/mm)		≥	1.5				
11	钉杆撕裂强度[a](N)		≥	—				300
12	矿物粒料粘附性[b](g)		≤	2.0				
13	卷材下表面沥青涂盖层厚度[c](mm)		≥	1.0				
14	人工气候加速老化	外观		无滑动、流淌、滴落				
		拉力保持率(%)	≥	80				
		低温柔性(℃)		-15		-20		
				无裂缝				

注:a. 仅适用于单层机械固定施工方式卷材。

b. 仅适用于矿物粒料表面的卷材。

c. 仅适用于热熔施工的卷材。

PY—聚酯毡;G—玻纤毡;PYG—玻纤增强聚酯毡;PE—聚乙烯膜;S—细砂;M—矿物粒料。

2. 塑性体改性沥青防水卷材

塑性体改性沥青防水卷材是用沥青或热塑性弹性体(如无规聚丙烯 APP 或聚烯烃类聚合物 APAO、APO)改性沥青浸渍胎基,两面涂以塑性体沥青涂盖层,上表面撒以细砂、矿物粒(片)或覆盖聚乙烯膜,下表面撒以细砂或覆盖聚乙烯膜所制成的一类防水卷材。

APP 防水卷材是塑性体改性沥青防水卷材中使用较广泛的一种,按胎基分为聚酯胎(PY)和玻纤胎(G)两类。按上表面材料分为聚乙烯膜(PE)、细砂(S)与矿物粒(片)料(M)三种。

按物理力学性能分为Ⅰ型和Ⅱ型。

APP 防水卷材物理力学性能应符合表 9-8 的规定。

APP 卷材物理力学性能(GB 18242—2008)　　表 9-8

序号	项目		指标				
			Ⅰ		Ⅱ		
			PY	G	PY	G	PYG
1	可溶物含量(g/m^2)≥	3mm	2100				—
		4mm	2900				—
		5mm	3500				
		试验现象	—	胎基不燃	—	胎基不燃	—
2	耐热性	℃	110		130		
		≤mm	2				
		试验现象	无流淌、滴落				
3	低温柔性(℃)		-7		-15		
			无裂缝				
4	不透水性 30min		0.3MPa	0.2MPa	0.3MPa		
5	拉力	最大峰拉力(N/50mm) ≥	500	350	800	500	900
		次高峰拉力(N/50mm) ≥	—	—	—	—	800
		试验现象	拉伸过程中,试件中部无沥青涂盖层开裂或与胎基分离现象				
6	延伸率	最大峰时延伸率(%) ≥	25	—	40	—	—
		第二峰时延伸率(%) ≥	—		—		15
7	浸水后质量增加(%) ≤	PE、S	1.0				
		M	2.0				
8	热老化	拉力保持率(%) ≥	90				
		延伸率保持率(%) ≥	80				
		低温柔性(℃)	-2		-10		
			无裂缝				
		尺寸变化率(%) ≤	0.7	—	0.7	—	0.3
		质量损失(%) ≤	1.0				
9	接缝剥离强度(N/mm) ≥		1.0				
10	钉杆撕裂强度[a](N) ≥		—				300

续上表

<table>
<tr><th rowspan="3">序号</th><th rowspan="3" colspan="3">项　目</th><th colspan="5">指　标</th></tr>
<tr><th colspan="2">Ⅰ</th><th colspan="3">Ⅱ</th></tr>
<tr><th>PY</th><th>G</th><th>PY</th><th>G</th><th>PYG</th></tr>
<tr><td>11</td><td colspan="2">矿物粒料粘附性[b](g)</td><td>≤</td><td colspan="5">2.0</td></tr>
<tr><td>12</td><td colspan="2">卷材下表面沥青涂盖层厚度[c](mm)</td><td>≥</td><td colspan="5">1.0</td></tr>
<tr><td rowspan="4">13</td><td rowspan="4">人工气候加速老化</td><td colspan="2">外观</td><td colspan="5">无滑动、流淌、滴落</td></tr>
<tr><td>拉力保持率(%)</td><td>≥</td><td colspan="5">80</td></tr>
<tr><td colspan="2" rowspan="2">低温柔性(℃)</td><td colspan="2">-2</td><td colspan="3">-10</td></tr>
<tr><td colspan="5">无裂缝</td></tr>
</table>

注:a. 仅适用于单层机械固定施工方式卷材。

b. 仅适用于矿物粒料表面的卷材。

c. 仅适用于热熔施工的卷材。

APP卷材耐热性优异,耐水性、耐腐蚀性好,低温柔性较好(但不及SBS卷材)。其中聚酯毡的力学性能、耐水性和耐腐蚀性性能优良。玻纤毡的价格低,但强度较低无延伸性。APP卷材适用于工业与民用建筑的屋面和地下防水工程,以及道路、桥梁等建筑物的防水,尤其适用于较高气温环境的建筑防水。

3. 改性沥青聚乙烯胎防水卷材

用改性沥青为基料,以高密聚乙烯膜为胎体和覆面材料,经滚压、水冷、成型而制成的防水卷材。根据《改性沥青聚乙烯胎防水卷材》(GB 18967—2009)的规定,分类如下:按产品的施工工艺不同,产品可分为热熔型(T)和自黏型(S)两种。热熔型产品按改性剂不同,产品可分为:改性氧化沥青防水卷材(O)、丁苯橡胶改性氧化沥青防水卷材(M)、高聚物改性沥青防水卷材(P)和高聚物改性沥青耐根穿刺防水卷材(R)。热熔型卷材上下表面隔离材料为聚乙烯膜,自黏型卷材上下表面隔离材料为防黏材料。

改性沥青聚乙烯胎防水卷材具有防水、隔热、保温、装饰、耐老化、耐低温的多重功能,其抗拉强度高、延伸率大、施工方便、价格较低。适用于工业与民用建筑工程的地下室防水、屋面防水工程。

三、合成高分子防水卷材

合成高分子防水卷材是除沥青基防水卷材外,近年来大力发展的防水卷材。合成高分子防水卷材是以合成橡胶、合成树脂或者两者共混体为基料,加入适量的化学助剂、填充料等,经混炼、压延或挤出等而制成的防水卷材或片材。

合成高分子防水卷材耐热性和低温柔韧性好,拉伸强度、抗撕裂强度高、断裂伸长率大,耐老化、耐腐蚀、耐候性好,适应冷施工。

合成高分子防水卷材品种很多,目前最具代表的有合成橡胶类三元乙丙橡胶防水卷材、聚氯乙烯防水卷材和氯化聚乙烯——橡胶共混防水卷材。

1. 三元乙丙橡胶防水卷材

三元乙丙(EPDM)橡胶防水卷材,是以三元乙丙橡胶为主体,加入一定量的丁基橡胶、软化剂、补强剂、填充剂、促进剂和硫化剂等,经配料、密炼、拉片、过滤、压延或挤出成型、硫化检验、分类、包装等工序加工而成的可卷曲的高弹性防水卷材。

产品有硫化型和非硫化型两类,非硫化型系指生产过程不经硫化处理的一类。硫化型三元乙丙防水卷材代号为 JL1,非硫化型三元乙丙防水卷材代号为 JF1。

硫化型三元乙丙防水卷材有以下的特点:

(1)产品的耐老化性能好,使用寿命长。三元乙丙橡胶分子中的主链上没有双键,是饱和的,比较稳定,当其遇到紫外光、氧和臭氧、热合气温变化以及水和湿度变化时,主链上不易发生断裂,故采用三元乙丙橡胶为主体制成的防水卷材作为防水层,是经得起长期风吹雨淋日晒考验的。

(2)产品的拉伸强度高,大于或等于 8MPa,扯断伸长率大于或等于 450%,回弹性好、抗裂性极佳、能较好地适应基层的伸缩或开裂变形的需要。可确保建筑防水工程的质量。

(3)耐高低温性能好,能在严寒和酷热环境中长期使用,产品的冷脆温度和柔性温度在 -45℃以下,而且耐热性能好,可达 160℃以上。因此,可以在较低的气温条件下施工。由于它具有以上特点,且可以单层施工,因此在国内外发展很快,产品在国内属于高档防水材料。

EPDM 卷材具有耐老化、耐热性好(>160℃)、使用寿命长(30~50 年以上)、拉伸强度高、延伸率大、冷施工、对基层开裂变形适应性强、质量轻、可单层施工等特点。美国、日本的新建屋面和维修防水工程的三分之一左右都是应用的 EPDM 防水卷材。三元乙丙橡胶防水卷材,适用于外露屋面、大跨度、振动大、年限要求长、防水质量要求高的工程。

三元乙丙橡胶防水卷材的物理力学性能应符合《高分子防水材料　第 1 部分:片材》(GB 18173.1—2012)标准中的均质片的要求。

2. 聚氯乙烯防水卷材

聚氯乙烯(PVC)防水卷材是以聚氯乙烯树脂为主要原料,掺加填充料(如铝矾土)和适量的改性剂、增塑剂(如邻苯二甲酸二辛酯)及其他助剂(如煤焦油),经混炼、压延或挤出成型的防水卷材。

该防水卷材根据其基料的组成及其特性分为 S 型和 P 型,S 型是以煤焦油与聚氯乙烯树脂混溶料为基料的柔性卷材,P 型是以增塑聚氯乙烯为基料的塑性卷材。

PVC 防水卷材耐老化性能好(耐用年限 25 年以上)、拉伸强度高、断裂伸长率极大、原材料丰富、价格便宜。用热风焊铺粘施工方便,不污染环境。适用于我国南北方广大地区防水要求高、耐用年限长的工业与民用建筑的防水工程。用于屋面防水时,可做成单层外露防水。

3. 氯化聚乙烯—橡胶共混防水卷材

它以氯化聚乙烯和合成橡胶共混物为主体,加入一定的稳定剂、软化剂、促进剂、硫化剂,经混炼、压延等工艺制得的防水材料。

根据共混材料的不同分为 S 型和 N 型,以氯化聚乙烯与合成橡胶共混体制成的防水卷材为 S 型;以氯乙烯与合成橡胶和再生橡胶共混体制成的防水卷材为 N 型。该防水卷材不但具有氯化聚乙烯特有的高强度、优异的耐臭氧、耐老化性能,还具备橡胶和塑料的高弹性、高延伸性和良好的低温柔性。从物理性能上看,氯化聚乙烯—橡胶共混防水卷材接近三元乙丙橡胶防水卷材的性能,最适应屋面单层外露防水。

学习情境三　防水涂料

保护建筑物构件不被水渗透或湿润,能形成具有抗渗性涂层的涂料,称为防水涂料。按照分散剂的不同可分为溶剂涂料、水乳型涂料两种。随着科技的发展,涂料产品不仅要求施工方便、成膜速度快、修补效果好,还需延长使用寿命、适应各种复杂工程的需求。防水涂料中,聚氨酯、橡胶和树脂基的涂料属高档涂料。氯丁橡胶改性沥青涂料及其他橡胶改性的沥青涂料属中档涂料。低档涂料主要有再生胶改性沥青涂料、石油沥青基防水涂料等。防水涂料的发展前景依赖于新型聚合物的推广和应用。

涂料是一种流态或半流态物质,传统上称为“油漆”。

涂料包括各种油漆、天然树脂漆、合成树脂漆、无机类涂料及复合型涂料等。

组成涂料的物质可概括为:主要成膜物(包括基料、胶粘剂、硬化剂等)、次要成膜物(包括颜料、填料)、辅助成膜物(包括溶剂、分散剂、催干剂等)。

按主要成膜物质的不同,防水涂料分为沥青基防水涂料、高聚物改性沥青类防水涂料及合成高分子防水涂料三类。乳化沥青和高聚物改性沥青涂料,是目前建筑工程中应用较广的两类防水涂料。

防水涂料必须具备以下性能:

(1)固体含量,系指涂料中所含固体比例。涂料涂刷后,固体成分将形成涂膜。

(2)耐热性,系指成膜后的防水涂料薄膜在高温下不发生软化变形、流淌的性能。

(3)柔性(也称低温柔性),系指成膜后的防水涂料薄膜在低温下保持柔韧的性能。

(4)不透水性,系指防水涂膜在一定水压和一定时间内不出现渗漏的性能。

(5)延伸性,系指防水涂膜适应基层变形的能力。

一、沥青类防水涂料

沥青类防水涂料是以沥青为基料,通过溶解或形成水分散体构成的防水涂料。沥青防水涂料除具有防水卷材的基本性能外,还具有施工简单、容易维修、适用于特殊建筑物的特点。

直接将未改性或改性的沥青溶于有机溶剂而配制的涂料,称为溶剂型沥青涂料(冷底子油)。将石油沥青分散在水中,形成稳定的水分散体而构成的涂料,称为水乳型沥青防水涂料。

1. 冷底子油

用汽油、煤油、柴油、工业苯等有机溶剂与沥青溶合制得的沥青溶液,在常温下用于防水工程的底部,故称冷底子油。它有良好的流动性,便于喷涂或涂刷。将其涂刷在混凝土、砂浆或木材等基底后,能很快渗透到基面内。待溶剂挥发后,便与基面牢固结合,并使基面具有憎水性,为粘贴其他防水材料创造了条件。

冷底子油常由30% ~50%的10号或30号石油沥青和50% ~70%的有机溶剂(多用汽油或轻柴油)配制而成。若耐热性要求不高,也可以用60号石油沥青配制。配好的冷底子油应放在密封的容器内置于阴凉处储存,以防溶剂挥发。喷涂冷底子油时,应使基面洁净干燥。

2. 沥青胶

由沥青和适量粉状或纤维状矿质填充料均匀混合而成的胶黏剂称为沥青胶,俗称玛琦脂。它有良好的黏结性、耐热性、柔韧性和大气稳定性。主要用于粘贴卷材、嵌缝、补漏、接头以及其他防水、防腐材料的底层等。

(1)组成材料。

①沥青。沥青的种类应与被黏结的材料一致;其牌号大小由工程性质、使用部位及气候

条件决定。采用的沥青软化点越高,夏季高温时越不易流淌;沥青的延度大,沥青胶的柔韧性就好。炎热地区的屋面工程,宜选用10号石油沥青;用于地下防水和防潮处理时,一般选用软化点不低于50℃的沥青。

②矿质填充料。为了提高沥青的耐热性,改善低温脆性和节约沥青的用量,常向沥青中掺入粉状或纤维状填料,其用量一般为20%左右。用作填充料的矿粉颗粒越细,其表面积越大,改变沥青性能的作用越显著。一般粉料的细度控制在0.075mm筛上的筛余量不大于15%。碱性矿粉与沥青的亲和性较大,黏结力较高,故一般防水、防潮用沥青胶,宜选用石灰石粉、白云石粉、滑石粉等。

掺入石棉粉、木屑粉等纤维状填料时,能提高沥青胶的柔韧性和抗裂能力。

(2)技术性质。

①黏结性。黏结性表征沥青胶黏结卷材(或其他材料)的能力。试验时,将两张用沥青胶粘贴在一起的油纸慢慢撕开,油纸和沥青胶脱离的面积应不大于粘贴面积的1/2。

②耐热性。耐热性表示沥青胶在一定温度下和一定时间内不软化流淌的性质,以耐热度表示。用2mm厚的沥青胶黏合两张沥青油纸,在不低于表9-9要求的温度下,放在45°的坡板上恒温5h,沥青胶不应流淌,油纸不应滑动。

根据耐热度指标,石油沥青胶划分为六个标号。

③柔韧性。柔韧性表示沥青胶在一定温度下的抵抗变形断裂的性能。将涂在油纸上2mm厚的沥青胶,在18℃±2℃时,围绕表9-9规定的圆棒在2s内均衡地将沥青胶弯曲成半圆,检查弯曲拱面处沥青胶,若不裂则为合格。

沥青胶耐热度和柔韧性指标 表9-9

名　称	石油沥青胶					
	S60	S65	S70	S75	S80	S85
耐热度(45°,5h)(℃)≥	60	65	70	75	80	85
柔韧性(18℃±2℃,180°)圆棒直径(mm)	10	15	15	20	25	30

(3)配合比。沥青胶中的沥青占70%~90%,矿粉占30%~10%。若沥青的黏性较低,矿粉用量可以适当提高,有时可达50%以上。矿粉越多,沥青胶的耐热性越高,黏结力也越大,但其柔韧性将降低,施工流动性也变差。

3.水乳型沥青防水涂料

乳化沥青是将沥青热熔后,经机械剪切的作用,以细小的沥青微滴分散于含有乳化剂的水溶液中,形成水包油(O/W)型的沥青乳液,或者将微小的水滴稳定地分散在沥青中形成的油包水(W/O)型的沥青乳液。乳化剂带有亲油基与新水基两相,在它的作用下降低了水和油的界面张力,使它能够吸附于沥青微滴和水滴相互排斥的界面上。当乳化剂以单分子状态溶于水中时,其亲油基的一端被水排斥,亲水基一端被水吸引。亲油基端为了成为稳定分子,它一方面把亲水基端留在水中,而自己伸向空气;另外,让亲油基尽量靠拢,减少亲油基和水的接触面积。前者形成单分子膜,后者形成胶束。大量的胶束集聚形成球状胶束,球状胶束将亲油基完全包含在球体内,几乎与水脱离接触。这样,胶束外只剩下亲水基,使沥青与水形成互不相溶的两相。当乳化沥青涂料覆盖在基层上后,水在空气中蒸发,剩下的沥青胶团聚集在一起即形成防水层。

乳化沥青的黏度、储存的稳定性、破乳的速度和微粒大小分布等都是乳化沥青质量的重要指标，可以通过以下办法改善乳化沥青的性能。

(1)增加乳化沥青和黏度，通过增加沥青含量；改变水相的酸性或增加乳化剂；加大乳化过程中的流量和降低沥青的黏度等办法来增加乳化沥青的黏度。

(2)减少乳化沥青的黏度，通过减少沥青含量、改变乳化剂配方和降低流经乳化机的流量来减少乳化沥青的黏度。

(3)加大乳化液的破乳率，破乳率的大小取决于矿物质的类型和微粒的大小分布。可采取增加沥青含量、改变水相的酸度和添加破乳剂等办法。

(4)改善乳化沥青的储存性，采取加入稀释剂、增加乳化液浓度、加入中和性盐类、选用微粒均匀的乳化液等办法来改善乳化沥青的储存稳定性。

(5)改变乳化微粒的分布状态，加入一定的酸，改变生产条件，如增加沥青含量、改变水相成分、提高生产温度等。

沥青基防水涂料主要用于Ⅲ、Ⅳ级防水等级的屋面防水工程以及道路、水利等工程中的辅助性防水工程。

二、高聚物改性沥青防水涂料

采用橡胶、树脂等高聚物对沥青进行改性处理，可提高沥青的低温柔性、延伸率、耐老化性及弹性等。品种有再生橡胶改性沥青防水涂料、水乳型氯丁橡胶沥青防水涂料、SBS橡胶改性沥青防水涂料等。

1.氯丁橡胶沥青防水涂料

氯丁橡胶沥青防水涂料是以优质石油沥青为基料，添加合成橡胶和进口环氧树脂改性而成的一种防水涂料，氯丁橡胶一般是乳白色，是以高聚物的环氧树脂乳液和石油沥青及国内合成橡胶等乳液为主要成膜物质，添加多种功能助剂而成的防水涂料，主要用于防水，可以防止由于渗水而引起的钢筋腐蚀，提高梁体的使用寿命。

氯丁橡胶沥青防水涂料可分为溶剂型和水乳型两种。

溶剂型氯丁橡胶沥青防水涂料(又名氯丁橡胶—沥青防水涂料)，是氯丁橡胶和石油沥青溶化于甲基苯(或二甲苯)而形成的一种混合胶体溶液，其主要成膜物质是氯丁橡胶和石油沥青。

水乳型氯丁橡胶沥青防水涂料(又名氯丁胶乳沥青防水涂料)，是以阳离子型氯丁胶乳与阳离子型沥青乳液相混合而成。它的成膜物质也是氯丁橡胶和石油沥青，但与溶剂型涂料不同的是以水代替了甲苯等有机溶剂，使其成本降低并无毒。

2.水乳型再生橡胶沥青防水涂料

水乳型再生橡胶沥青防水涂料是以石油沥青为基料和再生橡胶为改性材料复合而成水性防水涂料。该防水涂料是由再生橡胶和石油沥青的微粒，借助阴离子型表面活性剂的作用，使阴离子型再生胶乳和沥青乳液稳定分散在水中形成乳状混合液。

水乳型橡胶沥青类防水涂料是国内外较通用的一种防水涂料，与同类溶剂型产品比较，它以水取代了汽油，其安全性、环境性更胜一筹。这种涂料因以合成胶乳为原料，因而其价格贵。

水乳型再生橡胶沥青防水涂料，能够在各种复杂表面形成防水膜，具有一定的柔韧性和耐久性。以水为分散剂，无毒、不燃、无异味，安全可靠。可在常温下冷施工，操作简单、维护方便，能够在潮湿无积水的表面施工。原料来源广泛，价格较低。其缺点是一次涂刷成膜较薄，产品质量易受生产条件的影响，气温低于5℃不易施工。产品适用于工业、民用混凝土基层屋面、浴厕、厨房间的防水，沥青珍珠岩保温层屋面防水，地下混凝土建筑防潮，旧油毡屋面翻修和刚性自防水屋面的维修。

3. 聚氨酯防水涂料

聚氨酯防水涂料是一种化学反应型涂料，它由异氰酸酯基的聚氨酯预聚体和含有多羟基或氨基的固化剂，以及其他助剂按一定比例混合而成。按生产原料不同，一般分为聚醚型聚氨酯类产品和聚酯型聚氨酯类产品。前者耐水性优良，后者具有较高的力学强度和氧化稳定性。聚氨酯防水涂料多以双组分形式使用，我国目前有焦油系列双组分聚氨酯涂膜防水材料和非焦油系列双组分聚氨酯涂膜防水材料两类。

聚氨酯预聚体一般以过量的异氰酸酯与多羟基聚酯或聚醚反应，生成异氰酸基高分子化合物，这是防水涂料的主剂。预聚体中的异氰酸酯基很容易与带活性氢的化合物（如乙醇、胺、多元醇、水等）反应，在固化剂的作用下形成几乎不产生体积收缩的橡胶状弹性体。为了实现固化体的交联，往往在聚氨酯中引进多官能度的多元醇及三聚异氰酸酯等聚合物，它能使涂膜具有更好的耐热稳定性和耐化学介质的稳定性，如异氰酸酯三聚合得到稳定的异氰酸酯。这种特殊的氮杂六元结构，使聚氨酯产品具有优良的耐热稳定性，其在150～200℃不分解。由于聚氨酯高分子结构的特性，使它具备优异的耐候、耐油、耐臭氧、不燃烧、抗撕裂、耐温（-30～80℃）、耐久等特性。

聚氨酯防水涂料属于高档合成高分子防水涂料，它具有很多突出的优点：容易形成较厚的防水涂膜；能够在复杂的基层表面施工，其端头容易处理；整体性强，涂膜层无接缝；冷施工，操作安全；涂膜具有橡胶弹性，延伸性好，抗拉、抗撕裂强度高；防水年限可达10年以上等。

聚氨酯防水涂料适用于各种地下、浴厕、厨房等的防水工程；污水池的防漏；地下管道的防水、防腐工程等。

学习情境四　防水密封材料

建筑工程中，为了保证建筑物的水密性和气密性，凡具备防水功能和防止液、气、固侵入的密封材料，称为防水密封材料。它的基本功能是填充构形复杂的间隙，通过密封材料的变形或流动润湿，使缝隙、接头不平的表面紧密接触或黏结，从而达到防水密封的作用。

防水密封材料可应用于建筑物门窗密封、嵌缝，混凝土、砖墙、桥梁、道路伸缩的嵌缝，给排水管道的对接密封，电气设备制造安装中的绝缘、密封，航天航空、交通运输器具、机械设备连接部位的密封和各种构件裂缝的修补密封等。

防水密封材料的基材主要有油基、橡胶、树脂、无机类等，其中橡胶、树脂等性能优异的高分子材料是防水密封材料的主体，故称为高分子防水密封材料。防水密封材料有膏状、液状和粉状等。

密封材料分为定型密封材料（密封条和压条等）和非定型密封材料（密封膏或嵌缝膏等）两大类。

一、密封材料分类

不定型密封材料按原材料及其性能可分为三大类：

（1）塑性密封膏，是以改性沥青和煤沥青为主要原料制成的，其价格低，具有一定的弹塑性和耐久性，但弹性差，延伸率也较差。

（2）弹塑性密封膏，有聚氯乙烯胶泥及各种塑料油膏。它们的弹性较低，塑性较大，延伸性及黏结性较好。

（3）弹性密封膏，是由聚硫橡胶、有机硅橡胶、氯丁橡胶、聚氨酯和丙烯酸萘为主要原料制成。这类材料的综合性能较好，较贵。

二、工程中常用的密封材料

1. 沥青嵌缝油膏

以石油沥青为基料，加入改性材料、稀释剂和填充料混合制成的冷用膏状材料称为沥青嵌缝材料，简称油膏。改性材料有废橡胶；稀释剂有松焦油、松节重油和机油；填充料有石棉绒和滑石粉等。

沥青嵌缝油膏主要用于冷施工型的屋面、墙面防水密封及桥梁、涵洞、输水洞及地下工程等的防水密封。

使用油膏嵌缝时，缝内应洁净干燥。施工时先涂刷冷底子油一道，待其干燥后即嵌填油膏。油膏表面可以加石油沥青、油毡、砂浆、塑料为覆盖层。

2. 聚氨酯密封膏

聚氨酯密封膏是以聚氨基甲酸酯为主要成分的双组分反应型建筑密封材料。

聚氨酯密封膏的特点是：

（1）具有弹性模量低、高弹性、延伸率大、耐老化、耐低温、耐水、耐油、耐酸碱、耐疲劳等特性。

（2）与水泥、木材、金属、玻璃、塑料等多种建筑材料有很强的黏结力。

（3）固化速度较快，适用于要求快速施工的工程。

（4）施工简便安全可靠。

聚氨酯密封膏价格适中，应用范围广泛。它适用于各种装配式建筑的屋面板、墙板、地面等部位的接缝密封；建筑物沉陷缝、伸缩缝的防水密封；桥梁、涵洞、管道、水池、厕浴间等工程的接缝防水密封；建筑物渗漏修补等。

3. 聚氯乙烯建筑防水接缝材料（简称 PVC 接缝材料）

聚氯乙烯接缝材料是以 PVC 树脂为基料，加入改性材料（如煤焦油等）及其他助剂（如增塑剂、稳定剂）和填充料等配制而成的防水密封材料。

聚氯乙烯建筑防水接缝材料按施工工艺不同分为 J 型（俗称聚氯乙烯胶泥，系用热塑法施工）、G 型（俗称塑料油膏，系用热熔法施工）两种。

聚氯乙烯胶泥（J 型）配制方法是将煤焦油加热脱水，再将其他材料加入混溶，在 130 ~ 140℃温度下保持 5 ~ 10min，充分塑化后，即成胶泥。将熬好的胶泥趁热嵌入清洁的缝内，使之填注密实并与缝壁很好地黏结。

PVC 接缝材料防水性能好，具有较好的弹性和较大的塑性变形性能，可适应较大的结构变形。适用于各种屋面嵌缝或表面涂抹成防水层，也可用于大型墙板嵌缝、渠道、涵洞、管道等的接缝处理。

4. 丙烯酸酯密封膏

丙烯酸酯建筑密封膏是以丙烯酸乳液为胶粘剂,掺入少量表面活性剂、增塑剂、改性剂及颜料、填料等配制而成的单组分水乳型建筑密封膏。这种密封膏具有优良的耐紫外线性能和耐油性、黏结性、延伸性、耐低温性、耐热性和耐老化性能,并且以水为稀释剂,黏度较小,无污染、无毒、不燃,安全可靠,价格适中,可配成各种颜色,操作方便、干燥速度快,保存期长。但固化后有15%~20%的收缩率,应用时应予事先考虑。该密封膏应用范围广泛,可用于钢、铝、混凝土、玻璃和陶瓷等材料的嵌缝防水以及用作钢窗、铝合金窗的玻璃腻子等。还可用于各种预制墙板、屋面板、门窗、卫生间等的接缝密封防水及裂缝修补。

5. 有机硅密封膏

有机硅密封膏分单组分与双组分。单组分硅橡胶密封膏是以有机硅氧烷聚合物为主,加入硫化剂、硫化促进剂、增强填料和颜料等成分组成;双组分的主剂虽与单组分相同,而硫化剂及其机理却不同。该类密封膏具有优良的耐热性、耐寒性和优良的耐候性。硫化后的密封膏可在-20~250℃范围内长期保持高弹性和拉压循环性。并且黏结性能好,耐油性、耐水性和低温柔性优良,能适应基层较大的变形,外观装饰效果好。

按硫化剂种类,单组分型有机硅密封膏又分为醋酸型、醇型、酮肟型等。模量分为高、中、低三档。高模量有机硅密封膏主要用于建筑物结构型密封部位,如高层建筑物大型玻璃幕墙黏结密封,建筑物门、窗、柜周边密封等。中模量的有机硅密封膏,除了具有极大伸缩性的接缝不能使用之外,在其他场合都可以使用。低模量有机硅密封膏,主要用于建筑物的密封部位,如预制混凝土墙板的外墙接缝卫生间的防水密封等。

单元小结

防水工程是工程建设的重要环节,利用防水材料的水密性可以有效地隔绝水的渗透,防水材料质量的优劣,直接影响建筑物的使用性和耐久性。本单元以沥青材料为学习重点,主要介绍了沥青材料、防水涂料、防水卷材及防水密封材料的组成、类别、性能特点及工程应用等。

复习思考题

1. 什么是沥青材料?工程中常用的沥青材料有哪些类别?
2. 石油沥青的三大技术性质是什么?各用什么指标表示?
3. 石油沥青的牌号如何划分?建筑工程中如何选用沥青的牌号?
4. 什么叫改性沥青?常用的改性沥青有哪几种?各有什么特点和用途?
5. 什么是防水卷材?如何分类?各有什么性能及用途?
6. 常用的防水涂料有哪几种?其性能用途如何?
7. 什么是建筑防水密封材料?有哪些品种?

单元十　建筑塑料

内容提要

塑料是以天然或合成高聚物为基本成分，配以一定量的辅助剂，如填料、增塑剂、稳定剂、着色剂等，经加工塑化成型，它在常温下保持形状不变。热塑性塑料在建筑高分子材料中占80%以上，因此在建筑塑料中，一般按塑料的热变形行为分为热塑性塑料和热固性塑料。

本单元主要介绍建筑塑料的基本知识。

学习情境一　热塑性塑料

热塑性塑料是以热塑性树脂为基本成分的塑料，一般具有链状的线型或支链结构。它在变热软化的状态下能受压进行模塑加工，冷却至软化点以下能保持模具形状。其质轻、耐磨、润滑性好、着色力强。但耐热性差、易变形、易老化、常用的热塑性塑料有聚氯乙烯、聚乙烯、聚丙烯、聚苯乙烯等。

一、聚乙烯(Poly Ethylene,PE)塑料

聚乙烯高分子材料目前使用量最大，它主要制备成板材、管材、薄膜和容器，广泛用于工业、农业和日常生活。

按合成时压力、温度的不同，聚乙烯分为高压法聚乙烯和低压法聚乙烯。高压法聚乙烯是以高纯度(>99.8%)乙烯单体为原料，在160～270℃、150～300MPa高压下，用高压釜法或管式法进行生产。其结构上含有较多的支链，其密度、结晶度较低(55%～65%)、质软透明，伸长率、冲击强度和低温韧性较好，也称为低密度聚乙烯。低压聚乙烯是在60～90℃、0.1～1.5MPa低压下制得。其大分子上支链少、结晶度高(80%～90%)、密度高，其质坚韧，机械强度好，也称为高密度聚乙烯。超高分子量聚乙烯(分子量>150万)，由于大分子间的缠绕程度高，其冲击强度和拉伸强度成倍增加，具有高耐磨性、自润滑性，使用温度在100℃以上。

高密聚乙烯建筑塑料制品有：给排水管、燃气管、大口径双型波纹管、绝缘材料、防水防潮薄膜、卫生洁具、中空制品、钙塑泡沫装饰板等。

二、聚氯乙烯(Polyvinyl Chloride,PVC)塑料

目前，PVC的年产量仅次于PE。PVC的单体为氯乙烯，它由乙炔和氯化氢加成生成。其优点是转化率高，设备简单；缺点是耗电高、成本大。聚氯乙烯是多组分塑料，加入30%～50%增塑剂时形成软质PVC制品，若加入了稳定剂和外润滑剂则形成硬质PVC。硬质PVC

力学强度较大,有良好的耐老化和抗腐蚀性能,但使用温度较低。软质 PVC 质地柔软,它的性能决定于加入增塑剂的品种、数量及其他助剂的情况。改性的氯化聚氯乙烯(CPVC),其性能与 PVC 相近,但耐热性、耐老化、耐腐蚀性有所提高。另外氯乙烯还能分别与乙烯、丙烯、丁二烯、醋酸乙烯进行共聚改性,特别是引入了醋酸乙烯,使 PVC 塑性加大,改善了其加工性能,并减少了增塑剂的用量。软质 PVC 可挤压或注射成板片、型材、薄膜、管道、地板砖、壁纸等。还可以将 PVC 树脂磨细成粉悬浮在液态增塑剂中,制成低黏度的增塑溶胶,喷塑或涂于金属构件、建筑物面作为防腐、防渗材料。软质 PVC 制成的密封带,其抗腐蚀能力优于金属止水带。硬质 PVC 力学强度高,是建筑上常用的塑料建材。它适于制作排水管道、外墙覆面板、天窗、建筑配件等。塑料管道质轻、耐腐蚀、不生锈、不结垢、安装维修简便。

三、聚苯乙烯(Polystyrene,PS)塑料

聚苯乙烯分为通用级、抗冲级、耐热级等。聚苯乙烯由于苯环的空间位阻,大分子链段的内旋转和柔顺性受到影响,基团相互作用小,故耐热性差、质硬而脆、耐磨性不好。

由于 PS 具有透明、价廉、刚性大、电绝缘性好、印刷性能好、加工性好等优点,在建筑中适应于生产管材、薄板、卫生洁具及与门窗配套的小五金等。

为了克服 PS 脆性大、耐热性差的缺点,开发了一系列改性 PS,其中主要有 ABS、MBS、AAS、ACS、AS 等。例如,ABS 是由丙烯腈、丁二烯、苯乙烯三种单体组成的热塑性塑料。其具有质硬、刚性大、冲击强度高、耐磨性好、电绝缘性高、有一定的化学稳定性,使用温度 -40 ~ 100℃,应用广泛等特点。AAS 是丙烯腈、丙烯酸酯、苯乙烯的三元共聚物,由于不含双键的丙烯酸酯代替了丁二烯,因此 AAS 的耐候性比 ABS 高 8 ~ 10 倍。高抗冲聚苯乙烯(HIPS),其中加入了合成橡胶,其抗冲强度、拉伸强度都有很大提高。

四、聚丙烯(Polypropylene,PP)塑料

PP 是目前发展速度最快的塑料品种,其产量居第四位。用于生产管道、容器、建筑零件、耐腐蚀板,薄膜、纤维等。它是丙烯单体在催化剂($TiCl_3$)作用下聚合,经干燥后处理制成不同结构的 PP 粉末。

通过添加防老剂,能够改善 PP 的耐热、耐光老化、耐疲劳性能,提高 PP 的模量和强度。采用共聚和共混的技术,能改善聚丙烯的低温脆性。加入韧性高的聚酰胺或橡胶,可以提高 PP 的低温冲击强度。

五、聚甲基丙烯酸甲酯(Polymethyl methacrylate,PMMA)塑料

PMMA 是甲基丙烯酸甲酯本体聚合而成,透光率达 90% ~92%,俗称有机玻璃。高透明度的无定形热塑性 PMMA,透光率比无机玻璃还高,抗冲击强度是无机玻璃的 8 ~ 10 倍,紫外线透过率约 73%,使用温度在 -40 ~ 80℃。

树脂中加入颜料、染料、稳定剂等,能够制成光洁漂亮的制品用作装饰材料;用定向拉伸改性 PMMA,其抗冲强度可提高 1.5 倍左右;用玻纤增强 PMMA,可浇注卫生洁具等。有机玻璃有良好的耐老化性,在热带气候下长期曝晒,其透明度和色泽变化很小,可制作采光天窗、护墙板和广告牌。将 PMMA 水乳液浸渍或涂刷在木材、水泥制品等多孔材料上,可以形成耐水的保护膜。若用甲基丙烯酸甲酯与甲基丙烯酸、甲基丙烯酸丙烯酯等交联共聚,可以提高 PMMA 产品的耐热性和表面硬度。

六、聚碳酸酯(Poly carbonate,PC)塑料

分子主链中含有的线型高聚物为PC,根据R基的不同,可分为脂肪族、脂环族、芳香族PC。目前,工程塑料中应用最多的是双酚A型PC,它具有高冲击韧性、良好的机械强度、优异的尺寸稳定性等。

聚碳酸酯无毒、无味、无色透明(或淡黄透明),透光率达90%、密度1.2~1.25g/cm^3、折射率1.58(25℃时),比有机玻璃高;其机械强度,特别是抗冲强度是目前工程塑料中最高的品种之一;PC模量高,又具有优良的抗蠕变性是一种硬而韧的材料;PC耐热性能好,热变形温度为130~140℃,脆化温度-100℃,能长期在-60~110℃下应用;PC本身极性小,吸水性低,因此在低温下具有良好的电绝缘性;PC能耐酸、盐水溶液、油、醇,但不耐碱、酯、芳香烃,易溶于卤代烃;PC不易燃,具有自熄性,可制作室外亭、廊、屋顶等的采光装饰材料。

学习情境二　热固性塑料

热固性塑料是以热固性树脂为基本成分的塑料,加工成型后成为不熔状态。一般具有网状体形结构,受热后不再软化,强热会分解破坏。热固性塑料耐热性、刚性、稳定性较好。常用的热固性塑料有酚醛塑料、环氧塑料、聚氨酯塑料、聚酯塑料、脲醛塑料、有树硅塑料等。

一、酚醛树脂(Phenol-formaldehyde resins,PF)塑料

酚醛树脂是酚类化合物和醛类化合物,经缩聚反应制备的热固性塑料。热固性和热塑性PF能够相互转化,热固性PF在酸性介质中用苯酚处理后,可转变为热塑性PF;热塑性PF用甲醛处理后,能转变成热固的性PF。当苯酚和甲醛以1:(0.8~0.9)的量,在酸性条件下反应,由于醛量不足,得到的是线型PF,当提供多量的甲醛,线型PF发生固化生成体型树脂。

PF机械强度高、性能稳定、坚硬耐腐、耐热、耐燃、耐湿、耐大多数化学溶剂,电绝缘性良好,制品尺寸稳定、价格低廉。PF加入木粉制得的PF塑料通常称为“电木”;将各种片状填料(棉布、玻璃布、石棉布、纸等)浸以热固性PF,可多次叠加热压成各种层压板和玻璃纤维增强塑料;还能制作PF保温绝热材料、胶黏剂和聚合物混凝土等。应用于装饰、护墙板、隔热层、电气件等。

酚醛中的羟基一般难以参加化学反应而容易吸水,造成固化制品电性能、耐碱性和力学性能下降。引入与PF相容性好的成分分隔和包围羟基,从而达到改变固化速度、降低吸水率的目的。例如,聚乙烯醇缩醛改性PF,可以提高树脂对玻璃纤维的黏结力、改善PF的脆性、提高力学强度、降低固化速率、有利于低压成型,它成为工业上应用最多的产品。又如用环氧树脂改性PF,能使复合材料具有环氧树脂黏结性好,酚醛树脂良好耐热性的优点;同时,又改进了环氧树脂耐热性差,酚醛树脂脆性较大的弱点。

二、环氧树脂(EPOXY resin,EP)塑料

EP是大分子主链上含有多个环氧基团的合成树脂,称为环氧树脂。环氧树脂的种类很多,主要有两类:

(1)缩水甘油基型 EP,包括双酚 A 型 EP、缩水甘油酯 EP、环氧化酚醛、氨基 EP 等。

(2)环氧化烯烃,如环氧化聚丁二烯等。但 90% 以上是由双酚 A 和环氧氯丙烷缩聚而成,所得到的 EP 为线型,属热塑性。能溶于酮类、脂类、芳烃等溶剂,在未加固化剂时可以长期储存。由于链中含有脂肪类羟基和环氧基,可以与许多物质发生反应,固化反应就是利用这些官能团而生成体型结构。

环氧树脂分子中含有环氧基、羟基、醚键等极性基因,因此对金属、玻璃、陶瓷、木材、织物、混凝土、玻璃钢等多种材料都有很强的黏结力,有"万能胶"之称,它是当前应用最广泛的胶种之一。EP 固化后黏结力大、坚韧、收缩性小、耐水、耐化学腐蚀、电性能优良、易于改性、使用温度范围广、毒性低,但脆性较大,耐热性差。EP 主要用作黏合剂、玻璃纤维增强塑料、人造大理石、人造玛瑙等。

三、聚氨酯(Polyurethane,PU)塑料

大分子链上含有 NH—CO 链的高聚物,称为聚氨基甲酸酯,简称聚氨酯。由二异氰酸酯与二元醇可制得线型结构的 PU,而由二元或多元异氰酸酯与多元醇则制得体型结构的 PU,若用含游离羟基的低分子量聚醚或聚酯与二异氰酸酯反应则制得聚醚型或聚酯型 PU。

线型 PU 一般是高熔点结晶聚合物,体型 PU 的分子结构较复杂。工业上线型 PU 多用于作热塑性弹性体和合成纤维,体型 PU 广泛用于泡沫塑料,涂料、胶粘剂和橡胶制品等。聚氨酯橡胶具有特别好的耐磨性、撕裂强度、耐臭氧、紫外线和耐油的特性。PU 大量用于装饰、防渗漏、隔离、保温等,广泛用于油田、冷冻、化工、水利等。

四、聚酯(Polyester,UP)树脂塑料

大分子主链上含有酯结构的一类高聚物称为 UP,它是由多元酸和多元醇制成的不饱和树脂。当酸为不饱和二元酸时,则生成不饱和聚酯;若用二元酸和二元酯缩聚则生成热塑性 UP;当用多元醇时则可生成体型树脂。国内外用作复合材料基体的不饱和聚酯,基本是邻苯型、间苯型、双酚 A 型、乙烯基酯型、卤代型。

UP 由于分子间没有氢键和酯形成的链,其柔顺性高、拉伸、压缩量大,熔点低,例如,聚辛二酸乙二醇酯的熔点仅 63 ~65℃。而在主链上引入苯环,则大大加强了链的刚性,例如,聚对苯二甲酸乙二醇(涤纶)的熔点可达到 256℃。若用双酚 A 与对苯二甲酸或间苯甲酸缩聚,可制得聚芳酯(PAR)。PAR 具有很好的机械强度、电绝缘性能、尺寸稳定性和自润滑性,其耐水、耐稀酸、稀碱、耐热性好。例如,聚对羟基苯甲酸酯,其可以长期在 310℃ 温度下使用。在玻璃钢制造中不饱和聚酯的用量占 80% 左右,其相对密度为 1.7 ~1.9,仅为结构钢材 20% ~25%,为铝合金的 30% ~50%,但其比强度却高于铝合金接近钢材。建筑工程上 UP 主要用来制作玻璃纤维增强塑料、装饰板、涂料、管道等。

五、脲醛树脂(Urea-formaldehyde resin,UF)塑料

UF 是氨基树脂的主要品种之一,它由尿素与甲醛缩聚反应而成。UF 质坚硬、耐刮痕、无色透明、耐电弧、耐燃自熄、耐油、耐霉菌、无毒、着色性好,黏结强度高、价格低、表面光洁如玉,有"电玉"之称。可制成色泽鲜艳、外观美丽的装饰品、绝缘材料、建筑小五金;UF 经发泡可制成泡沫塑料,是良好的保温、隔声材料;用玻璃丝、布、纸制成的脲醛层压板,可制作粘面板、建筑装饰板材等,它是木材工业应用最普遍的热固性胶粘剂。

UF 塑料制品经热处理后表面硬度能得到进一步的提高,但抗冲强度和抗拉强度会下降。若用三聚氰胺代替部分脲或以硫脲与脲和甲醛共缩聚,能很好地克服 UF 耐水性差的弱点,并能提高 UF 的耐热性和强度。UF 中含有的甲醛是公认的建筑物中的潜在致癌物,通过改变尿素与甲醛的摩尔比,降低胶粘剂中的游离甲醛;通过控制反应过程中的 pH 值和温度,调整 UF 和树脂结构来控制羟甲醛含量,减少树脂中的亚甲醛醚键,从而制备出环保型的脲醛树脂。

六、有机硅树脂(Silicone resin,Si)

有机硅即有机硅氧烷,它的主链由硅氧键构成,侧基为有机基团,聚有机硅氧烷含有无机主链和有机侧链(如甲基、乙基、乙烯基、丙基和苯基等),因此它既有一般天然无机物(如石英、石棉)的耐热性,又具有有机聚合物的韧性、弹性和可塑性。有机硅树脂的 Si—O 键有较高的键能(452kJ/mol),所以它的耐高温性能较好,可在 200 ~250℃下长期使用;聚有机硅分子对称性好,硅氧链极性不大,其耐寒性好,例如,有机硅油的凝固点为 -80 ~ -50℃,硅橡胶在 -60℃仍保持弹性;聚有机硅不溶于水、吸水性很低,表现出很好的憎水性;聚有机硅分子有对称性和非极性侧基,使它具有很高的电绝缘性;用有机硅树脂和玻璃纤维复合的材料,可耐 10% ~30% 硫酸、10% 盐酸、10% ~15% 氢氧化钠,醇类、脂肪烃、油类对其影响不大。但在浓酸和某些溶剂(四氯化碳、丙酮和甲苯等)中易溶蚀。聚有机硅固化后力学性能不高,若在主链上引入亚苯基,则可提高其刚性、强度和使用温度。有机硅树脂还具有优良的耐候性,可制成耐候、保色、保温涂料,有机硅涂料在很大的温度范围内黏度变化很小,具有良好的流动性,这给涂料施工带来很大的方便。硅树脂的水溶液可作为混凝土表面的防水涂料,增加混凝土的抗水、抗渗和抗冻能力。

有机硅聚合物可分为液态(硅油)、半固态(硅脂)、弹性体(硅橡胶)和树脂状流体(硅树脂)多种形态。

七、玻璃纤维增强塑料(Glass fiber reinforced Plastics,GRP)

玻璃纤维增强塑料又称玻璃钢。玻璃钢是以不饱和聚酯树脂、环氧树脂、酚醛树脂等为基体,以玻璃纤维及其制品(玻璃布、带和毡等)为增强体制成的复合材料。由于基体的材料不同,玻璃钢有很多种类。

玻璃钢的力学性能主要决定于玻璃纤维。聚合物将玻璃纤维黏结成整体,使力在纤维间传递载荷,并使载荷均衡。玻璃钢的拉伸、压缩、剪切、耐热性能与基体材料的性能、玻璃纤维在玻璃钢中的分布状态密切相关。

玻璃钢具有成型性好、制作工艺简单、质轻强度高、透光性好、耐化学腐蚀性强、具有基材和加强材的双重特性、价格低。主要用于装饰材料、屋面及围护材料、防水材料、采光材料、排水管等。

玻璃钢的成型方法主要有手糊法、模压法、喷射法和缠绕法。

单 元 小 结

建筑塑料按塑料的热变形行为分为热塑性塑料和热固性塑料。本单元主要介绍了这两种塑料类别、特点、技术性质和应用。建筑塑料具有成本低、轻质高强、耐磨、耐腐、装饰性好等优点，被广泛应用于工程建筑领域，包括塑料管材、塑料门窗、楼梯扶手、地面卷材、卫生洁具等。传统的建材能耗高，资源消耗大，而塑料门窗、塑料管材等塑料制品，无论在生产和使用中，能耗都远低于其他建筑材料。但是塑料也有不足之处，如耐热性低、膨胀系数大、易变性、易老化等。利用纳米材料与塑料结合，可大幅度提高塑料的综合性能。

复习思考题

1. 什么是塑料？有哪些主要组成部分？
2. 名词解释：热塑性塑料；热固性塑料。
3. 热塑性塑料有哪些种类？各种类的特点及用途是什么？
4. 热固性塑料有哪些种类？各种类的特点及用途是什么？

单元十一　建筑装饰材料

内容提要

在建筑工程中，把粘贴、涂刷或铺设在建筑物内外表面的主要起装饰作用的材料，称为装饰材料。一般是在建筑主体工程（结构工程和管线安装等）完成后，最后铺设、粘贴或涂刷在建筑物表面。装饰材料除了起装饰作用，满足人们的精神需求以外，还起着保护建筑物主体结构、提高建筑物耐久性以及改善建筑物保温隔热、吸声隔声、采光、防火等使用功能的作用。

建筑装饰材料种类繁多。本单元仅介绍装饰石材、玻璃、陶瓷、塑料、金属材料、木材、涂料。

学习情境一　建筑涂料

涂料是指涂敷在物体表面，能形成牢固附着的连续薄膜材料。它对物体起到保护、装饰或某些特殊的作用。植物油和天然树脂是人们最早应用的涂料，随着高分子材料的发展，合成聚合物改性涂料逐渐成为涂料工业的主流产品。

一、涂料的组成

涂料主要由四种成分组成：成膜材料、颜料、分散介质和辅助材料。

(1)成膜材料，是涂料的最主要成分，也称作基料。它的作用是将涂料中其他组分粘合成一个整体，附着在被涂物体表面，干燥固化后形成均匀连续的保护膜。成膜材料可分为两类。

①转换型或反应型，它在成膜过程中伴随着化学反应，一般形成网状交联结构，成膜物相当于热固型聚合物。

②非转换型或挥发型，其成膜过程仅仅是溶剂的挥发，成膜物是热塑性聚合物。

(2)颜料是一种微细的粉末，它均匀地分散在涂料的介质中，成为涂膜的一个组成部分。颜料能使涂膜呈现颜色和遮盖作用，它能增加涂膜强度、附着力，改善流变性、耐候性，赋予特殊功能和降低成本。颜料按功能可分为：

①着色颜料，涂料具有色彩和遮盖力。

②体质颜料，可以增加涂膜厚度、加强涂膜体质。按颜料成分其可分为：无机颜料、有机颜料、功能颜料和惰性颜料。没有颜料的涂料称为清漆，有颜料的涂料称为色漆或磁漆。

(3)分散介质，其作用是使成膜物质分散、形成黏稠液体，以适应施工工艺的要求。分散介质有水或有机溶剂，主要是有机溶剂。溶剂按来源可分为植物系、煤焦系、石油系、合成系溶剂。对一些水溶性涂料,水是廉价的溶剂。

(4)辅助材料,能帮助成膜物质形成一定性能的涂膜,对涂料的施工性、储存性和功能性有明显的作用,也称助剂。辅助材料种类很多,作用各异,如催干剂、增塑剂、增稠剂、稀释剂和防霉剂等。

二、常用建筑涂料

近年来,建筑涂料向着高科技、高质量、多功能、绿色环保型、低毒型方向发展。外墙涂料开发的重点为适应高层外墙装饰性,耐候性、耐污染性、保色性高,低毒、水乳型方向发展。内墙涂料以适应健康、环保、安全的绿色涂料方向发展,重点开发水性类、抗菌型乳胶类。防火、防腐、防碳化、保温也是内墙多功能涂料的研究方向。防水涂料向富有弹性、耐酸碱、隔音、密封、抗龟裂、水性型方向发展。功能性涂料将在隔热保温、防晒、防蚊蝇、防霉菌等方向迅速发展。地面涂料有以下几种。

(1)专门用于水磨石、水泥和混凝土地面的CO型涂料,其防水、防油、防溶剂物质渗入能力强、起到密封孔隙、隔绝腐蚀的作用。

(2)用于大理石、花岗石、密封水磨石地面的SO涂料。涂料流平性好,亮度高、保滑性好、柔和舒适,装饰效果晶莹高雅。

(3)木质专用AQ涂料,其光泽自然大方、耐磨损、抗划伤、没有拼缝、施工简单,适用于体育馆、宴会厅、舞台和家庭等木质地面。

(4)抗静电专用ST涂料,用于机房、厂房、微电子工作间、实验室、医院等,静电对电子元件有干扰的场所,各种材质都能涂敷,抗静电效果时间长。

学习情境二　装饰石材

一、天然石材

所谓天然石材是指从天然岩体中开采出来的毛料,或经过加工成为板状或块状的饰面材料。用于建筑装饰用饰面材料的主要有花岗石板和大理石板两大类。

1.花岗石板

花岗石是一种火成岩,属硬石材。花岗岩的化学成分随产地不同而有所区别,其主要矿物成分是长石、石英,并含有少量云母和暗色矿物。花岗石常呈现出一种整体均粒状结构,正是这种结构使花岗石具有独特的装饰效果,其耐磨性和耐久性优于大理石,既适用于室外也适用于室内装饰。

花岗石板根据加工程度不同分为粗面板材(如剁斧板、机刨板等)、细面板材和镜面板材三种。其中,粗面板材表面平整、粗糙,具有较规则的加工条纹,主要用于建筑外墙面、柱面、台阶、勒脚、街边石和城市雕塑等部位,能产生近看粗犷、远看细腻的装饰效果;而镜面板材是经过锯解后,再经研磨、抛光而成,产品色彩鲜明、光泽动人、形象倒映,极富装饰性,主要用于室内外墙面、柱面、地面等。某些花岗岩含有微量放射性元素,对这类花岗岩应避免使用于室内。

花岗岩装饰板材的技术要求:

(1)花岗岩装饰板材按照形状可分为:毛光板(MG)、普型板(PX)、圆弧板(HM)、异形板(YX);按照表面加工程度分为:镜面板(JM)、细面板(YG);按照用途可以分为一般用途和功能用途。我国行业标准《天然花岗石建筑板材》(GB/T 18601—2009)规定,按照加工质量和外观质量,产品分为优等品(A)、一等品(B)和合格品(C)三个等级。

(2)尺寸规格允许偏差,按照 GB/T 18601—2009 的规定,包括尺寸、平面度和角度等允许偏差均应在规定范围内。异型板材规格尺寸允许偏差由供需双方商定。

(3)外观质量:同一批板材的色调花纹应基本调和。板材正面的外观缺陷,如缺棱、缺角、裂纹、色斑、色线、坑窝等应符合 GB/T 18601—2009 的规定。

(4)天然花岗石石板放射性应符合《建筑材料放射性核素限量》(GB 6566—2010)的规定。

(5)物理性能:应满足表 11-1 的要求。

天然花岗石石板物理性能指标 表 11-1

项目		指标	
		一般用途	功能用途
体积密度(g/cm^3),≥		2.56	2.56
吸水率(%),≤		0.60	0.40
压缩强度(MPa),≥	干燥	100	131
	水饱和		
弯曲强度(MPa),≥	干燥	8.0	8.3
	水饱和		
耐磨性*$(1/cm^3)$,≥		25	25

注:*使用在地面、楼梯踏步、台面等严重踩踏或磨损部位的花岗石石材应检验此项。

天然花岗石石板的命名顺序:荒料产地地名、花纹色调特征描述、花岗石(G);标记顺序为:命名、分类、规格尺寸、等级、标准号。例如:用山东济南黑色花岗石荒料加工的 600mm × 600mm × 20mm、普型、镜面、一等品板材示例如下:

命名:济南青花岗石 ;标记:济南青 (G)PX JM 600 × 600 × 20B GB/T 18601—2009

2. 大理石板

天然大理石是石灰岩与白云岩在高温、高压作用下矿物重新结晶变质而成。纯大理石为白色,称为汉白玉。如在变质过程中混入了氧化铁、石墨、氧化亚铁、铜、镍等其他物质,就会出现各种不同的色彩和花纹、斑点。这些斑斓的色彩和石材本身的质地使其成为古今中外的高级建筑装饰材料。

由于大理石天然生成的致密结构和色彩、花纹、斑块,经过锯切、磨光后的板材光洁细腻,如脂如玉,纹理自然,花色品种可达上百种。白色大理石洁白如玉,晶莹纯净,故又称汉白玉,是大理石中的名贵品种。云灰大理石和彩花大理石在漫长的形成过程中,由于大自然的"鬼斧神工",使其具有令人遐想万千的花纹和图案,如有的像乱云飞渡,有的则像青云直上,有的表现为"微波荡漾"、"湖光山色"、"水天相连"、"花鸟虫鱼"、"珍禽异兽"、"群山叠翠"、"骏马奔腾"等,装饰效果美不胜收。大理石装饰板材主要用于宾馆、展厅、博物馆、办公楼、会议大厦等高级建筑物的墙面、地面、柱面及服务台面、窗台、踢脚线、楼梯、踏步以及园林建筑的山石等处,也可加工成工艺品和壁画。

大理石主要成分为碱性物质碳酸钙($CaCO_3$),化学稳定性不如花岗岩,不耐酸,空气和雨水中所含的酸性物质和盐类对大理石有腐蚀作用，故大理石不宜用于建筑物外墙和其他露天部位。

目前，在我国市场上经常可见的国际名牌石材产品有挪威红、印度红、南非红、意大利紫罗红、土耳其紫罗红、美利坚红、莎利士红、蓝宝石、白水晶、卡门红、黑金沙、美国红紫晶、玫瑰花岗等。多产于印度、美国、南非、意大利、挪威、土耳其和西班牙等国家。

大理石装饰板材的技术标准：

(1)大理石装饰板材的板面尺寸有标准规格和非标准规格两大类。我国行业标准《天然大理石建筑板材》(GB/T 19766—2005)规定，其板材的形状可分为普型板(PX)和圆弧板(HM)两类。产品质量又分为优等品(A)、一等品(B)和合格品(C)三个等级。

(2)尺寸规格允许偏差，按照GB/T 19766—2005的规定，包括尺寸、平面度和角度等允许偏差均应在规定范围内。普型板和圆弧板各自要求不相同。

(3)外观质量：同一批板材的花纹色调应基本调和，花纹应基本一致。板材正面的外观缺陷(翘曲、裂纹、砂眼、凹陷、色斑、污点、缺棱掉角)应符合(GB/T 19766—2005)的规定。

(4)镜面光泽度：大理石镜面板材面镜面光泽值应不低于70光泽单位，若有特殊要求，由供需双方协商确定。

(5)物理性能：应满足表11-2的要求。

天然大理石石板物理性能指标　　表11-2

项　目			指　标
体积密度(g/cm^3)		≥	2.30
吸水率(%)		≤	0.50
干燥压缩强度(MPa)		≥	50.0
干燥	弯曲强度(MPa)	≥	7.0
水饱和			
耐磨度*($1/cm^3$)		≥	10

注：为了颜色和设计效果，以两块或多块大理石组合拼接时，耐磨度差异应不大于5，建议适用于经受严重踩踏的阶梯，地面和月台使用的石料耐磨度最小为12。

天然大理石石板的命名顺序：荒料产地地名、花纹色调特征描述、大理石(M)；标记顺序为：命名、分类、规格尺寸、等级、标准号。例如：用房山汉白玉大理石荒料加工的600mm×600mm×20mm、普型、优等品板材示例如下：

命名：房山汉白玉大理石；标记：房山汉白玉 (M) PX600 × 600 × 20A GB/T 19766—2005。

二、人造石材

人造石材是采用无机或有机胶凝材料作为黏结剂，以天然砂、碎石、石粉等为粗、细填充料，经成型、固化、表面处理而成的一种人造材料。常见的有人造大理石和人造花岗石，其色彩和花纹均可根据要求设计制作，如仿大理石、仿花岗石等，还可以制作成弧形、曲面等天然石材难以加工的复杂形状。

人造石材具有天然石材的质感，色泽鲜艳、花色繁多、装饰性好；质量轻、强度高；耐腐蚀、耐污染；可锯切、钻孔，施工方便。适用于墙面、门套或柱面装饰，也可作台面及各种卫生洁具，还可加工成浮雕、工艺品等。与天然石材相比，人造石是一种较经济的饰面材料。除以上优点外,人造石材还存着一些缺点,如有的品种表面耐刻画能力较差。

某些板材使用中发生翘曲变形等,随着对人造石材制作工艺、原料配比的不断改进、完善,这些缺点可得到一定克服。

按照生产材料和制造工艺的不同,可把人造石材分为以下几类。

1. 水泥型人造石材

这种人造石材是以各种水泥为胶凝材料,天然石英砂为细集料,碎大理石、碎花岗岩等为粗集料,经配料、搅拌混合、浇注成型、养护、磨光和抛光而制成。该类人造石材中,以铝酸盐水泥作为胶凝材料的性能最为优良。因为铝酸盐水泥水化后生成的产物中含有氢氧化铝胶体,它与光滑的模板表面相接触,形成氢氧化铝凝胶层。氢氧化铝凝胶体在凝结硬化过程中,形成致密结构,因而表面光亮,呈半透明状,同时花纹耐久、抗风化,耐火性、耐冻性和防火性等性能优良。这种人造石材成本低,但耐酸腐蚀能力较差,若养护不好,易产生龟裂,表面易返碱,不宜用于卫生洁具和外墙装饰。

2. 树脂型人造石材

这种人造石材多以不饱和树脂为胶凝材料,配以天然大理石、花岗石、石英砂或氢氧化铝等无机粉状、粒状填料,经配料、搅拌和浇注成型。在固化剂、催化剂作用下发生固化,再经脱模、抛光等工序制成。树脂型人造石材的主要特点是光泽度高、质地高雅、强度硬度较高、耐水、耐污染和花色可设计性强;缺点是填料级配若不合理,产品易出现翘曲变形。

3. 复合型人造石材

这种人造石材具备了上述两类的特点,系采用无机和有机两类胶凝材料。先用无机胶凝材料(各类水泥或石膏)将填料黏结成型,再将所成的坯体浸渍于有机单体中(苯乙烯、甲基丙烯酸甲酯、醋酸乙烯和丙烯腈等),使其在一定的条件下聚合而成。

4. 烧结型人造饰面石材

该种人造石材是将斜长石、石英、高岭土等按比例混合,制备坯料,用半干压法成型,经窑炉1000℃左右的高温焙烧而成。该种人造石材因采用高温焙烧,所以能耗大,造价较高,实际应用得较少。

学习情境三　建筑玻璃

一、玻璃的组成

玻璃是以石英砂、纯碱、长石、石灰石等为主要原料,经1550~1600℃高温熔融、成型、冷却、固化后得到的透明非晶态无机物。普通玻璃的化学组成主要是SiO_2、Na_2O、K_2O、CaO及少量Al_2O_3、MgO等,如在玻璃中加入某些金属氧化物、化合物,可制成各种特殊性能的玻璃。

二、玻璃的物理、化学、力学、工艺性能

1. 玻璃的密度

普通玻璃的密度为2.45~2.55g/cm^3。玻璃的密度与其化学组成有关,故变化很大,且随温度升高而降低。

2. 玻璃的光学性质

玻璃具有优良的光学性质，既能通过光线，还能反射光线和吸收光线。厚度大的玻璃和重叠多层玻璃是不易透光的。光线入射玻璃，表现有透射、反射和吸收的性质。光线能透过玻璃的性质称为透射；光线被玻璃阻挡，按一定角度折回称为反射；光线通过玻璃后，一部分被损失掉，称为吸收。利用玻璃的这些特殊光学性质，人们研制出一些具有特殊功能的新型玻璃，如吸热玻璃、热反射玻璃、光致变色玻璃等。玻璃对光线的吸收能力随着化学组成和颜色而异。无色玻璃可透过各种颜色的光线，但吸收红外线和紫外线。各种颜色玻璃能透过同色光线而吸收其他颜色的光线。

3. 玻璃的热工性质

玻璃是热的不良导体。导热性能与玻璃的化学组成有关，导热系数一般为 0.75 ~ 0.92W/(m·K)，大约为铜的 1/400；但随温度升高导热系数增大，尤其在 700℃以上时更为显著。导热系数大小还受玻璃颜色和化学组成影响，密度对导热系数也有影响。当玻璃温度急变时，沿玻璃的厚度温度不同，由于膨胀量不同而产生内应力，当内应力超过玻璃极限强度时，就会造成碎裂。玻璃抵抗温度变化而不破坏的性质称为热稳定性。玻璃抗急热的破坏能力比抗急冷破坏的能力强。这是因为受急热时玻璃表面产生压应力，受急冷时玻璃表面产生的是拉应力，而玻璃的抗压强度远高于抗拉强度。玻璃中常含有游离的 SiO_2，有残余的膨胀性质，会影响制品的热稳定性，因此须用热处理方法加以消除，以提高制品的热稳定性。

4. 玻璃的化学稳定性

玻璃具有较高的化学稳定性，通常能抵抗除氢氟酸除外的酸、碱、盐侵蚀，但长期受到侵蚀性介质的腐蚀，也能导致变质和破坏。如玻璃的风化、玻璃发霉等都会导致玻璃外观的破坏和透光能力的降低。

5. 玻璃的力学性质

玻璃的力学性质与其化学组成、制品形状、表面形状和加工方法等有关。凡含有未熔夹杂物、节瘤或具有微细裂纹的制品，都会造成应力集中，从而降低玻璃的机械强度。玻璃的抗压强度极限随其化学组成而变，相差极大(600 ~ 1600MPa)。荷载的时间长短对抗压强度影响很小，但受高温的影响较大。玻璃承受荷载后，表面可能发生极细微的裂纹，并随着荷载的次数加多及使用期加长而增多和增大，最后导致制品破碎。因此，制品长期使用后，须用氢氟酸处理其表面，消灭细微裂纹，恢复其强度。抗拉强度是决定玻璃品质的主要指标，通常为抗压强度的 1/15 ~ 1/14，为 40 ~ 120MPa。普通玻璃的弹性模量为 60000 ~ 75000MPa，接近于铝，为钢的 1/3。玻璃的抗弯强度决定于其抗拉强度，并且随着荷载时间的延长和制品宽度的增大而减小。玻璃的硬度随其化学成分和加工方法的不同而不同，其莫氏硬度一般在 4 ~ 7 之间。

6. 玻璃的工艺性质

玻璃的表面加工可分为冷加工、热加工和表面处理三大类。在常温下通过机械方法来改变玻璃制品的外形和表面形态的过程，称为冷加工。冷加工的基本方法有研磨抛光、切割、喷砂、钻孔和切削。建筑玻璃常进行热加工处理，目的是为了改善其性能及外观质量。热加工原理主要是利用玻璃黏度随温度改变的特性以及其表面张力与导热系数的特点来进行的。各种类型的热加工，都需要把玻璃加热到一定温度。由于玻璃的黏度随温度升高而减小，同时玻璃导热系数较小，所以能采用局部加热的方法，在需要加热的地方使其局部达到变形、软化，甚至熔化流动的状态，再进行切割、钻孔和焊接等加工。利用玻璃的表面张力大和有使玻璃表面趋向平整的作用,可将玻璃制品在火焰中抛光和烧口。

玻璃的表面处理主要分为三类,即化学刻蚀、化学抛光和表面金属涂层。化学刻蚀是用氢氟酸溶掉玻璃表层的硅氧,根据残留盐类溶解度的不同,而得到有光泽的表面或无光泽毛面的过程。化学抛光的原理与化学蚀刻一样,是利用氢氟酸破坏玻璃表面原有的硅氧膜而生成一层新的硅氧膜,提高玻璃透光率并减小表面粗糙度数值。玻璃表面镀上一层金属薄膜,广泛用于加工制造热反射玻璃、护目玻璃、膜层导电玻璃、保温瓶胆、玻璃器皿和装饰品等。

三、建筑玻璃的分类与应用

建筑玻璃泛指平板玻璃及由平板玻璃制成的深加工玻璃,也包括玻璃空心砖和玻璃马赛克等玻璃类建筑材料。建筑玻璃按其功能一般分为以下几类。

(1)平板玻璃,主要利用其透光和透视特性,用作建筑物的门窗、橱窗及屏风等装饰。这一类玻璃制品包括普通平板玻璃、磨砂平板玻璃、磨光平板玻璃、花纹平板玻璃和浮法平板玻璃。

(2)饰面玻璃,主要利用其表面色彩图案花纹及光学效果等特性,用于建筑物的立面装饰和地坪装饰。

(3)安全玻璃,主要利用其高强度、抗冲击及破碎后无损伤人的危险性等特性,用于装饰建筑物安全门窗、阳台走廊、采光天棚、玻璃幕墙等。

(4)功能玻璃,这类玻璃一般是有吸热或反射热、吸收或反射紫外线,光控或电控变色等特性。如在玻璃中加入着色氧化物或在玻璃表面喷涂氧化物膜层可制成吸热玻璃。研究表明,吸收太阳的辐射热随吸热玻璃的颜色和厚度不同,对太阳的辐射热吸收程度也不同。6mm 厚的蓝色吸热玻璃能挡住 40% 左右的太阳辐射热。在玻璃表层镀覆金属膜或金属氧化物膜层可制成热反射玻璃。6mm 厚的热反射玻璃能反射 67% 左右的太阳辐射热。吸热玻璃和热反射玻璃可克服温、热带建筑物普通玻璃窗的暖房效应,减少空调能耗,取得较好的节能效果;同时,能吸收紫外线、使刺目耀眼的阳光变得柔和,起到防眩的作用。具有一定的透明度,能清晰地观察室外景物,色泽经久不衰,能增加建筑物美感。

(5)玻璃砖,这一类是块状玻璃制品,主要用于屋面和墙面装饰。该类材料包括:特厚玻璃、玻璃空心砖、玻璃锦砖、泡沫玻璃等。

学习情境四　其他装饰材料

一、陶瓷

凡以黏土、长石和石英为基本原料,经配料、制坯、干燥和焙烧而制得的成品,统称为陶瓷制品。

1. 陶瓷制品的组成与分类

黏土、石英、长石是陶瓷最基本的三个组分,陶瓷主要化学组成包括 SiO_2、Al_2O_3、K_2O、Na_2O 等。普通陶瓷制品质地按其致密程度(吸水率大小)可分为三类:陶质制品、炻质制品和瓷质制品。

从产品种类来说,陶瓷系陶器与瓷器两大类产品的总称。陶器通常有一定的吸水率,断面粗糙无光、不透明,敲之声音粗哑,有的无釉、有的施釉。瓷器的坯体致密,基本上不吸水,有半透明性,通常都施有釉层。介于陶器与瓷器之间的一类产品,国外称为炻器,也有的称为半瓷。我国文献中常称为原始瓷器,或称为石胎瓷。炻器与陶器的区别在于陶器坯体是多孔的,而炻器坯体的孔隙率却很低,其坯体致密,达到了烧结程度,吸水率通常小于2%。炻器与瓷器的区别主要是炻器坯体多数带有颜色且无半透明性。

2. 建筑陶瓷的分类及技术要求

建筑陶瓷品种繁多,主要包括有以下几种。

(1)陶瓷墙地砖:一般是指外墙砖和地砖。外墙砖是用于建筑物外墙的饰面砖,通常为炻质制品。

(2)陶瓷锦砖:也称陶瓷马赛克,是片状小瓷砖,主要用于厨房、餐厅和浴室等的地面铺贴。

(3)釉面砖:属精陶质制品,主要用作厨房和卫生间等饰面材料。

(4)卫生陶瓷:卫生陶瓷制品有洗面器、大小便器、洗涤器和水槽等。

(5)琉璃制品:应用于园林建筑屋面、屋脊的防水性装饰等处。

建筑陶瓷的主要技术性质包括有外观质量、力学性能、与水有关的性能、热性能和化学性能。

二、塑料

1. 塑料壁纸

塑料壁纸是以纸为基层、以聚氯乙烯塑料为面层,经压延或涂布以及印刷、轧花或发泡而成。聚氯乙烯塑料壁纸是目前应用最为广泛的壁纸,通过印花、压花等工艺,模仿大理石、木材、砖墙、织物等天然材料,花纹图案非常逼真、装饰效果好,具有一定的伸缩性和耐裂强度。根据需要可加工成具有难燃、隔热、吸声、防霉性,且不易结露,对酸碱有较强的抵抗能力,不怕水洗,不易受机械损伤的产品。塑料壁纸的湿纸状态强度仍较好,易于粘贴,使用寿命长,易维修维护和清洁。其广泛适用于室内墙面、顶棚和柱面的裱糊装饰。工程中的塑料壁纸需满足《聚氯乙烯壁纸》(GB/T 3805—1999)规定的产品规格和性能。

2. 塑料地板

塑料地板是以高分子合成树脂为主要材料,加入其他辅助材料,经一定的制作工艺制成的预制块状、卷材状或现场铺涂整体状的地面面层材料。塑料地板有许多优良性能:塑料地板通过印花、压花等制作工艺,表面可呈现丰富绚丽的图案;不但可仿木材、石材等天然材料,而且可任意拼装组合成变化多端的几何图案,使室内空间活泼、富于变化,有现代气息。通过调整材料的配方和采用不同的制作工艺,可得到适应不同需要、满足各种功能要求的产品。塑料地板单位面积的质量在所有铺地材料中是最轻的,可大大减小楼面荷载。其坚韧耐磨,耐磨性完全能满足室内铺地材料的要求。PVC 地面卷材地板经 12 万人次的通行,磨损深度不超过0.2mm,好于普通水泥砂浆地面。塑料地板可用做成加厚型或发泡型,弹性好,脚感舒适,有一定保温吸声作用,且导热系数适宜,冬季不易产生冰冷感。塑料地板施工为干作业,可直接粘贴,施工、维修和维护方便。

塑料地板按其外形可分为块材地板和卷材地板。按其组成和结构特点可分为单色地板、透底花纹地板、印花压花地板。按其材质的软硬程度可分为硬质地板、半硬质地板和软质地板,目前采用的多为半硬质地板和硬质地板。按所采用的树脂类型可分为聚氯乙烯

(PVC)地板、聚丙烯地板和聚乙烯—醋酸乙烯酯地板等,国内普遍采用的是 PVC 塑料地板。为使塑料地板更好地满足其使用功能,惯用的主要性能指标有尺寸稳定性、翘曲性、耐凹陷性、耐磨性、自熄性和耐烟头烫性能等。其性能指标需符合《半硬质聚氯乙烯块状塑料地板》(GB/T 4085—2005) 和《聚氯乙烯卷材地板》(GB/T 11982.1—2005) 的规定。

3. 塑料地毯

地毯作为地面装饰材料,给人以温暖、舒适及华丽的感觉,具有绝热保温作用,可降低空调损耗;具有吸声性能,可使住所更加宁静;还具有缓冲作用,可防止滑倒,使步履平安。

塑料地毯原料来源丰富,成本较低,是普遍采用的地面装饰材料。

塑料地毯按其加工方法的不同可分为簇绒地毯、针扎地毯、印染地毯和人造草皮等四种。其中簇绒地毯是目前使用最为普遍的一种塑料地毯。

4. 塑料装饰板

塑料装饰板材是指以树脂为浸渍材料或以树脂为基材,采用一定的生产工艺制成的具有装饰功能的普通或异型断面的板材。塑料装饰板材按原材料的不同可分为塑料金属复合板、硬质 PVC 板、三聚氰胺层压板、玻璃钢板、聚碳酸酯采光板、有机玻璃装饰板等类型。按结构和断面形式可分为平板、波形板、实体异形断面板、中空异形断面板、格子板、夹芯板等类型。塑料装饰板材以其质量轻、装饰性强、生产工艺简单、施工简便、易于维护、适于与其他材料复合等特点,塑料装饰板主要用作护墙板、屋面板和平顶板。

5. 塑料门窗

塑钢门窗是以聚氯乙烯(PVC)树脂为主要原料,加上一定比例的稳定剂、改性剂、填充剂、紫外线吸收剂等助剂,经挤出加工成型材,然后通过切割、焊接的方式制成门窗框、扇,配装上橡塑密封条、五金配件等附件而成。为增加型材的钢性,在型材空腔内添加钢衬,所以称之为塑钢门窗。目前发达国家塑钢门窗已形成规模巨大、技术成熟、标准完善、社会协作周密、高度发展的生产领域,被誉为继木、钢、铝之后崛起的新一代建筑门窗。

塑料型材为多腔式结构,具有良好的隔热性能。其传热系数特小,仅为钢材的1/357、铝材的1/1250。气密性、水密性、抗风压、隔声性和耐候性都较好,塑钢门窗不自燃、不助燃、能自熄、防火性能好,安全可靠,这一性能更扩大了塑钢窗的使用范围。塑钢门窗与普通钢、铝窗相比可节约能耗30% ~50%,塑钢门窗的社会经济效益显著,近年来受到广泛欢迎。

三、金属材料

1. 铝合金

纯铝强度较低,为提高其实用价值,常在铝中加入适量的铜、镁、锰、锌、铬等元素组成铝合金。它的特点是加入合金元素后,其力学性能明显提高,并仍能保持铝固有的特性,同时大气条件下的耐蚀性能好。其强度可接近常用碳素结构钢,质量仅为钢材的1/3,比强度却为钢的几倍。铝合金的线膨胀系数约为钢的2倍,但因其弹性模量小,约为钢的1/3,由温度变化引起的内应力并不大。就铝合金而言,由于弹性模量较低,所以刚度和承受弯曲的能力较小。

铝合金广泛用于建筑工程结构和建筑装饰,如铝合金型材、屋架、屋面板、幕墙、门窗框、活动式隔墙、顶棚、暖气片、阳台、楼梯扶手、铝合金花纹板、镁铝曲面装饰板及其他室内装修及建筑五金等。

2. 不锈钢

在钢的冶炼过程中，加入铬（Cr）、镍（Ni）等元素，形成以铬元素为主要元素的合金钢，就称为不锈钢。不锈钢克服了普通钢材在常温下或在潮湿环境中易发生的化学腐蚀或电化学腐蚀的缺点，能提高钢材的耐腐性。合金钢中铬的含量越高，钢材的抗腐蚀性越好。除铬外，不锈钢中还含有镍（Ni）、锰（Mn）、钛（Ti）、硅（Si）等元素，这些元素的含量都能影响不锈钢的强度、塑性、韧性和耐腐蚀性。不锈钢之所以耐腐蚀，其主要原因是铬的性质比铁活泼。在不锈钢中，铬首先与环境中的氧化合，生成一层与钢基体牢固结合的致密的氧化膜层，称为钝化膜。它能使铬合金钢得到保护，不致锈蚀。不锈钢的主要特征是耐腐蚀，而光泽度是其另一重要特点，不锈钢经不同的表面加工可形成不同的光泽度和反射性，并按此划分成不同的等级，其装饰性正是利用了不锈钢表面的光泽度和反射性。

建筑装饰用不锈钢制品主要是薄钢板、各种不锈钢型材、管材和异型材，通常用来做屋面、幕墙、门、窗、内外墙饰面、栏杆扶手和护栏等室内外装饰。

3. 彩色压型钢板

其以镀锌钢板为基材，经成型机轧制，并涂以各种防腐耐蚀涂层与装饰涂层而制成，具有质量轻、抗震性好、色彩鲜艳、加工简易和施工方便等特点，广泛用于工业厂房和公共建筑的屋面与墙面。

四、木材与竹材

装饰用木材的树种包括杉木、红松、水曲柳、柞木、栎木、色木、楠木和黄杨木等。凡木纹美丽的可作室内装饰之用，木纹细致、材质耐磨的可供铺设拼花地板。木材花纹是天然生成的图案，人们对其有一种自然的爱好。这有多方面的原因，其中有几点是非常重要的：

(1) 木纹是由一些大体平行但又不交之的纹理构成的图案，给人以流畅、自然、轻松、自如的感觉。

(2) 木纹图案由于受生长量、年代、气候和立地条件等因素的影响，在不同部位有不同的变化，这种有“涨落”周期式变化的图案，给人以多变、起伏、运动、生命的感觉。木纹图案充分体现了造型规律中变化与统一的规律，统一中有变化、变化中求统一。

(3) 木材对辐射线有独特的吸收和反射特征，木材吸收紫外线可减轻对人体的危害，使得木材具有独特的光泽。

(4) 木材的组成成分、界面构造、导热性能使其具有调节温度，湿度，散发芳香，吸声，调光等作用。总之，装饰木材有较好的视觉、触觉、嗅觉特性，可以增加人们心理的温暖感、稳定感和舒畅感。木纹图案用于装饰室内环境，经久不衰，百看不厌，其原因就在于此。

常见的木装饰制品有木地板、木装饰线条、木花格。木地板又可分为条木地板、拼花木地板、复合木地板。

条木地板是使用最普遍的木质地面。普通条木地板（单层）的板材常选用松、杉等软木树材，硬木条板多选用水曲柳、柞木、枫木、柚木和榆木等硬质木材。条木地板材质要求耐磨不易磨蚀，不易变形开裂。条木地板宽度一般不大于120mm，板厚为20 ~ 30mm。条木地板自重轻，弹性好，脚感舒适，其导热性小，冬暖夏凉，易清洁。拼木地板是一种高级的室内地面装修材料，分单层和双层两种，两者面层均为拼花硬木板层，双层者下层为毛板层。面层拼花板材多选用水曲柳、柞木、核桃木、栎木、榆木、槐木、柳桉等质地优良、不易腐朽开裂的硬质木材。拼花板材的尺寸一般为长250 ~ 30mm，宽40 ~ 60mm，厚20 ~ 25mm，木条均带有企口。双层拼木地板的固定方法，是将面层小板条用暗钉钉在毛板上。单层拼木地板是采用适宜的黏结材料，将硬木面板条直接粘贴在混凝土地面上。拼木地板款式多样，可根据设计要求铺成多种图案，经抛光、油漆、打蜡后木纹清晰美观，漆膜丰满光亮，与家具色调、质感容易协调，给人以自然、高雅的感受。

复合地板是近年来在国内市场流行起来的一种新型、高档铺地材料，尤其是以美国、德国、瑞典、奥地利的复合地板在国内市场占有较大比例。复合地板是由防潮底层、高密度纤维板中间层、装饰层和保护层经高湿压合而成，故也称强化复合地板。复合地板既有原木地板和天然质感，又有大理石、地砖坚硬耐磨的特点，是两者优点的结合，且安装方便，容易清洁，无需上漆打蜡，弄脏后可用湿抹布擦洗干净，且有良好的阻燃性能。木装饰线条简称木线。木线种类繁多，主要有楼梯扶手、压边线、墙腰线、天花角线、弯线、挂镜线、门窗镶边和家具装饰等。各类木线立体造型各异，每类木线又有多种断面形状。例如，平线、半圆线、麻花线、鸠尾形线、半圆饰、齿型饰、浮饰、黏附饰、钳齿饰、十字花饰、梅花饰、叶形饰以及雕饰等多样。采用木线装饰，可增加高雅、古朴和自然亲切之感。

竹材也可用于某些特色装修。竹地板采用天然原竹，经锯片、干燥、四面修平、上胶，油压拼板、开槽、砂光、涂漆等工艺，同时经过防霉、防蛀和防水处理而制得。产品表面光洁、耐磨，花纹与色泽自然，不变形、防水、脚感舒适、易于维护和清扫。适用于饭店、住宅和办公室的地面装饰。

单元小结

建筑装饰材料按装饰部位的不同分为外墙装饰材料、内墙装饰材料、地面装饰材料、吊顶装饰材料、室内装饰用品及配套设备等。建筑装饰材料是建筑装饰工程的物质基础，建筑装饰既美化了建筑物，又保护了建筑物。建筑装饰材料的选用原则是装饰效果好、耐久、经济。

本章从材料使用角度将有关装饰材料归入装饰用面砖、板材、卷材及建筑玻璃四大类，分别介绍了各类材料的主要品种、制作方法、装饰效果及应用范围。由于装饰材料发展快，品种繁多，产品质量参差不齐，而价格较为昂贵，故在选择使用时，还应进行市场调查，仔细了解所用品的质量、性能、规格，避免伪劣低质产品影响装修质量和浪费资金。

复习思考题

1. 天然石材选用时要考虑哪几个方面的问题？
2. 吸热玻璃有哪些特点？有哪些方面的应用？
3. 建筑陶瓷有哪些种类？各用于什么场合？
4. 塑钢有哪些特点？
5. 什么是不锈钢？不锈钢耐腐蚀的原理是什么？
6. 木装饰的视觉和触觉特性有什么特点？
7. 选择涂料时，应考虑哪些因素？

附录　建筑材料试验

建筑材料试验是本课程一个重要的实践性教学环节。通过试验，使学生熟悉常规建筑材料性能试验基本方法、试验设备的性能和操作规程，掌握各种主要建筑材料的技术性质，培养学生的基本试验技能、综合设计试验的能力、创新能力和严谨的科学态度，提高分析问题和解决问题的能力。

建筑材料试验时，各种材料的取样方法、试验条件及试验结果数据处理，必须按照现行国家(或部颁)的有关标准和规范进行，确保试验结果的代表性、稳定性、正确性和对比性。

试验一　砂石材料试验

一、石料的密度试验及体积密度试验

(一)石料的表观密度试验(JTJ 52—2006)

1. 石料的密度(真密度)试验

石料的密度又称真实密度，是在规定条件(105℃ ±5℃烘至恒重，温度20℃)下，单位真实体积(不含孔隙体积)石料的质量(g/cm^3)，是石料的物理常数之一，也是石料孔隙率计算的参数之一。本试验目的是测定含有水溶性矿物成分石料在规定温度下烘干至恒重时，石料矿质单位体积(不含开口与闭口孔隙)的质量，并为计算石料孔隙率提供依据。

2. 主要仪器设备

(1)李氏瓶：容积为220～250mL，带有长18～20cm、直径约1cm的细颈，细颈上有刻度读数，精确至0.1mL，见附图1-1所示。

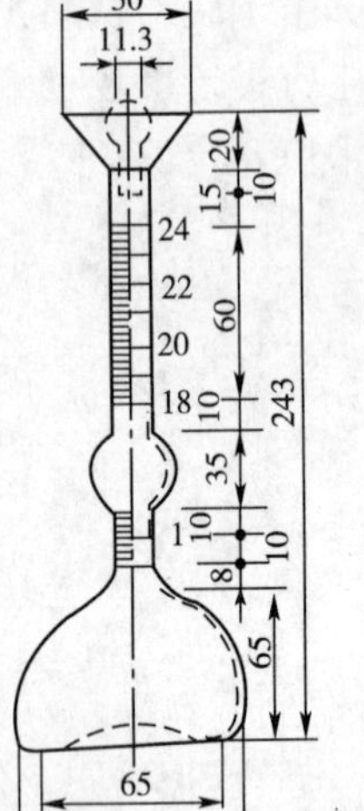

附图1-1　李氏瓶(尺寸单位：mm)

(2)轧石机。

(3)烘箱。

(4)天平(称量500g，感量0.01g)。

(5)球磨机。

(6)量筒。

(7)研钵。

(8)漏斗。

(9)温度计。

(10)小勺。

(11)抽气机。

(12)矿物油(煤油)：无水，使用前需过滤，并抽去煤油中的空气(或手摇排气)。瓷皿、滤纸、干燥器、0.25㎜筛等。

(13)恒温水槽：测定密度时，需在相同温度下得到两次读数，因此需备恒温水槽或其他保持恒温的盛水玻璃容器，恒温容器应能保持在(t = 20℃ ±

1℃)刻度线。

3. 试样制备

取代表性岩石试样在小型轧石机上初碎(或手工初碎),再置于球磨机中进一步磨碎,然后用研钵研细,使之全部粉碎成能通过0.25mm筛子的石粉。

4. 试验方法及步骤

(1)称取100g,烘至恒重,冷却至室温备用。用瓷皿称取石粉100g,置于105℃±5℃的烘箱中烘至恒重,烘干时间一般为6~12h,然后置于干燥器中冷却至室温备用。

(2)将抽去空气的煤油灌入李氏比重瓶中至零刻度线以上,并读取起始读数(以弯液面的下部为准);再将李氏比重瓶置于t℃恒温水槽内,使刻度部分浸入水中(水温必须控制在李氏比重瓶标定刻度时的温度),恒温0.5h,记下第一次读数V_1,准确至0.05mL。

(3)从恒温水槽中取出李氏比重瓶,用滤纸将李氏比重瓶内零点起始读数以上的没有煤油的部分仔细擦净。

(4)准确称出冷却后的瓷皿加石粉的合质量(m_1)(精确至0.001g),用牛骨勺小心地将石粉通过漏斗装入瓶中,使液面上至20mL刻度处(或略高于20mL刻度处),在倾注时勿使石粉粘附于液面以上的瓶颈内壁上。摇动李氏比重瓶,排去其中的空气,或用抽气机抽气,至液体不再发生气泡时为止。再放入恒温水槽,在相同温度下(与第一次读数时的温度相同)恒温0.5h,记下第二次读数V_2。准确称出瓷皿加剩余石粉的合质量m_2。

5. 试验结果确定

按下式计算出密度ρ(精确至0.01g/cm^3):

$$\rho = (m_1 - m_2)/v_2 - v_1 = m/v$$

式中:m——装入瓶中的质量,g;

V——装入瓶中试样的体积,cm^3。

6. 报告

以两次试验结果的算术平均值作为测定值,如两次试验结果之差大于0.02g/cm^{3}时,应重新取样进行试验。

注:恒量,即在温度105℃±5℃烘箱内,烘干时间一般为12~24h,相临两次称量差值不得大于0.05g(或试验精度要求)时的试样质量。

(二)石料的体积密度试验(JTG E42—2005)

1. 目的和适用范围

岩石的毛体积密度(块体密度)是一个间接反映岩石致密程度、孔隙发育程度的参数,也是评价工程岩体稳定性及确定围岩压力等必需的计算指标。根据岩石含水状态,毛体积密度可分为干密度、饱和密度和天然密度。

岩石毛体积密度试验可分为量积法、水中称量法和蜡封法。

量积法适用于能制备成规则试件的各类岩石;水中称量法适用于除遇水崩解、溶解和干缩湿胀外的其他各类岩石;蜡封法适用于不能用量积法或直接在水中称量进行试验的岩石。

2. 仪器设备

(1)切石机、钻石机、磨石机等岩石试件加工设备。

(2)天平:感量0.01g,称量大于500g。

(3)烘箱:能使温度控制在105~110℃。

(4)石蜡及熔蜡设备。

(5)水中称量装置。

(6)游标卡尺。

3. 试件制备

(1)量积法试件制备,试件尺寸应符合相关规定。

(2)水中称量法试件制备,试件尺寸应符合下列规定:试件可采用规则或不规则形状,试件尺寸应大于组成岩石最大颗粒粒径的 10 倍,每个试件质量不宜小于 150g。

(3)蜡封法试件制备,试件尺寸应符合下列规定:将岩样制成边长 40 ~ 60mm 的立方体试件,并将尖锐棱角用砂轮打磨光滑;或采用直径为 48 ~ 52mm 圆柱体试件。测定天然密度的试件,应在岩样拆封后,在设法保持天然湿度的条件下,迅速制样、称量和密封。

(4)试件数量,同一含水状态,每组不得少于 3 个。

4. 量积法试验步骤

(1)量测试件的直径或边长:用游标卡尺量测试件两端和中间三个断面上互相垂直的两个方向的直径或边长,按截面积计算平均值。

(2)量测试件的高度:用游标卡尺量测试件断面周边对称的四个点(圆柱体试件为互相垂直的直径与圆周交点处,立方体试件为边长的中点)和中心点的五个高度,计算平均值。

(3)测定天然密度:应在岩样开封后,在保持天然湿度的条件下,立即加工试件和称量。测定后的试件,可作为天然状态的单轴抗压强度试验用的试件。

(4)测定饱和密度:试件的饱和过程和称量,应符合相关条款的规定。测定后的试件,可作为饱和状态单轴抗压强度试验用的试件。

(5)测定干密度:将试件放入烘箱内,控制在 105 ~ 110℃温度下烘 12 ~ 24h,取出放入干燥器内冷却至室温,称干试件质量。测定后的试件,可作为干燥状态单轴抗压强度试验用的试件。

(6)本试验称量精确至 0.01g;量测精确至 0.01mm。

5. 水中称量法试验步骤

(1)测天然密度时,应取有代表性的岩石制备试件并称量;测干密度时,将试件放入烘箱,在 105 ~ 110℃下烘至恒量,烘干时间一般为 12 ~ 24h。取出试件置于干燥器内冷却至室温后,称干试件质量。

(2)将干试件浸入水中进行饱和,饱和方法可依岩石性质选用煮沸法或真空抽气法。试件的饱和过程和称量,应符合相关条款的规定。

(3)取出饱和浸水试件,用湿纱布擦去试件表面水分,立即称其质量。

(4)将试样放在水中称量装置的丝网上,称取试样在水中的质量(丝网在水中质量可事先用砝码平衡),在称量过程中,称量装置的液面应始终保持同一高度,并记下水温。

(5)本试验称量精确至 0.01g。

6. 蜡封法试验步骤

(1)测天然密度时,应取有代表性的岩石制备试件并称量;测干密度时,将试件放入烘箱,在 105 ~ 110℃下烘至恒量,烘干时间一般为 12 ~ 24h,取出试件置于干燥器内冷却至室温。

(2)从干燥器内取出试件,放在天平上称量,精确至 0.01g(本试验称量精度皆同此)。

(3)把石蜡装在干净铁盆中加热熔化,至稍高于熔点(一般石蜡熔点在 55 ~ 58℃)。岩石试件可通过滚涂或刷涂的方法使其表面涂上一层厚度 1mm 左右的石蜡层,冷却后准确称出蜡封试件的质量。

(4)将涂有石蜡的试件系于天平上,称出其在洁净水中的质量。

(5)擦干试件表面的水分,在空气中重新称取蜡封试件的质量,检查此时蜡封试件的质量是否大于浸水前的质量。如超过0.05g,说明试件蜡封不好、洁净水已浸入试件,应取试件重新测定。

7.成果整理

(1)量积法岩石毛体积密度按下列公式计算:

$$\rho_0 = \frac{m_0}{v}$$

$$\rho_s = \frac{m_s}{v}$$

$$\rho_d = \frac{m_d}{v}$$

式中:ρ_0——天然密度,g/cm^3;

ρ_s——饱和密度,g/cm^3;

ρ_d——天然密度,g/cm^3;

m_0——试件烘干前的质量,g;

m_s——试件强制饱和后的质量,g;

m_d——试件烘干后的质量,g;

v——岩石的体积,cm^3。

(2)水中称量法岩石毛体积密度按下列公式计算:

$$\rho_0 = \frac{m_0}{m_s - m_w} \times \rho_w$$

$$\rho_s = \frac{m_s}{m_s - m_w} \times \rho_w$$

$$\rho_d = \frac{m_d}{m_s - m_w} \times \rho_w$$

式中:m_w——试件强制饱和后在洁净水中的质量,g;

ρ_d——洁净水的密度,g/cm^3。

(3)蜡封法岩石的毛体积密度按下式计算:

$$\rho_0 = \frac{m_0}{\frac{m_1 - m_2}{\rho_w} - \frac{m_1 - m_d}{\rho_N}}$$

$$\rho_d = \frac{m_d}{\frac{m_1 - m_2}{\rho_w} - \frac{m_1 - m_d}{\rho_N}}$$

式中:m_1——蜡封试件的质量,g;

m_2——蜡封试件在洁净水中的质量,g;

ρ_N——石蜡的密度,g/cm^3。

(4)毛体积密度试验结果精确至,3个试件平行试验。组织均匀的岩石,毛体积密度应为3个试件测得结果之平均值;组织不均匀的岩石,毛体积密度应列出每个试件的试验结果。

(5)孔隙率计算。求得岩石的毛体积密度及密度后,计算总孔隙率n,试验结果精确至

0.1%：

$$n = \left(1 - \frac{\rho_d}{\rho_t}\right) \times 100$$

式中：n——岩石总孔隙率，%；

ρ_t——岩石的密度，g/cm^3。

（6）试验记录。毛体积密度试验记录应包括岩石名称、试验编号、试件编号、试件描述、试验方法、试件在各种含水状态下的质量、试件水中称量、试件尺寸、洁净水的密度和石蜡的密度等。

二、石料的饱水率试验（JGJ 52—2006）

1. 目的和适用范围

本方法适用于测定碎石或卵石的吸水率，即测定以烘干质量为基准的饱和面干吸水率。

2. 仪器设备

（1）烘箱——能使温度控制在（105±5）℃。

（2）秤——称量20kg，感量20g。

（3）试验筛——筛孔公称直径为5.00mm的方孔筛一只。

（4）容器、浅盘、金属丝刷和毛巾等。

3. 试件制备

试验前，筛除样品中公称粒径5.00mm以下的颗粒，然后缩分至两倍于附表1-3规定的质量，分成两份，用金属丝刷刷净后备用。

吸水率试验所需的试验最少质量 附表1-3

最大公称粒径（mm）	10.0	16.0	20.0	25.0	31.5	40.0	63.0	80.0
试样最少质量（kg）	2	2	4	4	4	6	6	8

4. 试验步骤

（1）取试样一份置于盛水的容器中，使水面高出试样表面5mm左右，24h后从水中取出试样，并用拧干的湿毛巾将颗粒表面的水分拭干，即成为饱和面干试样。然后，立即将试样放在浅盘中称取质量（m_2），在整个试验过程中，水温必须保持在（20±5）℃。

（2）将饱和面干试样连同浅盘置于（105±5）℃的烘箱中烘干至恒量。然后取出，放入带盖的容器中冷却0.5～1.0h，称取烘干试样与浅盘的总质量（m_1），称取浅盘的质量（m_3）。

5. 结果整理

用下式计算吸水率，试验结果精确至0.01%。

$$\omega_{wa} = \frac{m_2 - m_1}{m_1 - m_3} \times 100\%$$

式中：ω_{wa}——岩石吸水率，%；

m_1——烘至后试样与浅盘总质量，g；

m_2——烘干前饱和面干试样与浅盘总质量，g；

m_3——浅盘质量，g。

三、石料的饱水抗压强度试验（JGJ 52—2006）

1. 目的和适用范围

本方法适用于测定碎石的原始岩石在水饱和状态下的抗压强度。

2. 仪器设备

(1)压力试验机——荷载1000kN。

(2)石材切割机或钻石机。

(3)岩石磨光机。

(4)游标卡尺、角尺等。

3. 试件制备

试验时,取有代表性的岩石样品用石材切割机切割成边长为50mm的立方体,或用钻石机钻取直径与高度均为50mm的圆柱体。然后用磨光机把试件与压力机板接触的两个面磨光并保持平行,试件形状需用角尺检查。

试验中至少应制作6个试块。有显著层理的岩石,分别沿平行和垂直层理方向各取试件6个,分别测定其垂直和平行于层理的强度值。

4. 试验步骤

(1)用游标卡尺量取试件尺寸(精确至0.1mm),对立方体试件在顶面和底面上各量取其边长,以各个面上相互平行的两个边长的算术平均值计算其承压面积;对于圆柱体试件在顶面和底面分别测量两个相互正交的直径,并以其各自的算术平均值分别计算底面和顶面的面积,取其顶面和底面面积的算术平均值作为计算抗压强度所用的截面积。

(2)将试件置于水中浸泡48h,水面应至少高出试件顶面20mm。

(3)取出试件,擦干表面,放在有防护网的压力机上进行强度试验,防止岩石碎片伤人。以0.5~1.0MPa/s的速率进行加荷载直至破坏,记录破坏荷载及加载过程中出现的现象。

5. 结果整理

岩石的抗压强度按下式计算。

$$f = \frac{F}{A}$$

式中:f——岩石的抗压强度,MPa;

F——试件破坏时的荷载,N;

A——试件的截面积,mm^2。

6. 结果评定

以6个试件试验结果的算术平均值作为抗压强度测定值;当其中2个试件的抗压强度与其他4个试件抗压强度的算术平均值相差3倍以上时,应以试验结果相接近的4个试件的抗压强度算术平均值作为抗压强度测定值。

对具有显著层理的岩石,应以垂直于层理及平行于层理的抗压强度的平均值作为其抗压强度。

四、石料和粗集料的磨耗度试验(JTG E42—2005)

1. 目的和适用范围

磨耗试验用于测定标准条件下粗集料抵抗摩擦、撞击的能力,以磨耗损失(%)表示。本方法适用于各种等级规格集料的磨耗试验。

2. 仪器设备

(1)洛杉矶磨耗试验机:圆筒内径710mm±5mm,内侧长510mm±5mm,两端封闭,投料口的钢盖通过紧固螺栓和橡胶垫与钢筒紧闭密封。钢筒的回转速率为30~33r/min。

(2)钢球:直径约46.8mm,质量为390~445g,大小稍有不同,以便按要求组合成符合要求的总质量。

(3)台秤:感量5g。

(4)标准筛:符合要求的标准筛系列,以及筛孔为1.7mm的方孔筛一个。

(5)烘箱:能使温度控制在105℃ ±5℃范围内。

(6)容器:搪瓷盘等。

3. 试验步骤

(1)将不同规格的集料用水冲洗干净,置烘箱中烘干至恒量。

(2)对所使用的集料,根据实际情况按附表1-4选择最接近的粒级类别,确定相应的试验条件,按规定的粒级组成备料、筛分。其中水泥混凝土用集料宜采用A级粒度;沥青路面及各种基层、底基层的粗集料,附表1-4中的16mm筛孔也可用13.2mm筛孔代替。对于非规格材料,应根据材料的实际粒度,从附表1-4中选择最接近的粒级类别及试验条件。

粗集料洛杉矶试验条件

附表1-4

粒度类别	粒级组成(mm)	试样质量(g)	试样总质量(g)	钢球数量(个)	钢球总质量(g)	转动次数(转)	适用的粗集料	
							规格	公称粒径(mm)
A	26.5~37.5 19.0~26.5 16.0~19.0 9.5~16.0	1250±25 1250±25 1250±10 1250±10	5000±10	12	5000±25	500	—	—
B	19.0~26.5 16.0~19.0	2500±10 2500±10	5000±10	11	4850±25	500	S6 S7 S8	15~30 10~30 10~25
C	9.5~16.0 4.75~9.5	2500±10 2500±10	5000±10	8	3320±20	500	S9 S10 S11 S12	10~20 10~15 5~15 5~10
D	2.36~4.75	5000±10	5000±10	6	2500±15	500	S13 S14	3~10 3~5
E	63~75 53~63 37.5~53	2500±50 2500±50 5000±50	10000±100	12	5000±25	1000	S1 S2	40~75 40~60
F	37.5~53 26.5~37.5	5000±50 5000±25	10000±75	12	5000±25	1000	S3 S4	30~60 25~50
G	26.5~37.5 19~26.5	5000±25 5000±25	10000±50	12	5000±25	1000	S5	20~40

注:①表中16mm也可用13.2mm代替。

②A级适用于未筛碎石混合料及水泥混凝土用集料。

③C级中S12可全部采用4.75~9.5mm颗粒5000g;S9及S10可全部采用9.5~16mm颗粒5000g。

④E级中S2中缺63~75mm颗粒可用53~63mm颗粒代替。

(3)分级称量(准确至5g),称取总质量(m_1),装入磨耗机圆筒中。

(4)选择钢球,使钢球的数量及总质量符合附表1-4中规定,将钢球加入钢筒中,盖好筒盖,紧固密封。

(5)将计数器调整到零位,设定要求的回转次数,对水泥混凝土集料,回转次数为500转,对沥青混合料集料,回转次数应符合附表1-4的要求。开动磨耗机,以30~33r/min转速转动至要求的回转次数为止。

(6)取出钢球,将经过磨耗后的试样从投料口倒入接受容器(搪瓷盘)中。

(7)将试样用1.7mm的方孔筛过筛,筛去试样中被撞击磨碎的细屑。

(8)用水冲干净留在筛上的碎石,置105℃ ±5℃烘箱中烘干至恒量(通常不少于4h),准确称量(m_2)。

4.计算

按下式计算粗集料洛杉矶磨耗损失,精确至0.1%。

$$Q = \frac{m_1 - m_2}{m_1} \times 100$$

式中:Q——洛杉矶磨耗损失,%;

m_1——装入圆筒中试样质量,g;

m_2——试验后在1.7mm筛上洗净烘干的试样质量,g。

5.报告

试验报告应记录所使用的粒级类别和试验条件。粗集料的磨耗损失取两次平行试验结果的算术平均值为测定值,两次试验的差值应不大于2%,否则须重做试验。

五、粗集料表观密度、堆积密度试验(GB/T 14685—2011)

(一)粗集料表观密度试验(液体比重天平法)

1.目的和适用范围

本方法适用于测定碎石或卵石的表观密度。

2.仪器设备

(1)液体天平——称量5kg,感量5g,其型号及尺寸应能允许在臂上悬挂盛试样的吊篮,并在水中称重。

(2)吊篮——直径和高度均为150mm,由孔径为1~2mm的筛网或钻有孔径为2~3mm孔洞的耐锈蚀金属板制成;

(3)盛水容器——有溢流孔;

(4)烘箱——能使温度控制范围在(105±5)℃;

(5)试验筛——筛孔公称直径为4.75mm的方孔筛一只;

(6)温度计——0~100℃;

(7)带盖容器、浅盘、刷子和毛巾等。

3.试验制备

试验前,将样品筛除公称粒径4.75mm以下的颗粒,风干并缩分至略大于附表1-5所规定的最少质量,冲洗干净后分成大致相等的两份备用。

表观密度试验所需的试样最少质量　　附表1-5

最大粒径(mm)	<26.5	31.5	37.5	63.0	75.0
最少试样质量(kg)	2.0	3.0	4.0	6.0	6.0

4. 试验步骤

(1)按附表 1-5 规定称取试样。

(2)取一份试样放入吊篮,并浸入盛水的容器中,水面至少高出试样 50mm。

(3)浸水 24h 后,移放到称量用的盛水容器中,并用上下升降吊篮法排除气泡(试样不得露出水面)。吊篮每升降一次约为 1s,升降高度为 30 ~ 50mm。

(4)测定水温(此时吊篮应全浸在水中),用天平准确称取吊篮及试样在水中的质量(m_2),精确至 5g。称量时,盛水容器中水面的高度由容器的溢流孔控制。

(5)提起吊篮,将试样置于浅盘中,放入(105 ± 5)℃的烘箱中烘干至恒重;取出来放在带盖的容器中冷却至室温后,称重(m_0),精确至 5g。

(6)称取吊篮在同样温度的水中质量(m_1),精确至 5g。称量时,盛水容器的水面高度仍应由溢流孔控制。

5. 结果整理

表观密度按下式计算,精确至 10kg/m³。

$$\rho_a = \left(\frac{m_0}{m_0 + m_1 - m_2} - \alpha_t\right) \times 1000$$

式中:ρ_a——集料的表观密度,kg/m³;

m_0——试样的烘干质量,g;

m_1——吊篮在水中的质量,g;

m_2——吊篮及试样在水中的质量,g;

α_t——水温对表观密度影响的修正系数,见附表 1-6。

水温对表观密度影响的修正系数　　附表 1-6

水温(℃)	15	16	17	18	19	20
α_t	0.002	0.003	0.003	0.004	0.004	0.005
水温(℃)	21	22	23	24	25	
α_t	0.005	0.006	0.006	0.007	0.008	

6. 报告

以两次试验结果的算术平均值作为测定值,如两次结果之差值大于 20kg/m³ 时,应重新取样进行试验。对颗粒材质不均匀的试样,两次试验结果之差大于 20kg/m³ 时,可取四次测定结果的算术平均值作为测定值。

(二)粗集料堆积密度试验

1. 目的与适用范围

测定粗集料的堆积密度,包括自然堆积状态、振实状态下的堆积密度,为计算粗集料的空隙率和混凝土配合比设计提供数据。

2. 仪具与材料

(1)天平或台秤:称量 10kg,感量 10g;称量 50kg 或 100kg,感量 50g 各一台。

(2)容量筒:适用于粗集料堆积密度测定的容量筒应符合附表 1-7 的要求。

(3)平头铁锹。

(4)烘箱:能控温 105℃ ±5℃。

(5)捣棒：直径16mm、长600mm、一端为圆头的钢棒。

容量筒的规格要求 附表 1-7

粗集料公称最大粒径(mm)	容量筒容积(L)	容量筒规格(mm)		
		内径	净高	壁厚
9.5,16.0,19.0,26.5	10	208	294	2
31.5,37.5	20	294	294	3
53.0,63.0,75.0	30	360	294	4

3. 试验准备

按四分法取样、缩分，质量应满足试验要求，在105℃ ±5℃的烘箱中烘干，也可以摊在清洁的地面上风干，拌匀后分成两份备用。

4. 试验步骤

(1)自然堆积密度。

取试样1份，置于平整干净的水泥地(或铁板)上，用平头铁锹铲起试样，使石子自由落入容量筒内。此时，从铁锹的齐口至容量筒上口的距离应保持在50mm左右，当容量筒上部试样呈锥体，且容量筒四周溢满时，即停止加料。除去凸出筒口表面的颗粒，并以合适的颗粒填入凹陷部分，使表面稍凸起部分和凹陷部分的体积大致相等，称取试样和容量筒总质量(m_2)。

(2)紧密堆积密度。

将试样分三层装入容量筒：装完第一层后，在筒底垫放一根直径为16mm的圆钢筋，将筒按住，左右交替颠击地面各25下；然后装入第二层，用同样的方法颠实(但筒底所垫钢筋的方向应与第一层放置方向垂直)；然后再装入第三层，如法颠实(但筒底所垫钢筋的方向应与第一层放置方向平行)。待三层试样装填完毕后，加料填到试样超出容量筒口，用钢尺沿筒口边缘刮去高出筒口的试样，并用合适的颗粒填平凹处，使表面稍凸起部分和凹陷部分的体积大致相等，称取试样和容量筒总质量(m_2)。

(3)容量筒容积的标定。

用水装满容量筒，测量水温，擦干筒外壁的水分，称取容量筒与水的总质量(m_w)，并按水的密度对容量筒的容积作校正。

5. 计算

(1)容量筒容积计算。

$$V = (m_w - m_1)/\rho_T$$

式中：V——容量筒的容积，L；

m_1——容量筒的质量，kg；

m_w——容量筒与水的总质量，kg；

ρ_T——试验温度 T 时水的密度，g/cm^3。

(2)堆积密度(包括自然堆积状态、振实状态下的堆积密度)按下式计算至小数点后2位。

$$\rho_f = (m_2 - m_1)/V$$

式中：ρ_f——与各种状态相对应的堆积密度，t/m^3；

m_1——容量筒的质量，kg；

m_2——容量筒与试样的总质量，kg；

V——容量筒的容积，L。

(3)粗集料的空隙率计算。

$$P' = (1 - \rho_f/\rho_a) \times 100$$

式中：P'——粗集料的空隙率，%；

ρ_a——粗集料的表观密度，t/m³；

ρ_f——粗集料的堆积密度，t/m³。

6. 报告

以两次平行试验结果的算术平均值作为测定值。精确至10kg/m³。空隙率取两次试验结果的算术平均值，精确至1%。

六、粗集料的颗粒级配试验

1. 目的与适用范围

测定粗集料的分计、累计筛余百分率及颗粒组成。

2. 仪具与材料

(1)试验筛：筛框内径为300mm，筛孔尺寸分别为：90.0mm、75.0mm、63.0mm、53.0mm、37.5mm、31.5mm、26.5mm、19.0mm、16.0mm、9.50mm、4.75mm、2.36mm的方孔筛各一只，并附有筛底和筛盖。试验时，根据需要选用规定的标准筛。

(2)摇筛机。

(3)天平或台秤：称量10kg，感量1g。

(4)其他：盘子、铲子、毛刷等。

3. 试验准备

按规定将来料用分料器或四分法缩分至附表1-8要求的试样所需量，风干后备用。根据需要可按要求的集料最大粒径的筛孔尺寸过筛，除去超粒径部分颗粒后，再进行筛分。

筛分用的试样质量　　附表1-8

公称最大粒径(mm)	75	63	37.5	31.5	26.5	19	16	9.5
试样质量不少于(kg)	16.0	12.6	7.5	6.3	5.0	3.8	3.2	1.9

4. 筛法试验步骤

(1)取试样一份置105℃ ±50℃烘箱中烘干至恒重，称取干燥集料试样的总质量(m_0)，精确至1g。

(2)用搪瓷盘作为筛分容器，按筛孔大小排列顺序逐个将集料过筛。人工筛分时，需使集料在筛面上同时有水平方向及上下方向的不停顿的运动，使小于筛孔的集料通过筛孔，直至1min内通过筛孔的质量小于筛上残余量的0.1%为止；当采用摇筛机筛分时，应在摇筛机筛分后再逐个由人工补筛。将筛出通过的颗粒并入下一号筛，和下一号筛中的试样一起过筛，顺序进行，直至各号筛全部筛完为止。应确认1min内通过筛孔的质量确实小于筛上残余量的0.1%。

(3)如果某个筛上的集料过多，影响筛分作业时，可以分两次筛分。当筛余颗粒的粒径大于19mm时，筛分过程中允许用手指轻轻拨动颗粒，但不得逐颗塞过筛孔。

(4)称取每个筛上的筛余量，准确至1g。各筛分计筛余量及筛底存量的总和与筛分前试样的干燥总质量m_0相比，相差不得超过m_0的1%时，应重新试验。

5. 计算

(1)分计筛余百分率。

筛分后各号筛上的分计筛余百分率按下式计算，精确至0.1%。

$$a_i = \frac{m_i}{m_0} \times 100\%$$

式中：a_i——各号筛上的分计筛余百分率，%；

m_0——用于干筛的干燥集料总质量，g；

m_i——各号筛上的分计筛余，g。

(2)累计筛余百分率。

各号筛的累计筛余百分率为该号筛以上各号筛余百分率之和，精确至1%。根据国家规范规定的级配范围，评定试样的颗粒级配是否合格。

6. 报告

略。

七、粗集料的针、片状含量试验(GB/T 14685—2011)

1. 目的与适用范围

本方法适用于测定碎石或卵石中针状和片状颗粒的总含量。

2. 仪具与材料

(1)针状规准仪和片状规准仪(见附图1-2和附图1-3)。

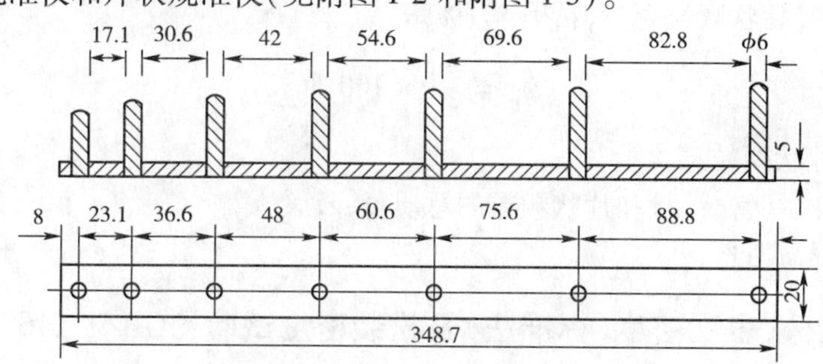

附图1-2　针状规准仪(尺寸单位：mm)

(2)天平——天平的称量10kg，感量1g。

(3)试验筛——筛孔公称直径分别为4.75mm、9.5mm、19.0mm、26.5mm、31.5mm及37.5mm的方孔筛各一只，根据需要选用。

(4)卡尺。

3. 试验准备

将样品在室内风干至表面干燥，并缩分至附表1-9规定的量，称量(m_0)，然后筛分成附表1-10所规定的粒级备用。

4. 试验步骤

(1)按附表1-10所规定的粒级，用规准仪逐粒对试验进行鉴定，凡颗粒长度大于针状规准仪上相对应的间距的，为针状颗粒；厚度小于片状规准仪上相应孔宽的，为片状颗粒。

(2)公称粒径大于37.5mm的可用卡尺鉴定其针片状颗粒，卡尺卡口的设定宽度应符合附表1-11的规定。

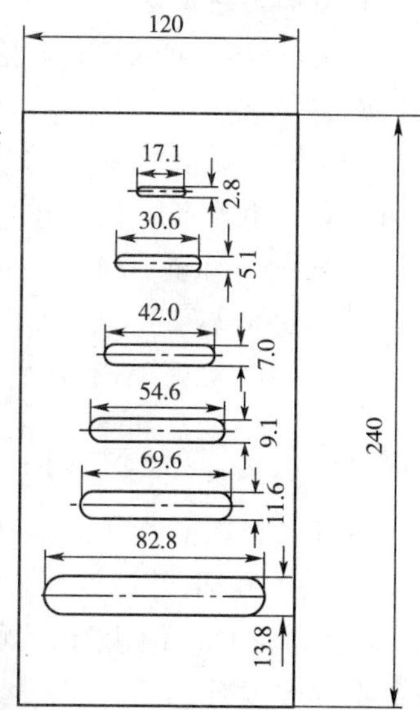

附图1-3　片状规准仪(尺寸单位：mm)

针状和片状颗粒的总含量试验所需的试样最少质量　　附表 1-9

最大公称粒径(mm)	9.5	16.0	19.0	26.5	31.5	≥37.5
试样最少质量(kg)	0.3	1	2	3	5	10

针状和片状颗粒的总含量试验的粒级划分及相应的规准仪孔宽或间距　　附表 1-10

公称粒级(mm)	4.75~9.5	9.5~16.0	16.0~19.0	19.0~26.5	26.5~31.5	31.5~37.5
片状规准仪上相对应的孔宽(mm)	2.8	5.1	7.0	9.1	11.6	13.8
针状规准仪上相对应的间距(mm)	17.1	30.6	42.0	54.6	69.6	82.8

公称粒径大于 37.5mm 用卡尺卡口的设定宽度　　附表 1-11

公称粒级(mm)	37.5~53.0	53.0~63.0	63.0~75.0	75.0~90.0
片状颗粒的卡口宽度(mm)	18.1	23.2	27.6	33.0
针状颗粒的卡口宽度(mm)	108.6	139.2	165.6	198.0

(3)称取由各粒级挑出的针状和片状颗粒的总质量(m_1)。

5.计算

按下式计算针片状颗粒含量,精确至1%。

$$\omega_p = \frac{m_1}{m_0} \times 100\%$$

式中:ω_p——针片状颗粒总含量,%;

m_1——试样中所含针状和片状颗粒的总质量,g;

m_0——试样总质量,g。

八、砂的筛分、表观密度(标准法)及松装密度试验(GB/T 14684—2011)

(一)砂的筛分试验

1.目的与适用范围

本方法适用于测定普通混凝土用砂的颗粒级配及细度模数。

2.仪器设备

(1)试验筛。公称直径分别为9.5mm、4.75mm、2.36mm、1.18mm、600μm、300μm、150μm 的方孔筛各一只,筛的底盘和盖各一只;筛框直径为300mm 或200mm。

(2)天平:称量1000g,感量1g。

(3)摇筛机。

(4)烘箱:能控温在(105±5)℃。

(5)其他:浅盘和硬、软毛刷等。

3.试验准备

用于筛分析的试样,其颗粒的公称粒径不应大于9.5mm。试验前,应先将来样通过直径9.5mm 的方孔筛,并计算筛余。称取经缩分后样品不少于550g 两份,分别装入两个浅盘,在(105±5)℃的烘箱中烘干至恒量。冷却至室温后备用。

4.试验步骤

(1)准确称取烘干试样500g,精确至1g,置于按筛孔大小顺序排列(大孔在上、小孔在下)的套筛最上面一只(公称直径为4.75mm的方孔筛)上;将套筛装入摇筛机,摇筛约10min,然后取出套筛,再按筛孔大小顺序,从最大的筛号开始,在清洁的浅盘上逐个进行手筛,直到每分钟的筛出量不超过试样总量的0.1%时为止;将筛出通过的颗粒并入下一号筛,和下一号筛中的试样一起过筛,以此顺序进行至各号筛全部筛完为止。

①当试样含泥量超过5%,应先将试样水洗,然后烘干至恒量,再进行筛分。

②无摇筛机时,可直接用手筛。

(2)试样在各只筛上的筛余量均不得超过按下式计算得出的剩余量,否则应将该筛的筛余试样分成两份或数份,再次进行筛分,并以其筛余量之和作为该筛的筛余量。

$$m_r = \frac{A\sqrt{d}}{200}$$

式中:m_r——某一筛上的剩余量;

d——筛孔边长,mm;

A——筛的面积,mm^2。

(3)称量各筛筛余试样的质量,精确至1g。所有各筛的分计筛余量和底盘中剩余量的总量与筛分前的试样总量,相差不得超过1%,否则应重新试验。

5. 计算

(1)计算分计筛余百分率。各号筛的分计筛余百分率为各号筛上的筛余量除以试样总量的百分率,精确至0.1%。

(2)计算累计筛余百分率。各号筛的累计筛余百分率为该号筛及大于该号筛的各号筛的分计筛余百分率之和,准确至0.1%。

(3)根据各筛两次试验累计筛余的平均值,评定该试样的颗粒分布情况,精确至1%。

(4)天然砂的细度模数按下式计算,精确至0.01。

$$M_x = \frac{A_2 + A_3 + A_4 + A_5 + A_6 - 5A_1}{100 - A_1}$$

式中: M_x——砂的细度模数;

A_1、A_2、A_3、A_4、A_5、A_6——分别为4.75mm、2.36mm、1.18mm、600μm、300μm、150μm的方孔筛的累计筛余百分率。

(5)以两次试验结果的算术平均值作为测定值,精确至0.1。如两次试验所得的细度模数之差大于0.20,应重新取试样进行试验。

(二)砂的表观密度试验(标准法)

1. 目的与适用范围

本方法适用测定砂的表观密度。

2. 仪器设备

(1)天平:称量1000g,感量0.1g。

(2)容量瓶:500mL。

(3)烘箱:能控温在(105±5)℃。

(4)干燥器、浅盘、铝制料勺、温度计等。

3. 试验准备

将缩分至660g左右的试样装入浅盘,在温度为(105±5)℃的烘箱中烘干至恒量,并在干燥器内冷却至室温，分为大致相等的两份备用。

4. 试验步骤

(1)称取烘干的试样 300g(m_0)，精确至 0.1g，装入盛有半瓶洁净水的容量瓶中。

(2)摇转容量瓶，使试样在水中充分搅动以排除气泡，塞紧瓶塞，在恒温条件下静置 24h，然后用滴管添水，使水面与瓶颈刻度线平齐，再塞紧瓶塞，擦干瓶外水分，称其总质量(m_1)，精确至 1g。

(3)倒出瓶中的水和试样，将瓶的内外表面洗净，再向瓶内注入同样温度的洁净水(温差不超过 2℃)至瓶颈刻度线，塞紧瓶塞，擦干瓶外水分，称其总质量(m_2)，精确至 1g。

5. 计算

细集料的表观密度按下式计算，精确至 10kg/m³。

$$\rho_a = \left(\frac{m_0}{m_0 + m_2 - m_1} - \alpha_t\right) \times 1000$$

式中：ρ_a——集料的表观密度，kg/m³；

m_0——集料的烘干质量，g；

m_1——试样、水及容量瓶的总质量，g；

m_2——水及容量瓶的总质量，g；

α_t——水温对砂的表观密度影响的修正系数，见附表 1-12。

水温对砂的表观密度影响的修正系数　　附表 1-12

水温(℃)	15	16	17	18	19	20	21	22	23	24	25
α_t	0.002	0.003	0.003	0.004	0.004	0.005	0.005	0.006	0.006	0.007	0.008

6. 报告

以两次平行试验结果的算术平均值作为测定值，如两次结果之差值大于 20kg/m³时，应重新取样进行试验。

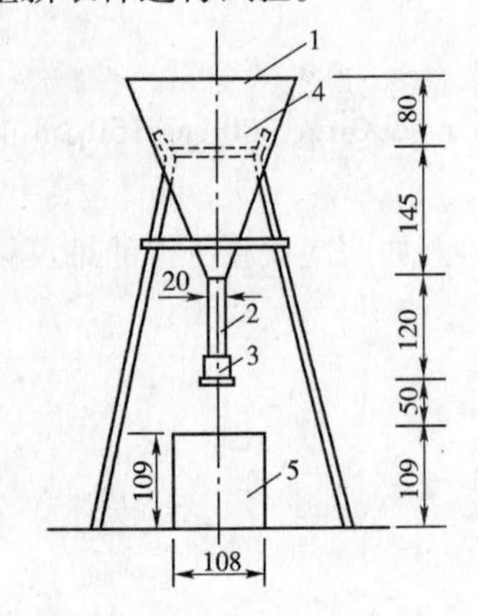

附图 1-4　标准漏斗(尺寸单位：mm)

1-漏斗；2-20mm 管子；3-活动门；4-筛；5-金属量筒

(三)砂的松装密度试验

1. 目的与适用范围

测定砂自然状态下堆积密度。

2. 仪器设备

(1)秤：称量 10kg，感量 1g。

(2)容量筒：金属制，圆筒形，内径 108mm，净高 109mm，筒壁厚 2mm，筒底厚 5mm，容积约为 1L，筒底厚度为 5mm。

(3)标准漏斗(附图 1-4)。

(4)烘箱：能控温在(105±5)℃。

(5)其他：直尺、浅盘等。

(6)方孔筛：孔径为 4.75mm 的筛一只。

3. 试验准备

先用公称直径为 4.75mm 的筛子过筛，然后取经缩分后的试样不少于 3L，装入浅盘，在温度为(105±5)℃烘箱中烘干至恒重，然后取出后冷却至室温，分成大致相同的两份备用。试样烘干后若有结块，应在试验前先予捏碎。

4. 试验步骤

取试样一份，用漏斗或铝制勺，将它徐徐装入容量筒中（漏斗出料口或料勺距容量筒筒口应为50mm），直至试样装满并超出容量筒筒口。然后用直尺将多余的试样沿筒口中心线向两个相反方向刮平，称取质量（m_2），精确至1g。

5. 计算

（1）堆积密度按下式计算，精确至$10kg/m^3$。

$$\rho_f = \left(\frac{m_2 - m_1}{V}\right) \times 1000$$

式中：ρ_f——砂的堆积密度，g/cm^3；

m_1——容量筒的质量，kg；

m_2——容量筒和砂的总质量，kg；

V——容量筒容积，L。

（2）空隙率按下式计算，精确至1%。

$$\rho' = \left(1 - \frac{\rho_f}{\rho_a}\right) \times 100$$

式中：ρ'——空隙率，%；

ρ_f——试样的堆积密度，kg/m^3；

ρ_a——试样的表观密度，kg/m^3。

6. 报告

堆积密度以两次试验结果的算术平均值作为测定值，精确至$10kg/m^3$，空隙率取两次试验结果的算术平均值，精确至1%。

九、砂的含泥量、有机质含量及云母含量试验（GB/T 14684—2011）

（一）砂的含泥量试验（标准法）

1. 目的与适用范围

本方法适用于测定粗砂、中砂和细砂的含泥量。

2. 仪具与材料

（1）天平：称量1000g，感量0.1g。

（2）烘箱：能控温在（105±5）℃。

（3）试验筛：筛孔公称直径为75μm及1.18mm的方孔筛各一个。

（4）洗砂用的容器及烘干用的浅盘等。

3. 试验准备

样品缩分至1100g，置于温度为（105±5）℃的烘箱中烘干至恒重，冷却至室温后，称取500g（m_0）的试样两份备用。

4. 试验步骤

（1）称取烘干的试样500g，精确至0.1g，将试样置于筒中，并注入洁净的水，使水面高出砂面约150mm，充分拌和均匀后，浸泡2h，然后用手在水中淘洗试样，使尘屑、淤泥和黏土与砂粒分离，并使之悬浮水中，缓缓地将浑浊液倒入1.18mm、75μm的套筛上，滤去小于75μm的颗粒，试验前筛子的两面应先用水湿润，在整个试验过程中应注意避免砂粒丢失。

（2）再次加水于筒中，重复上述过程，直至筒内砂样洗出的水清澈为止。

(3)用水冲洗剩留在筛上的细粒,并将 75μm 筛放在水中(使水面略高出筛中砂粒的上表面)来回摇动,以充分洗除小于 75μm 的颗粒;然后将两筛上筛余的颗粒和筒中已经洗净的试样一并装入浅盘,置于温度为(105 ±5)℃的烘箱中烘干至恒重,冷却至室温,称取试样的质量(m_1),精确至 0.1g。

5. 计算

砂的含泥量按下式计算至 0.1%。

$$\omega_c = \left(\frac{m_0 - m_1}{m_0}\right) \times 100\%$$

式中:ω_c——砂的含泥量,%;

m_0——试验前的烘干试样质量,g;

m_1——试验后的烘干试样质量,g。

以两个试样试验结果的算术平均值作为测定值。

(二)砂的有机质含量试验

1. 目的与适用范围

本方法用于评定天然砂中的有机质含量是否达到影响水泥混凝土质量。

2. 仪具与材料

(1)天平:称量 100g,感量 0.01g 和称量 1000g,感量 0.1g 的天平各一台。

(2)量筒:250mL、100mL 和 10mL、1000mL。

(3)氢氧化钠溶液:氧氧化钠与洁净水的质量比为 3:97。

(4)鞣酸、酒精等。

(5)其他:烧杯、玻璃棒和孔径公称直径为 4.75mm 的方孔筛。

3. 试验准备

(1)试样制备:筛去试样中公称粒径 4.75mm 以上的颗粒,用四分法缩分至约 500g,风干备用。

(2)标准溶液的配制方法:取 2g 鞣酸粉溶解于 98mL10% 酒精溶液中,即得所需的鞣酸溶液。然后取该溶液 25mL 注入 975mL 浓度为 3% 的氢氧化钠溶液中,加塞后剧烈摇动,静置 24h 即得标准溶液。

4. 试验步骤

(1)向 250mL 量筒中倒入风干试样至 130mL 刻度处,再注入浓度为 3% 的氯氧化钠溶液至 200mL 刻度处,剧烈摇动后静置 24h。

(2)比较试样上部溶液和新配制标准溶液的颜色。盛装标准溶液与盛装试样的量筒规格应一致。

5. 结果评定

若试样上部的溶液颜色浅于标准溶液的颜色,则试样的有机质含量鉴定合格。

如两种溶液的颜色接近,则应将该试样(包括上部溶液)倒入烧杯中,再将烧杯放在温度为 60 ~70℃的水浴中加热 2 ~3h,然后再与标准溶液比色。如浅于标准溶液,认为有机物含量合格。

如溶液的颜色深于标准色,则应按下法进一步试验:

取试样 1 份,用 3% 氢氧化钠溶液洗除有机杂质,再用洁净水淘洗干净,至试样用比色法试验时溶液的颜色浅于标准色,然后用经洗除有机质和未洗除有机质的试样分别按相同配合比，按现行的国家标准《水泥胶砂强度检验方法（ISO 法）》（GB/T 17671—1999）配成水泥砂浆，测定其 28d 的抗压强度，如未经洗除砂的砂浆强度不低于经洗除有机质后的砂的砂浆强度的 95% 时，则认为有机质含量合格。

（三）砂的云母含量试验（JGJ 52—2006）

1. 目的与适用范围

测定砂中云母的近似含量。

2. 仪具与材料

（1）放大镜（3 ~5 倍）。

（2）钢针、搪瓷盘等。

（3）试验筛——筛孔公称直径为 4.75mm 和 300μm 的方孔筛各一只。

（4）天平：称量 100g，感量 0.01g。

3. 试验步骤

称取经缩分的试样 150g，在温度为（105 ±5）℃的烘箱中烘干至恒重，冷却至室温后备用。

先筛出粒径大于公称粒径 4.75mm 和小于公称粒径 300μm 颗粒，然后取试样 15g（m_0），精确至 0.01g，放在放大镜下观察，用钢针将砂中所有云母全部挑出，称量所挑出的云母质量（m_1），精确至 0.01g。

4. 计算

砂中云母含量按下式计算，精确至 0.1%。

$$\omega_m = \frac{m_1}{m_0} \times 100$$

式中：ω_m——砂中云母含量，%；

m_0——烘干试样质量，g；

m——挑出的云母质量，g。

5. 报告

云母含量取两次试验结果的算术平均值，精确至 0.1%。

试验二　水泥试验

一、水泥标准稠度用水量、凝结时间、安定性检验方法（GB/T 1346—2011）

1. 适用范围

适用于硅酸盐水泥、普通硅酸盐水泥、矿渣硅酸盐水泥、粉煤灰硅酸盐水泥、火山灰质硅酸盐水泥、复合硅酸盐水泥以及指定采用本方法的其他品种水泥。

2. 原理

水泥标准稠度净浆对标准试杆（或试锥）的沉入具有一定阻力。通过试验不同含水率水泥净浆的穿透性，以确定水泥标准稠度净浆中所需加入的水量。

凝结时间即试针沉入水泥标准稠度净浆至一定深度所需的时间。

雷氏法是通过测定水泥标准稠度净浆在雷氏夹中沸煮后试针的相对位移表征其体积膨胀的程度。

试饼法是通过观测水泥标准稠度净浆试饼煮沸后的外形变化情况表征其体积安定性。

3. 仪器设备

(1)水泥净浆搅拌机符合《水泥净浆搅拌机》(JC/T 729—2005)的要求。

(2)标准法维卡仪。

附图 2-1 为测定水泥标准稠度和凝结时间用维卡仪及配件,其中包括:

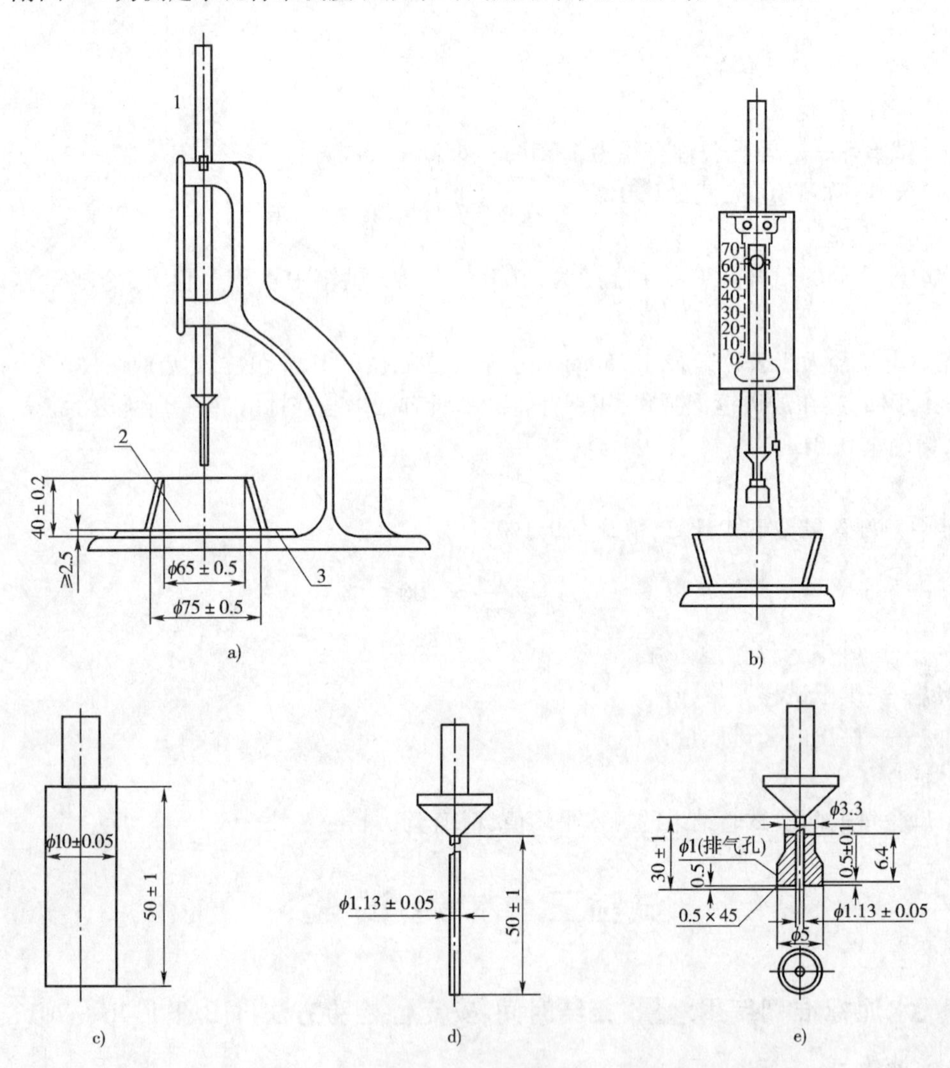

附图 2-1 测定水泥标准稠度和凝结时间用维卡仪及配件示意图

a)初凝时间测定用立式试模的侧视图;b)终凝时间测定用反转式模侧前视图;c)标准稠度试杆;d)初凝用试针;e)终凝用试针

1-滑动杆;2-试模;3-玻璃板

①为测定初凝时间时维卡仪和试模示意图。

②为测定终凝时间反转试模示意图。

③为标准稠度试杆。

④为初凝用试针。

⑤为终凝用试针等。

标准稠度试杆由有效长度为 50mm ± 1mm,直径为 10mm ± 0.05mm 的圆柱形耐腐蚀金属制成。初凝用试针由钢制成，其有效长度初凝针为50mm ±1mm、终凝针为30mm ±1mm，直径为1.13mm ±0.05mm。滑动部分的总质量为300g ±1g。与试杆、试针连接的滑动杆表面应光滑，能靠重力自由下落，不得有紧涩和旷动现象。

盛装水泥净浆的试模由耐腐蚀的、有足够硬度的金属制成。试模为深40mm ±0.2mm、顶内径65mm ±0.5mm、底内径75mm ±0.5mm的截顶圆锥体。每个试模应配备一个边长或直径约100mm、厚度4～5mm的平板玻璃底板或金属底板。

(3)代用法维卡仪符合《水泥净浆标准稠度与凝结时间测定仪》(JC/T 727—2005)要求。

(4)雷氏夹。由铜质材料制成，其结构如附图2-2所示。当一根指针的根部先悬挂在一根金属丝或尼龙丝上，另一根指针的根部再挂上300g质量的砝码时，两根指针针尖的距离增加应在17.5mm ±2.5mm范围内，即$2x$ = 17.5mm ±2.5mm(附图2-3)，当去掉砝码后，针尖的距离能恢复至挂砝码前的状态。

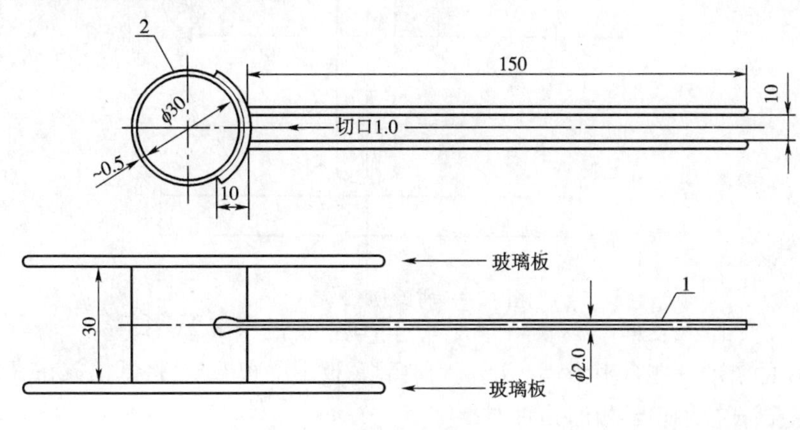

附图2-2 雷氏夹

1-指针；2-环模

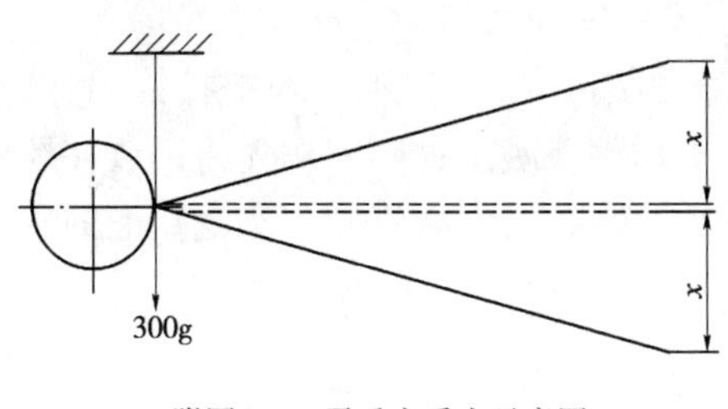

附图2-3 雷氏夹受力示意图

(5)沸煮箱符合《水泥安定性试验用沸煮箱》(JC/T 955—2005)的要求。

(6)雷氏夹膨胀测定仪，附图2-4所示，标尺最小刻度为0.5mm。

(7)量筒或滴定管。精度：±0.5mL。

(8)天平。最大称量不小于1000g，分度值不大于1g。

4. 材料

试验用水应是洁净的饮用水，如有争议时应以蒸馏水为准。

5. 试验条件

(1)试验室温度为20℃ ±2℃，相对湿度应不低于50%；水泥试样、拌和水、仪器和用具的温度应与试验室一致。

(2)湿气养护箱的温度为20℃ ±1℃，相对湿度不低于90%。

6. 标准稠度用水量测定方法(标准法)

(1)试验前准备工作。

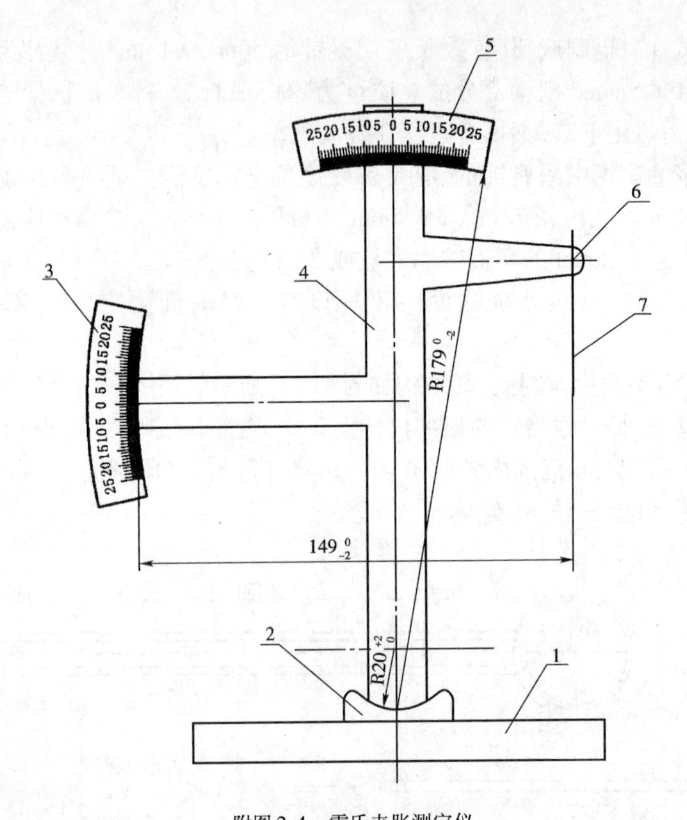

附图 2-4　雷氏夹胀测定仪

1-底座;2-模子座;3-测弹性标尺;4-立柱;5-测膨胀值标尺;6-悬臂;7-悬丝

①维卡仪的滑动杆能自由滑动。试模和玻璃底板用湿布擦拭,将试模放在底板上。

②调整至试杆接触玻璃板时指针对准零点。

③搅拌机运行正常。

(2)水泥净浆搅拌。

用水泥净浆搅拌机搅拌,搅拌锅和搅拌叶片先用湿布擦过,将拌和水倒入搅拌锅内,然后在5~10s内小心将称好的500g水泥加入水中,防止水和水泥溅出;拌和时,先将锅放在搅拌机的锅座上,升至搅拌位置,启动搅拌机,低速搅拌120s、停15s,同时将叶片和锅壁上的水泥浆刮入锅中间,接着高速搅拌120s停机。

(3)标准稠度用水量的测定步骤。

拌和结束后,立即取适量水泥净浆一次性将其装入已置于玻璃底板上的试模中,浆体超过试模上端,用宽约25mm的直边刀轻轻拍打超出试模部分的浆体5次以排除浆体中的孔隙,然后在试模上表面约1/3处,略倾斜于试模分别向外轻轻锯掉多余净浆,再从试模边沿轻抹顶部一次,使净浆表面光滑。在锯掉多余净浆和抹平的操作过程中,注意不要压实净浆;抹平后迅速将试模和底板移到维卡仪上,并将其中心定在试杆下,降低试杆直至与水泥净浆表面接触,拧紧螺钉1~2s后,突然放松,使试杆垂直自由地沉入水泥净浆中。在试杆停止沉入或释放试杆30s时记录试杆距底板之间的距离,升起试杆后,立即擦净;整个操作应在搅拌后1.5min内完成。以试杆沉入净浆并距底板6mm±1mm的水泥净浆为标准稠度净浆。其拌和水量为该水泥的标准稠度用水量(P),按水泥质量的百分比计。

7.凝结时间的测定方法

(1)试验前的准备工作。调整凝结时间测定仪玻璃板时指针对准零点。

(2)试件的制备。以标准稠度用水量制成标准稠度净浆，装模和刮平后，立即放入湿气养护箱中。记录水泥全部加入水中的时间作为凝结时间的起始时间。

(3)初凝时间的测定。试件在湿气养护箱中养护至加水后30min时进行第一次测定。测定时，从湿气养护箱中取出试模放到试针下，降低试针与水泥净浆表面接触。拧紧螺丝1~2s后，突然放松，试针垂直自由地沉入水泥净浆。观察试针停止下沉或释放试针30s时指针的读数。临近初凝时间时每隔5min(或更短时间)测定一次，当试针沉至距底板4mm±1mm时，为水泥达到初凝状态；由水泥全部加入水中至初凝状态的时间为水泥的初凝时间，用min来表示。

(4)终凝时间的测定。为了准确观测试针沉入的状况，在终凝针上安装一个环形附件。在完成初凝时间测定后，立即将试模连同浆体以平移的方式从玻璃板取下，翻转180°，直径大端向上，小端向下放在玻璃板上，再放入湿气养护箱中继续养护。临近终凝时间时每隔15min(或更短时间)测定一次，当试针沉入试体0.5mm时，即环形附件开始不能在试体上留下痕迹时，为水泥达到终凝状态。由水泥全部加入水中至终凝状态的时间为水泥的终凝时间，用min来表示。

(5)测定注意事项。测定时应注意，在最初测定的操作时应轻轻扶持金属柱，使其徐徐下降，以防试针撞弯，但结果以自由下落为准；在整个测试过程中试针沉入的位置至少要距试模内壁10mm。临近初凝时，每隔5min(或更短时间)测定一次，临近终凝时每隔15min(或更短时间)测定一次，到达初凝时应立即重复测一次，当两次结论相同时才能确定到达初凝状态，到达终凝时，需要在试体另外两个不同点测试，确认结论相同才能确定到达终凝状态。每次测定不能让试针落入原针孔，每次测试完毕须将试针擦净并将试模放回湿气养护箱内。

注意：可以使用能得出与标准中规定方法相同结果的凝结时间自动测定仪，有矛盾时以标准规定方法为准。

8.安定性测定方法(标准法)

(1)试验前准备工作。

每个试样需成型两个试件，每个雷氏夹需配备两个边长或直径约80mm、厚度4~5mm的玻璃板，凡与水泥净浆接触的玻璃板和雷氏夹内表面都要稍稍涂上一层油。

(2)雷氏夹试件的成型。

将预先准备好的雷氏夹放在已稍擦油的玻璃板上，并立即将已制好的标准稠度净浆一次装满雷氏夹，装浆时一只手轻轻扶持雷氏夹，另一只手用宽约25mm的直边刀在浆体表面轻轻插捣3次，然后抹平，盖上稍涂油的玻璃板，接着立即将试件移至湿气养护箱内养护24h±2h。

(3)沸煮。

①调整好沸煮箱内的水位，使能保证在整个沸煮过程中都超过试件，不需中途添补试验用水，同时又能保证在30min±5min内升至沸腾。

②脱去玻璃板取下试件，先测量雷氏夹指针尖端间的距离(A)，精确到0.5mm，接着将试件放入沸煮箱水中的试件架上，指针朝上，然后在30min±5min内加热至沸并恒沸180min±5min。

③结果判别。沸煮结束后，立即放掉沸煮箱中的热水，打开箱盖，待箱体冷却至室温，取出试件进行判别。测量雷氏夹夹指针尖端的距离(C)，准确至0.5mm，当两个试件煮后增加距离($C-A$)的平均值不大于5.0mm时，即认为该水泥安定性合格，当两个试件煮后增加距

离($C-A$)的平均值大于5.0mm时,应用同一样品立即重做一次试验。以复检结果为准。

9. 标准稠度用水量测定方法(代用法)

(1)试验前准备工作。

①维卡仪的金属棒能自由滑动。

②调整至试锥接触锥模顶面时指针对准零点。

③搅拌机运行正常。

(2)水泥净浆的拌制同上。

(3)标准稠度的测定。

①采用代用法测定水泥标准稠度用水量可用调整水量和不变水量两种方法的任意一种测定。采用调整水量方法时,拌和水量按经验方法时拌和水量用142.5mL。

②拌和结束后,立即将拌制好的水泥净浆装入锥模中,用宽约25mm的直边刀在浆体表面轻轻插捣5次,再轻振5次,刮去多余的净浆;抹平后迅速放到试锥下面固定的位置上,将试锥降至净浆表面,拧紧1~2s后,突然放松,让试锥垂直自由地沉入水泥净浆中。到试锥停止下沉或释放试30s时记录试锥下沉深度。整个操作应在搅拌后1.5min内完成。

③用调整水量方法测定时,以试锥下沉深度30mm±1mm时的净浆为标准稠度净浆。其拌和水量为该水泥的标准稠度用水量(P),按水泥质量的百分比计。如下沉深度超出范围需另称试样,调整水量,重新试验,直至达到30mm±1mm为止。

④用不变水量方法测定时,根据公式(或仪器上对应标尺)计算得到标准稠度用水量P。当试锥下沉深度小于13mm时,应改用调整水量法测定。

$$P=33.4-0.185S$$

式中:P——标准稠度用水量,%;

S——试锥下沉深度,mm。

10. 安定性测定方法(代用法)

(1)准备工作。

每个样品需准备两块边长约100mm的玻璃板,凡与水泥净浆接触的玻璃板都要稍稍涂上一层油。

(2)试饼的成型方法。

将制好的标准稠度净浆取出一部分分成两等份,使之呈球形,放在预先准备好的玻璃板上,轻轻振动玻璃板并用湿布擦过的小刀由边缘向中央抹,做成直径70~80mm、中心厚约10mm、边缘渐薄、表面光滑的试饼,接着将试饼放入湿气养护箱内养护24h±2h。

(3)沸煮。

①步骤同上。

②脱去玻璃板取下试饼,在试饼原缺陷的情况下将试饼放在沸煮箱水中的篦板上,在30min±5min内加热至沸并恒沸180min±5min。

③结果判别。沸煮结束后,立即放掉沸煮箱中的热水,打开箱盖,待箱体冷却至室温,取出试件进行判别。目测试饼未发现裂缝,用钢直尺检查也没有弯曲(使钢直尺和试饼底部紧靠,以两者间不透光为不弯曲)的试饼为安定性合格,反之为不合格。当两个试饼判别结果有矛盾时,该水泥的安定性为不合格。

11. 试验报告

试验报告应包括标准稠度用水量、初凝时间、终凝时间、雷氏夹膨胀值或试饼的裂缝、弯曲形态等所有的试验结果。

二、水泥细度测定(GB/T 1345—2005)

1. 适用范围

本标准规定了45μm方孔标准筛和80μm方孔标准筛的水泥细度筛析试验方法。

本标准适用于硅酸盐水泥、普通硅酸盐水泥、矿渣硅酸盐水泥、火山灰质硅酸盐水泥、粉煤灰硅酸盐水泥、复合硅酸盐水泥以及指定采用本标准的其他品种水泥和粉状物料。

2. 规范性引用文件

下列文件中的条款通过本标准引用而构成为本标准的条款。凡是注日期的引用文件,其随后所有的修改单(不包括勘误的内容)或修订版均不适用于本标准,然而,鼓励根据本标准达成协议的各方研究是否可使用这些文件的最新版本。凡是不注日期的引用文件,其最新版本适用于本标准。

(1)《试验筛与筛分试验　术语》(GB/T 5329—2003)。

(2)《试验筛　技术要求和检验中　第1部分:金属丝编织网试验筛》(GB/T 6003.1—2012)。

(3)《试验筛　金属丝编织网、穿孔板和电成型薄板、筛孔的基本尺寸》(GB/T 6005—2008)。

(4)《水泥取样方法》(GB/T 12573—2008)。

(5)《水泥标准筛和筛析仪》(JC/T 728—2005)。

3. 方法原理

本标准是采用45μm方孔标准筛和80μm方孔标准筛对水泥试样进行筛析试验,用筛网上所得筛余物的质量百分数来表示水泥样品的细度。

4. 术语与定义

本标准采用《试验筛与筛分试验　术语》(GB/T 5329—2003)及下列术语与定义。

(1)负压筛析法(vacuum sieving)。用负压筛析仪,通过负压源产生的恒定气流,在规定筛析时间内使试验筛内的水泥达到筛分。

(2)水筛法(wet sieving)。将试验筛放在水筛座上,用规定压力的水流,在规定时间内使试验筛内的水泥达到筛分。

(3)手工筛析法(manual sieving)将试验筛放在接料盘(底盘)上,用手工按照规定的拍打速度和转动角度,对水泥进行筛析试验。

5. 仪器

(1)试验筛。试验筛由圆形筛框和筛网组成,筛网符合相关要求,分负压筛、水筛和手筛三种,负压筛应附有透明筛盖,筛盖与筛上口应有良好的密封性。手工筛结构符合《试验筛技术要求和检验 第1部分:金属丝编织网试验筛》(GB/T 6003.1—2012),其中筛框高度为50mm,筛子的直径为150mm。

筛网应紧绷在筛框上,筛网和筛框接触处,应用防水胶密封,防止水泥嵌入。

筛孔尺寸的检验方法按《试验筛 技术要求和检验 第1部分:金属丝编织网试验筛》(GB/T 6003.1—2012)进行。由于物料会对筛网产生磨损,试验筛每使用100次后需要重新标定。

(2)负压筛析仪。负压筛析仪由筛座、负压筛、负压源及收尘器组成，其中筛座由转速为(30±2)r/min的喷气嘴、负压表、控制板、微电机及壳体等构成。

筛析仪负压可调范围为4000～6000Pa。

喷气嘴上口平面与筛网之间距离为2～8mm。

负压源和收尘器，由功率≥600W的工业吸尘器和小型旋风收尘筒组成或用其他具有相当功能的设备。

(3)水筛架和喷头。水筛架和喷头的结构尺寸应符合《水泥标准筛和筛析仪》(JC/T 728—2005)规定，但其中水筛架上筛座内径为140mm。

(4)天平。最小分度值不大于0.01g。

6. 样品要求

水泥样品应有代表性，样品处理方法按《水泥取样方法》(GB/T 12573—2008)相关要求进行。

7. 操作程序

(1)试验准备。试验前所用试验筛应保持清洁，负压筛和手工筛应保持干燥。试验时，80μm筛析试验称取试样25g，45μm筛析试验称取试样10g。

(2)负压筛析法。筛析试验前，应把负压筛放在筛座上，盖上筛盖，接通电源，检查控制系统，调节负压至4000～6000Pa范围内。

称取试样精度至0.01g，置于洁净的负压筛中，放在筛座上，接通电源，开动筛析仪连续筛析2min，在此期间如有试样附着在筛盖上，可轻轻地敲击筛盖使试样落下。筛毕，用天平称量全部筛余物。

(3)水筛法。筛析试验前，应检查水中无泥、砂，调整好水压及水筛的位置，使其能正常运转。并控制喷头底面和筛网之间距离为35～75mm。

称取试样精度至0.01g，置于洁净的水筛中，立即用淡水冲洗至大部分细粉通过后，放在水筛架上，用水压为(0.05±0.02)MPa的喷头连续冲洗3min。筛毕，用少量水把筛余物冲至蒸发皿中，等水泥颗粒全部沉淀后，小心倒出清水，烘干并用天平称量全部筛余物。

(4)手工筛析法。称取试样精度至0.01g，倒入手工筛内。

用一只手持筛往复摇动，另一只手轻轻拍打，往复摇动和拍打过程应保持近于水平。拍打速度每分钟约120次，每40次向同一方向转动60°，使试样均匀分布在筛网上，直至每分钟通过的试样量不超过0.03g为止。称量全部筛余物。

(5)对于其他粉状物或采用45～80μm以外规格方孔筛进行筛析试验时，应指明筛子的规格、称样量、筛析时间等相关参数。

(6)试验筛的清洗。试验筛必须经常保持洁净、筛孔通畅。使用10次后要进行清洗。金属框筛、铜丝网筛清洗时应用专门的清洗剂，不可用弱酸浸泡。

8. 结果计算及处理

(1)计算。水泥试样筛余百分数按下式计算：

$$F = \frac{Rs}{W} \times 100\%$$

式中：F——水泥试样的筛余百分率，%；

Rs——水泥筛余物的质量，g；

W——水泥试样的质量，g。

结果计算至0.1%。

(2)筛余结果的修正。试验筛的筛网会在试样中磨损,因此筛析结果应进行修正。修正的方法是将计算结果乘以该试验筛标定后得到的有效修正系数,即为最终结果。

合格评定时,每个样品应称取两个试样分别筛析,取筛余平均值为筛析结果。若两次筛余结果绝对误差大于0.5%时(筛余值大于5.0%时可放宽至1.0%)应再做一次试样,取两次相近结果的算术平均值作为最终结果。

(3)试样结果。负压筛法、水筛法和手工筛析法测定的结果发生争议时,以负压筛析法为准。

三、水泥胶砂强度检验(ISO法)(GB/T 17671—1999)

1.仪器设备

(1)行星式水泥胶砂搅拌机:搅拌叶和搅拌锅做相反方向转动。

(2)振实台:由同步电动机带动凸轮转动,使振动部分上升定值后自由落下,产生振动,振动频率为60次/(60±2)s,落距(15±0.3)mm。

(3)试模:可装拆的三连模,由隔板、端板和底座组成。

(4)套模:壁高为20 mm的金属模套,当从上向下看时,模套壁与试模内壁应该重叠。

(5)抗折强度试验机。

(6)抗压试验机及抗压夹具:抗压试验机以200~300kN为宜,应有±1%精度,并具有按(2400±200)N/s速率的加荷能力;抗压夹具由硬质钢材制成,受压面积为40mm×40mm。

(7)两个播料器和金属刮平直尺。

2.试件的制备和养护

(1)胶砂的制备。胶砂的质量配合比为一份水泥、三份标准砂和半份水。一锅胶砂成三条试体,每锅材料需要量为水泥450g,水225g,标准砂1350g。

搅拌:把水加入锅内,再加入水泥,把锅放在固定架上,上升至固定位置。然后立即开动机器,低速搅拌30s后,在第二个30s开始的同时均匀地将砂加入(当各级砂是分装时,从最粗粒级开始,依次将所需的每级砂量加完),高速再拌30s后;停拌90s,在第一个15s内用一胶皮刮具将叶片和锅壁上的胶砂,刮入锅中间;在高速下继续搅拌60s。

(2)试件成型。胶砂制备后立即进行成型。将涂机油的三联模和模套固定在振实台上,用一个适当勺子直接从搅拌锅里将胶砂分两层装入试模,装第一层时,每个槽里约放300g胶砂,用大播料器垂直架在模套顶部沿每个模槽来回一次将料层播平,接着振实60次。再装入第二层胶砂,用小播料器播平,再振实60次。移走模套,取下试模,用金属直尺以近似90°的角度架在试模模顶的一端,然后沿试模长度方向以横向锯割动作慢慢向另一端移动,一次将超过试模部分的胶砂刮去,并用同一直尺以近乎水平的情况下将试体表面抹平。

(3)试件养护。

①在试模上作标记后,将试件带试模放入雾室或湿箱的水平架上养护。对于24h以上龄期的应在成型后20~24h之间脱模;对于24h龄期的,应在破型试验前20min内脱模。脱模前,对试件进行编号,两个龄期以上的试件,在编号时应将同一试模中的三条试件分在两个以上龄期内。

②将做好标记的试件立即水平或竖直放在(20±1)℃水中养护,水平放置时刮平面应朝上。养护期间,试件之间间隔或试件上表面的水深不得小于5mm。每个养护池只养护同类型的水泥试件,试件水中养护期间不允许全部换水。除24h龄期或延迟至48h脱模的试件

外，任何到龄期的试件应在试验前15min从水中取出。擦去试件表面沉积物，并用湿布覆盖至试验为止。

3.强度试验

不同龄期强度试验应在规定时间里进行：24h ±15min、48h ±30min、72h ±45min、7d ±2h、>28d ±8h。

（1）抗折强度试验。将试件一个侧面放在试验机支撑圆柱上，试件长轴垂直于支撑圆柱，通过加荷圆柱以（50 ±10）N/s的速率均匀地将荷载垂直地加在棱柱体相对侧面上，直至折断，记录抗折破坏荷载F_f（N）。

（2）抗折强度R_f按下式计算（精确至0.1 MPa）。

$$R_f = \frac{1.5F_fL}{B^3}$$

式中：F_f——折断时施加于棱柱体中部的荷载，N。

L——支撑圆柱之间的距离，mm。

B——棱柱体正方形截面的边长，mm。

以一组三个棱柱体抗折结果的平均值作为试验结果。当3个强度值中有超出平均值±10%时，应剔除后再取平均值作为抗折强度试验结果。

（3）抗压强度试验。

①将折断的半截棱柱体置于抗压夹具中，以试件的侧面作为受压面。半截棱柱体中心与压力机压板中心差应在±0.5mm内，试件露在压板外部分约有10 mm。在整个加荷过程中以（2400±200）N/s的速率均匀地加荷直至破坏，并记录破坏荷载F_c（N）。

②抗压强度R_c按下式计算（精确至0.1 MPa）：

$$R_c = \frac{F_c}{A}$$

式中：F_c——破坏时的最大荷载，N。

A——受压部分面积，mm^2，40mm ×40mm =1600mm^2。

以一组三个棱柱体得到的6个抗压强度测定值的算术平均值为试验结果。如6个测定值中有一个超出6个平均值的±10%，应剔除这个结果，以剩下5个的平均数为结果。如5个测定值中再有超过它们平均数±10%时，则此组结果作废。

试验三　混凝土拌和物试验

一、坍落度法（GB/T 50080—2002）

坍落度法与坍落扩展度法：本方法适用于集料最大粒径不大于40mm，坍落度不小于10mm的混凝土拌和物稠度测定。当混凝土拌和物的坍落度大于220mm时，由于粗集料的堆积的偶然性，坍落度不能很好地代表拌和物的稠度，因此用坍落扩展度法来测量。

1.仪器设备

坍落度仪是由坍落度筒（附图3-1）、捣棒、底板、小铲、钢抹子和测量标尺。

2.试样准备

（1）依据水泥混凝土配合比设计方法，根据试验室现有的原材料确定配合比。

(2)根据试验目的,确定试验所需混凝土拌和物数量,计算各组成材料并称量,称量精度为:水泥、水和外加剂均为±0.5%;集料为±1%。拌和用的集料应提前送入室内,拌和时试验室的温度应保持在(20±5)℃。

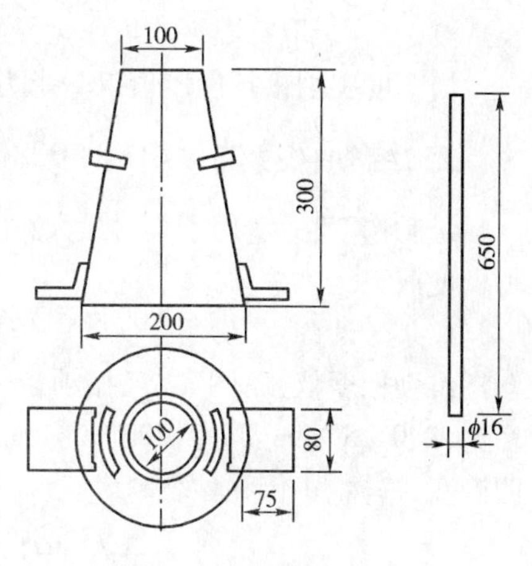

附图3-1 坍落度筒和捣棒

(3)拌和混凝土。

人工拌和:将拌和用板、拌和用铲用湿布湿润后,将称好的砂子、水泥先倒在拌和板上,用平头铲拌和均匀,再放入称好的石子拌和,均匀后堆成锥形,将中间扒开一个凹坑,将量好的拌和用水,倒一半至凹坑中间,小心拌和 ,勿使水溢出或流出;拌和均匀后,按照上面的方法,再将剩余的另一半水加入拌和物中,拌和均匀。拌和时间从加水完毕时算起,在10min内完成。

机械拌和:拌和前应将搅拌机冲洗干净,并预拌少量同种混凝土拌和物或与拌和混凝土相同比例的砂浆,使搅拌机内壁挂浆。向搅拌机内依次加入石子、砂和水泥,开动搅拌机,干拌均匀,再将拌和水徐徐加入,全部加料时间不超过2min,水全部加入后,继续拌和2min。将拌和好的混凝土拌和物从搅拌机中卸出,倒在事先准备好的拌和板上,再经人工拌和1~2min,即可做混凝土工作性测试或者试件成型。从开始加水时算起,全部操作必须在10min内完成。

3.试验步骤

(1)湿润坍落度筒及底板,在坍落度筒内壁和底板上应无明水。用脚踩住两边的脚踏板,使坍落度筒在装料时保持固定的位置。

(2)将混凝土试样用小铲分三层均匀地装入筒内,使捣实后每层高度为筒高的三分之一左右。每层用捣棒插捣25次。插捣应沿螺旋方向由外向中心进行,各次插捣应在截面上均匀分布。插捣筒边混凝土时,捣棒应贯穿整个深度,插捣第二层和顶层时,捣棒应插透本层至下一层的表面;浇灌顶层时,混凝土应灌到高出筒口。插捣过程中,如混凝土低于筒口,则随时添加。顶层插捣完后,刮去多余的混凝土,用抹刀抹平。

(3)清除筒边底板上的混凝土,垂直平稳地提起坍落度筒。提离过程应在5~10s内完成;从开始装料到提坍落度筒的整个过程应不间断地进行,并应在150s内完成。

(4)提起坍落度筒后,测量筒高与坍落后混凝土试体最高点之间的高度差,即为混凝土拌和物的坍落度值。

4.试验结果

(1)坍落度筒提起后,如混凝土发生崩坍或一边剪坏现象,则应重新取样测定;如第二次试验仍出现此现象,则表示该混凝土和易性不好。

(2)观察坍落后的混凝土试体的黏聚性和保水性。用捣棒在已坍落的混凝土锥体侧面轻轻敲打,如果锥体逐渐下沉,则表示黏聚性良好;如果锥体倒塌、部分崩裂或出现离析现象,则表示黏聚性不好。坍落度筒提起后如有较多的稀浆从底部析出,锥体部分的混凝土也因失浆而集料外露,则表明保水性不好;如坍落度筒提起后无稀浆或仅有少量稀浆从底部析出,则表明保水性良好。

(3)当混凝土拌和物的坍落度大于220mm时,用钢尺测量混凝土扩展后最终的最大直径和最小直径,两者之差小于50mm时,用其算术平均值作为坍落扩展度值;否则,此试验无效。

(4)混凝土拌和物和易性评定,应按试验测定值的试验目测情况综合评议,其中,坍落度至少测定两次,取算数平均值作为最终测定结果。两次坍落度测定值之差应不大于20mm。

坍落度和坍落扩展度值以毫米为单位,测量精确至1mm,结果表达修约至5mm。

二、维勃稠度法(GB/T 50080—2002)

维勃稠度法,适用于集料最大粒径不大于40mm,维勃稠度在5~30s之间的混凝土拌和物稠度测定。

1. 仪器设备

维勃稠度仪(附图3-2)、振动台[台面长380 mm,宽260 mm,频率为(50±3)Hz、容器内径为(240±5)mm,高为(200±2)mm,筒壁厚3 mm,筒底厚7.5 mm]、坍落度筒、旋转架、透明圆盘、捣棒、小铲和秒表。

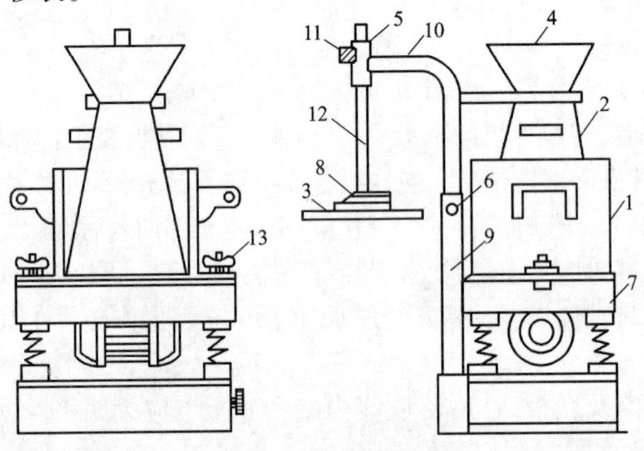

附图3-2　维勃稠度仪

1-容器;2-坍落度筒;3-透明圆盘;4-喂料斗;5-套筒;6-定位螺钉;7-振动台;8-荷重;9-支柱;10-旋转架;11-测杆螺栓;12-测杆;13-固定螺栓

2. 试验步骤

(1)将维勃稠度仪放在坚实水平面上,用湿布把容器、坍落度筒、喂料口内壁及其他用具润湿。

(2)将喂料口提到坍落度筒上方扣紧,校正容器位置,使其中心与喂料中心重合,然后拧紧固定螺栓。

(3)把按要求取得的混凝土拌和物用小铲分三层经喂料口均匀地装入筒内,装料及插捣的方法同坍落度试验。

(4)把喂料口转离,垂直提起坍落度筒,注意不能使混凝土试体产生横向的扭动。

(5)把透明圆盘转到混凝土圆台体顶面,放松测杆螺钉,降下圆盘,使其轻轻接触到混凝土顶面。

(6)拧紧定位螺钉,检查测杆螺钉是否完全放松。

(7)开启振动台的同时用秒表计时,当振动到透明圆盘的底面被水泥浆布满的瞬间停止计时,关闭振动台。

3. 试验结果

由秒表读出时间为混凝土拌和物的维勃稠度值,精确至1s。

三、拌和物湿表观密度试验(GB/T 50080—2002)

本方法适用于测定混凝土拌和物捣实后的单位体积质量(即表观密度)。

1. 仪器设备

容量筒(由金属制成的圆筒,两旁有提手)、台秤(称量50kg,感量50g)、振动台、捣棒等。对集料最大粒径不大于40mm的拌和物采用容积为5L的容量筒,其内径与内高均为(186±2)mm,筒壁厚为3mm;对集料最大粒径大于40mm时,容量筒的内径与内高均应大于集料最大粒径的4倍。

2. 试验步骤

(1)用湿布把容量筒内外擦干净,称出容量筒质量,精确至50g。

(2)对坍落度不大于70mm的混凝土,用振动台振实为宜;大于70mm的混凝土用捣棒捣实为宜。采用捣棒捣实时,应根据容量筒的大小决定分层与插捣次数:用5L容量筒时,混凝土拌和物应分两层装入,每层的插捣次数应为25次;用大于5L的容量筒时,每层混凝土的高度不应大于100mm,每层的插捣次数应按每10000mm^{2}截面不小于12次计算。各次插捣应由边缘向中心均匀地插捣,插捣底层时捣棒应贯穿整个深度,插捣第二层时,捣棒应插透本层至下一层的表面;每一层捣完后用橡皮锤轻轻沿容器外壁敲打5~10次,进行振实,直至拌和物表面插孔消失并不见大气泡为止。

当用振动台振实时,应一次将混凝土拌和物灌到高出容量筒口。装料时,用捣棒稍加插捣,振动过程中如混凝土低于筒口,应随时添加混凝土,振动直至表面出浆为止。

(3)用刮刀将筒口多余的混凝土拌和物刮去,表面应刮平,将容量筒外壁擦干净,称试样与容量筒的总质量,精确至50g。

3. 试验结果

混凝土拌和的表观密度应按下式计算:

$$\gamma_b = \frac{W_2 - W_1}{V} \times 1000$$

式中:γ_b——表观密度,kg/m^3;

W_1——容量筒质量,kg;

W_2——容量筒和试样总质量,kg;

V——容量筒容积,L。

试验结果的计算精确至10 kg/m^3。

试验四　混凝土抗压、抗折强度试验

一、混凝土抗压强度试验(GB/T 50081—2002)

1. 仪器设备

压力试验机(精度为±1%,试件破坏荷载必须大于压力机全量程的20%且小于压力机全量程的80%)、振动台[空载频率为(50±3)Hz,空载时振幅约为(0.5±0.02)mm]、试模(由铸铁或钢制成,具有足够的刚度并拆装方便)、捣棒(钢制的长为600mm,直径为16mm,端部磨圆)、小铁铲和钢尺等。

2. 试件的制作与养护

(1)试件的制作。

①试验采用立方体试件,三个试件为一组,以150mm×150mm×150mm试件为标准;也

可采用200mm×200mm×200mm 试件；当粗集料粒径较小时可用100mm×100mm×100mm 试件。制作试件前，首先检查试模的尺寸、内表面平整度和相邻面夹角是否符合要求，拧紧螺栓，将试模清理干净，并在其内壁涂上一层矿物油脂或其他脱模剂。

②将配制好的混凝土拌和物装模成型，成型方法按混凝土的稠度而定。混凝土拌和物拌制后宜在15min 内成型。

振动台振实成型：坍落度不大于70mm 的混凝土拌和物，一次装入试模并高出试模上口。振动时，应防止试模在振动台上自由跳动。振动应持续到混凝土表面出浆为止，刮除多余的混凝土，并用抹刀抹平。对于坍落度大于70mm 的黏度和含气量较大的混凝土也可用振实成型。

人工插捣成型：坍落度大于70mm 的混凝土拌和物，应分两层装入试模，每层的装料厚度大致相等。用捣棒插捣时，应按螺旋方向从边缘向中心均匀进行，插捣底层时，捣棒应达到试模表面；插捣上层时，捣棒应穿入下层20～30mm；插捣时捣棒应保持垂直，不得倾斜。每层的插捣次数一般每$100cm^2$面积不应少于12 次。插捣完后，刮除多余的混凝土，并用抹刀抹平。

(2)试件的养护。

采用标准养护的试件，成型后应立即用不透水的薄膜覆盖，以防止水分蒸发，并应在室温为(20±5)℃情况下静置一至两昼夜，然后编号、拆模。

拆模后的试件，应立即将试件放在标准养护室的架上，彼此间隔应为10～20mm 并应避免用水直接淋刷试件；或在温度为温度(20±2)℃的不流动的$Ca(OH)_2$饱和溶液中养护。标准养护龄期为28d。

3. 抗压强度试验

(1)从养护室取出到养护龄期的试件，随即擦干并量尺寸(精确到1mm)，并以此计算试件的受压面积$A(mm^2)$。

(2)将试件安放在试验机的下压板上，试件的承压面应与成型时的顶面垂直。试件的中心应与试验机下压板中心对准。开动试验机，当上压板与试件接近时，调整球座，使接触均衡。

(3)加荷时当混凝土强度等级低于C30 时，取每秒0.3～0.5MPa；强度等级≥C30 且<C60 时，取每秒钟0.5～0.8MPa；强度等级≥C60 时，取每秒钟0.8～1.0MPa 的速度连续而均匀地加荷。当试件接近破坏而开始迅速变形时，应停止调整试验机油门，直至破坏，然后记录破坏荷载P(N)。

4. 结果计算

(1)混凝土立方体试件抗压强度按下式计算(精确至0.1MPa)：

$$f_{cu} = \frac{F}{A}$$

式中：f_{cu}——混凝土立方体试件抗压强度，MPa；

F——试件破坏荷载，N；

A——试件承压面积，mm^2。

(2)取三个试件测值的算术平均值作为该组试件的抗压强度值。三个测值中的最大值或最小值中如有一个与中间值的差值超过中间值的15%时，则把最大值及最小值一并舍除，取中间值为该组抗压强度值。如有两个测值与中间值的差均超过中间值的15%，则该组试件的试验结果无效。

(3)混凝土强度等级＜C60时，用非标准试件测得的强度值均应乘以尺寸换算系数，200mm×200mm×200mm试件的尺寸换算系数为1.05；100mm×100mm×100mm试件的尺寸换算系数为0.95。当混凝土强度等级≥C60时，宜采用标准试件，使用非标准试件时，尺寸换算系数应由试验确定。

二、混凝土抗折强度试验(GB/T 50081—2002)

1.适用范围

本方法适用于测定混凝土的抗折强度。

2.试件要求

试件边长150mm×150mm×600mm(或550mm)的棱柱体试件是标准试件；试件试件边长100mm×100mm×400mm的棱柱体试件是非标准试件。在长向中部1/3区段内不得有表面直径超过5mm，深度超过2mm的孔洞。

3.仪器设备

试验采用的试验设备应符合下列规定：

(1)试验机应符合规范规定。

(2)试验机应能施加均匀、连续、速度可控的荷载，并带有能使两个相等荷载同时作用在试件跨度的三分点处的抗折试验装置，如附图4-1所示。

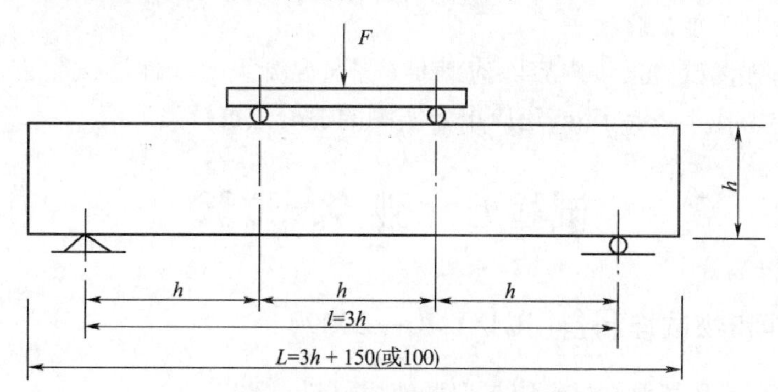

附图4-1　抗折试验装置

(3)试件的支座和加荷头应采用直径20～40mm，长度不小于$b+10$mm的硬钢圆柱，支座立脚点固定铰支，其他应为滚动支点。

4.试验步骤

(1)试件从养护地取出后应及时进行试验，将试件表面擦干净。

(2)按附图4-1装置试件，安装尺寸偏差不得大于1mm。试件的承压面应为试件成型时的侧面。支座及承压面与圆柱的接触面应平稳、均匀，否则应垫平。

(3)施加荷载应保持均匀、连续。当混凝土强度等级＜C30，加荷速度取每秒0.02～0.05MPa；当混凝土强度等级≥C30且＜C60，加荷速度取每秒0.05～0.08MPa；当混凝土强度等级≥C60，加荷速度取每秒0.08～0.10MPa，当试件接近破坏时，应停止调整试验机油门，直至试件破坏，然后记录破坏荷载。

(4)记录试件破坏荷载的试验机示值及记录试件下边缘断裂位置。

5.抗折强度试验结果计算及确定

(1)若试件下边缘断裂位置处于两个集中荷载作用线之间，则试件的抗折强度f_f(MPa)

按下式计算：

$$f_f = \frac{FL}{bh^2}$$

式中：f_f——混凝土抗折强度，MPa；

F——试件破坏荷载，N；

L——支座间跨度，mm；

h——试件截面高度，mm；

b——试件截面宽度，mm。

抗折强度计算应精确至0.1MPa。

(2)抗折强度值的确定应符合《普通混凝土力学性能试验方法标准》(GB/T 50081—2002)第6.0.5条中第2款的规定。

(3)三个试件中若有一个折断面位于两个集中荷载之外，则混凝土抗折强度值按另两个试件的试验结果计算。若这两个测值的差值不大于这两个测值的较小值的15%时，则该组试件的抗折强度值按这两个测值的平均值计算，否则该组试件的试验无效。若有两个试件的下边缘断裂位置位于两个集中荷载作用线之外，则该组试件试验无效。

(4)当试件尺寸为100mm×100mm×400mm非标准试件时，应乘以尺寸换算系数0.85；当混凝土强度等级≥C60时，宜采用标准试件；使用非标准试件时，尺寸换算系数应由试验确定。

6. 混凝土抗折强度试验报告

混凝土抗折强度试验报告内容除应满足《普通混凝土力学性能试验方法标准》(GB/T 50081—2002)第1.0.3条要求外，还应报告实测的混凝土抗折强度值。

试验五 砂浆试验

一、砂浆拌和物试样制备(JGJ/T 70—2009)

(1)试验用水泥和其他原材料应与现场使用材料一致。

(2)试验室拌制砂浆时，材料称量的精确度：水泥、外加剂等为±0.5%；砂、石灰膏、黏土膏、粉煤灰和磨细生石灰粉为±1%。

(3)在实验室搅拌砂浆时，应采用机械搅拌，搅拌机应符合《试验用砂浆搅拌机》(JG/T 3033—1996)的规定，搅拌的用量宜为搅拌机容量的30%～70%，搅拌时间不应少于120s。掺有掺和料和外加剂的砂浆，其搅拌时间不应少于180s。

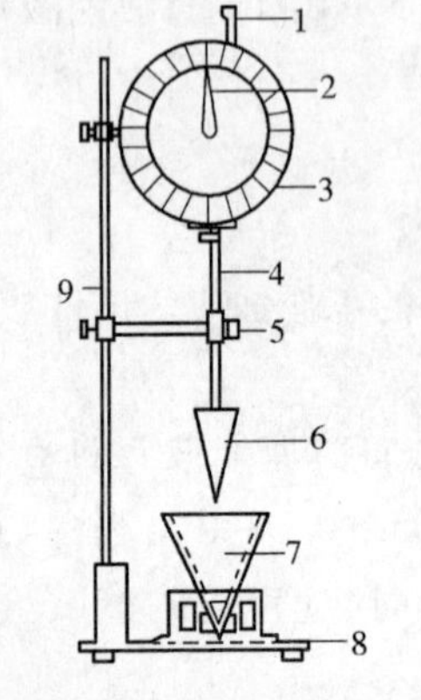

附图5-1 砂浆稠度测定仪

1-齿条测杆；2-指针；3-刻度盘；4-滑杆；5-制动螺钉；6-试锥；7-盛浆容器；8-底座；9-支架

二、砂浆稠度试验(JGJ/T 70—2009)

本方法适用于确定配合比或施工过程中控制砂浆的稠度，以达到控制用水量的目的。

1. 仪器设备

包括砂浆稠度测定仪(附图5-1)、钢制捣棒(直径10mm、长350mm、端部磨圆)、台秤、拌锅、拌板和秒表等。

2. 试验步骤

(1)用少量润滑油轻擦滑杆,再将滑杆上多余的油用吸油纸擦净,使滑杆能自由滑动。

(2)用湿布擦净盛浆容器和试锥表面,将砂浆拌和物一次装入容器,使砂浆表面低于容器口10mm左右。用捣棒自容器中心向边缘均匀地插捣25次,然后轻轻地将容器摇动或敲击5~6下,使砂浆表面平整,然后将容器置于稠度测定仪的底座上。

(3)拧松制动螺栓,向下移动滑杆,当试锥尖端与砂浆表面刚接触时,拧紧制动螺栓,使齿条侧杆下端刚接触滑杆上端,读出刻度盘上的读数(精确至1mm)。

(4)拧松制动螺栓,同时计时间,10s时立即拧紧螺栓,将齿条测杆下端接触滑杆上端,从刻度盘上读出下沉深度(精确至1mm),两次读数的差值即为砂浆的稠度值。

(5)盛装容器内的砂浆,只允许测定一次稠度,重复测定时,应重新取样测定。

3. 结果评定

取两次试验结果的算术平均值作为砂浆稠度测定值(精确至1mm),如测定值两次之差大于20mm时,应重新取样测定。

三、砂浆分层度试验(JGJ/T 70—2009)

本方法适用于测定砂浆拌和物在运输及停放时内部组分的稳定性。

1. 仪器设备

砂浆分层度筒(附图5-2),内径为150mm,上节高度为200mm,下节带底净高为100mm,用金属板制成,上、下层连接处需加宽到3~5mm,并设有橡胶热圈;振动台:振幅(0.5±

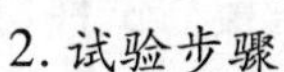

0.05)mm,频率(50±3)Hz;稠度仪、木锤等。

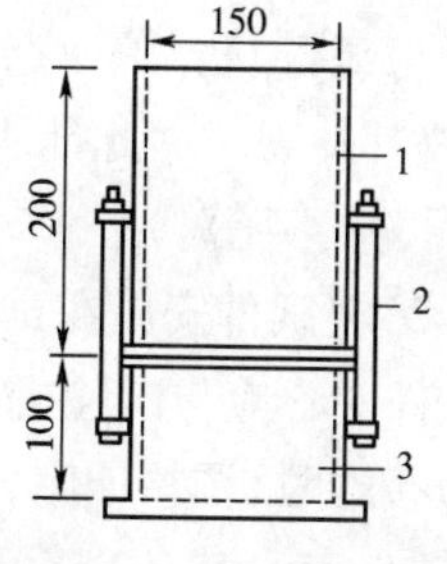

附图5-2 砂浆分层度测定仪

1-无底圆筒;2-连接螺栓;3-有底圆筒

2. 试验步骤

(1)首先将砂浆拌和物按稠度试验方法测定稠度。

(2)将砂浆拌和物一次装入分层度筒内,待装满后,用木锤在容器周围距离大致相等的4个不同部位轻轻敲击1~2下,如砂浆沉落到低于筒口,则应随时添加,然后刮去多余的砂浆并用抹刀抹平。

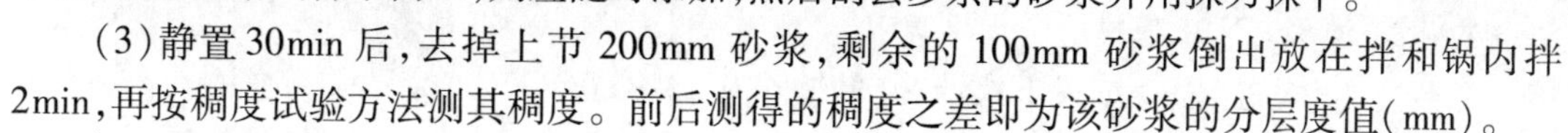

(3)静置30min后,去掉上节200mm砂浆,剩余的100mm砂浆倒出放在拌和锅内拌2min,再按稠度试验方法测其稠度。前后测得的稠度之差即为该砂浆的分层度值(mm)。

3. 结果评定

取两次试验结果的算术平均值作为该砂浆的分层度值;两次分层度试验值之差如大于10mm,应重新取样测定。

四、砂浆强度试验(JGJ/T 70—2009)

本方法适用于测定砂浆立方体的抗压强度。

1. 仪器设备

仪器设备包括试模(铸铁或具有足够刚度、拆装方便的塑料试模,其几何尺寸为70.7mm×70.7mm×70.7mm)、捣棒(直径10mm、长350mm、端部磨圆的钢棒)、压力试验机(采用精度不大于±2%的试验机,其量程应能使试件预期破坏荷载值不小于全量程的20%,也不大于全量程的80%)、垫板等。

2. 试件的制作与养护

(1)采用立方体试件,每组试件3个。

(2)应用黄油等密封材料涂抹试模的外接缝,试模内涂刷薄层机油或脱模剂,将拌制好的砂浆一次性装满砂浆试模,成型方法根据稠度而定。当稠度≥50mm时,采用人工振捣成型;当稠度<50mm时,采用振动台振实成型;

①人工振捣:用捣棒均匀地由边缘向中心按螺旋方式插捣25次,插捣过程中如砂浆沉落低于试模口,应随时添加砂浆,可用油灰刀插捣数次,并用手将试模一边抬高5~10mm各振动5次,使砂浆高出试模顶面6~8mm。

②机械振动:将砂浆一次装满试模,放置到振动台上,振动时试模不得跳动,振动5~10s或持续到表面出浆为止;不得过振。

(3)待表面水分稍干后,将高出试模部分的砂浆沿试模顶面刮去并抹平。

(4)试件制作后应在室温为(20±5)℃的环境下静置(24±2)h,当气温较低时,可适当延长时间,但不应超过两昼夜,然后对试件进行编号、拆模。试件拆模后应立即放入温度为(20±2)℃,相对湿度为90%以上的标准养护室中养护。养护期间,试件彼此间隔不小于10mm,混合砂浆试件上面应覆盖以防有水滴在试件上。

3. 抗压强度试验步骤

(1)试件从养护地点取出后应及时进行试验。试验前,将试件表面擦拭干净、测量尺寸,并检查其外观。据此计算试件的承压面积,如实测尺寸与公称尺寸之差不超过1mm,可按公称尺寸进行计算。

(2)将试件安放在试验机的下压板(或下垫板)上,试件的承压面应与成型时的顶面垂直,试件中心应与试验机下压板(或下垫板)中心对准。开动试验机,当上压板与试件(或上垫板)接近时,调整球座,使接触面均衡受压。承压试验应连续而均匀地加荷,加荷速度应为每秒钟0.25~1.5kN(砂浆强度不大于5MPa时,宜取下限;砂浆强度大于5MPa时,宜取上限),当试件接近破坏而开始迅速变形时,停止调整试验机油门,直至试件破坏,然后记录破坏荷载。

4. 砂浆立方体抗压强度

砂浆立方体抗压强度按式下式计算(精确至0.1MPa)。

$$f_{m,cu} = \frac{N_u}{A}$$

式中:$f_{m,cu}$——砂浆立方体抗压强度,MPa;

N_u——立方体破坏压力,N;

A——试件承压面积,mm^2。

砂浆立方体试件抗压强度应精确至0.1MPa。

以3个试件测值的算术平均值的1.3倍(f_2)作为该组试件的砂浆立方体试件抗压强度平均值(精确至0.1MPa)。

当3个测值的最大值或最小值中如有一个与中间值的差值超过中间值的15%时,则把最大值及最小值一并舍除,取中间值作为该组试件的抗压强度值;如有两个测值与中间值的差值均超过中间值的15%时,则该组试件的试验结果无效。

试验六　砌墙砖及砌块试验

一、烧结普通砖试验（GB 5101—2003）

1. 仪器设备

压力机（300～500kN）、锯砖机或切砖器、直尺等。

2. 试件制备和养护

（1）将10块试样切断或锯成两个半截砖，断开的半截砖长不得小于100mm，如果不足100mm，应另取备用试样补足。

（2）将已断开的半截砖放入室温的净水中10～20min后取出，并以断口相反方向叠放，两者中间抹以厚度不超过5mm的、用P.O 32.5或P.O 42.5水泥调制成稠度适宜的水泥净浆黏结，上、下两面用厚度不超过3mm的同种水泥浆抹平。制成的试件上、下两面应相互平衡，并垂直于侧面（附图6-1）。

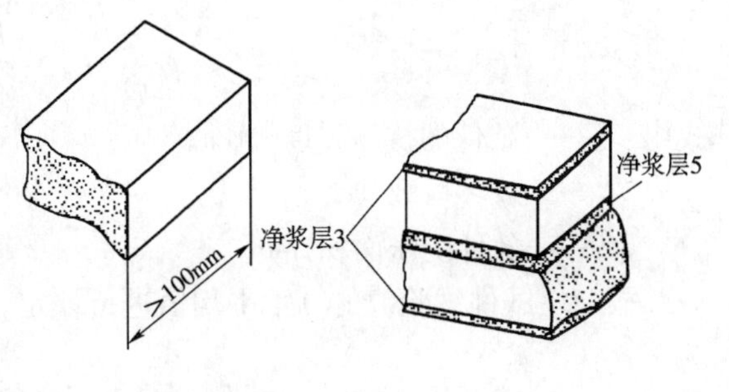

附图6-1　半截砖样和抹面试件

（3）将制备好的试件置于温度不低于10℃的不通风室内养护3d。

3. 试验步骤

（1）测量每个试件连接面的长、宽尺寸，分别取其平均值（精确至1mm），并计算受力面积A（mm^2）。

（2）将试件平放在加压板的中央，垂直于受压面加荷，加荷速度为（5±0.5）kN/s，直至试件破坏为止，记录最大破坏荷载P（N）。

4. 结果计算与评定

（1）单块砖的抗压强度值f_i按下式计算（精确至0.01MPa）。

$$f_i = \frac{P}{A}\text{(MPa)}$$

（2）计算10块砖的平均抗压强度值$\bar{f_i}$、10块砖的抗压强度标准差S和强度变异系数δ。$\bar{f_i}$计算精确至0.1MPa。

①当变异系数$\delta \leqslant 0.21$时，按抗压强度平均值$\bar{f_i}$、强度标准值f_k评定砖的强度等级。

②当变异系数$f_k > 0.21$时，按抗压强度平均值$\bar{f_i}$、单块最小抗压强度f_{min}（精确至0.1MPa）评定砖的强度等级。

二、混凝土砌块试验

1. 仪器设备

压力机（300～500kN）、锯砖机或切砖器、直尺等。

2. 试件制备

沿制品膨胀方向中心部分上、中、下顺序锯取一组，"上"块上表面距离制品顶面30mm，

“中”块在正中处，“下”块下表面距离制品底面 30mm。制品的高度不同，试件间隔略有不同。100mm×100mm×100mm 立方体试件，在质量含水率为 25%～45% 下进行试验。

3. 试验步骤

测量试件的尺寸，精确至 1mm，并计算试件的受压面积(mm^2)。

将试件放在材料试验机的下压板的中心位置，试件的受压方向应垂直于制品的膨胀方向，以(2.0±0.5)kN/s 的速度连续而均匀地加荷，直至试件破坏为止，记录最大破坏荷载 P(N)。

将试验后的试件全部或部分立即称质量，然后在(105±5)℃温度下烘至恒质，计算其含水率。

4. 结果计算与评定

抗压强度按下式计算。

$$f_{cc} = \frac{P_1}{A_1}$$

式中：f_{cc}——试件的抗压强度，MPa；

P_1——破坏荷载，N；

A_1——试件受压面积，mm^2。

按三块试件试验值的算术平均值进行评定，精确至 0.1MPa。

试验七　建筑钢材试验

一、钢筋的拉伸试验(GB/T 228.1—2010)

1. 仪器设备

万能材料试验机(示值误差不大于 1%)、游标卡尺(精度为 0.1mm)。

2. 试件的制作

(1) 钢筋试件一般不经切削(附图 7-1)。

(2) 在试件表面，选用小冲点、细划线或有颜色的记号作出两个或一系列等分格的标记，以表明标距长度，测量标距长度 l_0($l_0=10a$ 或 $l_0=5a$)(精确至 0.1 mm)。

3. 试验步骤

(1) 调整试验机测力度盘的指针，对准零点、拨动副指针与主指针重叠。

(2) 将试件固定在试验机的夹具内，开动试验机机进行拉伸。屈服前，应力增加速度按附表 7-1 规定，并保持试验机控制器固定于这一速率位置上，直至该性能测出为止；测定抗拉强度时，平行长度的应变速率不应超过 0.008MPa/s。

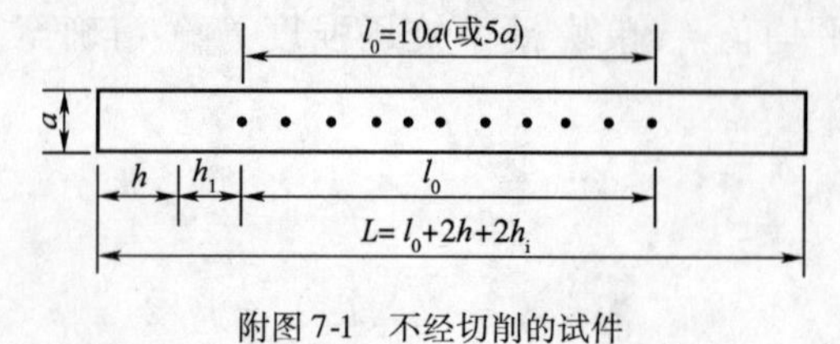

附图 7-1　不经切削的试件

a-直径；l_0-标距长度；h_1-0.5～1a；h-夹头长度

应力速率　　附表 7-1

材料弹性模量(MPa)	应力速率[(N/mm^2)·s^{-1}]	
	最小	最大
<150000	2	20
≥150000	6	60

(3) 钢筋在拉伸试验时，读取测力度盘指针首次回转前指示的恒定力或首次回转时指示的最小力，即为屈服点荷载 F_s(N)；钢筋屈服之后继续施加荷载直至将钢筋拉断，从测力度

盘上读取试验过程中的最大力 F_b(N)。

(4)拉断后标距长度 l_1(精确至0.1 mm)的测量。将试件断裂的部分对接在一起使其轴线处于同一直线上。如拉断处到邻近标距端点的距离大于 $1/3l_0$ 时,可直接测量两端点的距离;如拉断处到邻近的标距端点的距离小于或等于 $1/3l_0$ 时,可用移位方法确定 l_1:在长段上从拉断处 O 点取基本等于短段格数,得 B 点,接着取等于长段所余格数(偶数)之半,得 C 点;或者取所余格数(奇数)减1与加1之半,得到 C 与 C_1 点,移位后的 l_1 分别为 $AO+OB+2BC$ 或 $AO+OB+BC+BC_1$(附图7-2)。

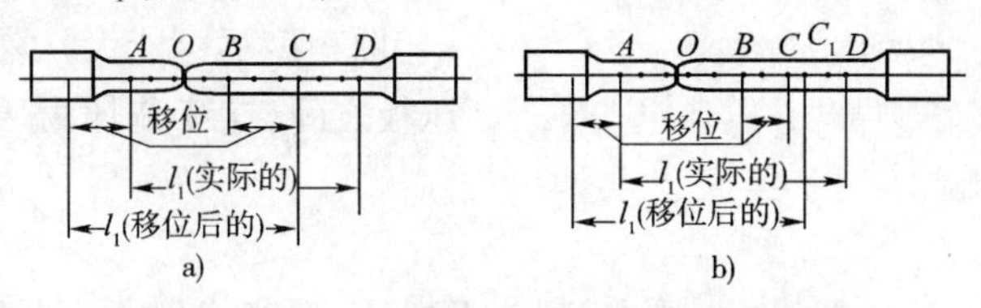

附图7-2 伸长率断后标距部分长度用移位法确定

a)长段所余格数为偶数;b)长段所余格数为奇数

4. 结果计算与评定

(1)屈服强度 σ_s 和抗拉强度 σ_b 按下式计算。

$$\sigma_s = \frac{F_s}{A}$$

$$\sigma_b = \frac{F_b}{A}$$

式中:σ_s、σ_b——分别为屈服强度和抗拉强度,MPa;

F_s、F_b——分别为屈服点荷载和最大荷载,N;

A——试件的公称横截面积,mm^2。

当 σ_s 或 $\sigma_b \leqslant 200$MPa,修约间隔1MPa(小数点数字按四舍六入五单双方法修约)。

当 σ_s 或 σ_b 为200~1000MPa,修约间隔5MPa。

当 σ_s 或 $\sigma_b > 1000$MPa,修约间隔10MPa。

(2)伸长率 $\delta_{10}(\delta_5)$ 按下式计算(精确至0.5%)。

$$\delta_{10}(\delta_5) = \frac{l_1 - l_0}{l_0} \times 100\%$$

式中:$\delta_{10}(\delta_5)$——分别表示 $l_0=10a$ 和 $l_0=5a$ 时的伸长率。

如试件拉断处位于标距之外,则断后伸长率无效,应重做试验。

在拉力试验的两根试件中,如其中一根试件的屈服点、抗拉强度和伸长率三个指标中,有一个指标达不到钢筋标准中规定的数值,应取双倍钢筋进行复验,若仍有一根试件的指标达不到标准要求,则判拉力试验项目为不合格。

二、钢筋冷弯试验(GB/T 232—2010)

1. 仪器设备

压力机或万能试验机、具有足够硬度的一组冷弯压头。

2. 试验步骤

(1)冷弯试样长度按下式确定。

$$L = 5a + 150\ (\text{mm})$$

(2)调整两支辊间距离 $L=(d+3a)\pm0.5a$,此距离在试验期间保持不变。附图 7-3 中 d 为弯心直径(钢筋标准中有具体规定)。

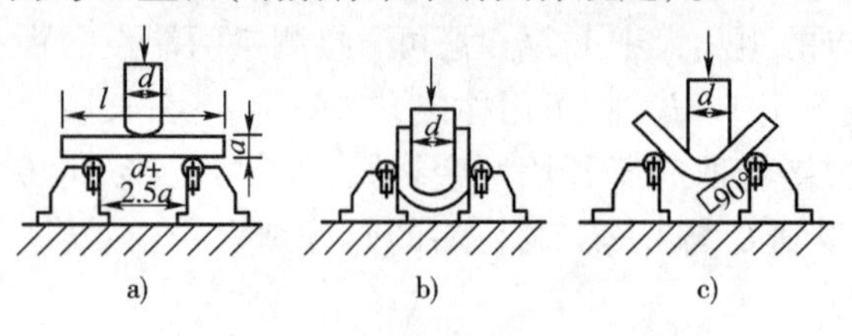

附图 7-3 钢筋冷弯试验图

a)装好的试件;b)弯曲 180°;c)弯曲 90°

(3)将试件放置于两支辊间,试件轴线应与弯曲压头轴线垂直,弯曲压头在两支座之间的中点处对试件连续施加力使其弯曲,直至达到规定的弯曲角度。试件弯曲至两臂直接接触的试验,应首先将试件初步弯曲(弯曲角度尽可能大),然后将其置于两平行压板之间,连续施加力压其两端使进一步弯曲,直至两臂直接接触。

3. 结果评定

按有关标准规定检查试件弯曲外表面,若无裂纹、裂缝或裂断,则评定试件冷弯试验合格。若钢筋在冷弯试验中,有一根试件不符合标准要求,同样抽取双倍钢筋进行复验,若仍有一根试件不符合要求,则判冷弯试验项目为不合格。

试验八 沥青材料试验

一、针入度试验(GB/T 4509—2010)

沥青的针入度以标准针在一定的荷载、时间及温度条件下垂直穿入沥青试样的深度表示,单位为 1/10 mm。标准针、针连杆与附加砝码的总质量为(100 ±0.05)g,温度为(25 ±0.1)℃,时间为 5s。特定试验可采用附表 8-1 的规定。

沥青的针入度特定试验条件 附表 8-1

温度(℃)	载荷(kN)	时间(s)	温度(℃)	载荷(kN)	时间(s)
0	200	60	46	50	5
4	200	60			

1. 仪器设备

(1)针入度仪(附图 8-1)。

(2)标准针(由硬化回火的不锈钢制成,针长约 50mm,长针约 60mm,所有针的直径为 1.00 ~1.02mm,针的一端磨成 8.7° ~9.7°锥形,针装在一个黄铜或不锈钢的金属箍中。针箍及附加总重为(2.50 ±0.05)g。

(3)试样皿(金属或玻璃的圆柱形平底皿,尺寸见附表 8-2)。

(4)恒温水浴(容量不少于 10L,能保持温度在试验温度的 ±0.1℃范围内)。

(5)平底玻璃皿(容量不小于 350mL,深度要没过最大的样品皿。内设一个不锈钢三角支架,以保证试样皿稳定)。

(6)计时器、温度计等。

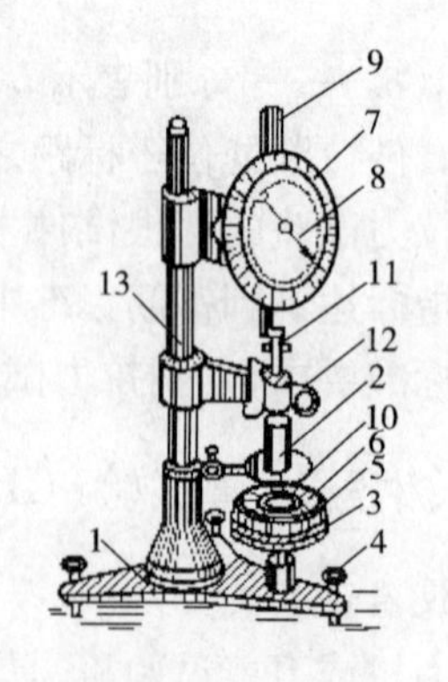

附图 8-1 针入度仪

1-底座;2-小镜;3-圆形平台;4-调平螺钉;5-保温皿;6-试样;7-刻度盘;8-指针;9-活杆;10-标准针;11-连杆;12-按钮;13-砝码

试 样 皿 尺 寸　　附表 8-2

针入度范围	直径(mm)	深度(mm)	针入度范围	直径(mm)	深度(mm)
小于 40	33 ~ 55	8 ~ 16	200 ~ 350	55 ~ 75	45 ~ 70
小于 200	55	35	350 ~ 500	55	70

2. 试样的制备

(1)小心加热,使样品能够流动。加热时,焦油沥青的加热温度不超过软化点的 60℃,石油沥青不超过软化点的 90℃。加热时间不超过 30 min,用筛过滤除去杂质。加热、搅拌过程中避免试样中进入气泡。

(2)将试样倒入两个试样皿中(一个备用),试样深度应至少是预计锥入深度的 120%。如果试样皿的直径小于 65mm,而预期针入度高于 200,每个试验条件都要倒三个样品。如果样品足够,浇注的样品要达到试样皿边缘。

(3)松盖试样皿防灰尘落入。在 15 ~ 30℃的室温下冷却 45min ~ 1.5h(小试样皿)、1 ~ 1.5h(中等试样皿)或 1.5 ~ 2.0h(大试样皿),然后将试样皿和平底玻璃皿放入恒温水浴中,水面没过试样表面 10mm 以上,小试样皿 45min ~ 1.5h,中等皿恒温 1 ~ 1.5h,大皿恒温 1.5 ~ 2.0h。

3. 试验步骤

(1)调节针入度仪的水平,检查针连杆和导轨,将擦干净的针插入连杆中固定。按试验条件放好砝码。

(2)取出恒温到试验温度的试样皿和平底玻璃皿,放置在针入度仪的平台上。慢慢放下针连杆,使针尖刚刚接触试样的表面。拉下活杆,使其与针连杆顶端相接触,调节针入度仪的表盘读数指零。

(3)用手紧压按钮,同时启动秒表,使标准针自由下落穿入试样,到规定时间停止压按钮,使标准针停止移动。

(4)拉下活杆,再使其与针连杆顶端相接触,表盘指针的读数为试样的针入度。

(5)同一试样应重复测三次,每一试验点的距离和试验点与试样皿边缘的距离不小于 10mm。每次测定要用擦干净的针。当针入度小于 200 时,可将针取下用合适的溶剂擦干净后继续使用。当针入度超过 200 时,每个试样皿中扎一针,三个试样皿得到三个数据,或者每个试样至少用三根针,每次试验用的针留在试样中,直到三根针扎完时再将针从试样中取出。

4. 结果评定

取三次测定针入度的平均值(取整数)作为试验结果。三次测定的针入度值相差不应大于附表 8-3 中的规定,否则应重新进行试验。

针入度测定值最大允许差值　　附表 8-3

针入度	0 ~ 49	50 ~ 149	150 ~ 249	250 ~ 350	350 ~ 500
最大差值	2	4	6	8	20

二、延度试验(GB/T 4508—2010)

1. 仪器设备

(1)试件模具(由两个端模和两个侧模组成,形状及尺寸如附图 8-2 所示)。

(2)水浴。

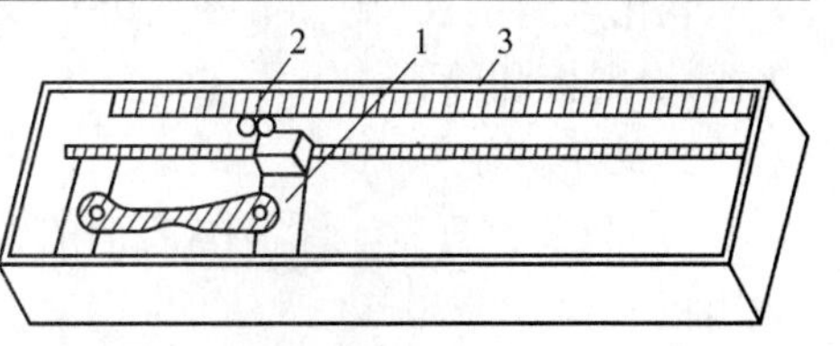

附图 8-2　沥青延度仪

1-滑动板;2-指针;3-标尺

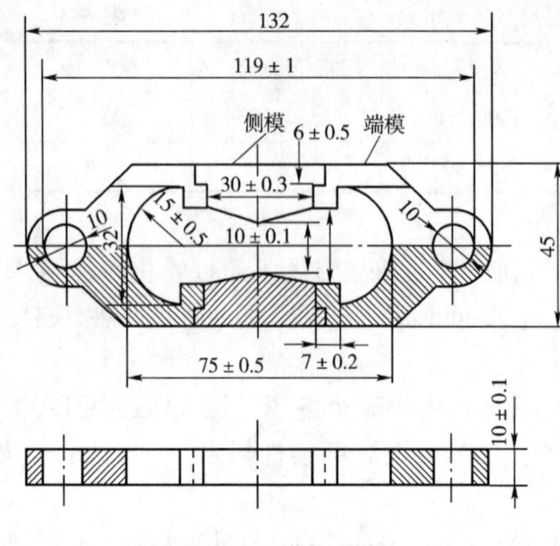

附图 8-3　延度仪试模

(3)延度仪(附图 8-3)。

(4)温度计:0 ~ 50℃,分度为 0.1℃和 0.5℃各一支。

(5)隔离剂:以质量计,由两份和一份滑石粉调制而成。

(6)支撑板:黄铜板,一面应磨光至表面粗糙度为 R_a0.63。

2. 试样制备

(1)将甘油滑石粉(2∶1)隔离剂拌和均匀,涂于磨光的金属板上和铜模侧模的内表面,将模具组装在金属板上。

(2)将除去水分的试样在砂浴上加热熔化,用筛过滤,充分搅拌消除气泡,然后将试样呈细流状,自模的一端至另一端往返倒入,使试样略高出模具。

(3)试件在 15 ~ 30℃的空气中冷却 30 min,然后放入(25 ±0.1)℃的水浴中,保持 30min 后取出,用热刀自模的中间刮向两边,使沥青面与模面齐平,表面光滑。将试件和金属板再放入(25 ±0.1)℃的水浴中 1 ~ 1.5h。

3. 试验步骤

(1)检查延度仪的拉伸速度是否符合要求,移动滑板使指针正对标尺的零点,保持水槽中水温为(25 ±0.5)℃。

(2)将试件移到延度仪的水槽中,将模具两端的孔分别套在滑板及槽端的金属柱上,然后去掉侧模,水面高于试件表面不小于 25mm。

(3)开动延度仪,观察沥青的拉伸情况。如发现沥青细丝浮于水面或沉于槽底,则加入乙醇或食盐水调整水的密度,至与试样的密度相近后,再进行测定。

(4)试件拉断时,读指针所指标尺上的读数,为试样的延度(cm)。在正常情况下,试样被拉伸呈锥尖状。在断裂时横断面为零,否则在此条件下无测定结果。

4. 试验结果

取平行测定三个结果的平均值作为测定结果。若三个测定值不在其平均值的 5% 以内,但其中两个较高值在平均值的 5% 之内,则取掉最低测定值,取两个较高值的平均值作为测定结果。

三、软化点试验(GB/T 4507—1999)

1. 仪器设备

软化点测定仪(附图 8-4)、电炉及其他加热器、金属板和筛等。

2. 试样制备

(1)将黄铜环置于涂有隔离剂的金属板或玻璃板上。

(2)将预先脱水的试样加热熔化,用筛过滤后,注入黄铜环内略高出环面为止。若估计

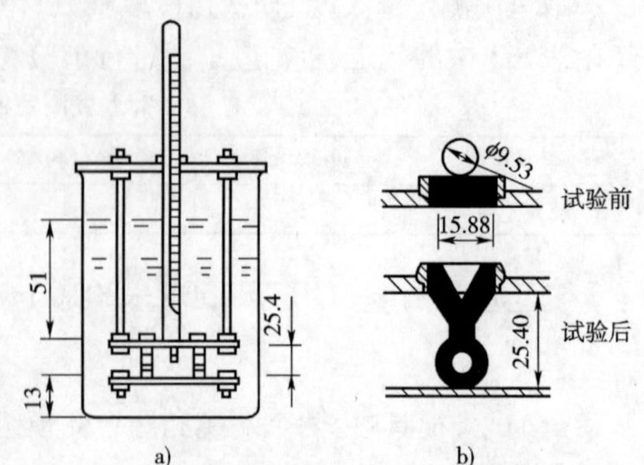

附图 8-4　软化点测定仪

a)软化点测定仪装置图;b)试验前后钢球位置图

软化点高于120℃应将黄铜环与金属板预热至80~100℃。

(3)试样在15~30℃的空气中冷却30min后,用热刀刮去高于环面的试样,与环面平齐。

(4)将盛有试样的黄铜环及板置于盛满水(估计软化点不高于80℃的试样)或甘油(估计软化点高于80℃的试样)的保温槽内,恒温5min,水温保持在(5±0.5)℃,甘油温度保持在(32±1)℃;或将盛有试样的环水平安放在环架中承板的孔内,然后放在盛有水或甘油的烧杯中,时间和温度同保温槽。

(5)烧杯内注入新煮沸并冷却至5℃的蒸馏水(估计软化点不高于80℃的试样),或注入预先加热约32℃的甘油(估计软化点高于80℃的试样),使水面或甘油略低于环架连杆上的深度标记。

3.试验步骤

(1)从保温槽中取出盛有试样的黄铜环放置在环架中承板的圆孔中,并套上钢球定位器,把整个环架放入烧杯内,调整水面或甘油液面至深度标记,环架上任何部分均不得有气泡。将温度计由上承板中心孔垂直插入,使水银球与铜环下面齐平。

(2)将烧杯放在有石棉网的电炉上,然后将钢球放在试样上(须使各环的平面在全部加热时间内完全处于水平状态)立即加热,烧杯内水或甘油温度的上升速度保持每分钟(5±0.5)℃,否则试验应重做。

(3)试样受热软化下坠至与下承板面接触时的温度,即为试样的软化点。

4.试验结果

取平行测定两个结果的算术平均值作为测定结果。

平行测定两个结果的差值不得大于下列规定。

(1)软化点小于80℃,允许差值为1℃。

(2)软化点为80~100℃,允许差值为2℃。

(3)软化点为100~140℃,允许差值为3℃。

试验九　防水卷材试验

一、防水卷材的拉伸试验(GB/T 328.1~27—2007)

1.范围

GB/T 328的本部分规定了沥青屋面防水卷材拉伸性能的测定方法。

试件以恒定的速度拉伸至断裂。连续记录试验中拉力和对应的长度变化。

2.仪器设备

拉伸试验机有连续记录力和对应距离的装置,能按下面规定的速度均匀的移动夹具。拉伸试验机有足够的量程(至少2000 N)和夹具移动速度(100±10)mm/min,夹具宽度不小于50mm。

拉伸试验机的夹具能随着试件拉力的增加而保持或增加夹具的夹持力,对于厚度不超过3mm的产品能夹住试件使其在夹具中的滑移不超过1mm,更厚的产品不超过2mm。这种夹持方法不应在夹具内外产生过早的破坏。

为防止从夹具中的消移超过极限值,允许用冷却的夹具,同时实际的试件伸长用引伸计测量。

力值测量至少应符合《拉力、压力和万能试验机》(JJG 139—1999)的2级(即±2%)。

3. 试件制备

整个拉伸试验应制备两组试件,一组纵向5个试件,一组横向5个试件。

试件在试样上距边缘100mm以上任意裁取(用模板或用裁刀),矩形试件宽为(50±0.5)mm。长为(200mm+2×夹持长度),长度方向为试验方向。

表面的非持久层应去除。

试件在试验前在(23±2)℃和相对湿度30%~70%的条件下至少放置20h。

4. 步骤

将试件紧紧的夹在拉伸试验机的夹具中,注意试件长度方向的中线与试验机夹具中心在一条线上。夹具间距离为(200±2)mm,为防止试件从夹具中滑移应作标记。当用引伸计时,试验前应设置标距间距离为(180±2)mm,为防止试件产生任何松弛,推荐加载不超过5N的力。

试验在(23±2)℃条件进行,夹具移动的恒定速度为(100±10)mm/min。

连续记录拉力和对应的夹具或引伸计间距离。

5. 结果表示、计算和试验方法的精确度

(1)计算。记录得到的拉力和距离,或数据记录,最大的拉力和对应的由夹具(或引伸计)间距离与起始距离的百分率计算的延伸率。

去除任何在夹具10mm以内断裂或在试验机夹具中滑移超过极限值的试件的试验结果,用备用件重测。

最大拉力单位为N/50mm,对应的延伸率用百分率表示,作为试件同一方向结果。

分别记录每个方向5个试件的拉力值和延伸率,计算平均值。

拉力的平均值修约到5N,延伸率的平均值修约到1%。

同时,对于复合增强的卷材在应力—应变图上有两个或更多的峰值,拉力和延伸率应记录两个最大值。

(2)试验方法的精确度。试验方法的精确度没有规定。

二、防水卷材的不透水试验(GB/T 328.1~27—2007)

1. 范围

《建筑防水卷材试验方法》(GB/T 328—2007)的本部分适用于沥青和高分子屋面防水卷材按规定步骤测定不透水性,即产品耐积水或有限表面承受水压。

本方法也可用于其他防水材料。

上表面:在使用现场,卷材朝上的面,通常是成卷卷材的里面。

不透水性:柔性防水卷材防水的能力。如:A法,在整个试验过程中承受水压后试件表面的滤纸不变色。B法,最终压力与开始压力相比下降不超过5%。

A法试验适用于卷材低压力的使用场合,如屋面、基层、隔气层。试件满足直到60kPa压力24h;B法试验适用于卷材高压力的使用场合,如特殊屋面、隧道、水池。试件采用有四个规定形状尺寸狭缝的圆盘保持规定水压24h,或采用7孔圆盘保持规定水压30min,观测试件是否保持不渗水。

2. 仪器设备

(1)方法A。一个带法兰盘的金属圆柱体箱体,孔径150mm,并连接到开放管子末端或容器,其间高差不低于1m,通常如附图9-1所示。

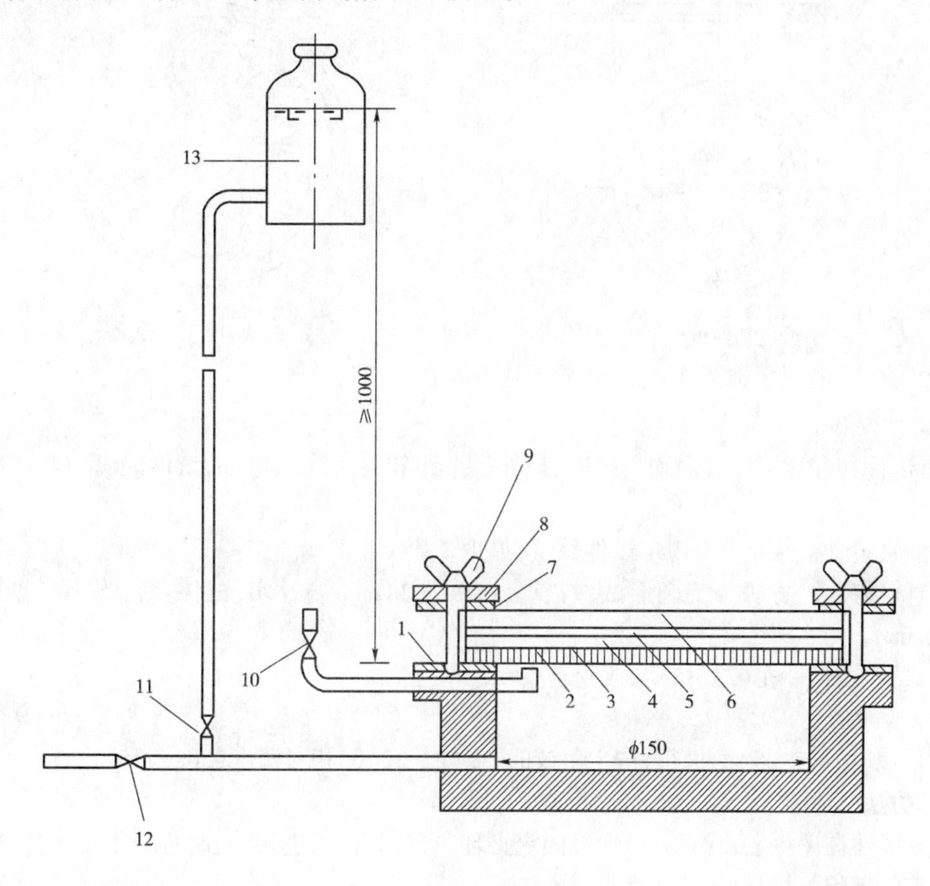

附图9-1 低压力不透水性装置

1-下橡胶密封垫圈;2-试件的迎水面是通常暴露于大气(水)的面;3-实验室用滤纸;4-湿气指示混合物,均匀地铺在滤纸上面,湿气透过试件能容易地探测到,指示剂由细白糖(冰糖)(99.5%)和亚甲基蓝染料(0.5%)组成的混合物,用0.074mm筛过滤并在干燥器中用氯化钙干燥;5-实验室用滤纸;6-圆的普通玻璃板,5mm厚时,水压≤10kPa;8mm厚时,水压≤60kPa;7-上橡胶密封垫圈;8-金属夹环;9-带翼螺母;10-排气阀;11-进水阀;12-补水和排水阀;13-提供和控制水压到60kPa的装置

(2)方法B。组成设备的装置见附图9-2、附图9-3,产生的压力作用于试件的一面。

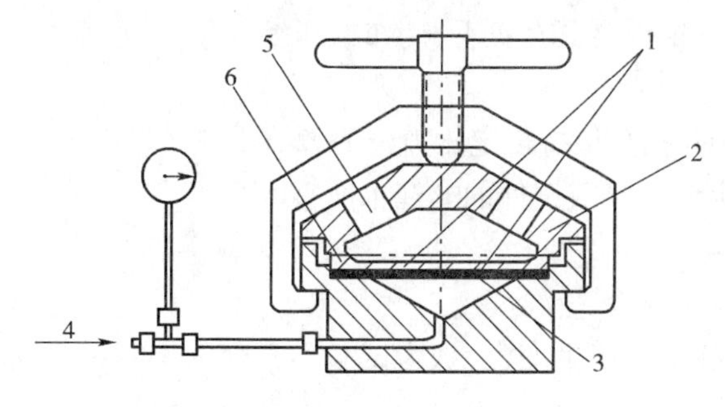

附图9-2 高压力不透水性用压力试验装置

1-狭缝;2-封盏;3-试件;4-静压力;5-观测孔;6-开缝盘

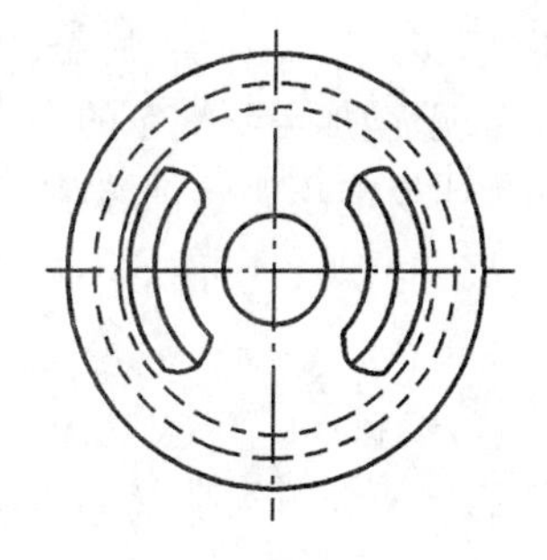

附图9-3 狭缝压力试验装置封盖草图

试件用有4个狭缝的盘(或7孔圆盘〉盖上,缝的形状尺寸符合附图9-4的规定,孔的尺寸形状符合附图9-5的规定。

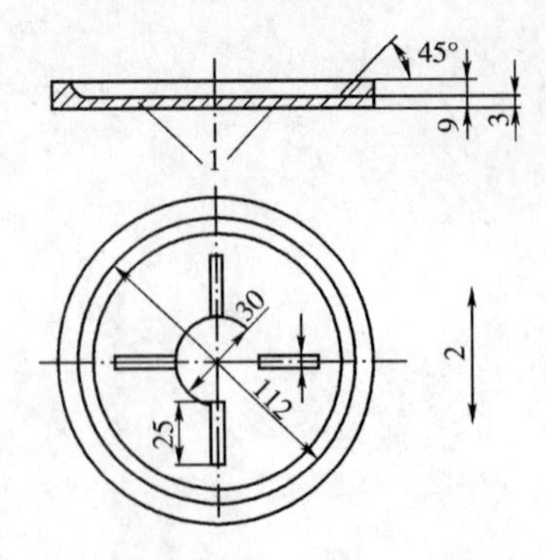

附图 9-4 开缝盘

1-所有开缝盘的边都有约 0.5mm 半径弧度;2-试件纵向方向

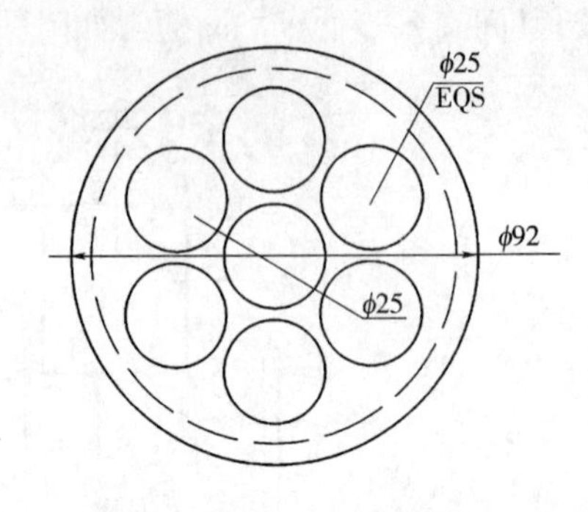

附图 9-5 孔圆盘

3. 试件制备

(1)试件在卷材宽度方向均匀裁取,最外一个距卷材边缘 100mm,试件的纵向与产品的纵向平行并标记。

在相关的产品标准中应规定试件数量,最少 3 块。

(2)试件尺寸:方法 A 为圆形试件,直径(200 ±2)mm;方法 B,试件直径不小于盘外径(约 130mm)。

(3)试验前试件在(23 ±5)℃放置至少 6h。

4. 试验步骤

(1)试验在(23 ±5)℃进行,产生争议时,在(23 ±2)℃相对湿度(50 ±5)%进行。

(2)方法 A 步骤。

①放试件在设备上,旋紧翼形螺母固定夹环,打开阀让水进入,同时打开阀排出空气,直至水出来关闭阀,说明设备已装满水。

②调整试件上表面所要求的压力。

③保持压力(24 ±1)h。

④检查试件,观察上面滤纸有无变色。

(3)方法 B 步骤。

①将装置中充水直到满出,彻底排出水管中空气。

②试件的上表面朝下放置在透水盘上,盖上规定的开缝盘(或 7 孔盘),其中一个缝的方向与卷材纵向平行。放上封盖,慢慢夹紧直到试件夹紧在盘上,用布或压缩空气干燥试件的非迎水面,慢慢加压到规定的压力。

③达到规定压力后,保持压力(24 ±1)h,7 孔盘保持规定压力(30 ±2)min。

④试验时,观察试件的不透水性(水压突然下降或试件的非迎水面有水)。

5. 结果表示和精确度

(1)结果表示。

①方法 A:试件有明显的水渗到上面的滤纸并产生变色,认为试验不符合。所有试件通过,认为卷材不透水。

②方法 B:所有试件在规定的时间不透水,认为不透水性试验通过。

(2)试验方法的精确度。

试验方法的精确度没有规定。

参考文献

[1] 宋少民,孙凌.建筑材料精编本[M].武汉:武汉理工大学出版社,2007.

[2] 柯国军.建筑材料质量控制监理[M].北京:中国建筑工业出版社,2003.

[3] 严家伋.道路建筑材料[M].3版.北京:人民交通出版社,1999.

[4] 符芳.建筑材料[M].2版.南京:东南大学出版社,2001.

[5] 湖南大学,等.建筑材料[M].北京:中国建筑工业出版社,2002.

[6] 杨胜,等.建筑防水材料[M].北京:中国建筑工业出版社,2007.

[7] 黄晓明,吴少鹏,赵永利.沥青及沥青混合料[M].南京:东南大学出版社,2002.

[8] 中华人民共和国行业标准.JTJ 052—2000 公路工程沥青与沥青混合料试验规程[S].北京:人民交通出版社,2000.

[9] 中华人民共和国行业标准.JTG F40—2004 公路沥青路面施工技术规范[M].北京:人民交通出版社,2004.

[10] 黄晓明.建筑材料[M].南京:东南大学出版社,2007.

[11] 吴科如.建筑材料[M].上海:同济大学出版社,2003.

[12] 胡志强.新型建筑与装饰材料[M].北京:化学工业出版社,2007.